"十二五"普通高等教育本科国家级规划教材

北京高等教育精品教材

概率论与数理统计

（第四版）

王松桂　张忠占　程维虎　高旅端　编

第一版获"2002年全国普通高等学校优秀教材二等奖"

第二版入选"普通高等教育'十一五'国家级规划教材"

科学出版社

北京

内 容 简 介

概率论与数理统计既是现代数学的重要分支，也是现代统计学的基础，是各类专业大学生最重要的数学必修课之一. 本书是为高等学校非数学专业编写的概率论与数理统计教材，也是"十二五"普通高等教育本科国家级规划教材的新形态改版升级. 全书共 9 章，内容包括随机事件、随机变量、随机向量、数字特征、极限定理、样本与统计量、参数估计、假设检验、回归分析与方差分析. 本书力求使用较少的数学知识，深入浅出地进行概率统计理论与应用的阐释，注意举例的多样性，帮助读者理解概念、掌握方法. 各章后选配了适量梯度的习题，并附有习题答案与选解，供读者巩固学习之用. 同时，全书各章配有二维码，读者扫码可以进行拓展学习. 书末还附有重要分布表、常见的重要分布、R 软件的安装和使用初步 3 个附录，提升学生学习概率统计的兴趣，快速拓宽学生视野，指导学生正确使用统计分布进行数据建模与数据分析.

本书可作为高等学校工科、农医、经济、管理等专业的概率论与数理统计课程的教材，也可作为实际工作者的自学参考书.

图书在版编目（CIP）数据

概率论与数理统计/王松桂等编. —4 版. —北京：科学出版社，2023.9
"十二五"普通高等教育本科国家级规划教材　北京高等教育精品教材
ISBN 978-7-03-075890-3

Ⅰ. ①概… Ⅱ. ①王… Ⅲ. ①概率论–高等学校–教材②数理统计–高等学校–教材 Ⅳ. ①O21

中国国家版本馆 CIP 数据核字(2023)第 109831 号

责任编辑：姚莉丽 / 责任校对：杨聪敏
责任印制：师艳茹 / 封面设计：陈　敬

科学出版社 出版
北京东黄城根北街 16 号
邮政编码：100717
http://www.sciencep.com

天津市新科印刷有限公司 印刷
科学出版社发行　各地新华书店经销

＊

2000 年 9 月第 一 版　开本：720×1000 1/16
2006 年 8 月第 二 版　印张：19 1/2
2011 年 12 月第 三 版　字数：393 000
2023 年 9 月第 四 版　2023 年 9 月第五十五次印刷

定价：59.00 元
（如有印装质量问题，我社负责调换）

前　言

本书自 2000 年 9 月第一版出版以来, 被许多高等院校选作教材, 获 2002 年全国普通高等学校优秀教材二等奖, 入选普通高等教育"十一五"国家级规划教材、"十二五"普通高等教育本科国家级规划教材. 同时, 在课程建设上, 北京工业大学概率论与数理统计课程先后被评为"北京市精品课程"和"国家精品课程", 入选"国家级精品资源共享课". 在此, 感谢教育部门、广大读者和同行的认可和厚爱.

概率论与数理统计既是现代数学的重要分支, 也是现代统计学的基础. 概率统计在自然科学、社会科学、管理科学和工程技术的各个领域有着广泛的应用, 特别是近几十年, 随着计算机技术的迅猛发展, 其在经济、管理、生物、医学及工程技术等领域的应用愈加广泛, 且一直扮演着重要角色, 概率论与数理统计教学在中国高等教育人才培养中愈发重要. 党的二十大报告指出"加强基础学科、新兴学科、交叉学科建设, 加快建设中国特色、世界一流的大学和优势学科." 随着大数据、云计算、物联网、区块链和人工智能等技术的开发和利用, 作为这些技术核心和基础的"统计学"需优先发展, 常年耕耘在教学一线的我们深感责任重大, 希望能契合新形势下中国高等教育人才培养的需要, 为经济高质量发展和科技自立自强奠定基础. 于是我们概率统计教学团队倾全力修编前作, 以适应当前教学形势和人才培养需求.

我们保持本教材核心特点和优势, 结合应用实践, 利用信息技术, 在教材中加入二维码, 对教材进行新形态改版升级. 在第三版的基础上, 本版做了如下修改:

(1) 调整部分内容和结构. 如将"随机变量及其分布函数"内容前置到 2.1 节, 删除原 2.3 节中有关"直方图"的内容, 增加"p 分位数与上 α 分位点"等内容. 目的是按学生接受习惯调整结构, 使学生更容易理解、掌握课程知识.

(2) 在例题的解答过程中, 有目的、渐进地介绍 R 软件及其使用方法. 目的是在不增加教学学时的前提下, 训练学生使用统计软件轻松、正确地处理概率统计问题.

(3) 更新附录三. 新版的附录三介绍 R 软件的安装与使用初步. 学生通过这部分内容的自学, 掌握概率统计的计算, 运用课程所学进行统计建模与统计分析, 使概率统计的学习事半而功倍.

(4) 各章末加入二维码. 利用信息技术, 提供更多拓展学习资源, 使学生认清课程知识结构, 掌握课程的重点和难点, 养成精于梳理 → 总结 → 凝练 → 提升所学课程知识的习惯, 训养综合运用所学知识分析问题和解决问题的能力.

本版基本沿用了上一版的结构与安排, 未对教材内容进行大的改动. 为便于教学, 相应的电子教学课件同步更新, 提供给有需要的教师.

第四版的修订工作分工如下: 第 1~5 章及附录一和附录二由程维虎负责, 第 6~9 章及附录三由张忠占负责, 最后由程维虎负责统稿和定稿. 修订工作吸纳了本校统计学科全体教师的经验, 同时也吸取了国内许多同行的意见和建议. 同时, 北京工业大学理学部和科学出版社给予了很大的鼓励, 在此一并致谢!

受作者水平所限制, 不当乃至错谬在所难免, 敬请同行及广大读者海涵、不吝赐教.

作　者

2023 年 6 月 1 日于北京工业大学

第三版前言

本书自出版以来, 受到了广大读者和同行的青睐, 在第二版出版 5 年之际, 总发行量已达 15 万册. 作为本书的作者, 在欣喜之余也感到压力. 高兴自不必说, 压力来自惟恐教材中哪点考虑不周而贻害广大读者. 客观地说, 编写一本数学基础课教材并不容易. 本书之所以受到欢迎, 一方面是有一个比较恰当的定位和多年的积累, 另一方面也是由于不断吸收了同行的意见和建议.

在第二版的基础上, 本版主要做了如下修订: (1) 针对在教学中碰到的问题对部分内容进行了修改, 试图使学生更容易理解这些内容. 这些修改所涉及的多是相关内容的表述, 不影响知识体系. (2) 在第 9 章中, 简化了回归分析的内容, 增加了方差分析的基本内容. (3) 更新了正文中的部分例题和习题. (4) 对于几个附录做了少许改动. 本版沿用了第二版的结构安排, 没有对内容进行大规模的改动. 这既是考虑到使用的连续性, 同时我们主观上希望本书作为基础课教材逐步走向成熟. 另外, 近几年来我们课程组还努力围绕本书进行了一系列工作: 编写了便于学生研习的教学辅导材料 (《概率论与数理统计学习辅导》, 杨爱军等编, 科学出版社 2008 年出版) 和包含基本内容的电子课件等.

本书第三版的出版得到科学出版社一如既往的鼓励和支持, 我们非常感谢自第一版出版以来出版社的所有编辑朋友们; 也感谢全国各地多年来支持我们的广大同行, 并希望能够继续得到对于本书的意见和建议.

作 者

2010 年 11 月于北京工业大学

第二版前言

本书第一版自 2000 年 9 月出版以来, 被许多高等院校选作教科书, 并荣获教育部 "2002 年全国普通高等学校优秀教材二等奖", 已重印七次. 另一方面, 近几年来, 高等教育的飞速发展为高等学校的教学提出了许多新的课题, 教育部近几年来非常重视本科教育质量的提高, 推出了一系列精品工程, 北京工业大学的公共基础课 "概率论与数理统计" 也于 2003 年被评为北京市精品课程, 这使得本书的影响面越来越大. 面对高等教育的发展, 面对精品课程和精品教材建设的要求, 面对广大同仁的鼓励, 我们感到压力. 虽然我们曾经努力争取在每一次重印时都有所改进, 但终究认为有必要把最近几年我们在教学过程中的尝试进行系统的总结, 使得本书能以更好的面貌呈现给读者. 于是, 在科学出版社的鼓励下, 就有了再版的想法.

如第一版前言所说, "概率论与数理统计" 作为数学类基础课, 与应用的联系密切, 同时学生对于概念与理论的理解往往感到困难. 而目前由于高等教育向大众化的发展, 学生的学习需求趋向于多样化, 同时, 由于各方面的原因, 也很难预期增加课程的学时, 这给教师授课增加了难度. 面对这种复杂的局面, 我们在教学中进行了一些尝试. 目前呈现在大家面前的这一版, 就是在第一版的基础上, 通过总结最近几年教学的经验, 对原有内容进行进一步凝练、加工和增删而形成的. 与第一版比较, 内容的变动和我们的主要想法如下:

(1) 继续保持了第一版在三个方面的努力, 即精化论证、保持严谨, 详解概念、帮助领会, 举例多样、注重应用, 但在新版中我们进一步注意了学生对于内容及其叙述的可接受性, 从而为在基本内容上提高教学效果留下了空间. 我们对第一版中的一些推演进行了改进, 使之更为顺畅或简洁; 各章均调整和增加了部分例题, 以提高例题的代表性, 加强学生对相关知识应用的掌握; 精简了关于 n 维随机向量的内容, 尤其是后面涉及不多的 n 维离散型随机向量; 调整了前四章的习题及其答案, 使得习题与课程内容有更好的衔接; 同时, 我们进一步改进了一些思想和概念的讲解.

(2) 考虑到硕士研究生教育的快速发展以及本科生学习的多层次的需要, 我们汇集了近几年来硕士研究生招生考试中的概率统计试题, 并给出了参考答案, 形成了附录三, 一方面可以作为补充的课外练习, 同时也可以作为有志进一步学习的读者的参考.

(3) 我们在教学中了解到, 很多读者在学习的过程中, 希望更多了解这门学科在实际中的应用情况. 为此, 我们增加了附录四 "概率论与数理统计应用漫谈" 作为一个尝试, 选取若干有一定代表性的实例, 简略地介绍其中有关的概率统计的思想方法以及相应的概率统计学的分支, 并给出了相应的参考书, 但不深入这些理论的具体细节. 一方面作为课堂内容的延伸, 可以提高读者对于概率统计课程的兴趣、增加对于概率统计应用的了解, 另一方面也可以作为读者面对实际问题查找概率统计工具的一个导引. 其中的内容基本独立于各章, 也不需要特殊的数学基础, 因而阅读的时间、空间不受限制. 我们希望读者能够在轻松愉快的阅读中领略到概率统计的无穷魅力和应用的广阔空间. 当然, 如果读者在学习课程前后各读一遍, 效果会更好.

我们还对附录二的部分内容进行了调整. 同时, 第二版也改正了原来的一些不妥之处, 不一一列举. 在此, 还想强调一点, 虽然书后附有习题和研究生入学试题的答案, 但希望读者一定要先进行独立的思考, 不要过早地翻看习题的答案. 这对于学习数学尤其重要.

第二版的更新和写作分工如下：第 1、2 章和附录二由程维虎执笔, 第 3、4 章和附录三由高旅端执笔, 第 6~8 章由王松桂执笔, 第 5、9 章和附录四由张忠占执笔, 并在集体讨论的基础上由张忠占定稿. 写作过程中吸收了北京工业大学概率统计学科部各位老师的经验, 同时也吸取了不少同行的意见和建议. 这次再版的工作得到了北京市精品教材建设项目的资助和北京市精品课程建设项目的支持, 同时, 北京工业大学和科学出版社也给予了很大的鼓励, 在此一并致以衷心感谢.

由于水平所限, 加之时间仓促, 不当之处在所难免, 敬请同行与广大读者不吝赐教. 联系地址: zzhang@bjut.edu.cn.

编 者

2004 年 8 月 10 日

第一版前言

本书是根据我们在北京工业大学和中国科学技术大学 20 余年来教学实践的基础上编写的, 其目的是作为高等学校理工、农医、经济、金融、管理等各专业有关概率论与数理统计课程的教材或实际工作者的参考书.

概率论与数理统计作为现代数学的重要分支, 在自然科学、社会科学和工程技术的各个领域都具有极为广泛的应用, 特别近 20 年来, 随着计算机的迅速普及, 概率统计在经济、管理、金融、保险、生物、医学等方面的应用更是得到长足发展. 正是概率统计的这种广泛应用性, 使得它今天成为各类专业大学生的最重要的数学必修课之一. 概率统计有别于其他数学分支的重要一点在于, 初学者往往对一些重要的概率统计概念的实质的领会感到困难. 考虑到这个原因以及概率统计应用性很强的特点, 本书在取材与写作上, 在如下三个方面做了努力:

(1) 尽量使用较少的数学知识 (只限于微积分和少量矩阵代数知识), 避免过于数学化的论证, 但保持叙述的严谨性.

(2) 用较多的篇幅对基本概念, 特别是统计概念的理论或应用上的解释, 以便帮助读者正确领会概念的内涵.

(3) 考虑到概率统计应用的广泛性, 我们特别注意举例的多样性, 书中给出了工业、农业、工程、经济、管理、医药、商业、保险等领域的许多例子, 以便帮助读者从不同的侧面理解概念, 掌握方法.

全书共九章, 分两大部分. 第一部分由前五章组成, 讲授概率论的基础知识, 包括随机事件、随机变量及其分布和极限定理. 第二部分是后四章, 讲授数理统计的基本概念、参数估计、假设检验和线性回归分析. 本书各章配有适量习题, 书后有习题提示和解答. 根据不同专业的需要, 适量选取部分内容, 本书可作为不同专业有关概率论与数理统计课程的教材.

本书的写作分工如下: 第 1、2 章由程维虎执笔, 第 3~5 章由高旅端执笔, 第 6~9 章由王松桂执笔, 最后全书由王松桂修改定稿. 贾忠贞仔细阅读了本书部分章节的初稿, 提出了许多宝贵意见.

本书的编写工作还得到了国家自然科学基金和北京市自然科学基金的资助, 编者借此机会一并致谢.

由于编者水平所限, 不当乃至谬误之处在所难免, 恳请国内同行及广大读者不吝赐教.

编 者

1999 年 10 月 1 日

目　录

随 机 事 件

在人类社会的生产实践和科学实验中, 人们所观察到的现象大体上可分为两种类型. 一类是事前可以预知结果的, 即在某些确定的条件满足时, 某一确定的现象必然会发生, 或根据它过去的状态, 完全可以预知其将来的发展状态. 我们称这一类型的现象为必然现象. 例如, 在一个标准大气压下, 水在 100 ℃ 时一定沸腾; 两个同性的电荷一定互斥; 冬天过去, 春天就会到来, 等等. 还有另一类现象, 它是事前不能预知结果的, 即在相同的条件下重复进行试验时, 每次所得到的结果未必相同, 或即使知道其过去的状态, 也不能肯定其将来的发展状态. 我们称这一类型的现象为偶然现象或随机现象. 例如, 抛掷一枚质地均匀的硬币, 硬币落地后的结果可能是带币值的一面朝上, 也可能是另一面朝上, 但在每次抛币前, 不能准确地预知抛币后的结果; 又如, 某射击运动员用一支步枪在同一地点进行射击训练, 每次射击的成绩 (环数) 可能不同, 等等.

虽然随机现象在一定的条件下, 可能出现这样或那样的结果, 且在每一次试验或观测之前不能预知这一次试验的确切结果, 但人们经过长期的、反复的观察和实践, 逐渐发现了所谓结果的 "不能预知" 只是对一次或少数几次试验和观察而言. 当在相同条件下进行大量重复试验和观测时, 试验的结果就会呈现出某种规律性. 例如, 多次抛掷质地均匀的硬币时, 出现带币值的一面朝上的次数约占抛掷总次数的一半. 这种在大量重复性试验和观察时, 试验结果呈现出的规律性, 就是我们以后所讲的统计规律性. 概率论与数理统计就是研究和揭示随机现象统计规律性的数学分支.

1.1 基 本 概 念

1.1.1 随机试验与事件

为了叙述方便, 我们常把对某种现象的一次观察、测量或进行一次科学实验, 统称为一个试验. 如果这个试验在相同的条件下可以重复进行, 且每次试验的结果是事前不可预知的, 则称此试验为随机试验, 也简称为试验, 记为 E. 以后所提到的试验都是指随机试验.

进行一次试验, 总要有一个观测目的. 试验中可能观测到多种不同的结果. 例如, 抛掷一枚质地均匀的硬币, 如果观测的目的只是看硬币落地后哪一面朝上, 这时, 可能观测到的结果就有两种: 带币值的一面朝上或另一面朝上, 至于硬币落在了什么位置、落地前转了几圈等均不在观测目的之列, 当然也就不算在试验的结果之内.

下面是一些试验的例子.

E_1: 掷一颗骰子, 观察所掷的点数是几;

E_2: 工商管理部门抽查市场某些商品的质量, 检查商品是否合格;

E_3: 观察某城市某个月内交通事故发生的次数;

E_4: 已知某物体的长度在 a 和 b 之间, 测量其长度;

E_5: 对某型号电子产品做实验, 观察其使用寿命;

E_6: 对某型号电子产品做实验, 观察其使用寿命是否小于 200 小时.

对于随机试验, 尽管在每次试验之前不能预知其试验的结果, 但试验的所有可能结果所组成的集合却是已知的. 我们称试验的所有可能结果所组成的集合为样本空间, 记为 Ω. 样本空间的元素, 也就是随机试验的单个结果称为样本点.

在前面所举的 6 个试验中, 若以 Ω_i 表示试验 E_i 的样本空间, $i = 1, 2, \cdots, 6$, 则

$\Omega_1 = \{1, 2, 3, 4, 5, 6\}$;

$\Omega_2 = \{$合格品, 不合格品$\}$;

$\Omega_3 = \{0, 1, 2, \cdots\}$;

$\Omega_4 = \{\ell, \ a \leqslant \ell \leqslant b\}$;

$\Omega_5 = \{t, \ t \geqslant 0\}$;

$\Omega_6 = \{$寿命小于 200 小时, 寿命不小于 200 小时$\}$.

需要说明的是: 在 E_3 中, 虽然该城市每个月内发生交通事故的次数是有限的, 一般不会非常大, 但一般说来, 人们理论上很难定出一个交通事故次数的有限上限. 为了方便, 我们通常把上限视为 ∞. 这样的处理方法在理论研究中经常被采用. 同样, 在 E_5 中我们也作了类似的处理.

我们把样本空间的任意一个子集称为一个随机事件, 简称事件, 通常用大写字母 $A, B, C, \cdots$ 表示. 因此, 随机事件就是试验的若干个结果组成的集合. 特别地, 如果一个随机事件只含一个试验结果, 则称该事件为基本事件.

例 1.1.1　掷一颗骰子, 用 $A_1 = \{1\}$, $A_2 = \{2\}$, $\cdots$, $A_6 = \{6\}$ 分别表示所掷的结果为 "一点" 至 "六点", B 表示 "偶数点", C 表示 "奇数点", D 表示 "四点或四点以上". 若试验的目的是观察所掷的点数是几, 试写出样本空间; 指出 $A_1, A_2, \cdots, A_6, B, C, D$ 事件中哪些是基本事件; 表示事件 B, C, D.

解　试验有 6 种不同的 (可能) 结果 $A_1, A_2, \cdots, A_6$, 样本空间 $\Omega = \{1, 2, 3, 4, 5, 6\}$; $A_1, A_2, \cdots, A_6$ 都是基本事件; $B = \{2, 4, 6\}$, $C = \{1, 3, 5\}$, $D = \{4, 5, 6\}$.

例 1.1.2　观察某城市单位时间 (例如一个月) 内交通事故发生的次数, 若以 $A_i = \{i\}$ 表示 "该城市单位时间内交通事故发生 i 次", $i = 0, 1, 2, \cdots$, 则样本空

间 $\Omega = \{0, 1, 2, \cdots\}$, $A_i = \{i\}$ 是基本事件, $i = 0, 1, 2, \cdots$. 若随机事件 B 表示 "至少发生一次交通事故", 则 $B = \{1, 2, \cdots\}$. 若随机事件 C 表示 "发生交通事故不超过 5 次", 则 $C = \{0, 1, 2, 3, 4, 5\}$, 等等.

在试验中, 当事件 (集合) 中的一个样本点 (元素) 出现时, 称这一事件发生. 例如, 在例 1.1.1 中, 当投掷的结果为 "四点" 时, 事件 A_4, B, D 均发生.

由于样本空间 Ω 包含了所有的样本点, 且是 Ω 自身的一个子集, 在每次试验中它总是发生, 所以称 Ω 为必然事件. 空集 $\varnothing$ 不包含任何样本点, 它也是样本空间的一个子集, 且在每次试验中总不发生, 所以称 $\varnothing$ 为不可能事件.

1.1.2 事件的关系与运算

既然事件是一个集合, 因此有关事件之间的关系、运算及运算规则也就按集合之间的关系、运算及运算规则来处理. 根据 "事件发生" 的含义, 不难给出事件之间的关系与运算的含义.

设 Ω 是试验 E 的样本空间, A, B, C 及 $A_1, A_2, \cdots$ 都是事件, 即 Ω 的子集.

1. 若事件 A 发生必有事件 B 发生, 则称事件 A 包含于事件 B, 或事件 B 包含事件 A, 记为 $A \subset B$.

从 "事件是样本空间的子集" 的观点看, $A \subset B$ 表示集合 A 包含在集合 B 之中, 即 B 要比 A 大或一样大. 例如, 在例 1.1.1 中, $A_1 = \{1\} \subset C = \{1, 3, 5\}$, $A_2 = \{2\} \subset B = \{2, 4, 6\}$.

若 $A \subset B$, 且 $B \subset A$, 则称事件 A 与 B 相等, 记为 $A = B$.

2. 对两个事件 A 与 B, 定义一个新事件

$$C = \{A\text{发生或}B\text{发生}\},$$

则称 C 为 A 与 B 的并或和 (通常称并), 记为 $C = A \cup B$ 或 $C = A + B$ (常用前者).

从定义容易看出, 只要事件 A 与 B 中至少有一个发生, 事件 C 就发生. 因此, A 与 B 的并就是把 A 与 B 所包含的试验结果合并在一起. 例如, 在例 1.1.1 中, $A_1 = \{1\}$, $C = \{1, 3, 5\}$, $D = \{4, 5, 6\}$, 则 $A_1 \cup C = \{1, 3, 5\}$, $C \cup D = \{1, 3, 4, 5, 6\}$.

事件的并可以容易地推广到多个 (有限或可列无限) 的情形. 例如 n 个事件 $A_1, A_2, \cdots, A_n$ 的并 C, 记为 $C = \bigcup\limits_{i=1}^{n} A_i$, 定义为

$$C = \bigcup_{i=1}^{n} A_i = \{A_1\text{发生, 或}A_2\text{发生}, \cdots, \text{或}A_n\text{发生}\}$$
$$= \{A_1, A_2, \cdots, A_n\text{中至少一个发生}\}.$$

对可列无限个事件 $A_1, A_2, \cdots$, 可以类似地定义它们的并 C, 记为

$$C = \bigcup_{i=1}^{\infty} A_i = \{A_1, A_2, \cdots \text{中至少一个发生}\}.$$

在例 1.1.2 中, 观察某城市某月内交通事故发生的次数, 用 A_i 表示该月发生 i 次交通事故, 则 $A_i = \{i\}$, $i = 0, 1, 2, \cdots$. 定义 $C_1 = \{$该月发生交通事故不超过 10 次$\}$, 则

$$C_1 = \bigcup_{i=0}^{10} A_i.$$

如果定义 $C_2 = \{$该月发生交通事故 10 次或 10 次以上$\}$, 则

$$C_2 = \bigcup_{i=10}^{\infty} A_i.$$

3. 对两个事件 A 与 B, 定义一个新事件

$$C = \{A 与 B 都发生\},$$

称为事件 A 与 B 的交或积, 记为 $C = A \cap B$ 或 $C = AB$.

从 "事件是样本空间的子集" 的观点看, $C = AB$ 就是集合 A 与 B 的公共部分. 在例 1.1.1 中, $A_1 C = \{1\}$, $A_2 B = \{2\}$, $CD = \{5\}$.

类似地, 我们也可以定义多个事件 $A_1, A_2, \cdots$ 的交, 根据事件个数的有限和无限分别定义

$$C_1 = \{A_1, A_2, \cdots, A_n 都发生\} = \bigcap_{i=1}^{n} A_i,$$

$$C_2 = \{A_1, A_2, \cdots 都发生\} = \bigcap_{i=1}^{\infty} A_i.$$

特别地, 若 $AB = \varnothing$, 则称 A 与 B 为互斥事件, 简称 A 与 B 互斥, 这也就是说事件 A 与 B 不可能同时发生. 例如, 在例 1.1.1 中, $A_1 = \{1\}$, $A_2 = \{2\}$, 于是 $A_1 A_2 = \varnothing$. 所以, 事件 A_1 与 A_2 互斥. 又如, 对 $B = \{2, 4, 6\}$ 和 $C = \{1, 3, 5\}$, 也有 $BC = \varnothing$, 事件 B 与 C 也互斥.

4. 对两个事件 A 与 B, 定义一个新事件

$$C = \{A 发生, B 不发生\},$$

称为事件 A 与 B 的差, 记为 $C = A - B$.

直观上容易理解, $A - B$ 就是在事件 A 所包含的试验结果中除去事件 B 所包含的试验结果后所剩下的部分.

特别地, 称 $\Omega - A$ 为 A 的对立事件或 A 的补事件, 记为 $\overline{A}$. 显然, $\overline{A} = \{A$不发生$\}$, $A \cup \overline{A} = \Omega$, 并且 $\overline{A}$ 与 A 总是互斥的. 例如, 在例 1.1.1 中, $A_1 = \{1\}$, 于是 $\overline{A_1} = \{2, 3, 4, 5, 6\}$, 而 $B = \{2, 4, 6\}$, 因而 $\overline{B} = \{1, 3, 5\}$.

在这里, 我们用平面上的一个矩形表示样本空间 Ω, 矩形内的每个点表示一个样本点, 用两个小圆分别表示事件 A 和 B, 则事件的关系与运算可用图 1.1 来表示, 其中 $A \cup B$, AB, $A - B$, $\overline{A}$ 分别为图中阴影部分.

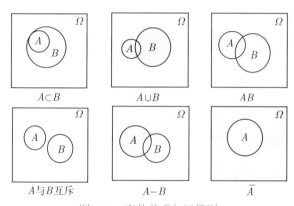

图 1.1   事件关系与运算图

在进行事件的运算时, 经常要用到如下规则.

交换律: $A \cup B = B \cup A$, $AB = BA$;

结合律: $A \cup (B \cup C) = (A \cup B) \cup C$, $A(BC) = (AB)C$;

分配律: $A(B \cup C) = (AB) \cup (AC)$, $A \cup (BC) = (A \cup B)(A \cup C)$;

对偶律: $\overline{A \cup B} = \overline{A}\,\overline{B}$, $\overline{AB} = \overline{A} \cup \overline{B}$.

对于多个随机事件, 上述运算规则也成立. 例如,

$$A(A_1 \cup A_2 \cup \cdots \cup A_n) = (AA_1) \cup (AA_2) \cup \cdots \cup (AA_n);$$

$$\overline{A_1 A_2 \cdots A_n} = \overline{A_1} \cup \overline{A_2} \cup \cdots \cup \overline{A_n};$$

$$\overline{A_1 \cup A_2 \cup \cdots \cup A_n} = \overline{A_1}\,\overline{A_2}\,\cdots\,\overline{A_n},$$

等等.

此外, 还应注意到 $A - B = A\overline{B}$, $A = (AB) \cup (A\overline{B})$ 等.

1.2 事件的概率

除必然事件和不可能事件外, 一个事件在一次试验中可能发生, 也可能不发生. 我们常常需要知道某些事件在一次试验中发生的可能性大小, 揭示出这些事件的内在的统计规律, 以便使我们能更好地认识客观事物. 例如, 知道了某食品在每段时间内变质的可能性大小, 就可以合理地制定该食品的保质期; 知道了河流在造坝地段最大洪峰达到某一高度的可能性大小, 就可以合理地确定造坝的高度等. 为了合理地刻画事件在一次试验中发生的可能性大小, 我们先引入频率的概念, 进而引出表征事件在一次试验中发生的可能性大小的数字度量——概率.

1.2.1 事件的频率

定义 1.2.1 设 A 是一个事件. 在相同的条件下, 进行 n 次试验, 在这 n 次试验中, 若事件 A 发生了 m 次, 则称 m 为事件 A 在 n 次试验中发生的频数或次数, 称 m 与 n 之比 m/n 为事件 A 在 n 次试验中发生的频率, 记为 $f_n(A)$.

由定义, 不难发现频率具有如下性质:

(1) $0 \leqslant f_n(A) \leqslant 1$;

(2) $f_n(\Omega) = 1$, $f_n(\varnothing) = 0$;

(3) 若事件 $A_1, A_2, \cdots, A_k$ 两两互斥, 即对于 $i, j = 1, 2, \cdots, k$, $i \neq j$, $A_i A_j = \varnothing$, 则

$$f_n\left(\bigcup_{i=1}^{k} A_i\right) = \sum_{i=1}^{k} f_n(A_i).$$

由于事件 A 在 n 次试验中发生的频率是它发生的次数与总试验次数之比, 其大小表示 A 发生的频繁程度. 频率越大, 事件 A 发生得越频繁, 这就意味着 A 在一次试验中发生的可能性越大. 因此, 直观的想法是用频率来表示事件 A 在一次试验中发生的可能性大小. 但这是否合理? 先看下面的例子.

例 1.2.1 考虑 "抛硬币" 试验. 历史上, 许多数学家都做过这一试验, 若规定均匀硬币的币值面向上为事件 A 发生, 有关数据如表 1.1.

表 1.1 抛硬币试验数据表

试验者	n	m	$f_n(A)$
De Morgan	2048	1061	0.5181
C.D.Buffon	4040	2048	0.5069
K.Pearson	12000	5981	0.4984
K.Pearson	24000	12012	0.5005

从表 1.1 中不难发现: 事件 A 在 n 次试验中发生的频率 $f_n(A)$ 具有随机波动性, 且当 n 较小时, 随机波动的幅度较大; 当 n 较大时, 随机波动的幅度较小. 最后, 随着 n 的逐渐增大, $f_n(A)$ 逐渐稳定于固定值 0.5.

例 1.2.2 考虑某类种子发芽率试验. 从一大批种子中抽取 7 批种子做发芽试验, 其结果见表 1.2.

表 1.2　种子发芽率试验数据表

种子粒数	10	70	310	700	1500	2000	3000
发芽粒数	9	60	282	639	1339	1806	2715
发芽率	0.9	0.857	0.910	0.913	0.893	0.903	0.905

在本例中, 我们可将观察一粒种子是否发芽视为一次试验. 若种子发芽, 则记事件 A 发生. 从表 1.2 中不难发现: 事件 A 在 n 次试验中发生的频率 $f_n(A)$ 也具有随机波动性, 且当 n 较小时, 随机波动的幅度较大; 当 n 较大时, 随机波动的幅度较小. 最后, 随着 n 的逐渐增大, $f_n(A)$ 逐渐稳定于固定值 0.9.

从上面两个例子可以看出: 事件 A 在 n 次试验中发生的频率 $f_n(A)$ 在 0 与 1 之间随机波动, 当试验次数 n 较小时, 波动的幅度较大. 因而, 当 n 较小时, 用 $f_n(A)$ 来表示事件 A 在一次试验中发生的可能性大小是不恰当的. 况且, 即使对于相同的 n, $f_n(A)$ 也可能不同. 但是, 随着 n 的逐渐增大, $f_n(A)$ 逐渐稳定于某一固定常数. 对于事件 A, 总有这样一个客观存在的常数与之对应. 这种 "频率的稳定性" 就是通常所说的 "统计规律性", 它已不断地被人类的实践所证实, 揭示了隐藏在随机现象中的内在规律性. 于是, 用这个频率的稳定值来表示事件发生的可能性大小是恰当的.

但是, 在实际问题中, 我们不可能、也没有必要对每个事件都做大量的试验, 从中得到频率的稳定值. 现在, 我们从频率的稳定性和频率的性质出发, 给出度量事件发生的可能性大小的量——概率的定义及性质.

1.2.2　事件的概率

定义 1.2.2 设 E 是随机试验, Ω 是其样本空间. 对每个事件 A, 定义一个实数 $P(A)$ 与之对应. 若函数 $P(\cdot)$ 满足条件:

(1) 对于每个事件 A, 均有 $P(A) \geqslant 0$;

(2) $P(\Omega) = 1$;

(3) 若事件 $A_1, A_2, \cdots$ 两两互斥, 即对于 $i, j = 1, 2, \cdots$, $i \neq j$, $A_i A_j = \varnothing$, 均有

$$P\Big(\bigcup_{i=1}^{\infty} A_i\Big) = \sum_{i=1}^{\infty} P(A_i), \qquad (1.2.1)$$

则称 $P(A)$ 为事件 A 的概率.

(1.2.1) 式称为概率的可加性.

注意, 这里的函数 $P(\cdot)$ 与我们在微积分中所遇到的函数不同, 不同之处在于这里的函数的自变量是一个集合, 因而它是一个集合函数.

不难看出, 事件概率的定义是在事件频率的三条性质的基础上提出的. 在 5.1 节中, 我们将给出, 当 $n \to \infty$ 时, 频率 $f_n(A)$ 在某种意义下收敛到概率 $P(A)$ 的结论. 基于这一点, 我们有理由用上述定义的概率 $P(A)$ 来度量事件 A 在一次试验中发生的可能性大小.

由概率的定义, 可以推导出概率的如下性质:

1. $P(\varnothing) = 0$, 即不可能事件的概率为零.

2. 若事件 $A_1, A_2, \cdots, A_n$ 两两互斥, 则有

$$P\Big(\bigcup_{i=1}^{n} A_i\Big) = \sum_{i=1}^{n} P(A_i), \qquad (1.2.2)$$

即两两互斥事件之并的概率等于各个事件的概率之和.

3. 对任一事件 A, 均有 $P(\overline{A}) = 1 - P(A)$.

4. 对两个事件 A 和 B, 若 $A \subset B$, 则有

$$P(B - A) = P(B) - P(A), \quad P(B) \geqslant P(A). \qquad (1.2.3)$$

5. 对任意两个事件 A 和 B, 有

$$P(A \cup B) = P(A) + P(B) - P(AB). \qquad (1.2.4)$$

证 1. 令 $A_i = \varnothing$, $i = 1, 2, \cdots$, 则 $\bigcup_{i=1}^{\infty} A_i = \varnothing$, 且 $A_1, A_2, \cdots$ 两两互斥. 由概率的可加性 (1.2.1) 式, 得

$$P(\varnothing) = \sum_{i=1}^{\infty} P(\varnothing).$$

再由 $P(\varnothing) \geqslant 0$, 得 $P(\varnothing) = 0$. 性质 1 得证.

2. 令 $A_{n+1} = A_{n+2} = \cdots = \varnothing$, 则 $A_1, A_2, \cdots$ 两两互斥, 且 $\bigcup\limits_{i=1}^{n} A_i = \bigcup\limits_{i=1}^{\infty} A_i$.
于是, 由概率的可加性 (1.2.1) 式及性质 1, 得

$$P\left(\bigcup_{i=1}^{n} A_i\right) = P\left(\bigcup_{i=1}^{\infty} A_i\right)$$

$$= \sum_{i=1}^{n} P(A_i) + \sum_{i=n+1}^{\infty} P(A_i)$$

$$= \sum_{i=1}^{n} P(A_i) + 0$$

$$= \sum_{i=1}^{n} P(A_i).$$

于是, (1.2.2) 式成立. 性质 2 得证.

性质 2 称为概率的有限可加性.

3. 在性质 2 中, 取 $n = 2$, $A_1 = A$, $A_2 = \overline{A}$, 则 $A_1 A_2 = \varnothing$, $A_1 \cup A_2 = \Omega$; 在由定义 1.2.2 中的 $P(\Omega) = 1$, 得

$$1 = P(\Omega) = P(A_1 \cup A_2) = P(A_1) + P(A_2).$$

于是, $1 = P(A) + P(\overline{A})$, 即 $P(\overline{A}) = 1 - P(A)$. 性质 3 得证.

4. 由 $A \subset B$, 可知 $BA = A$, $B = (BA) \cup (B - A) = A \cup (B - A)$, 且 $A(B - A) = \varnothing$. 由性质 2, 得 $P(B) = P(A) + P(B - A)$, 即

$$P(B - A) = P(B) - P(A).$$

由概率定义中的 (1), 可知 $P(B - A) \geqslant 0$. 再由上式, 得 (1.2.3) 式成立. 性质 4 得证.

5. 因 $A \cup B = A \cup (B - AB)$ 且 $A(B - AB) = \varnothing$, $AB \subset B$, 由性质 2 及性质 4, 得

$$P(A \cup B) = P(A) + P(B - AB) = P(A) + P(B) - P(AB),$$

(1.2.4) 式成立. 性质 5 得证.

性质 5 称为概率的加法公式. 另外, 性质 5 还可以推广到多个事件的情形. 对 n 个事件 $A_1, A_2, \cdots, A_n$, 有

$$P\left(\bigcup_{i=1}^{n} A_i\right) = S_1 - S_2 + S_3 - S_4 + \cdots + (-1)^{n+1} S_n, \tag{1.2.5}$$

其中

$$S_1 = \sum_{i=1}^{n} P(A_i), \quad S_2 = \sum_{1 \leqslant i < j \leqslant n} P(A_i A_j),$$

$$S_3 = \sum_{1 \leqslant i < j < k \leqslant n} P(A_i A_j A_k), \quad \cdots, \quad S_n = P(A_1 A_2 \cdots A_n).$$

特别地, 对三个事件 A_1, A_2 和 A_3, 有

$$\begin{aligned}
P(A_1 \cup A_2 \cup A_3) =& P(A_1) + P(A_2) + P(A_3) \\
& - P(A_1 A_2) - P(A_1 A_3) - P(A_2 A_3) \\
& + P(A_1 A_2 A_3).
\end{aligned} \tag{1.2.6}$$

1.3 古典概率模型

如果试验 E 的结果只有有限种, 且每种结果发生的可能性相等, 则称这样的试验模型为等可能概率模型或古典概率模型, 简称为等可能概型或古典概型.

下面我们来讨论古典概型中事件概率的计算问题.

设试验 E 的样本空间 $\Omega = \{\omega_1, \omega_2, \cdots, \omega_n\}$, 且在试验中每个基本事件发生的可能性相同, 即

$$P(\{\omega_1\}) = P(\{\omega_2\}) = \cdots = P(\{\omega_n\}).$$

由基本事件两两互斥, 且 $\{\omega_1\} \cup \{\omega_2\} \cup \cdots \cup \{\omega_n\} = \Omega$, 得

$$\begin{aligned}
1 = P(\Omega) =& P(\{\omega_1\} \cup \{\omega_2\} \cup \cdots \cup \{\omega_n\}) \\
=& P(\{\omega_1\}) + P(\{\omega_2\}) + \cdots + P(\{\omega_n\}) \\
=& n P(\{\omega_1\}),
\end{aligned}$$

于是, 有

$$P(\{\omega_1\}) = P(\{\omega_2\}) = \cdots = P(\{\omega_n\}) = \frac{1}{n}.$$

若事件 A 包含 k 个基本事件, 即 $A = \{\omega_{i_1}\} \cup \{\omega_{i_2}\} \cup \cdots \cup \{\omega_{i_k}\}$, $1 \leqslant i_1 < i_2 < \cdots < i_k \leqslant n$, 得

$$P(A) = \sum_{j=1}^{k} P(\{\omega_{i_j}\}) = \frac{k}{n} = \frac{\text{事件 } A \text{ 包含基本事件数}}{\text{基本事件总数}}. \tag{1.3.1}$$

例 1.3.1　掷一颗匀称骰子, 设 A 表示所掷结果为 "四点或五点", B 表示所掷结果为 "偶数点". 求 $P(A)$ 和 $P(B)$.

解　设 $A_1 = \{1\}$, $A_2 = \{2\}, \cdots, A_6 = \{6\}$ 分别表示所掷结果为 "一点", "两点", $\cdots$, "六点", 则样本空间 $\Omega = \{1, 2, 3, 4, 5, 6\}$, $A_1, A_2, \cdots, A_6$ 是所有不同的基本事件, 且它们发生的概率相同, 于是

$$P(A_1) = P(A_2) = \cdots = P(A_6) = \frac{1}{6}.$$

由 $A = A_4 \cup A_5 = \{4, 5\}$, $B = A_2 \cup A_4 \cup A_6 = \{2, 4, 6\}$, 得

$$P(A) = \frac{2}{6} = \frac{1}{3}, \quad P(B) = \frac{3}{6} = \frac{1}{2}.$$

例 1.3.2　将一枚均匀硬币抛掷三次, 设事件 $A = \{$恰有两次出现带币值的面朝上$\}$, $B = \{$至少有一次出现带币值的面朝上$\}$. 求 $P(A)$ 和 $P(B)$.

解　对现在的问题, 视硬币每掷三次为一次试验, 用 H 表示抛币后出现带币值的面朝上, T 表示带币值的面朝下. 这样, 每次试验的结果都需要用三个字母来表示. 例如 (HTH) 就表示第一、三次是带币值的面朝上, 第二次是带币值的面朝下, 等. 样本空间 $\Omega = \{HHH, HHT, HTH, THH, HTT, THT, TTH, TTT\}$, $A = \{HHT, HTH, THH\}$, $\overline{B} = \{TTT\}$, 所以

$$P(A) = \frac{3}{8}, \quad P(B) = 1 - P(\overline{B}) = 1 - \frac{1}{8} = \frac{7}{8}.$$

例 1.3.3　货架上有外观相同的产品 15 件, 其中 12 件来自产地甲, 3 件来自产地乙. 现从 15 件产品中随机地抽取两件, 设 $A = \{$两件产品来自同一产地$\}$, $B = \{$两件产品中至少有一件来自产地甲$\}$, 求 $P(A)$ 和 $P(B)$.

解　从 15 件产品中取出两件商品, 共有 C_{15}^2 种取法, 且每种取法都是等可能的. 视每一种取法是一个基本事件, 于是基本事件总数 $n = \mathrm{C}_{15}^2 = \dfrac{15 \times 14}{2 \times 1} = 105$.

同理, 事件 $A_1 = \{$两件产品来自产地甲$\}$ 所包含的基本事件数 $k_1 = \mathrm{C}_{12}^2 = 66$; 事件 $A_2 = \{$两件产品来自产地乙$\}$ 所包含的基本事件数 $k_2 = \mathrm{C}_3^2 = 3$. 而事件 $A = \{$两件产品来自同一产地$\} = A_1 \cup A_2$, 且 A_1 与 A_2 互斥. 所以, 事件 A 所包含的基本事件数 $k_A = k_1 + k_2 = 69$. 于是, 所求概率

$$P(A) = \frac{k_A}{n} = \frac{69}{105} = \frac{23}{35};$$

注意到 $\overline{B} = A_2$ 的事实, 又可得

$$P(B) = 1 - P(\overline{B}) = 1 - P(A_2) = 1 - \frac{k_2}{n} = 1 - \frac{3}{105} = \frac{34}{35}.$$

例 1.3.4 货架上有外观相同的产品 15 件, 其中 12 件来自产地甲, 3 件来自产地乙. 任意抽取产品两次, 每次取一件. 试分别在返回抽样和不返回抽样的情况下, 求事件 A, B 的概率, 其中 $A = \{$两件产品来自同一产地$\}$, $B = \{$两件产品中至少有一件来自产地甲$\}$. 所谓返回抽样, 是指在第二次抽取产品前, 已将第一次取到的产品又放回到货架上; 所谓不返回抽样, 是指在第二次抽取产品时, 第一次取到的产品没有放回到货架上.

解 (1) 先考虑返回抽样的情况. 我们把抽取两件产品看成一次试验, 并用 (x, y) 表示试验的结果 (样本点), x 为第一次取到的产品, y 为第二次取到的产品. 则 x 和 y 均有 15 种取法, 样本点总数为 $15 \times 15 = 225$, 各样本点的出现是等可能的. 而事件 $A_1 = \{$两件产品来自产地甲$\}$ 所包含的基本事件数 $k_1 = 12 \times 12 = 144$, 事件 $A_2 = \{$两件产品来自产地乙$\}$ 所包含的基本事件数 $k_2 = 3 \times 3 = 9$, 事件 $A = \{$两件产品来自同一产地$\}$ 所包含的基本事件数 $k = k_1 + k_2 = 153$. 于是,

$$P(A) = \frac{153}{225} = \frac{17}{25};$$

注意到 $\overline{B} = A_2 = \{$两件产品来自产地乙$\}$, 所以

$$P(B) = 1 - P(\overline{B}) = 1 - P(A_2) = 1 - \frac{9}{225} = \frac{24}{25}.$$

(2) 再考虑不返回抽样的情况. 仍用 (x, y) 表示样本点, x 为第一次取到的产品, y 为第二次取到的产品, 则 x 有 15 种取法, y 有 14 种取法, 样本点总数为 $n = 15 \times 14 = 210$, 且各样本点的出现是等可能的. A_1 的样本点的 x 有 12 种取法, y 有 11 种取法, 所以, A_1 含 $k_1 = 12 \times 11 = 132$ 个样本点, A_2 的样本点的 x 有 3 种取法, y 有 2 种取法, 所以, A_2 含 $k_2 = 3 \times 2 = 6$ 个样本点,

$$P(A) = \frac{132 + 6}{210} = \frac{23}{35};$$

类似地, $\overline{B} = A_2 = \{$两件产品来自产地乙$\}$, 所以

$$P(B) = 1 - P(\overline{B}) = 1 - P(A_2) = 1 - \frac{6}{210} = \frac{34}{35}.$$

注意: 例 1.3.4 中用排列的方法计算不返回抽样的情况下 $P(A)$ 和 $P(B)$, 与例 1.3.3 中用组合公式计算的 $P(A)$ 和 $P(B)$ 结果是相同的. 试想一下, 如果例 1.3.4 中不返回抽样情况下前后两次抽取的时间间隔非常小, 不就等价于例 1.3.3 中的一次取出两件产品吗?

例 **1.3.5** 将 n 个球随机地放入 $N(N \geqslant n)$ 个盒子中, 若盒子的容量无限制, 求事件 $A = \{$每个盒子中至多有一个球$\}$ 的概率.

解 由于每个球都可以放入 N 个盒子中的任何一个, 所以每个球有 N 种放法. 若盒子的容量无限制, 则将 n 个球放入 N 个盒子中共有 N^n 种不同的放法, 且每种放法的可能性相同. 而每个盒子中至多有一个球的放法有 $N(N-1)\cdots(N-n+1) = \mathrm{A}_N^n$ 种. 因而所求概率为

$$P(A) = \frac{N(N-1)\cdots(N-n+1)}{N^n} = \frac{\mathrm{A}_N^n}{N^n}.$$

许多问题和本例有相同的数学模型. 例如 "人群中有相同生日的问题". 假设每个人在一年 (按 365 天计) 内每一天出生的可能性都相同, 现随机地选取 $n(n \leqslant 365)$ 个人, 则他们生日各不相同的概率为

$$\frac{365 \times 364 \times \cdots \times (365-n+1)}{365^n}.$$

于是, n 个人中至少有两人生日相同的概率为

$$1 - \frac{365 \times 364 \times \cdots \times (365-n+1)}{365^n}.$$

经计算, 得到表 1.3.

表 1.3 n 个人中至少有两人生日相同的概率表

n	10	15	20	25	30	35	40	45	50
p	0.12	0.25	0.41	0.57	0.71	0.81	0.89	0.94	0.97

从表 1.3 可以看出: 在 40 人左右的人群里, "十有八九" 会发生 "两人或两人以上生日相同" 这一事件.

例 **1.3.6** 设 15 件新产品中有 3 件特级品, 将这 15 件新产品平均分配给三个售货点, 求事件 A 和 B 的概率. $A = \{$每个售货点各分配到 1 件特级品$\}$, $B = \{3$ 件特级品被分配到同一个售货点$\}$.

解 将 15 件产品分到三个点, 使每个点恰有 5 件的分法有 15!/(5!5!5!) 种, 每种分法是等可能的. 把每种分法看成一个样本点, 样本点总数为 15!/(5!5!5!).

把 3 件特级品分到三个点, 使每个点恰有 1 件的分法有 3! 种, 对应于每种这样的分法, 把其余 12 件非特极品分到三个点, 使每个点恰有 4 件的分法有 12!/(4!4!4!) 种, 所以, A 含 3!12!/(4!4!4!) 个样本点,

$$P(A) = \frac{3!12!/(4!4!4!)}{15!/(5!5!5!)} = \frac{25}{91}.$$

把 3 件特级品分到同一个点的分法有 3 种, 对应于每种这样的分法, 把其余 12 件非特级品分到三个点, 使分到特级品的点恰有两件, 另两个点各恰有 5 件的分法有 $12!/(2!5!5!)$ 种, 所以, B 含 $3 \times 12!/(2!5!5!)$ 个样本点,

$$P(B) = \frac{3 \times 12!/(2!5!5!)}{15!/(5!5!5!)} = \frac{6}{91}.$$

在上述计算中, 我们反复使用了以下公式: 把 n 个物品分成 k 组, 第一组恰有 n_1 个, 第二组恰有 n_2 个, $\cdots$, 第 k 组恰有 n_k 个, 每个 n_i 均为正整数, 且 $n = n_1 + n_2 + \cdots + n_k$, 则不同的分组方法有 $\dfrac{n!}{n_1!n_2!\cdots n_k!}$ 种.

例 1.3.7 设 N 件产品中有 K 件是次品, $N - K$ 件是正品, $K < N$. 现从 N 件中每次任意抽取 1 件产品, 在检查过它是正品或是次品后再放回. 这样共抽取了 n 次, $n \leqslant K$, $n \leqslant N - K$, 求事件 $A_{k;n} = \{n$ 件产品中恰有 k 件次品$\}$ 的概率, $k = 0, 1, 2, \cdots, n$.

解 由于每次都是从 N 件产品中任意取出一件, 每次都有 N 种取法. 所以, 取 n 次, 共有 N^n 种取法, 且每种取法出现的可能性都相同. 每种取法就是一个基本事件, 则基本事件总数为 N^n; 同理, 每次从 K 件次品中取出 1 件, 取 k 次, 共有 K^k 种取法; 每次从 $N - K$ 件正品中取 1 件, 取 $n - k$ 次, 共有 $(N - K)^{n-k}$ 种取法. 由于 k 件次品出现在 n 次中的方式有 C_n^k 种, 可知 $A_{k;n}$ 包含 $\mathrm{C}_n^k K^k (N - K)^{n-k}$ 个基本事件, 从而

$$P(A_{k;n}) = \frac{\mathrm{C}_n^k K^k (N - K)^{n-k}}{N^n} = \mathrm{C}_n^k \left(\frac{K}{N}\right)^k \left(1 - \frac{K}{N}\right)^{n-k}, \quad k = 0, 1, 2, \cdots, n.$$
$$(1.3.2)$$

因为在返回抽样的情况下, 每次抽取时次品率都未发生变化, 都是 K/N. 若记 $p = K/N$ 为每次抽取时的次品率, 则 (1.3.2) 式变成了

$$P(A_{k;n}) = \mathrm{C}_n^k p^k (1 - p)^{n-k}, \quad k = 0, 1, 2, \cdots, n. \tag{1.3.3}$$

(1.3.3) 式就是以后常用的, 也是非常重要的二项分布的概率公式.

1.4 条 件 概 率

1.4.1 条件概率

在实际问题中, 除了要考虑某事件 A 的概率 $P(A)$ 外, 有时还要考虑在 "事件 B 已经发生" 的条件下, 事件 A 发生的概率. 一般情况下, 后者的概率与前者的

概率不同, 为了有所区别, 常把后者的概率称为条件概率, 记为 $P(A|B)$ 或 $P_B(A)$, 读作在事件 B 发生的条件下, 事件 A 发生的条件概率.

例 1.4.1 设 100 件产品中有 5 件是不合格品, 而 5 件不合格品中又有 3 件是次品, 2 件是废品. 现从 100 件产品中任意抽取一件, 假定每件产品被抽到的可能性都相同, 求

(1) 抽到的产品是次品的概率;

(2) 在抽到的产品是不合格品的条件下, 产品是次品的概率.

解 设 $A = \{$抽到的产品是次品$\}$, $B = \{$抽到的产品是不合格品$\}$.

(1) 由于 100 件产品中有 3 件是次品, 按古典概型计算, 得

$$P(A) = \frac{3}{100}.$$

(2) 由于 5 件不合格品中有 3 件是次品, 故可得

$$P(A|B) = \frac{3}{5}.$$

可见, $P(A) \neq P(A|B)$.

需要注意的是: 虽然这两个概率不同, 但二者之间有一定的关系. 我们先从例 1.4.1 入手分析这个关系, 然后给出条件概率的一般定义.

先来计算 $P(B)$ 和 $P(AB)$.

因为 100 件产品中有 5 件是不合格品, 所以 $P(B) = 5/100$. 而 $P(AB)$ 表示事件 "抽到的产品是不合格品, 且是次品" 的概率, 再由 100 件产品中只有 3 件既是不合格品又是次品, 得 $P(AB) = 3/100$. 通过简单运算, 得

$$P(A|B) = \frac{3}{5} = \frac{3}{100} \bigg/ \frac{5}{100} = \frac{P(AB)}{P(B)}.$$

受此式的启发, 我们对条件概率 $P(A|B)$ 定义如下.

定义 1.4.1 设 A 和 B 是两个事件, 且 $P(B) > 0$, 称

$$P(A|B) = \frac{P(AB)}{P(B)} \tag{1.4.1}$$

为在事件 B 发生的条件下, 事件 A 发生的条件概率.

条件概率 $P(\cdot|B)$ 满足概率定义中的三个条件, 即

(1) 对每个事件 A, 均有 $P(A|B) \geqslant 0$;

(2) $P(\Omega|B) = 1$;

(3) 若 $A_1, A_2, \cdots$ 是两两互斥事件, 则有

$$P\left(\left(\bigcup_{i=1}^{\infty} A_i\right)\Big|B\right) = \sum_{i=1}^{\infty} P(A_i|B).$$

证 由条件概率的定义, 可直接得到 (1) 和 (2), 下面仅证 (3).

若 $A_1, A_2, \cdots$ 两两互斥, 则对每个 $i \neq j$, $i,j = 1, 2, \cdots$, 有 $A_i A_j = \varnothing$. 再由事件交的运算性质, 得

$$(A_i B)(A_j B) = (A_i A_j)B = \varnothing B = \varnothing.$$

于是, $A_1 B, A_2 B, \cdots$ 也两两互斥, 从而

$$\begin{aligned}
P\left(\left(\bigcup_{i=1}^{\infty} A_i\right)\Big|B\right) &= \frac{P\left(\left(\bigcup\limits_{i=1}^{\infty} A_i\right)B\right)}{P(B)} \\
&= \frac{P\left(\bigcup\limits_{i=1}^{\infty} A_i B\right)}{P(B)} \\
&= \frac{\sum\limits_{i=1}^{\infty} P(A_i B)}{P(B)} \\
&= \sum_{i=1}^{\infty} P(A_i|B).
\end{aligned}$$

既然条件概率满足概率定义的三个条件, 所以条件概率也是概率. 于是, 1.2 节中关于概率的所有性质, 也都适用于条件概率. 例如, 对任意事件 A_1 和 A_2, 有

$$P((A_1 \cup A_2)|B) = P(A_1|B) + P(A_2|B) - P(A_1 A_2|B).$$

例 1.4.2 货架上有外观相同的产品 15 件, 其中 12 件来自产地甲, 3 件来自产地乙. 不返回任意地抽取产品两次, 每次抽取一件. 求在第一次抽到甲地产品的条件下, 第二次又抽到甲地产品的概率.

解 记 $A_i = \{$第 i 次抽到甲地产品$\}$, $i = 1, 2$, 则 $A_1 A_2 = \{$两次都抽到甲地产品$\}$. 由例 1.3.4, 得 $P(A_1 A_2) = 132/210 = 22/35$. 再由 $P(A_1) = 12/15 = 4/5$, 得

$$P(A_2|A_1) = \frac{P(A_1 A_2)}{P(A_1)} = \frac{22/35}{4/5} = \frac{11}{14}.$$

另外, 也可以按条件概率的含义直接计算 $P(A_2|A_1)$. 因为在 A_1 已经发生的情况下, 即 15 件产品中一件来自产地甲的产品已被抽去了, 第二次再抽时就只能在剩下的 14 件产品 (其中 11 件来自产地甲, 3 件来自产地乙) 中再抽 1 件了. 这时, 抽到甲地产品的概率为 11/14, 这与用条件概率的定义计算的结果完全相同.

1.4.2　乘法公式

若 A 和 B 是两个事件, 由条件概率定义的 (1.4.1) 式可知, 当 $P(B) > 0$ 时, 有

$$P(AB) = P(B) \cdot P(A|B); \qquad (1.4.2)$$

同理, 当 $P(A) > 0$ 时, 有

$$P(AB) = P(A) \cdot P(B|A). \qquad (1.4.3)$$

通常称 (1.4.2) 式和 (1.4.3) 式为概率的乘法公式.

乘法公式也可以推广到多个事件的情况. 例如, $A_1, A_2, \cdots, A_n$ 为 n 个事件, $n \geqslant 2$, 当 $P(A_1 A_2 \cdots A_{n-1}) > 0$ 时, 有

$$P(A_1 A_2 \cdots A_n) = P(A_1) P(A_2|A_1) P(A_3|A_1 A_2) \cdots P(A_n|A_1 A_2 \cdots A_{n-1}). \qquad (1.4.4)$$

事实上, 由 $P(A_1) \geqslant P(A_1 A_2) \geqslant \cdots \geqslant P(A_1 A_2 \cdots A_{n-1}) > 0$, 可知 (1.4.4) 式的右端有定义, 且等于

$$P(A_1) \cdot \frac{P(A_1 A_2)}{P(A_1)} \cdot \frac{P(A_1 A_2 A_3)}{P(A_1 A_2)} \cdots \frac{P(A_1 A_2 \cdots A_n)}{P(A_1 A_2 \cdots A_{n-1})} = P(A_1 A_2 \cdots A_n),$$

于是, (1.4.4) 式成立.

利用乘法公式, 可以方便地计算一些事件的概率.

例 1.4.3　有外观相同的产品 100 件, 其中 10 件是特优品, 其余为优良品. 作不放回抽取, 每次取一件, 求第三次才取到特优品的概率.

解　设 $A_i = \{$第 i 次取到特优品$\}$, $i = 1, 2, 3$, $A = \{$第三次才取到特优品$\}$. 则 $A = \overline{A_1}\, \overline{A_2}\, A_3$, 于是

$$\begin{aligned}
P(A) &= P(\overline{A_1}\, \overline{A_2}\, A_3) \\
&= P(\overline{A_1}) \cdot P(\overline{A_2}|\overline{A_1}) \cdot P(A_3|\overline{A_1}\, \overline{A_2}) \\
&= \frac{90}{100} \times \frac{89}{99} \times \frac{10}{98} \\
&= 0.08256.
\end{aligned}$$

所以, 第三次才取到特优品的概率为 0.08256.

例 1.4.4 袋中有同型号小球 $b+r$ 个, 其中 b 个是黑球, r 个是红球. 每次从袋中任取一球, 观其颜色后放回, 并再放入同颜色、同型号球 c 个. 若 $B = \{$第一、第三次取到红球, 第二次取到黑球$\}$, 求 $P(B)$.

解 设 $A_i = \{$第 i 次取到红球$\}$, $i = 1, 2, 3$, 则 $B = A_1 \overline{A_2} A_3$, 于是

$$
\begin{aligned}
P(B) &= P(A_1 \overline{A_2} A_3) \\
&= P(A_1) \cdot P(\overline{A_2}|A_1) \cdot P(A_3|A_1\overline{A_2}) \\
&= \frac{r}{b+r} \cdot \frac{b}{b+(r+c)} \cdot \frac{(r+c)}{(b+c)+(r+c)} \\
&= \frac{rb(r+c)}{(b+r)(b+r+c)(b+r+2c)}.
\end{aligned}
$$

这是因为, 在第一次取到红球后、第二次取球之前, 袋中有 $r+c$ 个红球, b 个黑球; 在第一次取到红球、第二次取到黑球后、第三次取球之前, 袋中有 $r+c$ 个红球, $b+c$ 个黑球.

1.4.3 全概率公式

为介绍全概率公式, 我们先引入样本空间划分的概念.

定义 1.4.2 设 Ω 为试验 E 的样本空间, $B_1, B_2, \cdots, B_n$ 为一组事件, 若 $B_1, B_2, \cdots, B_n$ 两两互斥, 且 $B_1 \cup B_2 \cup \cdots \cup B_n = \Omega$, 则称 $B_1, B_2, \cdots, B_n$ 为样本空间 Ω 的一个划分.

易见, 若 $B_1, B_2, \cdots, B_n$ 为样本空间 Ω 的一个划分, 则每次试验时, 事件 $B_1, B_2, \cdots, B_n$ 中必有一个, 且仅有一个发生.

定理 1.4.1 设 Ω 是试验 E 的样本空间, A 为一个事件, $B_1, B_2, \cdots, B_n$ 为 Ω 的一个划分, 且 $P(B_i) > 0$, $i = 1, 2, \cdots, n$, 则有

$$
P(A) = \sum_{i=1}^{n} P(B_i) P(A|B_i). \tag{1.4.5}
$$

证 由 $B_1, B_2, \cdots, B_n$ 为 Ω 的一个划分, 可知 $B_i B_j = \varnothing$, $i \neq j$, $i, j = 1, 2, \cdots, n$, 且 $B_1 \cup B_2 \cup \cdots \cup B_n = \Omega$. 于是

$$
A = A\Omega = A(B_1 \cup B_2 \cup \cdots \cup B_n) = (AB_1) \cup (AB_2) \cup \cdots \cup (AB_n),
$$

且 $(AB_i)(AB_j) = A(B_iB_j) = A\varnothing = \varnothing$, $i \neq j$, $i,j = 1,2,\cdots,n$. 于是 AB_1, $AB_2,\cdots,AB_n$ 两两互斥. 从而

$$P(A) = \sum_{i=1}^{n} P(AB_i). \tag{1.4.6}$$

再由 $P(B_i) > 0$ 及乘法公式, 得

$$P(AB_i) = P(B_i)P(A|B_i), \quad i = 1,2,\cdots,n.$$

将上式代入 (1.4.6) 式, 整理后得 (1.4.5) 式. 定理证毕.

(1.4.5) 式称为全概率公式.

全概率公式的含义是：A 的概率 $P(A)$, 可以用 A 在各个条件 B_i 下的条件概率 $P(A|B_i)$ 及各个条件出现的概率 $P(B_i)$, $i = 1,2,\cdots,n$ 来表示. 在许多实际问题中, $P(A)$ 不易直接求得, 但却容易找到 Ω 的一个划分 $B_1,B_2,\cdots,B_n$, 且 $P(B_i)$ 和 $P(A|B_i)$ 或为已知, 或易求得. 那么, 可根据 (1.4.5) 式求出 $P(A)$.

例 1.4.5 一批同型号的零件由编号为 Ⅰ、Ⅱ、Ⅲ 的三台机器共同生产, 三台机器生产零件的数量占总数量的百分比依次为 35%, 40% 和 25%, 各台机器生产零件的次品率分别为 3%, 2% 和 1%. 求该这批零件的次品率.

解 设 $A = \{$零件是次品$\}$, $B_1 = \{$零件由 Ⅰ 号机器生产$\}$, $B_2 = \{$零件由 Ⅱ 号机器生产$\}$, $B_3 = \{$零件由 Ⅲ 号机器生产$\}$, 则

$$P(B_1) = 0.35, \qquad P(B_2) = 0.40, \qquad P(B_3) = 0.25,$$
$$P(A|B_1) = 0.03, \quad P(A|B_2) = 0.02, \quad P(A|B_3) = 0.01.$$

由全概率公式, 得

$$\begin{aligned}
P(A) &= P(B_1)P(A|B_1) + P(B_2)P(A|B_2) + P(B_3)P(A|B_3) \\
&= 0.35 \times 0.03 + 0.40 \times 0.02 + 0.25 \times 0.01 \\
&= 0.021.
\end{aligned}$$

所以, 这批零件的次品率为 0.021.

1.4.4 贝叶斯公式

定理 1.4.2 设 Ω 是样本空间, A 为一个事件, $B_1,B_2,\cdots,B_n$ 为 Ω 的一个划分, 且 $P(A) > 0$, $P(B_i) > 0$, $i = 1,2,\cdots,n$, 则

$$P(B_i|A) = \frac{P(B_i)P(A|B_i)}{\sum_{j=1}^{n} P(B_j)P(A|B_j)}, \quad i = 1, 2, \cdots, n. \tag{1.4.7}$$

证 由条件概率的定义及全概率公式, 得

$$P(B_i|A) = \frac{P(B_iA)}{P(A)} = \frac{P(B_i)P(A|B_i)}{\sum_{j=1}^{n} P(B_j)P(A|B_j)}, \quad i = 1, 2, \cdots, n.$$

定理证毕.

(1.4.7) 式称为贝叶斯 (Bayes) 公式, 它是概率论中的一个著名公式. 从形式上看, 贝叶斯公式把一个简单的条件概率 $P(B_i|A)$ 表示成了很复杂的形式, 但在许多问题中, 公式右端中的量 $P(B_j)$ 和 $P(A|B_j)$ 或为已知, 或容易求得. 因此, 这个公式提供了计算事件条件概率的一个有效途径.

例 **1.4.6** 8 支步枪中有 5 支已校准过, 3 支未校准. 一名射手用校准过的枪射击时, 中靶的概率为 0.8; 用未校准的枪射击时, 中靶的概率为 0.3. 现从 8 支枪中任取一支用于射击, 结果中靶. 求所用的枪是校准过的概率.

解 设 $B_1 = \{$使用的枪校准过$\}$, $B_2 = \{$使用的枪未校准$\}$, $A = \{$射击时中靶$\}$, 则 B_1, B_2 是 Ω 一个划分, 且

$$P(B_1) = \frac{5}{8}, \qquad P(B_2) = \frac{3}{8},$$

$$P(A|B_1) = 0.8, \quad P(A|B_2) = 0.3.$$

由贝叶斯公式, 得

$$\begin{aligned}
P(B_1|A) &= \frac{P(B_1)P(A|B_1)}{P(B_1)P(A|B_1) + P(B_2)P(A|B_2)} \\
&= \frac{(5/8) \times 0.8}{(5/8) \times 0.8 + (3/8) \times 0.3} \\
&= \frac{40}{49}.
\end{aligned}$$

这样, 所用的枪是校准过的概率为 $\dfrac{40}{49}$.

例 **1.4.7** (续例 1.4.5) 现从这批零件中抽到一件次品, 试问次品由 I、II、III 号机器生产的概率各为多少?

解 由贝叶斯公式, 得

$$P(B_1|A) = \frac{P(B_1)P(A|B_1)}{P(B_1)P(A|B_1) + P(B_2)P(A|B_2) + P(B_3)P(A|B_3)}$$
$$= \frac{0.35 \times 0.03}{0.35 \times 0.03 + 0.40 \times 0.02 + 0.25 \times 0.01}$$
$$= \frac{1}{2}.$$

同理, 可得

$$P(B_2|A) = \frac{8}{21}, \quad P(B_3|A) = \frac{5}{42}.$$

这样, 次品 I、II、III 号机器生产的概率分别为 $\frac{1}{2}, \frac{8}{21}, \frac{5}{42}$.

1.5 事件的独立性

设 A 和 B 是两个事件, 若 $P(B) > 0$, 则可定义条件概率 $P(A|B)$. 它表示在事件 B 发生的条件下, 事件 A 发生的概率; 而 $P(A)$ 表示不管事件 B 发生与否, 事件 A 发生的概率. 若 $P(A|B) = P(A)$, 则表明事件 B 的发生并不影响事件 A 发生的概率, 这时称事件 A 与 B 相互独立, 并且乘法公式变成了

$$P(AB) = P(A|B)P(B) = P(A)P(B).$$

我们可以用这个公式来刻画事件的独立性.

定义 1.5.1 设 A 与 B 是两个事件, 如果等式

$$P(AB) = P(A)P(B) \tag{1.5.1}$$

成立, 则称事件 A 与 B 相互独立.

用 (1.5.1) 式定义两个事件的独立性, 在数学上至少有两个好处: 一是不需要条件概率的概念; 二是该形式关于 A 与 B 具有对称性, 因而体现了 "相互独立" 的实质. 在实际应用中, 两个事件是否相互独立, 常常不是根据 (1.5.1) 式来判断, 而是根据这两个事件的发生是否相互影响来判断的. 例如, 甲、乙两人向同一目标射击, 彼此互不相干, 则甲、乙各自是否击中目标这类事件是相互独立的; 又如, 对某一物体进行多次测量时, 不同次测量的测量误差都可以认为是相互独立的.

相互独立的事件具有如下性质.

定理 1.5.1 若事件 A 与 B 相互独立, 则 A 与 $\overline{B}$, $\overline{A}$ 与 B, $\overline{A}$ 与 $\overline{B}$ 也相互独立.

证 这里仅给出"由 A 与 B 相互独立, 可推出 A 与 $\overline{B}$ 相互独立"的证明, 其他可类似推出.

由 $A = (AB) \cup (A\overline{B})$, 且 AB 与 $A\overline{B}$ 互斥. 于是, 有

$$P(A) = P(AB) + P(A\overline{B}),$$

再由 $P(AB) = P(A)P(B)$, 得

$$P(A\overline{B}) = P(A) - P(A)P(B) = P(A)[1 - P(B)] = P(A)P(\overline{B}).$$

所以, A 与 $\overline{B}$ 相互独立. 定理证毕.

例 1.5.1 甲乙两射手独立地射击同一目标, 他们击中目标的概率分别为 0.9 和 0.8. 求每人射击一次后, 目标被击中的概率.

解 设 $A = \{甲击中目标\}$, $B = \{乙击中目标\}$, 则 $P(A) = 0.9$, $P(B) = 0.8$, 由事件之并的概率 (1.2.4) 式及 A 与 B 相互独立, 得

$$
\begin{aligned}
P(A \cup B) &= P(A) + P(B) - P(AB) \\
&= P(A) + P(B) - P(A)P(B) \\
&= 0.9 + 0.8 - 0.9 \times 0.8 \\
&= 0.98.
\end{aligned}
$$

所以, 目标被击中的概率为 0.98.

另外, 由 $\overline{A \cup B} = \overline{A}\,\overline{B}$, 且 A 与 B 相互独立, 得 $\overline{A}$ 与 $\overline{B}$ 相互独立, 也有

$$
\begin{aligned}
P(A \cup B) &= 1 - P(\overline{A \cup B}) = 1 - P(\overline{A}\,\overline{B}) = 1 - P(\overline{A})P(\overline{B}) \\
&= 1 - (1 - 0.9)(1 - 0.8) \\
&= 0.98.
\end{aligned}
$$

关于事件的独立性, 可推广到多个事件的情况.

定义 1.5.2 设 $A_1, A_2, \cdots, A_n$ 是 n 个事件, $n \geqslant 2$, 如果对其中的任意 $k(\geqslant 2)$ 个事件 $A_{i_1}, A_{i_2}, \cdots, A_{i_k}$, $1 \leqslant i_1 < i_2 < \cdots < i_k \leqslant n$, 等式

$$P(A_{i_1} A_{i_2} \cdots A_{i_k}) = P(A_{i_1})P(A_{i_2}) \cdots P(A_{i_k}) \tag{1.5.2}$$

总成立, 则称事件 $A_1, A_2, \cdots, A_n$ 相互独立.

多个相互独立事件具有如下性质:

1. 若事件 $A_1, A_2, \cdots, A_n$ 相互独立, 则 $A_1, A_2, \cdots, A_n$ 中任意 $k(\geqslant 2)$ 个事件 $A_{i_1}, A_{i_2}, \cdots, A_{i_k}, 1 \leqslant i_1 < i_2 < \cdots < i_k \leqslant n$ 也相互独立.

2. 若事件 $A_1, A_2, \cdots, A_n$ 相互独立, 则事件 $B_1, B_2, \cdots, B_n$ 也相互独立, 其中 B_i 或为 A_i, 或为 $\overline{A_i}$, $i = 1, 2, \cdots, n$.

例 1.5.2　验收 100 件产品的方案如下: 从中任取 3 件进行独立地测试, 如果至少有一件被断定为次品, 则拒绝接收该批产品. 设一件次品经测试后被断定为次品的概率为 0.95, 一件正品经测试后被断定为正品的概率为 0.99, 并已知这 100 件产品中恰有 4 件次品, 求该批产品能被接收的概率.

解　设 $A = \{$该批产品被接收$\}$, $B_i = \{$取出的 3 件产品中恰有 i 件是次品$\}$, $i = 0, 1, 2, 3$, 则

$$P(B_0) = \mathrm{C}_{96}^3 / \mathrm{C}_{100}^3, \qquad P(B_1) = \mathrm{C}_4^1 \mathrm{C}_{96}^2 / \mathrm{C}_{100}^3,$$
$$P(B_2) = \mathrm{C}_4^2 \mathrm{C}_{96}^1 / \mathrm{C}_{100}^3, \quad P(B_3) = \mathrm{C}_4^3 / \mathrm{C}_{100}^3.$$

由假设, 三次测试是相互独立的, 于是

$$P(A|B_0) = 0.99^3, \qquad P(A|B_1) = 0.99^2(1 - 0.95),$$
$$P(A|B_2) = 0.99(1 - 0.95)^2, \quad P(A|B_3) = (1 - 0.95)^3.$$

由全概率公式, 得

$$P(A) = \sum_{i=0}^{3} P(B_i)P(A|B_i) = \cdots = 0.8629.$$

所以, 该批产品能被接收的概率约为 0.8629.

例 1.5.3　若干人独立地向一游动目标射击, 每人击中目标的概率都是 0.6, 问至少需要多少人, 才能以 0.99 以上的概率击中目标?

解　设至少需要 n 个人, 才能以 0.99 以上的概率击中目标. 令 $A = \{$目标被击中$\}$, $A_i = \{$第 i 人击中目标$\}$, $i = 1, 2, \cdots, n$, 则 $A = A_1 \cup A_2 \cup \cdots \cup A_n$, 且 $A_1, A_2, \cdots, A_n$ 相互独立. 于是, $\overline{A_1}, \overline{A_2}, \cdots, \overline{A_n}$ 也相互独立. 利用事件的对偶律

$$\overline{A_1 \cup A_2 \cup \cdots \cup A_n} = \overline{A_1}\ \overline{A_2} \cdots \overline{A_n},$$

得

$$\begin{aligned} P(A) &= 1 - P(\overline{A_1 \cup A_2 \cup \cdots \cup A_n}) \\ &= 1 - P(\overline{A_1}\ \overline{A_2} \cdots \overline{A_n}) \\ &= 1 - P(\overline{A_1})P(\overline{A_2}) \cdots P(\overline{A_n}) \end{aligned}$$

$$= 1 - 0.4^n.$$

问题化成了求最小的 n, 使 $1 - 0.4^n > 0.99$. 解此不等式, 得

$$n > \frac{\ln 0.01}{\ln 0.4} = 5.026,$$

所以, 最小的 n 应为 6, 即至少需要 6 人射击, 才能以 0.99 以上的概率击中目标.

习 题 1

1.1 写出下列随机试验的样本空间:

(1) 某篮球运动员投篮时, 连续 5 次都命中, 观察其投篮次数;

(2) 掷一颗匀称的骰子两次, 观察前后两次出现的点数之和;

(3) 观察某医院一天内前来就诊的人数;

(4) 从编号为 $1, 2, 3, 4, 5$ 的 5 件产品中任意取出两件, 观察取出哪两件产品;

(5) 检查两件产品是否合格;

(6) 观察某地一天内的最高气温和最低气温 (假设最低气温不低于 T_1, 最高气温不高于 T_2);

(7) 在单位圆内任取两点, 观察这两点的距离;

(8) 在长为 l 的线段上任取一点, 该点将线段分成两段, 观察两线段的长度.

1.2 设 A, B, C 为事件, 用 A, B, C 的运算关系表示下列各事件:

(1) A 与 B 都发生, 但 C 不发生;   (2) A 发生, 且 B 与 C 至少有一个发生;

(3) A, B, C 中至少有一个发生;   (4) A, B, C 中恰有一个发生;

(5) A, B, C 中至少有两个发生;   (6) A, B, C 中至多有一个发生;

(7) A, B, C 中至多有两个发生;   (8) A, B, C 中恰有两个发生.

1.3 设样本空间 $\Omega = \{x \mid 0 \leqslant x \leqslant 2\}$, 事件 $A = \{x \mid 0.5 \leqslant x \leqslant 1\}$, $B = \{x \mid 0.8 < x \leqslant 1.6\}$, 具体写出下列各事件:

(1) AB;   (2) $A - B$;   (3) $\overline{A - B}$;   (4) $\overline{A \cup B}$.

1.4 设 A, B, C 为事件, 用作图法说明下列各命题成立:

(1) $A \cup B = (A - AB) \cup B$, 且右边两事件互斥;

(2) $A \cup B = (A - B) \cup (B - A) \cup (AB)$, 且右边三事件两两互斥;

(3) 若 $A \subset B$, 则 $AB = A$;

(4) 若 $A \subset B$, 则 $A \cup B = B$;

(5) 若 $A \subset B$, 则 $\overline{B} \subset \overline{A}$;

(6) 若 $AB = \varnothing, C \subset B$, 则 $AC = \varnothing$.

1.5 按从小到大次序排列 $P(A), P(A \cup B), P(AB), P(A) + P(B)$, 并说明理由.

1.6 若 W 表示昆虫出现残翅, E 表示有退化性眼睛, 且 $P(W) = 0.125, P(E) = 0.075, P(WE) = 0.025$, 求下列事件的概率:

(1) 昆虫出现残翅或退化性眼睛;

(2) 昆虫出现残翅, 但没有退化性眼睛;

(3) 昆虫未出现残翅, 也无退化性眼睛.

1.7 设 A, B 为事件, $P(A) = 0.6$, $P(B) = 0.8$. 试问:

(1) 在什么条件下 $P(AB)$ 取到最大值? 最大值是多少?

(2) 在什么条件下 $P(AB)$ 取到最小值? 最小值是多少?

1.8 设 A, B, C 为事件, 且 $P(A) = 0.2$, $P(B) = 0.3$, $P(C) = 0.5$, $P(AB) = 0$, $P(AC) = 0.1$, $P(BC) = 0.2$, 求事件 A, B, C 中至少有一个发生的概率.

1.9 计算下列各题:

(1) 设 $P(A) = 0.5$, $P(B) = 0.3$, $P(A \cup B) = 0.6$, 求 $P(A\overline{B})$;

(2) 设 $P(A) = 0.8$, $P(A - B) = 0.4$, 求 $P(\overline{AB})$;

(3) 设 $P(AB) = P(\overline{A}\,\overline{B})$, $P(A) = 0.3$, 求 $P(B)$.

1.10 把 3 个球随机地放入 4 个杯子中, 求球最多的杯子中球数是 1, 2, 3 的概率各是多少?

1.11 掷一颗匀称的骰子两次, 求前后两次出现的点数之和为 3, 4, 5 的概率各是多少?

1.12 在整数 $0, 1, 2, \cdots, 9$ 中任取三个数, 求下列事件的概率:

(1) 三个数中最小的一个是 5; (2) 三个数中最大的一个是 5.

1.13 设 12 个乒乓球中有 4 个是白球, 8 个黄球. 现从这 12 个球中随机地抽取两个, 求下列事件的概率:

(1) 取到两个黄球; (2) 取到两个白球; (3) 取到一个白球, 一个黄球.

1.14 设 A, B 为事件, $P(A) = 0.7$, $P(B) = 0.4$, $P(A\overline{B}) = 0.5$, 求 $P((A \cup \overline{B})|B)$.

1.15 设 A, B 为事件, $P(A) = 0.6$, $P(B) = 0.4$, $P(A|B) = 0.5$, 计算下列两式:

(1) $P(A \cup B)$; (2) $P(\overline{A} \cup B)$.

1.16 设 A, B 为事件, $P(B) = \dfrac{1}{3}$, $P(\overline{A}|\overline{B}) = \dfrac{1}{4}$, $P(\overline{A}|B) = \dfrac{1}{5}$, 计算

(1) $P(AB)$; (2) $P(A)$.

1.17 选择题

(1) 设 A, B 为任意两个事件, 则下列结论正确的是 ( ).

(A) $(A \cup B) - B = A$ (B) $A \subset ((A \cup B) - B)$

(C) $((A \cup B) - B) \subset A$ (D) 以上结论全不对

(2) 设 A, B 为随机事件, 且 $B \subset A$, 则下列式子正确的是 ( ).

(A) $P(A \cup B) = P(A)$ (B) $P(AB) = P(A)$

(C) $P(B|A) = P(B)$ (D) $P(B - A) = P(B) - P(A)$

(3) 对任意事件 A 和 B, 下列式子中与 $P(A - B)$ 相等的是 ( ).

(A) $P(A) - P(B)$ (B) $P(A) - P(B) + P(AB)$

(C) $P(A) - P(AB)$ (D) $P(A) + P(B) - P(AB)$

(4) 设 A, B 为随机事件, $P(A) = 0.8$, $P(B) = 0.7$, $P(A|B) = 0.8$, 则下列结论正确的是 ( ).

(A) A 与 B 相互独立 (B) A 与 B 互斥

(C) $A \subset B$ (D) $P(A \cup B) = P(B) + P(B)$

(5) 设 A, B, C 为随机事件, 且 $P(C|AB) = 1$, 则下列结论正确的是 ( ).

(A) $P(C) \leqslant P(A) + P(B) - 1$ (B) $P(C) \geqslant P(A) + P(B) - 1$

(C) $P(C) = P(AB)$ (D) $P(C) = P(A \cup B)$

1.18 一批产品共 20 件, 其中有 5 件是次品, 其余为正品. 现从这 20 件产品中不放回地任意抽取三次, 每次只取一件, 求下列事件的概率:

(1) 在第一、第二次取到正品的条件下, 第三次取到次品;

(2) 第三次才取到次品;

(3) 第三次取到次品.

1.19 有两批相同的产品, 第一批产品共 14 件, 其中有两件为次品, 装在第一个箱中; 第二批有 10 件, 其中有一件是次品, 装在第二个箱中. 今在第一箱中任意取出两件混入到第二箱中, 然后再从第二箱中任取一件, 求从第二箱中取到的是次品的概率.

1.20 设 N 件产品中包含 n 件次品 $(2 \leqslant n < N)$, 现在其中任取两件,

(1) 在已知取出的两件中有一件是次品的条件下, 求另一件也是次品的概率;

(2) 在已知取出的两件中有一件不是次品的条件下, 求另一件是次品的概率.

1.21 设 12 个乒乓球中有 9 个新球, 3 个旧球. 第一次比赛时从中任意取出 3 个球, 用完后放回; 第二次比赛时还是从中任意取出 3 个球. 若第二次比赛时取出的 3 个球中有两个新球, 求第一次比赛时取出的 3 个球中有一个新球的概率.

1.22 设有来自两个地区考生的报名表, 分别为 20 份和 15 份, 其中女生的分别是 10 份和 8 份. 现从中随机地取出一个地区的报名表, 从中不放回地抽取两份.

(1) 求先抽到的一份是女生的报名表的概率;

(2) 已知先抽到的一份是女生的报名表, 求后抽到的一份仍是女生的报名表的概率.

1.23 设男女两性人口之比为 51 : 49, 男性中的 5% 是色盲患者, 女性中的 2.5% 是色盲患者. 今从人群中随机地抽取一人, 恰好是色盲患者, 求此人为男性的概率.

1.24 根据以往的临床记录, 知道癌症患者对某种试验呈阳性反应的概率为 0.95, 非癌症患者对这试验呈阳性反应的概率为 0.01, 被试验者患有癌症的概率为 0.005. 若某人对试验呈阳性反应, 求此人患有癌症的概率.

1.25 仓库中有 10 箱同一规格的产品, 其中 2 箱由甲厂生产, 3 箱由乙厂生产, 5 箱由丙厂生产, 三厂产品的合格率分别为 95%, 90% 和 96%.

(1) 求该批产品的合格率;

(2) 从该 10 箱中任取一箱, 再从这箱中任取一件, 若此件产品为合格品, 问此件产品由甲、乙、丙三厂生产的概率各是多少?

1.26 甲、乙、丙三人独立地向同一目标各射击一次, 他们击中目标的概率分别为 0.7, 0.8 和 0.9, 求目标被击中的概率.

1.27 在四次独立试验中, 事件 A 至少发生一次的概率为 0.5904, 求在三次独立试验中, 事件 A 发生一次的概率.

第 1 章内容提要

第 1 章教学要求、重点与难点

第 1 章典型例题分析

随 机 变 量

2.1 随机变量及其分布函数

为了方便地研究随机试验的各种结果及各种结果发生的概率, 我们常把随机试验的结果与实数对应起来, 即把随机试验的结果进行数量化, 引入随机变量的概念.

2.1.1 随机变量的概念

定义 2.1.1 设 E 是随机试验, Ω 是其样本空间. 如果对每个 $\omega \in \Omega$, 总有一个实数 $X(\omega)$ 与之对应, 则称 Ω 上的实值函数 $X(\omega)$ 为 E 的一个随机变量.

从定义知道, 随机变量是一个函数, 定义在样本空间 Ω 之上, 取值在实数轴上. 因此, 它与通常函数不同. 所不同的是, 其自变量是随机试验的结果. 由于随机试验结果的出现具有随机性, 即在一次具体试验之前, 我们无法预先知道试验究竟会出现哪一个结果. 因此, 随机变量的取值也具有一定的随机性. 这正是随机变量与一般函数的最大不同之处. 随机变量的这一特殊性质研究的需要, 产生了现代概率论.

例 2.1.1 抛掷一枚均匀硬币, 观察带币值面是否朝上. 若记 $\{\omega_1\} = \{$带币值面朝上$\}$, $\{\omega_2\} = \{$带币值面朝下$\}$, 则样本空间 $\Omega = \{\omega_1, \omega_2\}$. 于是, 试验有两个可能的结果: ω_1 和 ω_2. 引入随机变量

$$X(\omega) = \begin{cases} 1, & \omega = \omega_1; \\ 0, & \omega = \omega_2. \end{cases}$$

对样本空间中不同的元素 ω_1 和 ω_2, 随机变量 $X(\omega)$ 取不同的值 1 和 0. 由于试验结果的出现是随机的, 所以随机变量 $X(\omega)$ 的取值也是随机的, 值域为 $\{0,1\}$.

例 2.1.2 观察一部电梯一年内出现故障的次数. 记 $\{\omega_i\}=\{$电梯一年内发生 i 次故障$\}$, $i = 0, 1, 2, \cdots$, 则样本空间 $\Omega = \{\omega_i,\ i = 0, 1, 2, \cdots\}$. 于是, 试验的

结果有无限多个, 引入随机变量

$$X(\omega_i) = i, \quad i = 0, 1, 2, \cdots,$$

可使样本空间中的每个元素 ω_i 都与一个非负整数 i 对应, $i = 0, 1, 2, \cdots$. 由于试验结果的出现是随机的, 所以随机变量 $X(\omega)$ 的取值也是随机的, 值域为 $\{0, 1, 2, \cdots\}$.

例 2.1.3 测量某机床加工的零件长度与其规定长度的偏差 ω(单位: mm). 由于通常可以知道其偏差的范围, 故可以假定偏差的绝对值不大于某一固定的正数 ε. 若是这样, 则样本空间 $\Omega = \{\omega, \ -\varepsilon \leqslant \omega \leqslant \varepsilon\}$. 对于每个偏差 $\omega \in \Omega$, 可取 $X(\omega) = \omega$ 与之对应, 这样就建立了样本空间 Ω 与区间 $[-\varepsilon, \varepsilon]$ 之间的对应关系. 由于试验结果的出现是随机的, 所以随机变量 $X(\omega)$ 的取值也是随机的, 值域为 $[-\varepsilon, \varepsilon]$.

例 2.1.4 对某电子设备做寿命试验, 观察其使用寿命值. 记 ω 为该电子设备的使用寿命 (单位: h), 则试验的样本空间

$$\Omega = \{\omega, \ 0 \leqslant \omega < \infty\}.$$

对于每个 $\omega \in \Omega$, 可取 $X(\omega) = \omega$ 与之对应, 这样就建立了样本空间 Ω 与区间 $[0, \infty)$ 之间的对应关系. 由于试验结果的出现是随机的, 所以随机变量 $X(\omega)$ 的取值也是随机的, 值域为 $[0, \infty)$.

如果将 $X(\omega)$ 简记为 X, 对于实数集的每个子集 L, 将 $\{\omega, \ \omega \in \Omega$ 且 $X(\omega) \in L\}$ 简记为 $\{X \in L\}$, 则可用随机变量 X 来描述随机事件. 例如, 在例 2.1.1 中, 可用 $\{X = 1\}$ 表示事件 $\{\omega_1\} = \{$带币值面朝上$\}$, $\{X = 0\}$ 表示事件 $\{\omega_2\} = \{$带币值面朝下$\}$; 在例 2.1.2 中, 可用 $\{X \leqslant 5\}$ 表示事件 $\{$电梯在一年内出现故障的次数不超过 5$\}$; 在例 2.1.4 中, 可用 $\{X \geqslant 1000\}$ 表示事件 $\{$电子设备的使用寿命大于等于 1000 小时$\}$ 等等. 这时, 我们就可以说随机变量 $X = 1$ 的概率 $P\{X = 1\}$; 随机变量 $X = 0$ 的概率 $P\{X = 0\}$; 随机变量 $X \leqslant 5$ 的概率 $P\{X \leqslant 5\}$; 随机变量 $X \geqslant 1000$ 的概率 $P\{X \geqslant 1000\}$ 等等.

通常, 将随机变量分成两类: 即离散型和非离散型. 而非离散型中最常用的是连续型. 本课程只讨论离散型和连续型两类随机变量; 其他类随机变量不在课程教学范围内.

2.1.2 分布函数

为更好地刻画随机变量落在某一范围 (例如一个区间) 内的概率, 我们引入随机变量分布函数的概念. 分布函数具有良好的数学分析性质, 便于研究, 在概率论的理论研究中起着枢纽的作用.

定义 2.1.2　设 X 是一随机变量, 称函数

$$F(x) = P\{X \leqslant x\}, \quad -\infty < x < \infty \tag{2.1.1}$$

为 X 的累积分布函数, 简称分布函数.

分布函数 $F(x)$ 有如下的性质:

1. 单调不减性. 即对任意实数 $a < b$, 总有 $F(a) \leqslant F(b)$, 且有

$$P\{a < X \leqslant b\} = F(b) - F(a). \tag{2.1.2}$$

证　对任意实数 $a < b$, 利用 $\{a < X \leqslant b\} = \{X \leqslant b\} - \{X \leqslant a\}$, 且 $\{X \leqslant a\} \subset \{X \leqslant b\}$, 得

$$P\{a < X \leqslant b\} = P\{X \leqslant b\} - P\{X \leqslant a\} = F(b) - F(a),$$

再由 $P\{a < X \leqslant b\} \geqslant 0$, 得 $F(a) \leqslant F(b)$.

性质 1 很重要, 它表明, 随机变量 X 落在区间 $(a, b]$ 上的概率可用 X 的分布函数来计算.

2. 右连续性. 即对任意实数 x, 总有

$$\lim_{y \to x+} F(y) \triangleq F(x+) = F(x). \tag{2.1.3}$$

证　对任意实数 x, 由 $\{X \leqslant x\} = \bigcap_{n=1}^{\infty} \left\{ X \leqslant x + \frac{1}{n} \right\}$, 得

$$F(x) = P\{X \leqslant x\} = \lim_{n \to \infty} P\left\{ X \leqslant x + \frac{1}{n} \right\} = \lim_{n \to \infty} F\left(x + \frac{1}{n} \right) \triangleq F(x+).$$

3. 一致有界性与极限性质. 对任意实数 x, 总有 $0 \leqslant F(x) \leqslant 1$, 且

$$F(-\infty) = \lim_{x \to -\infty} F(x) = 0, \quad F(\infty) = \lim_{x \to \infty} F(x) = 1. \tag{2.1.4}$$

对于性质 3, 我们不作严格证明, 只作一些简单说明. 由 $F(x)$ 的定义 (2.1.1) 式直接可得 $0 \leqslant F(x) \leqslant 1$. 当 $x \to -\infty$ 时, $\{X \leqslant x\}$ 越来越趋于不可能事件, 故其概率 $P\{X \leqslant x\}$, 即 $F(x)$ 就趋于不可能事件的概率 (零). 类似地, 可以说明 (2.1.4) 式的后一个结论.

由概率的性质和分布函数的性质, 不难得如下公式:

$$P\{X < x\} = F(x) - P\{X = x\}, \quad P\{X > x\} = 1 - F(x), \tag{2.1.5}$$

等. 特别地, 当 X 为寿命分布时, 通常称 $1 - F(x)$ 为 X 为剩余寿命分布函数, 也简称剩余寿命分布. 剩余寿命分布是分析产品可靠性能或生物体生存能力的重要指标 (函数), 是可靠性分析或生存分析的核心函数.

2.2 离散型随机变量

如果一个随机变量所有可能取的值只有有限个, 或可列无限个 (即虽然是无限个, 但可以一个接一个地排列起来), 则称其为离散型随机变量. 例如, 例 2.1.1 中的随机变量 X 只可能取 0 和 1 两个值 (有限个), 所以, 它是离散型随机变量; 例 2.1.2 中的随机变量 X, 其所有可能取的值为 $0, 1, 2, \cdots$, 虽然有无限多个, 但它们可以按从小到大的次序一个接一个地排列起来, 所以, 该例中的随机变量也是离散型随机变量.

> **定义 2.2.1** 设 X 是一个随机变量, 如果其所有可能取的值只有有限个或可列无限个, 则称 X 是离散型随机变量.

2.2.1 概率分布

对于一个离散型随机变量所描述的随机试验, 我们不但要关心试验都会发生哪些结果, 还要关心试验各种结果发生的概率规律. 对应地, 就是随机变量取哪些可能值, 以及取这些可能值的概率规律.

> **定义 2.2.2** 设 X 是一个离散型随机变量, 不妨设其所有可能取的值为 $x_1, x_2, \cdots$, 称 X 取各个值的概率
>
> $$P\{X = x_k\} = p_k, \quad k = 1, 2, \cdots \tag{2.2.1}$$
>
> 为 X 的概率分布或分布律.

概率分布也可以用下面表格的形式给出:

X	x_1	x_2	$\cdots$	x_k	$\cdots$
p_k	p_1	p_2	$\cdots$	p_k	$\cdots$

这些 p_k 满足

$$\begin{cases} p_k \geqslant 0, \quad k = 1, 2, \cdots; \\ \sum_{k=1}^{\infty} p_k = 1. \end{cases} \tag{2.2.2}$$

所以, 概率分布刻画了随机变量取各个可能值的概率的分布情况.

对离散型随机变量 X, 若其概率分布如 (2.2.1) 式所示, 由概率的可加性, 得

$$F(x) = P\{X \leqslant x\} = \sum_{x_k \leqslant x} P\{X = x_k\} = \sum_{x_k \leqslant x} p_k, \tag{2.2.3}$$

这里的和式是对所有满足 $x_k \leqslant x$ 的 k 求和. 易见, $F(x)$ 是一个右连续的阶梯型函数, 在 $x_k(k = 1, 2, \cdots)$ 处间断, 跳跃高度正好是 X 取 x_k 的概率值 p_k.

例 2.2.1 甲、乙二人轮流投篮, 二人投中的概率分别为 0.5 和 0.6, 甲先投, 乙后投, 直到某人投中为止. 假设二人投篮相互独立, 且各次是否投中也相互独立, 求甲投篮次数 X 和乙投篮次数 Y 的概率分布.

解 记 $A_i = \{$甲第 i 次投篮命中$\}$, $B_i = \{$乙第 i 次投篮命中$\}$, $i = 1, 2, \cdots$. 依题设, 有 $A_1, A_2, \cdots, B_1, B_2, \cdots$ 相互独立, 且 $P(A_i) = 0,5$, $P(B_i) = 0,6$. 再利用

$$\{X = k\} = \left(A_k \cup (\overline{A_k} B_k)\right) \bigcap_{i=1}^{k-1} (\overline{A_i}\, \overline{B_i}), \quad k = 1, 2, \cdots,$$

$A_1, A_2, \cdots, B_1, B_2, \cdots$ 相互独立, 以及概率的性质, 得

$$\begin{aligned}
P\{X = k\} &= \left(P(A_k) + P(\overline{A_k})P(B_k)\right) \prod_{i=1}^{k-1} P(\overline{A_i})\, P(\overline{B_i}) \\
&= (0.5 + 0.5 \times 0.6) \times (0.5 \times 0.4)^{k-1} \\
&= 0.8 \times 0.2^{k-1}, \quad k = 1, 2, \cdots.
\end{aligned}$$

相应地, $P\{Y = 0\} = P(A_1) = 0.5$,

$$\{Y = k\} = \left(\overline{A_k} B_k \cup \overline{A_k}\, \overline{B_k}\, A_{k+1}\right) \bigcap_{i=1}^{k-1} (\overline{A_i}\, \overline{B_i}), \quad k = 1, 2, \cdots,$$

$$\begin{aligned}
P\{Y = k\} &= \left(P(\overline{A_k})P(B_k) + P(\overline{A_k})P(\overline{B_k})P(A_{k+1})\right) \prod_{i=1}^{k-1} P(\overline{A_i})\, P(\overline{B_i}) \\
&= (0.5 \times 0.6 + 0.5 \times 0.4 \times 0.5) \times (0.5 \times 0.4)^{k-1} \\
&= 0.4 \times 0.2^{k-1}, \quad k = 1, 2, \cdots.
\end{aligned}$$

例 2.2.2 如图 2.1 所示, 电子线路中装有两个并联继电器. 假设两个继电器是否接通具有随机性, 且彼此独立. 已知每个继电器接通的概率为 0.8, 记 X 为线路中接通的继电器的个数. 求 (1) X 的概率分布; (2) X 的分布函数; (3) 线路接通的概率.

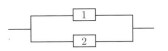

图 2.1 电子线路中的两个并联继电器

解 (1) 随机变量 X 仅可能取三个值: $0, 1, 2$. 记 $A_i = \{$第 i 个继电器接通$\}$, $i = 1, 2$. 注意到两个继电器是否接通是相互独立的, 所以, A_1 与 A_2 相互独立, 且 $P(A_1) = P(A_2) = 0.8$.

因为 $\{X = 0\}$ 表示两个继电器都没接通, 所以

$$P\{X = 0\} = P(\overline{A_1}\,\overline{A_2}) = P(\overline{A_1})P(\overline{A_2}) = 0.2 \times 0.2 = 0.04;$$

类似地, 有

$$
\begin{aligned}
P\{X = 1\} &= P(A_1\overline{A_2} \cup \overline{A_1}A_2) = P(A_1\overline{A_2}) + P(\overline{A_1}A_2) \\
&= P(A_1)P(\overline{A_2}) + P(\overline{A_1})P(A_2) \\
&= 0.8 \times 0.2 + 0.2 \times 0.8 \\
&= 0.32;
\end{aligned}
$$

$$P\{X = 2\} = P(A_1A_2) = P(A_1)P(A_2) = 0.8 \times 0.8 = 0.64.$$

于是, X 的概率分布为

X	0	1	2
p_k	0.04	0.32	0.64

(2) 由已求得的 X 的概率分布为 $P\{X = 0\} = 0.04$, $P\{X = 1\} = 0.32$, $P\{X = 2\} = 0.64$, 以及 X 的分布函数 $F(x)$ 是一个右连续的阶梯型函数, 在 $x_k(k = 0, 1, 2)$ 处的跳跃值等于 X 取 x_k 的概率 p_k, 得

$$
F(x) = \begin{cases}
0, & x < 0, \\
0.04, & 0 \leqslant x < 1, \\
0.36, & 1 \leqslant x < 2, \\
1, & 2 \leqslant x.
\end{cases}
$$

分布函数图形如图 2.2.

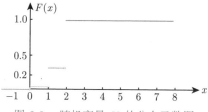

图 2.2 随机变量 X 的分布函数图

(3) 因为此电路是并联电路, 所以, 只要一个继电器接通, 整个线路就接通. 于是, 所求的概率为

$$P\{X \geqslant 1\} = P\{X = 1\} + P\{X = 2\} = 0.32 + 0.64 = 0.96.$$

2.2.2 重要的离散型随机变量

在理论和应用上, 所遇到的离散型随机变量的分布有很多, 但其中最重要的是两点分布、二项分布和泊松 (Poisson) 分布. 在本小节和后续章节中, 我们将对这三种离散型分布做详细讨论, 对其他离散型分布, 读者可参阅书后的附录二.

1. 两点分布

若随机变量 X 只可能取 0 或 1 两个值, 其概率分布为

$$P\{X = 1\} = p, \quad P\{X = 0\} = q, \tag{2.2.4}$$

其中 $0 < p < 1$, $q = 1 - p$, 则称 X 服从参数为 p 的两点分布或 (0–1) 分布, 记为 $X \sim B(1, p)$.

对于任何一个只有两种可能结果的随机试验 E, 如果用 $\Omega = \{\omega_1, \omega_2\}$ 表示其样本空间, 总可以在 Ω 上定义一个服从两点分布的随机变量

$$X = X(\omega) = \begin{cases} 1, & \omega = \omega_1, \\ 0, & \omega = \omega_2 \end{cases}$$

描述随机试验的结果. 例如, 对射手射击是否 "中靶", 掷硬币是否 "带币值的面朝上", 检查产品是否 "合格", 明天是否 "下雨", 种子是否 "发芽" 等试验, 均可用服从两点分布的随机变量来描述.

例 2.2.3 200 件产品中, 有 196 件是正品, 4 件是次品, 今从中随机地抽取一件, 若规定

$$X = \begin{cases} 1, & \text{取到正品}, \\ 0, & \text{取到次品}, \end{cases}$$

则

$$P\{X = 1\} = \frac{196}{200} = 0.98, \quad P\{X = 0\} = \frac{4}{200} = 0.02.$$

于是, X 服从参数为 0.98 的两点分布, 即 $X \sim B(1, 0.98)$.

在实际问题中, 有时一个随机试验可能有多个结果. 例如, 在产品质量检查中, 若检查结果有四种: 一级品、二级品、三级品和不合格品. 但是, 如果把前三种统称为合格品, 则试验的结果就只有合格品和不合格品两种了. 这时, 可用两点分布

来描述产品是否合格的概率了. 又如, 研究者记录了某城市每月交通事故发生的次数, 则它可能取的值为 $0, 1, 2, \cdots$, 这是无限多个结果. 但是, 如果我们现在关心的问题是每月发生交通事故的可能性, 我们可以把观测的结果分成 "发生交通事故" 和 "不发生交通事故" 两种情况. 于是, 就可用两点分布来研究每月发生交通事故的可能性.

2. 二项分布

将试验 E 在相同的条件下重复进行 n 次, 如果将第 i 次试验的结果记成 A_i, $i = 1, 2, \cdots, n$, 总有 $A_1, A_2, \cdots, A_n$ 相互独立, 即每次试验结果出现的概率都不依赖于其他各次试验的结果, 则称这 n 次试验是相互独立的.

设试验 E 只有两个结果: A 和 $\overline{A}$. 记 $p = P(A)$, 则 $P(\overline{A}) = 1 - p$, $0 < p < 1$, 将试验 E 独立地重复进行 n 次, 则称这 n 次独立重复的试验为 n 次伯努利 (Bernoulli) 试验, 简称伯努利试验.

伯努利试验是从现实世界许多的随机现象中抽象出来的一种很基本的概率模型. 例如, 在一批产品的质量检查中, 若检查的结果分为 "合格" 和 "不合格" 两种, 且采用返回抽样, 则检查 n 件产品就是 n 次伯努利试验. 又如, 在对某种新开发产品的市场调查中, 要了解消费者对于这种产品的态度, 分为 "喜欢" 和 "不喜欢" 两种, 且采用放回抽样, 则随机访问 n 位消费者的调查就是 n 次伯努利试验 (在这个问题中, 由于消费者群体很大, n 一般相对较小, 即便不采用返回抽样的方法, 试验仍然可以近似地看成伯努利试验). 这样的例子还很多, 因此, 伯努利试验与其对应的概率分布, 即下面将要引进的二项分布在概率论与数理统计的理论与应用上占有十分重要的地位.

例 2.2.4(续例 1.3.7) 记 X 为抽出的 n 件产品中的次品数, 求其概率分布.

解 如果将抽取一件产品看做一次试验, $A = \{$次品$\}$. 记 A_i 为第 i 次试验的结果, $i = 1, 2, \cdots, n$. 那么这 n 次试验显然是 n 次伯努利试验, X 是一个随机变量, 可能取到的值为 $0, 1, 2, \cdots, n$. 由例 1.3.7 及公式 (1.3.3), 再注意到 $\{X = k\} = A_{k;n}$, 有

$$P\{X = k\} = C_n^k p^k (1-p)^{n-k}, \quad k = 0, 1, 2, \cdots, n. \tag{2.2.5}$$

显然 $p_k = P\{X = k\} \geqslant 0$, $k = 0, 1, 2, \cdots, n$; 并且

$$\sum_{k=0}^{n} p_k = \sum_{k=0}^{n} C_n^k p^k (1-p)^{n-k} = [p + (1-p)]^n = 1.$$

所以, 这些 p_k 满足 (2.2.2) 式.

注意到 $C_n^k p^k (1-p)^{n-k}$ 恰好是二项式 $[p + (1-p)]^n$ 展开式中的一项, 所以, 我们称具有 (2.2.5) 式概率分布的随机变量 X 服从参数为 (n, p) 的二项分布, 记为 $X \sim B(n, p)$. 这里的大写字母 B 是取自英文单词 Binomial (二项式) 的首字母.

显然, 参数为 p 的两点分布, 是二项分布在 $n = 1$ 时的特殊情形.

对于二项分布 $B(n, p)$, 通常记

$$b(k; n, p) = C_n^k p^k (1-p)^{n-k}, \quad k = 0, 1, 2, \cdots, n. \tag{2.2.6}$$

R 中有计算二项分布 $B(n, p)$ 的概率分布和分布函数的特殊函数[①], 定义如下:

$$\text{dbinom}(k, n, p) \triangleq P\{X = k\} = C_n^k p^k (1-p)^{n-k},$$
$$\text{pbinom}(k, n, p) \triangleq P\{X \leqslant k\} = \sum_{i=0}^{k} C_n^i p^i (1-p)^{n-i}, \qquad k = 0, 1, 2, \cdots, n. \tag{2.2.7}$$

利用二者, 可以轻松地计算参数已知的二项分布 $B(n, p)$ 取某些值的概率.

例 2.2.5 一种功率 20 瓦的节能型日光灯, 规定其使用寿命超过 2000 小时为正品, 否则为次品. 已知有一大批这样的日光灯, 其次品率为 0.2. 现从这批日光灯中随机地抽取 20 只做寿命试验, 问这 20 只日光灯中恰有 k 件次品的概率是多少?

解 这虽然是不放回抽样问题, 但由于这批日光灯的总的数很大, 且抽出日光灯的数远小于日光灯总数, 因此, 可以把这种试验当作放回抽样来处理, 这样做可使问题得到简化. 虽然模型简化会带来一定的误差, 但误差通常很小, 可以忽略.

我们将观测一只日光灯的使用寿命是否超过 2000 小时看成一次试验, 观测 20 只日光灯的寿命就相当于做 20 次伯努利试验. 用 X 记 20 只日光灯中的次品数, 则 X 是一个随机变量, 且 $X \sim B(20, 0.2)$. 利用 $\text{dbinom}(k, n, p)$ 计算 (2.2.6) 式中的 $b(k; n, p)$, 将计算结果列入表 2.1.

表 2.1 20 只日光灯中恰有 k 件次品的概率分布表

k	0	1	2	3	4	5	6
$b(k; 20, 0.2)$	0.011529	0.057646	0.136909	0.205364	0.218199	0.174560	0.109100
k	7	8	9	10	11	$\cdots$	20
$b(k; 20, 0.2)$	0.054550	0.022161	0.007387	0.002031	<0.0005	$\cdots$	$\cdots$

例 2.2.6 某出租汽车公司共有出租车 400 辆, 假设每天各辆出租车发生故障的概率均为 0.02, 求一天内没有出租车发生故障和一天内有 1 至 3 辆出租车发生故障的概率各是多少.

[①] 关于 R 语言, 可参见附录三.

解 将观察一辆出租车一天内是否发生故障看成一次试验, 因为每辆出租车是否出现故障与其他出租车是否发生故障无关, 于是, 观察 400 辆出租车是否发生故障就是做 400 次伯努利试验. 设 X 是一天内出现故障的出租车数, 则 $X \sim B(400, 0.02)$. 于是, 一天内没有出租车发生故障的概率

$$P\{X = 0\} = \mathtt{dbinom}(0, 400, 0.02) \approx 0.000309;$$

一天内有 1 至 3 辆出租车发生故障的概率

$$P\{1 \leqslant X \leqslant 3\} = \mathtt{pbinom}(3, 400, 0.02) - \mathtt{dbinom}(0, 400, 0.02) \approx 0.040642.$$

二项分布 $B(n, p)$ 和两点分布 $B(1, p)$ 还有一层密切关系. 仍设每次试验只有 A 或 $\overline{A}$ 之一发生, 且 $P(A) = p$. 现将试验独立地进行 n 次, 记 X 为 n 次试验中 A 发生的次数, 则 $X \sim B(n, p)$. 若记 X_i 为第 i 次试验时 A 发生的次数, 即

$$X_i = \begin{cases} 1, & \text{第 } i \text{ 次试验中 } A \text{ 发生,} \\ 0, & \text{第 } i \text{ 次试验中 } \overline{A} \text{ 发生,} \end{cases} \quad i = 1, 2, \cdots, n,$$

则 $X_i \sim B(1, p)$, 并且 $X_1, X_2, \cdots, X_n$ 相互独立 (多个随机变量相互独立的概念见第 3 章). 根据 X 和 $X_1, X_2, \cdots, X_n$ 的定义, 自然地有

$$X = X_1 + X_2 + \cdots + X_n.$$

上式表明, 一个服从二项分布的随机变量可以表示成 n 个相互独立的服从两点分布的随机变量之和. 这个事实很重要, 在以后的讨论中将多次用到.

3. 泊松分布

如果随机变量 X 的概率分布为

$$P\{X = k\} = \frac{\lambda^k}{k!} \mathrm{e}^{-\lambda}, \quad k = 0, 1, 2, \cdots, \tag{2.2.8}$$

其中 $\lambda > 0$ 为常数, 则称随机变量 X 服从参数为 λ 的泊松分布, 记为 $X \sim P(\lambda)$.

易见, $P\{X = k\} \geqslant 0$, $k = 0, 1, 2, \cdots$, 且有

$$\sum_{k=0}^{\infty} P\{X = k\} = \sum_{k=0}^{\infty} \frac{\lambda^k \mathrm{e}^{-\lambda}}{k!} = \mathrm{e}^{-\lambda} \sum_{k=0}^{\infty} \frac{\lambda^k}{k!} = 1.$$

在许多实际问题中, 我们所关心的量都近似地服从泊松分布. 例如, 某医院单位时间 (可以是 1 小时, 也可以是 10 分钟等) 前来就诊的病人数; 某地区一段时间间隔内发生火灾的次数、发生交通事故的次数; 一段时间间隔内某放射性物质放射出的粒子数; 一段时间间隔内某容器内部的细菌数; 某地区一年内发生暴雨的次数等.

对于泊松分布 $P(\lambda)$, 通常记

$$p(k; \lambda) = \frac{\lambda^k}{k!} \mathrm{e}^{-\lambda}, \quad k = 0, 1, 2, \cdots . \tag{2.2.9}$$

R 中的 $\mathrm{dpois}(k, \lambda)$ 和 $\mathrm{ppois}(k, \lambda)$ 是计算泊松分布 $P(\lambda)$ 的概率分布和分布函数的特殊函数, 定义如下:

$$\begin{aligned} \mathrm{dpois}(k, \lambda) &\triangleq P\{X = k\} = \frac{\lambda^k}{k!} \mathrm{e}^{-\lambda}, \\ \mathrm{ppois}(k, \lambda) &\triangleq P\{X \leqslant k\} = \mathrm{e}^{-\lambda} \sum_{i=0}^{k} \frac{\lambda^i}{i!}, \end{aligned} \quad k = 0, 1, 2, \cdots . \tag{2.2.10}$$

利用二者, 可以轻松地计算参数已知的泊松分布 $P(\lambda)$ 取某些值的概率.

例 2.2.7 设某一城市每天发生火灾的次数 X 服从参数 $\lambda = 0.8$ 的泊松分布, 求该城市一天内发生 3 次或 3 次以上火灾的概率.

解 利用概率的性质和函数 $\mathrm{ppois}(k, \lambda)$, 可算出

$$P\{X \geqslant 3\} = 1 - P\{X \leqslant 2\} = 1 - \mathrm{ppois}(2, 0.8) = 0.047423.$$

即该城市一周内发生 3 次或 3 次以上火灾的概率约为 0.047423.

例 2.2.8 设某床单厂生产的每条床单上含有疵点的个数 X 服从参数 $\lambda = 1.5$ 的泊松分布. 质量检查部门规定: 床单上无疵点或只有一个疵点的为一等品, 有 2 个到 4 个疵点的为二等品, 5 个或 5 个以上疵点的为次品. 试求该床单厂生产的床单为一等品、二等品和次品的概率.

解 由 $X \sim P(1.5)$ 及概率的可加性, 得

$$P\{床单为一等品\} = P\{X \leqslant 1\} = \mathrm{ppois}(1, 1.5) = 0.557825,$$

$$P\{床单为二等品\} = P\{2 \leqslant X \leqslant 4\} = \mathrm{ppois}(4, 1.5) - \mathrm{ppois}(1, 1.5) = 0.423599,$$

$$P\{床单为次品\} = 1 - P\{床单为一等品\} - P\{床单为二等品\} = 0.018576.$$

所以, 床单为一等品、二等品和次品的概率分别为 0.557825, 0.423599 和 0.018576.

二项分布和泊松分布之间有一个重要的关系: 对于二项分布 $B(n, p)$, 当 n 充分大, p 又很小时, 对任意固定的非负整数 k, 有近似公式

$$b(k; n, p) \approx p(k; \lambda) = \frac{\lambda^k}{k!} \mathrm{e}^{-\lambda}, \quad \lambda = np. \tag{2.2.11}$$

对于某些特定的 λ, $\sum\limits_{k=x}^{\infty} \dfrac{\lambda^k}{k!} \mathrm{e}^{-\lambda}$ 的值可以从书后的附表 1 中直接查到, 作为泊松分布大于等于 x 的概率.

2.3　连续型随机变量

在 2.2 节中, 我们讨论了一类重要的随机变量——离散型随机变量及其概率分布. 本节讨论另一类重要的随机变量——连续型随机变量及其概率密度函数.

2.3.1　概率密度函数

> **定义 2.3.1** 设 X 是一个随机变量, $F(x)$ 是其分布函数, 如果存在一个定义在 $(-\infty, \infty)$ 上的非负实值函数 $f(x)$, 使得
> $$F(x) = \int_{-\infty}^{x} f(t)\,\mathrm{d}t, \tag{2.3.1}$$
> 则称 X 为连续型随机变量, $f(x)$ 为 X 的概率密度函数, 简称概率密度.

若 $f(x)$ 是连续型随机变量 X 的概率密度函数, 则对任意给定的 x, 任意的 $\Delta x > 0$, 根据分布函数的定义及 (2.3.1) 式, 总有
$$\frac{P\{x < X \leqslant x + \Delta x\}}{\Delta x} = \frac{F(x + \Delta x) - F(x)}{\Delta x} = \frac{1}{\Delta x} \int_{x}^{x+\Delta x} f(t)\,\mathrm{d}t,$$
上式左端表示随机变量 X 落在区间 $(x, x + \Delta x]$ 上的平均概率. 如果 $f(x)$ 在点 x 处连续, 对上式取 Δx 趋于 0 时的极限, 得
$$\lim_{\Delta x \to 0} \frac{P\{x < X \leqslant x + \Delta x\}}{\Delta x} = f(x). \tag{2.3.2}$$
从上式可以看到, 概率密度的定义与物理学中线密度的定义极其类似. 这就是将 $f(x)$ 称为概率密度的原因.

易见, 连续型随机变量 X 的分布函数 $F(x)$ 是概率密度函数 $f(x)$ 的一个特定的变上限积分 (下限为 $-\infty$) 函数. 这样的话, $F(x)$ 就是一个连续函数, 且在 $f(x)$ 的连续点 x 处可导, 有 $F'(x) = f(x)$.

概率密度函数 $f(x)$ 具有如下性质:

1. $f(x) \geqslant 0, \ -\infty < x < \infty$;

2. $\displaystyle\int_{-\infty}^{\infty} f(x)\,\mathrm{d}t = 1$;

3. 对任意实数 $a, b\,(a < b)$, 总有

$$P\{a < X \leqslant b\} = \int_a^b f(x)\,\mathrm{d}x\ (\text{图 2.3 中阴影区域的面积}). \qquad (2.3.3)$$

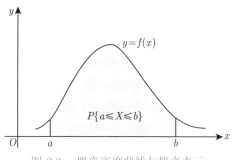

图 2.3　概率密度曲线与概率表示

定理 2.3.1　连续型随机变量 X 取任意常数 c 的概率等于零; 落在区间 (a,b), $[a,b)$, $(a,b]$, $[a,b]$ 上的概率相同, 均为概率密度函数 $f(x)$ 在区间 $[a,b]$ 上的定积分, 即

$$P\{a < X < b\} = P\{a \leqslant X < b\} = P\{a \leqslant X \leqslant b\} = \int_a^b f(x)\,\mathrm{d}x. \qquad (2.3.4)$$

证　仅证定理 2.3.1 的第一个结论, 即连续型随机变量 X 取任意常数 c 的概率等于零. 对任意常数 c, 任意正整数 n, 由概率密度函数的性质 3, 有

$$P\{X = c\} = P\Big(\bigcap_{n=1}^{\infty} \Big\{c - \frac{1}{n} < X \leqslant c\Big\}\Big) = \lim_{n \to \infty} \int_{c - \frac{1}{n}}^c f(x)\,\mathrm{d}x = 0.$$

从而定理 2.3.1 的第一个结论成立. 定理证毕.

2.3.2　p 分位数与上 α 分位点

如果 X 是连续型随机变量, $F(x)$ 是其分布函数, 根据 $F(x)$ 是单调不减的连续函数的事实, 对任意的正数 $0 < p < 1$, 一定存在 ξ_p, 使得 $F(\xi_p) = p$, 即方程

$$F(x) = p, \quad 0 < p < 1$$

有解 ξ_p. 进一步, 当 $F(x)$ 是严格单调增函数时, 方程的解唯一; 否则, 方程的解可能不唯一, 即便如此, 解的集合也构成一个有限区间. 这样一来, 我们只要定义该区间中的一个特殊点, 例如左端点 $\xi_p = \inf\{x\mid F(x) = p\}$ 作为方程解的代表, 则 ξ_p 既满足 $F(\xi_p) = p$, 又具有唯一性.

> **定义 2.3.2** 设 $F(x)$ 为连续型随机变量 X 的分布函数, 称
>
> $$\xi_p = \inf\left\{x \mid F(x) = p\right\}, \quad 0 < p < 1 \tag{2.3.5}$$
>
> 为随机变量 X 或其分布函数 $F(x)$ 的 p 分位数或 p 分位点.

根据 $F(x)$ 的单调不减性, 可知 $\inf\left\{x \mid F(x) = p\right\} = \inf\left\{x \mid F(x) \geqslant p\right\}$. 所以, 定义 2.3.2 中的 (2.3.5) 式有时也等价地改写成

$$\xi_p = \inf\left\{x \mid F(x) \geqslant p\right\}, \quad 0 < p < 1. \tag{2.3.6}$$

相应地, 有连续型随机变量 X 或其分布函数 $F(x)$ 的上 α 分位点的定义.

> **定义 2.3.3** 设 $F(x)$ 为连续型随机变量 X 的分布函数, 称
>
> $$X_\alpha = \sup\left\{x \mid F(x) = 1 - \alpha\right\}, \quad 0 < \alpha < 1 \tag{2.3.7}$$
>
> 为随机变量 X 或其分布函数 $F(x)$ 的上 (右侧) α 分位点.

2.3.3 重要的连续型随机变量

1. 均匀分布

如果随机变量 X 的概率密度函数为

$$f(x; a, b) = \begin{cases} \dfrac{1}{b-a}, & a \leqslant x \leqslant b, \\ 0, & \text{其他}, \end{cases} \tag{2.3.8}$$

则称 X 服从 $[a, b]$ 区间上的均匀分布, 记作 $X \sim U(a, b)$, 其中 $a, b(a < b)$ 为常数 (也称参数). 这里的字母 U 取自英文单词 Uniform(均匀) 的首字母. 这里将概率密度函数写成 "$f(x; a, b)$" 的形式, 是为了表示它是与常数 a, b 有关的, 分号 ";" 前的 x 是变量, 分号 ";" 后的 a, b 是参数 (常量).

如果 $X \sim U(a, b)$, 则对任意满足 $a \leqslant c < d \leqslant b$ 的 c, d, 总有

$$P\{c \leqslant X \leqslant d\} = \int_c^d f(x; a, b)\,\mathrm{d}x = \frac{d-c}{b-a}. \tag{2.3.9}$$

这表明, X 落在 $[a, b]$ 的子区间 $[c, d]$ 上的概率, 只与子区间的长度 $(d - c)$ 有关 (成正比), 而与子区间在区间 $[a, b]$ 中的具体位置无关. 事实上, 对于任意长度

为 ℓ 的子区间 $[c, c+\ell]$, $a \leqslant c < c+\ell \leqslant d$, 有

$$P\{c \leqslant X \leqslant c+\ell\} = \int_c^{c+\ell} f(x;a,b)\,\mathrm{d}x = \frac{\ell}{b-a}. \tag{2.3.10}$$

例 2.3.1 设 $X \sim U(a, b)$, 求其分布函数 $F(x; a, b)$.

解 注意, 当概率密度函数为分段定义的函数时, 分布函数也要进行相应的分段定义和计算.

当 $x < a$ 时, $f(x; a, b) = 0$, 由 (2.3.1) 式, 知 $F(x; a, b) = 0$;

当 $a \leqslant x < b$ 时, $f(x; a, b) = \dfrac{1}{b-a}$,

$$F(x;a,b) = \int_{-\infty}^x f(t;a,b)\,\mathrm{d}t = \int_{-\infty}^a 0\,\mathrm{d}t + \int_a^x \frac{1}{b-a}\,\mathrm{d}t = \frac{x-a}{b-a};$$

当 $x \geqslant b$ 时, $f(x; a, b) = 0$,

$$F(x;a,b) = \int_{-\infty}^x f(t;a,b)\,\mathrm{d}t = \int_{-\infty}^a 0\,\mathrm{d}t + \int_a^b \frac{1}{b-a}\,\mathrm{d}t + \int_b^x 0\,\mathrm{d}t = 1.$$

综上,

$$F(x;a,b) = \begin{cases} 0, & x < a, \\ \dfrac{x-a}{b-a}, & a \leqslant x < b, \\ 1, & b \leqslant x. \end{cases} \tag{2.3.11}$$

均匀分布无论在理论上, 还是在应用上都是非常有用的一种分布. 例如, 计算机在进行计算时, 对末位数字要进行 "四舍五入", 譬如对小数点后面第一位进行四舍五入时, 一般认为舍入误差服从区间 $[-0.5, 0.5]$ 上的均匀分布; 又如, 当我们对取值在某一区间 $[a, b]$ 上的随机变量 X 的分布一无所知时, 可以先假设它服从 $U[a, b]$.

2. 伽马分布与指数分布

若随机变量 X 有概率密度函数

$$f(x;\alpha,\sigma) = \begin{cases} \dfrac{1}{\sigma^\alpha \Gamma(\alpha)} x^{\alpha-1}\mathrm{e}^{-x/\sigma}, & x > 0, \\ 0, & x \leqslant 0, \end{cases} \tag{2.3.12}$$

其中 $\alpha > 0$, $\sigma > 0$ 是常数, $\Gamma(\alpha) = \displaystyle\int_0^\infty x^{\alpha-1}\mathrm{e}^{-x}\,\mathrm{d}x$ 为伽马函数, 则称 X 是服从形状参数 α, 刻度参数 σ 的伽马分布, 记为 $X \sim \mathrm{Gamma}(\alpha, \sigma)$. 其概率密度函数如图 2.4 所示.

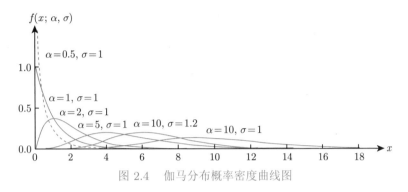

图 2.4　伽马分布概率密度曲线图

伽马分布是一种常用的寿命分布. R 中的 $\mathrm{dgamma}(x, \alpha, \sigma)$, $\mathrm{pgamma}(x, \alpha, \sigma)$ 和 $\mathrm{qgamma}(p, \alpha, \sigma)$ 是计算伽马分布 $\mathrm{Gamma}(\alpha, \sigma)$ 的概率密度函数、分布函数和 p 分位数的特殊函数, 定义如下:

$$\mathrm{dgamma}(x, \alpha, \sigma) \triangleq \frac{1}{\sigma^\alpha \Gamma(\alpha)} x^{\alpha-1}\mathrm{e}^{-x/\sigma}, \quad x \geqslant 0;$$

$$\mathrm{pgamma}(x, \alpha, \sigma) \triangleq P\{X \leqslant x\} = \int_0^x \frac{1}{\sigma^\alpha \Gamma(\alpha)} t^{\alpha-1}\mathrm{e}^{-t/\sigma}\,\mathrm{d}t, \quad x \geqslant 0; \qquad (2.3.13)$$

$$\mathrm{qgamma}(p, \alpha, \sigma) \triangleq \inf\left\{x \ \middle| \ \mathrm{pgamma}(x, \alpha, \sigma) = p\right\}, \quad 0 < p < 1.$$

利用 $\mathrm{pgamma}(x, \alpha, \sigma)$, 可轻松地计算伽马分布 $\mathrm{Gamma}(\alpha, \sigma)$ 落在区间 $[a, b]$ 上的概率 $P\{a \leqslant X \leqslant b\} = \mathrm{pgamma}(b, \alpha, \sigma) - \mathrm{pgamma}(a, \alpha, \sigma)$; 利用 $\mathrm{qgamma}(p, \alpha, \sigma)$ 可计算伽马分布 $\mathrm{Gamma}(\alpha, \sigma)$ 的 p 分位数 $\xi_p = \mathrm{qgamma}(p, \alpha, \sigma)$, $0 < p < 1$, 上 γ 分位点 $X_\gamma = \mathrm{qgamma}(1 - \gamma, \alpha, \sigma)$, $0 < \gamma < 1$ 等.

特别地, 称 $\alpha = 1$, $\sigma = \lambda^{-1}$ 的伽马分布为服从参数 λ 的指数分布, 记为 $E(\lambda)$. 可见, 指数分布是特殊的伽马分布. 此时, 概率密度函数为

$$f(x; \lambda) = \begin{cases} \lambda \mathrm{e}^{-\lambda x}, & x \geqslant 0, \\ 0, & x < 0. \end{cases} \qquad (2.3.14)$$

相应的分布函数为

$$F(x; \lambda) = \begin{cases} 1 - \mathrm{e}^{-\lambda x}, & x \geqslant 0, \\ 0, & x < 0. \end{cases} \qquad (2.3.15)$$

指数分布是最常用的寿命分布, 许多电子产品或元件的寿命都服从指数分布.

R 提供了计算指数分布 $E(\lambda)$ 的概率密度函数、分布函数和 p 分位数的特殊函数, 依次为 $\text{dexp}(x, \lambda), \text{pexp}(x, \lambda)$ 和 $\text{qexp}(p, \lambda)$.

例 2.3.2 设某种电子管的使用寿命 X(单位: h) 服从参数 $\lambda = 0.0002$ 的指数分布. 求 (1) 电子管的使用寿命超过 3000 小时的概率; (2) 电子管的使用寿命的 0.25 分位数.

解 (1) 利用概率的性质与 R 中 $\text{pexp}(x, \lambda)$, 得

$$P\{X > 3000\} = 1 - P\{X \leqslant 3000\} = 1 - \text{pexp}(3000, 0.0002) \approx 0.548812,$$

即电子管的使用寿命超过 3000 小时的概率约为 0.548812.

(2) 利用 R 中 $\text{qexp}(x, \lambda)$, 可计算出 $\text{qexp}(0.25, 0.0002) = 1438.41$, 即电子管的使用寿命的 0.25 分位数为 1438.41 小时.

3. 正态分布

设随机变量 X 的概率密度函数为

$$f(x) = \frac{1}{\sqrt{2\pi}\,\sigma} e^{-\frac{(x-\mu)^2}{2\sigma^2}}, \quad -\infty < x < \infty, \tag{2.3.16}$$

其中 μ, $\sigma(\sigma > 0)$ 为常数, 则称 X 服从参数 (μ, σ^2) 的正态分布或正态随机变量, 记为 $X \sim N(\mu, \sigma^2)$. 这里的字母 N 取自英文单词 Normal(正常的) 的首字母.

正态分布是高斯在研究测量误差时首先发现的, 所以, 也称正态分布为高斯分布.

易见, 由 (2.3.16) 式所定义的 $f(x)$ 是非负的, 但它在 $(-\infty, \infty)$ 上的积分是否等于 1 呢? 这一点需要我们来证明. 因为, 如果 $\int_{-\infty}^{\infty} f(x)\,\mathrm{d}x \neq 1$, $f(x)$ 就不能作为随机变量的概率密度函数.

下面证明 $\int_{-\infty}^{\infty} f(x)\,\mathrm{d}x = 1$.

记 $I = \frac{1}{\sigma} \int_{-\infty}^{\infty} e^{-\frac{(x-\mu)^2}{2\sigma^2}}\,\mathrm{d}x$, 设 $y = \frac{x-\mu}{\sigma}$, 则

$$I = \int_{-\infty}^{\infty} e^{-\frac{y^2}{2}}\,\mathrm{d}y = 2\int_{0}^{\infty} e^{-\frac{x^2}{2}}\,\mathrm{d}x \geqslant 0,$$

$$I^2 = 4\int_{0}^{\infty} e^{-\frac{x^2}{2}}\,\mathrm{d}x \int_{0}^{\infty} e^{-\frac{y^2}{2}}\,\mathrm{d}y$$

$$= 4 \int_0^\infty \int_0^\infty \mathrm{e}^{-\frac{x^2+y^2}{2}} \,\mathrm{d}x\,\mathrm{d}y \quad \text{(利用极坐标变换)}$$

$$= 4 \int_0^{\pi/2} \mathrm{d}\theta \int_0^\infty \mathrm{e}^{-\frac{r^2}{2}} r\,\mathrm{d}r$$

$$= 2\pi,$$

再由 $I \geqslant 0$, 得 $I = \sqrt{2\pi}$. 于是

$$\int_{-\infty}^\infty f(x)\,\mathrm{d}x = 1.$$

正态分布的概率密度函数 $f(x)$ 图形如图 2.5 所示.

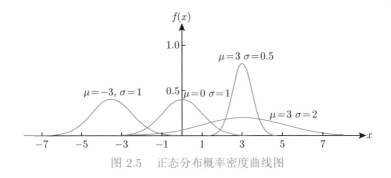

图 2.5　正态分布概率密度曲线图

容易验证: $f(x)$ 连续, 有任意阶导数. $y = f(x)$ 的图形关于直线 $x = \mu$ 对称; 在 $x = \mu$ 处取最大值 $(\sqrt{2\pi}\sigma)^{-1}$; 在 $x = \mu \pm \sigma$ 处有拐点; 当 $|x| \to \infty$ 时, 曲线以 x 轴为渐近线.

如果固定 σ, 改变 μ 的值时, 图形形状不变, 只是位置发生变化: 沿 x 轴平行移动. 如果固定 μ, 改变 σ 的值时, 图形位置不变, 形状发生变化: σ 越大, 最大值 $f(\mu)$ 越小, 图形越扁平; σ 越小, 最大值 $f(\mu)$ 越大, 图形越高峭.

特别地, 称 $\mu = 0$, $\sigma = 1$ 的正态分布为标准正态分布. 对于标准正态分布 $N(0,1)$, 其概率密度函数常用 $\varphi(x)$ 表示, 即

$$\varphi(x) = \frac{1}{\sqrt{2\pi}} \mathrm{e}^{-\frac{x^2}{2}}, \quad -\infty < x < \infty; \tag{2.3.17}$$

分布函数常用 $\Phi(x)$ 表示, 即

$$\Phi(x) = \frac{1}{\sqrt{2\pi}} \int_{-\infty}^x \mathrm{e}^{-\frac{t^2}{2}} \,\mathrm{d}t, \quad -\infty < x < \infty. \tag{2.3.18}$$

由 $\varphi(x)$ 的对称性, 可推出 $\Phi(x)$ 的如下性质:

$$\Phi(-x) = 1 - \Phi(x). \tag{2.3.19}$$

$\Phi(x)$ 的函数值已制成标准正态分布表 (见附表 2). 利用该表及下面的定理 2.3.2, 可计算参数已知情形下, 正态随机变量落在一个区间内的概率.

定理 2.3.2 若随机变量 $X \sim N(\mu, \sigma^2)$, 则对任意 a, $b\,(a < b)$, 有

$$P\{a \leqslant X \leqslant b\} = \Phi\Big(\frac{b-\mu}{\sigma}\Big) - \Phi\Big(\frac{a-\mu}{\sigma}\Big). \tag{2.3.20}$$

证 由定理 2.3.1, 得

$$\begin{aligned}
P\{a \leqslant X \leqslant b\} &= \frac{1}{\sqrt{2\pi}\,\sigma} \int_a^b \mathrm{e}^{-\frac{(x-\mu)^2}{2\sigma^2}}\,\mathrm{d}x \qquad \Big(\diamondsuit\ \frac{x-\mu}{\sigma} = u\Big) \\
&= \frac{1}{\sqrt{2\pi}} \int_{(a-\mu)/\sigma}^{(b-\mu)/\sigma} \mathrm{e}^{-\frac{u^2}{2}}\,\mathrm{d}u \\
&= \frac{1}{\sqrt{2\pi}} \int_{-\infty}^{(b-\mu)/\sigma} \mathrm{e}^{-\frac{u^2}{2}}\,\mathrm{d}u - \frac{1}{\sqrt{2\pi}} \int_{-\infty}^{(a-\mu)/\sigma} \mathrm{e}^{-\frac{u^2}{2}}\,\mathrm{d}u \\
&= \Phi\Big(\frac{b-\mu}{\sigma}\Big) - \Phi\Big(\frac{a-\mu}{\sigma}\Big),
\end{aligned}$$

于是, (2.3.20) 式成立. 定理证毕.

例 2.3.3 已知某台机器生产的螺栓长度 X(单位: cm) 服从参数 $\mu = 10.05$, $\sigma = 0.06$ 的正态分布. 规定螺栓长度在 10.05 ± 0.12 内为合格品, 试求螺栓为合格品的概率.

解 根据假设 $X \sim N(\mu, \sigma^2)$, $\mu = 10.05$, $\sigma = 0.06$. 记 $a = 10.05 - 0.12$, $b = 10.05 + 0.12$, 则 $\{a \leqslant X \leqslant b\}$ 表示螺栓为合格品. 于是,

$$\begin{aligned}
P\{a \leqslant X \leqslant b\} &= \Phi\Big(\frac{b-\mu}{\sigma}\Big) - \Phi\Big(\frac{a-\mu}{\sigma}\Big) \\
&= \Phi(2) - \Phi(-2) \qquad (\text{利用 } (2.3.19) \text{ 式}) \\
&= 2\Phi(2) - 1 \\
&= 2 \times 0.9772 - 1 \\
&= 0.9544,
\end{aligned}$$

即螺栓为合格品的概率等于 0.9544.

R 提供了计算正态分布 $N(\mu, \sigma^2)$ 的概率密度函数、分布函数和 p 分位数的特殊函数, 依次为

$$\mathrm{dnorm}(x, \mu, \sigma) \triangleq \frac{1}{\sqrt{2\pi}\,\sigma} \mathrm{e}^{-\frac{(x-\mu)^2}{2\sigma^2}}, \quad -\infty < x < \infty;$$

$$\mathrm{pnorm}(x, \mu, \sigma) \triangleq \frac{1}{\sqrt{2\pi}\,\sigma} \int_{-\infty}^{x} \mathrm{e}^{-\frac{(t-\mu)^2}{2\sigma^2}}\,\mathrm{d}t, \quad -\infty < x < \infty; \qquad (2.3.21)$$

$$\mathrm{qnorm}(p, \mu, \sigma) \triangleq \inf\left\{ x \,\middle|\, \mathrm{pnorm}(x, \mu, \sigma) = p \right\}, \quad 0 < p < 1.$$

利用 $\mathrm{pnorm}(x, \mu, \sigma)$, 可计算正态分布 $X \sim N(\mu, \sigma^2)$ 落在区间 $[a, b]$ 上的概率 $P\{a \leqslant X \leqslant b\} = \mathrm{pnorm}(b, \mu, \sigma) - \mathrm{pnorm}(a, \mu, \sigma)$; 利用 $\mathrm{qnorm}(p, \mu, \sigma)$, 可计算正态分布 $X \sim N(\mu, \sigma^2)$ 的 p 分位数 $\xi_p = \mathrm{qnorm}(p, \mu, \sigma)$, $0 < p < 1$, 上 α 分位点 $X_\alpha = \mathrm{qnorm}(1-\alpha, \mu, \sigma)$, $0 < \alpha < 1$ 等.

对于标准正态随机变量 $X \sim N(0,1)$, 通常记其上 α 分位数为 Z_α,

$$Z_\alpha = \mathrm{qnorm}(1-\alpha, 0, 1), \quad 0 < \alpha < 1. \qquad (2.3.22)$$

即 Z_α 就是 $N(0,1)$ 的 $1-\alpha$ 分位数.

在后面的数理统计中, 我们将经常使用这公式.

例 2.3.4 公共汽车车门的高度一般是按成年男性与车门碰头的概率不超过 0.01 设计的, 假设成年男性的身高 X(单位: cm) 服从正态分布 $N(170, 6^2)$, 问车门的最低高度应为多少 cm 才能满足设计要求?

解 根据假设, 成年男性的身高 $X \sim N(170, 7.6^2)$, 若车门的高度为 x, 则 $\{X \geqslant x\}$ 表示成年男性与车门碰头, $P\{X \geqslant x\}$ 为成年男性与车门碰头的概率. 设计要求 $P\{X \geqslant x\} \leqslant 0.01$, 等价于 $x \geqslant X_{0.01}$. 由 R 中的函数 $\mathrm{qnorm}(p, \mu, \sigma)$, 可算出

$$X_{0.01} = \mathrm{qnorm}(0.99, 170, 6) = 183.9581 \approx 184.$$

即车门的最低高度为 184cm 才能满足设计要求.

在实际问题中, 许多随机变量都服从或近似地服从正态分布. 例如, 一个地区居民的身高或体重; 某物体长度的测量值; 某零件长度的测量误差; 某市场每天商品销售总额; 某地区居民年收入; 半导体器件中的热噪声电流或电压等都服从正态分布. 因此, 在概率论与数理统计的理论研究与实际应用中, 正态分布都起着非常重要的作用.

2.4 随机变量函数的分布

在很多实际问题中, 我们常常对某些随机变量的函数 (它当然也是随机变量) 感兴趣. 这是因为在一些试验中, 我们所关心的量往往不能通过直接观测来得到, 而它恰是某个能直接观测到的随机变量的已知函数. 比如, 我们能直接测量到圆轴正截面的直径 D, 而所关心的却是该截面的面积 $A = \pi D^2/4$. 这里, 随机变量 A 是随机变量 D 的函数. 在本节中, 我们将讨论如何由已知的随机变量 X 的分布, 来求 X 的函数 $Y = g(X)$ 的分布. 在这里, $g(\cdot)$ 是一个已知的连续函数.

2.4.1 离散型随机变量函数的分布

设离散型随机变量 X 的概率分布为 $P\{X = x_k\} = p_k$, $k = 1, 2, \cdots$, $g(\cdot)$ 是一个已知的单值函数. 令 $Y = g(X)$, 则 Y 也是一个离散型随机变量.

例 2.4.1 设随机变量 X 有如下的概率分布:

X	-1	0	1	2
p_k	0.2	0.3	0.1	0.4

求 $Y = (X - 1)^2$ 的概率分布.

解 Y 所有可能取的值为 $0, 1, 4$, 由

$$P\{Y = 0\} = P\{X = 1\} = 0.1,$$
$$P\{Y = 1\} = P\{X = 0\} + P\{X = 2\} = 0.7,$$
$$P\{Y = 4\} = P\{X = -1\} = 0.2,$$

得 Y 的概率分布为

Y	0	1	4
q_i	0.1	0.7	0.2

这个例子阐明了求离散型随机变量函数的分布的一般方法, 归纳起来就是:

记 Y 所有可能取值的集合为 $\{y_i, \ i = 1, 2, \cdots\}$. 也就是说, 对每个 y_i, 至少要有一个 x_k, 使得 $y_i = g(x_k)$. 对每个 y_i, 将所有满足 $y_i = g(x_k)$ 式子中的 k 对应的 p_k 求和, 并记此和为 q_i, 则 $P\{Y = y_i\} = q_i$, $i = 1, 2, \cdots$, 就是随机变量 Y 的概率分布.

例 2.4.2 在应用上认为: 单位时间内, 一个地区发生火灾的次数服从泊松分布. 设某城市一个月内发生火灾的次数 $X \sim P(5)$, 求随机变量 $Y = |X - 5|$ 的概率分布.

解 由 X 所有可能取值的集合为 $\{0,1,2,\cdots\}$, 其对应的概率分布为

$$P\{X=k\}=\frac{\mathrm{e}^{-5}5^k}{k!},\quad k=0,1,2,\cdots.$$

由 $Y=|X-5|$ 可知, Y 所有可能取值的集合为 $\{0,1,2,\cdots\}$, 且对每个 $i=0,1,2,\cdots$, 当 $0<i\leqslant 5$ 时, 有 $k=5+i$ 和 $k=5-i$ 两个值使得 $|k-5|=i$; 当 $i=0$ 或 $i\geqslant 6$ 时, 只有一个 $k=5+i$ 使得 $|k-5|=i$. 于是, 随机变量 Y 取值为 i 的概率

$$q_i=P\{Y=i\}=\begin{cases}\left[\dfrac{5^{5-i}}{(5-i)!}+\dfrac{5^{5+i}}{(5+i)!}\right]\mathrm{e}^{-5}, & i=1,2,3,4,5,\\[3mm]\dfrac{5^{5+i}}{(5+i)!}\mathrm{e}^{-5}, & i=0,6,7,\cdots.\end{cases}$$

2.4.2 连续型随机变量函数的分布

对于连续型随机变量 X, 求 $Y=g(X)$ 的概率密度函数的基本方法是: 根据分布函数的定义先求 $Y=g(X)$ 的分布函数, 即

$$F_Y(y)=P\{Y\leqslant y\}=P\{g(X)\leqslant y\},$$

然后求上式对 y 的导数, 得到 Y 的概率密度函数 $f_Y(y)=F_Y'(y)$. 下面我们通过一些例子加以说明.

例 2.4.3 设随机变量 $X\sim N(0,1)$, $Y=\mathrm{e}^X$, 求 Y 的概率密度函数.

解 设 $F_Y(y)$ 和 $f_Y(y)$ 分别为随机变量 Y 的分布函数和概率密度函数, 则当 $y\leqslant 0$ 时, 有

$$F_Y(y)=P\{Y\leqslant y\}=P\{\mathrm{e}^X\leqslant y\}=P(\varnothing)=0;$$

当 $y>0$ 时, 因为 $g(x)=\mathrm{e}^x$ 是 x 的严格单调增函数, 所以有

$$\{\mathrm{e}^X\leqslant y\}=\{X\leqslant \ln y\},$$

因而

$$\begin{aligned}F_Y(y)&=P\{Y\leqslant y\}\\&=P\{\mathrm{e}^X\leqslant y\}\\&=P\{X\leqslant \ln y\}\\&=\frac{1}{\sqrt{2\pi}}\int_{-\infty}^{\ln y}\mathrm{e}^{-\frac{x^2}{2}}\,\mathrm{d}x.\end{aligned}$$

再由 $f_Y(y) = F_Y'(y)$, 得

$$f_Y(y) = \begin{cases} \dfrac{1}{\sqrt{2\pi}\, y}\, \mathrm{e}^{-\frac{(\ln y)^2}{2}}, & y > 0, \\[3mm] 0, & y \leqslant 0. \end{cases}$$

通常称上式中的 Y 服从对数正态分布, 它也是一种常用的寿命分布.

注　在对 $F_Y(y)$ 求导数时, 我们使用了如下公式:

$$\frac{\mathrm{d}}{\mathrm{d}y}\left[\int_{a(y)}^{b(y)} f(t)\,\mathrm{d}t\right] = f[b(y)]\, b'(y) - f[a(y)]\, a'(y). \tag{2.4.1}$$

例 2.4.4　设随机变量 X 有概率密度函数

$$f_X(x) = \begin{cases} |x|, & -1 < x < 1, \\[2mm] 0, & \text{其他}, \end{cases}$$

求随机变量 $Y = 2X + 1$ 的概率密度函数.

解　设 $F_Y(y)$ 和 $f_Y(y)$ 分别为随机变量 Y 的分布函数和概率密度函数, 由

$$\begin{aligned} F_Y(y) &= P\{Y \leqslant y\} \\ &= P\{2X + 1 \leqslant y\} \\ &= P\left\{X \leqslant \frac{y-1}{2}\right\} \\ &= \int_{-\infty}^{\frac{y-1}{2}} f_X(x)\,\mathrm{d}x, \end{aligned}$$

再由 $f_Y(y) = F_Y'(y)$, 得

$$\begin{aligned} f_Y(y) &= f_X\left(\frac{y-1}{2}\right)\left(\frac{y-1}{2}\right)_y' \\[2mm] &= \begin{cases} \dfrac{|y-1|}{2} \times \dfrac{1}{2}, & -1 < \dfrac{y-1}{2} < 1, \\[2mm] 0, & \text{其他} \end{cases} \\[2mm] &= \begin{cases} \dfrac{|y-1|}{4}, & -1 < y < 3, \\[2mm] 0, & \text{其他}. \end{cases} \end{aligned}$$

例 2.4.5　设 $X \sim N(\mu, \sigma^2)$, 求随机变量 $Y = \dfrac{X - \mu}{\sigma}$ 的概率密度函数.

解　设 $F_Y(y)$ 和 $f_Y(y)$ 分别为随机变量 Y 的分布函数和概率密度函数, 则对 $-\infty < y < \infty$,

$$
\begin{aligned}
F_Y(y) &= P\{Y \leqslant y\} \\
&= P\left\{\frac{X - \mu}{\sigma} \leqslant y\right\} \\
&= P\{X \leqslant \mu + \sigma y\} \\
&= \int_{-\infty}^{\mu + \sigma y} \frac{1}{\sqrt{2\pi}\,\sigma} \mathrm{e}^{-\frac{(x - \mu)^2}{2\sigma^2}}\, \mathrm{d}x.
\end{aligned}
$$

利用公式 (2.4.1), 将上式对 y 求导, 得

$$
f_Y(y) = \frac{1}{\sqrt{2\pi}} \mathrm{e}^{-\frac{y^2}{2}}.
$$

这正是标准正态分布的概率密度函数, 所以 $Y \sim N(0,1)$. 人们通常称由 $X \sim N(\mu, \sigma^2)$ 到 $Y = \dfrac{X - \mu}{\sigma} \sim N(0,1)$ 的变换为 X 的标准化.

在前面三个例子中, 所涉及的函数 $y = g(x)$ 都是严格单调函数.

对于所有严格单调函数 $y = g(x)$, 下面的定理提供了计算 $Y = g(X)$ 的概率密度函数的简单方法.

定理 2.4.1　若随机变量 X 有概率密度函数 $f_X(x)$, $x \in (-\infty, \infty)$, $y = g(x)$ 为严格单调函数, 且 $g'(x)$ 对一切 x 都存在, 记 (a, b) 为 $g(x)$ 的值域, 则随机变量 $Y = g(X)$ 的概率密度函数为

$$
f_Y(y) = \begin{cases} f_X[h(y)]\,|h'(y)|, & a < y < b, \\ 0, & \text{其他,} \end{cases}
$$

这里 $x = h(y)$ 是 $y = g(x)$ 的反函数.

显然, 当 $g(x)$ 为严格单调增函数时, $a = g(-\infty)$, $b = g(\infty)$; 当 $g(x)$ 为严格单调减函数时, $a = g(\infty)$, $b = g(-\infty)$.

定理 2.4.1 的证明从略.

注　如果随机变量 X 的概率密度函数在一个有限区间 $[\alpha, \beta]$ 之外取值为零, 我们就只需 $g(x)$ 在 (α, β) 内可导, 并在此区间上严格单调. 当 $g(x)$ 为严格单调增函数时, $a = g(\alpha)$, $b = g(\beta)$; 当 $g(x)$ 为严格单调减函数时, $a = g(\beta)$, $b = g(\alpha)$.

例 2.4.6 设 $X \sim U(0,1)$, 求 $Y = \mathrm{e}^X$ 的概率密度函数.

解 X 的概率密度函数为

$$
f_X(x) = \begin{cases} 1, & 0 \leqslant x \leqslant 1, \\ 0, & \text{其他}, \end{cases}
$$

$f_X(x)$ 在 $[0,1]$ 之外的函数值为零, $y = \mathrm{e}^x$ 在 $(0,1)$ 内可导, 且在此区间内为严格单调增函数. 于是, $\alpha = 0$, $\beta = 1$, $y = g(x) = \mathrm{e}^x$ 的反函数为 $x = h(y) = \ln y$. $a = g(\alpha) = \mathrm{e}^0 = 1$, $b = g(\beta) = \mathrm{e}^1 = \mathrm{e}$. $|h'(y)| = 1/|y|$. 所以,

$$
f_Y(y) = \begin{cases} \dfrac{1}{y}, & 1 < y < \mathrm{e}, \\ 0, & \text{其他}. \end{cases}
$$

当 $g(x)$ 既不是严格单调增函数也不是严格单调减函数时, 情况要略复杂一些. 读者通过下面的例子, 可看前面例 2.4.3, 例 2.4.4 和例 2.4.5 中所用的方法仍然适用, 即: 先设法求出随机变量 Y 的分布函数 $F_Y(y) = P\{Y \leqslant y\}$, 然后对其求导数, 得到 Y 的概率密度函数 $f_Y(y)$. 这是求连续型随机变量函数的概率密度函数的一般方法.

例 2.4.7 设随机变量 X 有概率密度函数 $f_X(x)$, $x \in (-\infty, \infty)$, 求随机变量 $Y = cX^2$ 的概率密度函数, 这里 $c > 0$ 为常数.

解 先求 Y 的分布函数 $F_Y(y)$. 由于 $Y = cX^2 \geqslant 0$, 所以, 当 $y \leqslant 0$ 时, $F_Y(y) = 0$; 当 $y > 0$ 时,

$$
\begin{aligned}
F_Y(y) &= P\{Y \leqslant y\} \\
&= P\{cX^2 \leqslant y\} \\
&= P\left\{-\sqrt{y/c} \leqslant X \leqslant \sqrt{y/c}\right\} \\
&= \int_{-\sqrt{y/c}}^{\sqrt{y/c}} f_X(x)\,\mathrm{d}x.
\end{aligned}
$$

再由 $f_Y(y) = F_Y'(y)$, 利用 (2.4.1) 式, 得

$$
f_Y(y) = \begin{cases} \dfrac{1}{2\sqrt{cy}}\left[f_X(\sqrt{y/c}) + f_X(-\sqrt{y/c})\right], & y > 0, \\ 0, & y \leqslant 0. \end{cases} \tag{2.4.2}
$$

作为本例的一个应用, 我们计算圆的面积 $S = \pi R^2$ 的概率密度函数, 这里 R 为圆的半径的测量值. 由于测量时总带有误差, 所以 R 是一个随机变量. 一般可设 $R \sim N(\mu, \sigma^2)$, 这里 μ 为半径的真值, σ 为测量的精度, R 的概率密度函数为

$$f_R(r) = \frac{1}{\sqrt{2\pi}\,\sigma} \mathrm{e}^{-\frac{(r-\mu)^2}{2\sigma^2}}.$$

在 (2.4.2) 式中, 用 $f_R(r)$ 代替 $f_X(x)$, π 代替 c, 得圆面积 S 的概率密度函数为

$$f_S(s) = \begin{cases} \dfrac{1}{2\pi\sigma\sqrt{2s}} \left[\mathrm{e}^{-\frac{(\sqrt{s/\pi}-\mu)^2}{2\sigma^2}} + \mathrm{e}^{-\frac{(\sqrt{s/\pi}+\mu)^2}{2\sigma^2}} \right], & s > 0, \\ 0, & s \leqslant 0. \end{cases}$$

例 2.4.8 设随机变量 $X \sim U(-\pi/2, \pi/2)$, 求 $Y = 2\cos X$ 的概率密度函数.

解 先求 Y 的分布函数 $F_Y(y)$. 由于 $Y = 2\cos X$, 所以, 当 $y < 0$ 时,

$$F_Y(y) = P\{2\cos X \leqslant y\} = P(\varnothing) = 0;$$

当 $y \geqslant 2$ 时,

$$F_Y(y) = P\{2\cos X \leqslant y\} = P\left\{ -\frac{\pi}{2} \leqslant X \leqslant \frac{\pi}{2} \right\} = 1;$$

当 $0 \leqslant y < 2$ 时,

$$\begin{aligned} F_Y(y) &= P\{Y \leqslant y\} \\ &= P\{2\cos X \leqslant y\} \\ &= P\left\{ \cos X \leqslant \frac{y}{2} \right\} \\ &= P\left\{ -\frac{\pi}{2} \leqslant X \leqslant -\arccos\frac{y}{2}, \text{ 或 } \arccos\frac{y}{2} \leqslant X \leqslant \frac{\pi}{2} \right\} \\ &= P\left\{ -\frac{\pi}{2} \leqslant X \leqslant -\arccos\frac{y}{2} \right\} + P\left\{ \arccos\frac{y}{2} \leqslant X \leqslant \frac{\pi}{2} \right\} \quad \text{(由 (2.3.9) 式)} \\ &= \frac{2}{\pi}\left(\frac{\pi}{2} - \arccos\frac{y}{2} \right) \\ &= 1 - \frac{2}{\pi}\arccos\frac{y}{2}. \end{aligned}$$

再由 $f_Y(y) = F_Y'(y)$, 得 Y 的概率密度函数

$$f_Y(y) = \begin{cases} \dfrac{2}{\pi\sqrt{4-y^2}}, & 0 \leqslant y < 2, \\ 0, & \text{其他.} \end{cases}$$

最后, 需要指出的是, 连续型随机变量的函数 $Y = g(X)$ 不一定是连续型的. 如果它是离散型的, 那么我们只能根据概率分布的定义来计算 Y 的概率分布.

例 2.4.9 某台机床加工一种零件, 假定加工后零件的长度 X(单位: mm) 服从正态分布 $N(52.5, 0.1^2)$, 当零件长度在质量规格限 52.5 ± 0.3 mm 范围内时, 零件为合格品, 售出后可获利润 a 元; 否则为不合格品, 损失为 b 元 (视利润 $-b$ 元). 若用 $Y = g(X)$ 表示零件的利润, 则

$$Y = g(X) = \begin{cases} a, & 52.2 \leqslant X \leqslant 52.8, \\ -b, & \text{其他}. \end{cases}$$

这时, Y 可能取的值为 a 和 $-b$,

$$\begin{aligned} P\{Y = a\} &= P\{52.2 \leqslant X \leqslant 52.8\} \\ &= \text{pnorm}(52.8, 52.5, 0.1) - \text{pnorm}(52.2, 52.5, 0.1) \\ &= 0.9973, \end{aligned}$$

$$\begin{aligned} P\{Y = -b\} &= 1 - P\{Y = a\} \\ &= 0.0027. \end{aligned}$$

习 题 2

2.1 掷一颗匀称的骰子两次, 以 X 表示前后两次出现的点数之和, 求 X 的概率分布.

2.2 设离散型随机变量 X 的概率分布为

$$P\{X = k\} = a\mathrm{e}^{-k}, \quad k = 1, 2, \cdots,$$

求常数 a 的值.

2.3 设离散型随机变量 X 的概率分布为

$$P\{X = k\} = \frac{k}{15}, \quad k = 1, 2, 3, 4, 5,$$

求 (1) $P\{1 \leqslant X \leqslant 3\}$; (2) $P\{0.5 < X < 2.5\}$.

2.4 20 件同类型的产品中有 2 件次品, 其余为正品. 今从这 20 件产品中任意抽取 4 次, 每次取一件, 取后不放回. 以 X 表示 4 次共取出次品的件数, 求 X 的概率分布与分布函数.

2.5 袋中有同型号小球 5 个, 编号分别为 $1, 2, 3, 4, 5$. 今在袋中任取小球 3 个, 以 X 表示取出的 3 个中的最小号码, 求随机变量 X 的概率分布和分布函数.

2.6 为保证设备的正常运行, 必须配备一定数量的设备维修人员. 现有同类设备 180 台, 且各台设备工作相互独立, 任一时刻发生故障的概率都是 0.01. 假设一台设备的故障由一人进行修理, 问至少应配备多少名修理人员, 才能保证设备发生故障后能得到及时修理的概率不小于 0.99?

2.7 某城市在长度为 t(单位：h) 的时间间隔内发生火灾的次数 X 服从参数 $0.5t$ 的泊松分布, 且与时间间隔的起点无关, 求下列事件的概率:

(1) 某天 12 时至 15 时未发生火灾;　(2) 某天 12 时至 16 时至少发生两次火灾.

2.8 某地区每天的用电量 X(单位: 百万千瓦·时) 是一连续型随机变量, 概率密度函数为

$$f(x) = \begin{cases} 12x(1-x)^2, & 0 < x < 1, \\ 0, & \text{其他}. \end{cases}$$

假设该地区每天的供电量仅有 80 万千瓦·时, 求该地区每天供电量不足的概率. 若每天的供电量上升到 90 万千瓦·时, 每天供电量不足的概率是多少?

2.9 某种元件的寿命 X(单位：h) 的概率密度函数为

$$f(x) = \begin{cases} \dfrac{1000}{x^2}, & x \geqslant 1000, \\ 0, & x < 1000, \end{cases}$$

求 5 个元件在使用 1500 小时后, 恰有两个元件失效的概率.

2.10 设连续型随机变量 X 的分布函数为

$$F(x) = \begin{cases} 0, & x < 1, \\ \ln x, & 1 \leqslant x < \mathrm{e}, \\ 1, & x \geqslant \mathrm{e}. \end{cases}$$

(1) 求 $P\{X < 2\}$, $P\{0 < X < 3\}$, $P\{2 < X \leqslant 2.5\}$;　(2) 求 X 的概率密度函数 $f(x)$.

2.11 设连续型随机变量 X 的分布函数为

$$F(x) = \begin{cases} a + b\mathrm{e}^{-\frac{x^2}{2}}, & x \geqslant 0, \\ 0, & x < 0. \end{cases}$$

(1) 求常数 a 和 b;　(2) 求 X 的概率密度函数;　(3) 求 $P\{\sqrt{\ln 4} < X < \sqrt{\ln 16}\}$.

2.12 设随机变量 $K \sim U(-2, 4)$, 求方程 $x^2 + 2Kx + 2K + 3 = 0$ 有实根的概率.

2.13 某型号的飞机雷达发射管的寿命 X (单位：h) 服从参数为 0.005 的指数分布, 求下列事件的概率:

(1) 发射管寿命不超过 100 小时;　(2) 发射管的寿命超过 300 小时;

(3) 一只发射管的寿命不超过 100 小时, 另一只发射管的寿命在 100 至 300 小时之间.

2.14 设每人每次打电话的时间 (单位: min) 服从参数为 0.5 的指数分布. 求 282 人次所打的电话中, 有两次或两次以上超过 10 分钟的概率.

2.15 某高校女生的收缩压 X(单位：毫米汞柱) 服从正态分布 $N(110, 12^2)$, 求该校某名女生:

(1) 收缩压不超过 105 的概率;　(2) 收缩压在 100 至 120 之间的概率.

2.16 设随机变量 X 的概率分布为

X	0	$\dfrac{\pi}{2}$	π	$\dfrac{3\pi}{2}$
p_k	0.3	0.2	0.4	0.1

求随机变量 Y 的概率分布:

(1) $Y = (2X - \pi)^2$;   (2) $Y = \cos(2X - \pi)$.

2.17   设随机变量 X 的分布函数为

$$F(x) = \begin{cases} 0, & x < -1, \\ 0.3, & -1 \leqslant x < 1, \\ 0.8, & 1 \leqslant x < 2, \\ 1, & x \geqslant 2. \end{cases}$$

(1) 求 X 的概率分布;   (2) 求 $Y = |X|$ 的概率分布.

2.18   设随机变量 $X \sim N(0,1)$,求下列随机变量 Y 的概率密度函数:

(1) $Y = 2X - 1$;   (2) $Y = \mathrm{e}^{-X}$;   (3) $Y = X^2$.

2.19   设随机变量 $X \sim U(0,\pi)$,求下列随机变量 Y 的概率密度函数:

(1) $Y = 2\ln X$;   (2) $Y = \cos X$;   (3) $Y = \sin X$.

2.20   设 X 为连续型随机变量, $F(x)$ 为其分布函数, $a > 0$ 为常数, 计算

$$\int_{-\infty}^{\infty} [F(x + a) - F(x)]\,\mathrm{d}x.$$

2.21   设 X 为连续型随机变量, $F(x)$ 为其分布函数, 求 $Y = -2\ln F(X)$ 的概率密度函数.

第 2 章内容提要

第 2 章教学要求、
重点与难点

第 2 章典型例题分析

随 机 向 量

很多随机现象仅用一个随机变量来描述往往是不够的, 需要涉及多个随机变量. 例如打靶时, 炮弹弹着点的位置需要由横坐标和纵坐标来确定, 这就涉及两个随机变量: 横坐标 X 和纵坐标 Y. 又如炼钢, 对炼出的每炉钢, 都需要考虑含碳量、含硫量和硬度这些基本指标, 这就涉及三个随机变量: 含碳量 X、含硫量 Y 和硬度 Z. 如果还需要考虑其他指标, 则应引入更多的随机变量. 应该指出, 对同一随机试验所涉及的这些随机变量之间是有联系的, 因而要把它们作为一个整体看待和研究.

一般地, 对某一个随机试验涉及的 n 个随机变量 $X_1, X_2, \cdots, X_n$, 将其作为一个整体, 记为 $(X_1, X_2, \cdots, X_n)$, 称为 n 维随机向量或 n 维随机变量. 例如, 炮弹弹着点的位置 (X, Y) 是二维随机向量, 每炉钢的基本指标 (X, Y, Z) 是三维随机向量.

在本章中, 我们主要讨论二维随机向量. 从二维随机向量到 n 维随机向量的推广是直接的、形式上的, 并无实质性困难, 将放在本章最后一节.

3.1 二维随机向量及其分布函数

如上所述, 二维随机向量 (X, Y) 中的两个随机变量 X 和 Y 是有联系的, 它们是定义在同一样本空间上的两个随机变量.

设随机试验 E 的样本空间为 Ω, X 和 Y 是定义在 Ω 上的随机变量, 由它们构成的向量 (X, Y), 称为二维随机向量.

二维随机向量 (X, Y) 的性质不仅与 X 的性质和 Y 的性质有关, 而且还依赖于这两个随机变量的相互关系, 因此, 仅逐个研究 X 和 Y 的性质是不够的, 还必须把 (X, Y) 视为一个整体加以研究.

首先引入 (X, Y) 的分布函数的概念.

定义 3.1.1 设 (X, Y) 是二维随机向量, 对于任意实数 x, y, 称二元函数

$$F(x, y) = P\{X \leqslant x, \ Y \leqslant y\} \tag{3.1.1}$$

为 (X, Y) 的分布函数.

分布函数 $F(x,y)$ 表示事件 $\{X \leqslant x\}$ 和事件 $\{Y \leqslant y\}$ 同时发生的概率. 如果把 (X,Y) 看成平面上随机点的坐标, 则分布函数 $F(x,y)$ 在 (x_0,y_0) 处的函数值 $F(x_0,y_0)$ 就是随机点 (X,Y) 落在平面上的以点 (x_0,y_0) 为顶点而位于该点左下方的无限矩形区域内的概率, 见图 3.1.

由上面的几何解释, 容易得到随机点 (X,Y) 落在矩形区域 $\{(x,y)\,|\,x_1 < x \leqslant x_2, y_1 < y \leqslant y_2\}$ 内的概率为

$$P\{x_1 < X \leqslant x_2,\ y_1 < Y \leqslant y_2\} = F(x_1,y_1) + F(x_2,y_2) - F(x_1,y_2) - F(x_2,y_1).$$

$$\text{(3.1.2)}$$

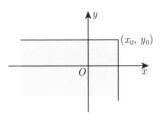

图 3.1　$F(x_0,y_0)$ 的意义

分布函数 $F(x,y)$ 具有以下三条基本性质:

1. $F(x,y)$ 是变量 x, y 的单调不减函数, 即对于任意固定的 y, 当 $x_1 < x_2$ 时, $F(x_1,y) \leqslant F(x_2,y)$; 对于任意固定的 x, 当 $y_1 < y_2$ 时, $F(x,y_1) \leqslant F(x,y_2)$.

这里仅对固定 y 时的情况加以证明. 事实上, 由 (3.1.1) 式可得

$$\begin{aligned}
F(x_2,y) - F(x_1,y) &= P\{X \leqslant x_2,\ Y \leqslant y\} - P\{X \leqslant x_1,\ Y \leqslant y\} \\
&= P\{x_1 < X \leqslant x_2, Y \leqslant y\} \\
&\geqslant 0.
\end{aligned}$$

2. $0 \leqslant F(x,y) \leqslant 1$, $\ -\infty < x < \infty$, $\ -\infty < y < \infty$.
这是显然的, 因为分布函数值是概率.

3. 对于固定的 y,

$$F(-\infty, y) = \lim_{x \to -\infty} F(x,y) = 0;$$

对于固定的 x,

$$F(x, -\infty) = \lim_{y \to -\infty} F(x,y) = 0;$$

以及

$$F(-\infty, -\infty) = \lim_{x,\,y \to -\infty} F(x,y) = 0, \quad F(\infty, \infty) = \lim_{x,\,y \to \infty} F(x,y) = 1.$$

上面四个式子的意义可以从几何上加以说明. 若在图 3.1 中将无穷矩形的右边界向左无限移动 (即令 $x \to -\infty$), 则随机点 (X,Y) 落在这个矩形内这一事件趋于不可能事件, 其概率趋于零, 即有 $F(-\infty, y) = 0$. 又如, 当 $x \to \infty$, $y \to \infty$

时, 图 3.1 中的无穷矩形扩展到全平面, 随机点 (X, Y) 落在这个矩形内这一事件趋于必然事件, 其概率趋于 1, 即有 $F(\infty, \infty) = 1$.

二维随机向量也分为离散型和连续型, 将在后续章节分别讨论.

3.2　二维离散型随机向量

如果二维随机向量 (X, Y) 的每个分量都是离散型随机变量, 则称 (X, Y) 是二维离散型随机向量. 因为离散型随机变量只能取有限或可列无限个值, 因此, 二维离散型随机向量 (X, Y) 所有可能取的值也是有限个或可列无限个.

定义 3.2.1　设二维离散型随机向量 (X, Y) 所有可能取的值为 (x_i, y_j), $i = 1, 2, \cdots$, $j = 1, 2, \cdots$, 记

$$P\{X = x_i, \ Y = y_j\} = p_{ij}, \quad i = 1, 2, \cdots, \ j = 1, 2, \cdots, \tag{3.2.1}$$

则称 (3.2.1) 式为二维离散型随机向量 (X, Y) 的概率分布或分布律.

概率分布也可以用表格表示, 见表 3.1.

表 3.1　(X, Y) 的概率分布表

X ＼ Y	y_1	y_2	$\cdots$	y_j	$\cdots$
x_1	p_{11}	p_{12}	$\cdots$	p_{1j}	$\cdots$
x_2	p_{21}	p_{22}	$\cdots$	p_{2j}	$\cdots$
$\vdots$	$\vdots$	$\vdots$		$\vdots$	
x_i	p_{i1}	p_{i2}	$\cdots$	p_{ij}	$\cdots$
$\vdots$	$\vdots$	$\vdots$		$\vdots$	

显然 p_{ij} 满足以下两个条件:

$$p_{ij} \geqslant 0, \quad i = 1, 2, \cdots, \ j = 1, 2, \cdots;$$

$$\sum_i \sum_j p_{ij} = 1.$$

二维离散型随机向量 (X, Y) 的分布函数与概率分布之间具有关系式

$$F(x, y) = \sum_{x_i \leqslant x} \sum_{y_j \leqslant y} p_{ij}, \tag{3.2.2}$$

其中和式是对所有满足 $x_i \leqslant x, y_j \leqslant y$ 的 i 和 j 求和.

例 3.2.1 设有 10 件产品, 其中 7 件正品, 3 件次品. 现从中任取两次, 每次取一件, 取后不放回, 令

$$X = \begin{cases} 1, & \text{第一次取到次品,} \\ 0, & \text{第一次取到正品,} \end{cases} \qquad Y = \begin{cases} 1, & \text{第二次取到次品,} \\ 0, & \text{第二次取到正品.} \end{cases}$$

求二维随机向量 (X, Y) 的概率分布.

解 (X, Y) 所有可能取值 (向量) 为: $(0, 0), (0, 1), (1, 0), (1, 1)$. 利用古典概型, 得

$$P\{X = 0, \ Y = 0\} = \frac{C_7^2}{C_{10}^2} = \frac{7}{15},$$

$$P\{X = 0, \ Y = 1\} = \frac{C_7^1 C_3^1}{C_{10}^2} = \frac{7}{30},$$

$$P\{X = 1, \ Y = 0\} = \frac{C_3^1 C_7^1}{C_{10}^2} = \frac{7}{30},$$

$$P\{X = 1, \ Y = 1\} = \frac{C_3^2}{C_{10}^2} = \frac{1}{15}.$$

(X, Y) 的概率分布可用表 3.2 表示.

表 3.2 概率分布表

X \ Y	0	1
0	$\frac{7}{15}$	$\frac{7}{30}$
1	$\frac{7}{30}$	$\frac{1}{15}$

例 3.2.2 为了进行吸烟与肺癌关系的研究, 随机调查了 23000 个 40 岁以上的人, 其结果列在表 3.3 中. 表中的数字 "3" 表示既吸烟又患了肺癌的人数, "4597" 表示吸烟但未患肺癌的人数等.

表 3.3 例 3.2.2 的数据表

吸烟 \ 肺癌	患	未患	合计
吸	3	4597	4600
不吸	1	18399	18400
合计	4	22996	23000

研究这个问题的方便方法是引进二维随机向量 (X,Y), 记

$$X = \begin{cases} 1, & \text{被调查者不吸烟,} \\ 0, & \text{被调查者吸烟,} \end{cases} \qquad Y = \begin{cases} 1, & \text{被调查者未患肺癌,} \\ 0, & \text{被调查者患肺癌.} \end{cases}$$

从表 3.3 的每一种情况出现的次数计算出它们出现的频率, 可近似地产生二维随机向量 (X,Y) 的概率分布:

$$P\{X=0,\ Y=0\} = 0.00013, \quad P\{X=0,\ Y=1\} = 0.19987,$$

$$P\{X=1,\ Y=0\} = 0.00004, \quad P\{X=1,\ Y=1\} = 0.79996.$$

概率分布表见表 3.4. 可以看出, 既吸烟又患肺癌的概率是 0.00013, 而不吸烟患肺癌的概率是 0.00004 等.

表 3.4　概率分布表

X＼Y	0	1
0	0.00013	0.19987
1	0.00004	0.79996

3.3　二维连续型随机向量

3.3.1　二维连续型随机向量

定义 3.3.1　设 (X,Y) 是一个二维随机向量, $F(x,y)$ 是其分布函数, 如果存在一个非负的二元函数 $f(x,y)$, 使得对任意的实数 x,y, 总有

$$F(x,y) = \int_{-\infty}^{y} \int_{-\infty}^{x} f(u,v)\,\mathrm{d}u\mathrm{d}v, \tag{3.3.1}$$

则称 (X,Y) 是二维连续型随机向量, $f(x,y)$ 为随机向量 (X,Y) 的概率密度函数, 也简称概率密度.

$f(x,y)$ 具有以下四条性质:

1. $f(x,y) \geqslant 0,\ -\infty < x < \infty,\ -\infty < y < \infty$;

2. $\displaystyle\int_{-\infty}^{\infty} \int_{-\infty}^{\infty} f(x,y)\,\mathrm{d}x\mathrm{d}y = 1$;

3. 若 $f(x,y)$ 在点 (x,y) 处连续, 则有 $\dfrac{\partial^2 F(x,y)}{\partial x \partial y} = f(x,y)$;

4. 设 D 是平面上的任意区域, 则点 (X, Y) 落在 D 内的概率

$$P\{(X, Y) \in D\} = \iint_D f(x, y)\mathrm{d}x\mathrm{d}y. \tag{3.3.2}$$

上述性质 1 至性质 3 是容易证明的. 对于性质 4, 其证明需要用到较多的数学知识, 这里不再介绍. 然而性质 4 是个非常重要的结论, 它将二维连续型随机向量 (X, Y) 在平面区域 D 内取值的概率问题转化为一个二重积分的计算. 从二重积分的几何意义可知, 该概率在数值上等于以 D 为底, 以曲面 $z = f(x, y)$ 为顶面的曲顶柱体的体积.

例 3.3.1 设 (X, Y) 的概率密度函数为

$$f(x, y) = \frac{A}{\pi^2(16 + x^2)(25 + y^2)}, \quad -\infty < x < \infty, \ -\infty < y < \infty,$$

其中 A 是常数.

(1) 求常数 A;

(2) 求 (X, Y) 的分布函数;

(3) 计算 $P\{0 < X < 4, \ 0 < Y < 5\}$.

解 (1) 由概率密度函数的性质 2, 知

$$\int_{-\infty}^{\infty} \int_{-\infty}^{\infty} \frac{A}{\pi^2(16 + x^2)(25 + y^2)}\mathrm{d}x\mathrm{d}y = 1,$$

上式等价于

$$\frac{A}{\pi^2}\left(\int_{-\infty}^{\infty} \frac{\mathrm{d}x}{16 + x^2}\right)\left(\int_{-\infty}^{\infty} \frac{\mathrm{d}y}{25 + y^2}\right) = 1.$$

因为

$$\int_{-\infty}^{\infty} \frac{\mathrm{d}x}{16 + x^2} = \frac{\pi}{4}, \qquad \int_{-\infty}^{\infty} \frac{\mathrm{d}y}{25 + y^2} = \frac{\pi}{5},$$

从而得到 $A = 20$.

(2) 由 (3.3.1) 式, 得

$$\begin{aligned}
F(x, y) &= \int_{-\infty}^{y} \int_{-\infty}^{x} \frac{20}{\pi^2(16 + u^2)(25 + v^2)}\mathrm{d}u\mathrm{d}v \\
&= \frac{20}{\pi^2}\left(\int_{-\infty}^{x} \frac{\mathrm{d}u}{16 + u^2}\right)\left(\int_{-\infty}^{y} \frac{\mathrm{d}v}{25 + v^2}\right) \\
&= \left(\frac{1}{\pi}\arctan\frac{x}{4} + \frac{1}{2}\right)\left(\frac{1}{\pi}\arctan\frac{y}{5} + \frac{1}{2}\right).
\end{aligned}$$

(3) 记 $D = \{(x,y) \mid 0 < x < 4,\ 0 < y < 5\}$, 由 (3.3.2) 式, 得

$$P\{0 < X < 4,\ 0 < Y < 5\} = P\{(X,Y) \in D\}$$

$$= \int_0^5 \int_0^4 \frac{20}{\pi^2(16 + x^2)(25 + y^2)} \mathrm{d}x\mathrm{d}y = \frac{1}{16}.$$

3.3.2　均匀分布

均匀分布是一种常见的分布.

定义 3.3.2　设 D 是平面上的有界区域, 其面积为 d, 若二维随机向量 (X,Y) 的概率密度函数为

$$f(x,y) = \begin{cases} \dfrac{1}{d}, & (x,y) \in D, \\[2mm] 0, & \text{其他}, \end{cases} \tag{3.3.3}$$

则称 (X,Y) 服从 D 上的均匀分布.

和第 2 章中随机变量服从的均匀分布相类似, 服从 D 上均匀分布的 (X,Y) 落在 D 中某一区域 A 内的概率 $P\{(X,Y) \in A\}$ 与 A 的面积成正比, 而与 A 的位置和形状无关.

在应用上经常用到的平面上的有界区域多为矩形区域、圆域和三角形区域等.

例 3.3.2　设 (X,Y) 服从圆域 $D = \{(x,y) \mid x^2 + y^2 \leqslant 4\}$ 上的均匀分布, 计算 $P\{(X,Y) \in A\}$, 这里 A 是图 3.2 中阴影部分的区域.

解　圆域 D 的面积 $d = 4\pi$, 因此 (X,Y) 的概率密度函数为

$$f(x,y) = \begin{cases} \dfrac{1}{4\pi}, & x^2 + y^2 \leqslant 4, \\[2mm] 0, & x^2 + y^2 > 4. \end{cases}$$

区域 A 是 $x = 0$, $y = 0$ 和 $x+y = 1$ 三条直线所围成的三角形区域, 并且包含在圆域 D 之内, 由 (3.3.2) 式, 得

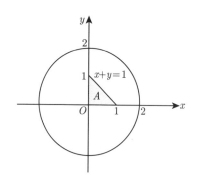

图 3.2　圆域 D 和区域 A

$$P\{(X,Y) \in A\} = \iint_A \frac{1}{4\pi}\mathrm{d}x\mathrm{d}y = \frac{1}{8\pi}.$$

本例的结论可以推广到一般情形. 设 (X,Y) 具有均匀分布 (3.3.3) 式, 现求 (X,Y) 落在区域 A 内的概率. 如果 A 被包含在 D 内的区域的面积为 S, 那么

$$P\{(X,Y) \in A\} = \frac{S}{d}.$$

对于例 3.3.2, A 就是三角形区域, 它完全落在 D 内, 其面积为 $1/2$, 于是最后的结论就很明显了.

3.3.3 二维正态分布

二维正态分布是一种重要的分布.

定义 3.3.3 若二维随机向量 (X,Y) 有概率密度函数

$$f(x,y) = \frac{1}{2\pi\sigma_1\sigma_2\sqrt{1-\rho^2}} e^{-\frac{1}{2(1-\rho^2)}\left[\frac{(x-\mu_1)^2}{\sigma_1^2} - 2\rho\frac{(x-\mu_1)(y-\mu_2)}{\sigma_1\sigma_2} + \frac{(y-\mu_2)^2}{\sigma_2^2}\right]}, \tag{3.3.4}$$

$$-\infty < x < \infty, \quad -\infty < y < \infty,$$

式中 μ_1, μ_2 为实数; $\sigma_1 > 0$, $\sigma_2 > 0$; $|\rho| < 1$. 则称 (X,Y) 服从参数为 μ_1, μ_2, σ_1, σ_2, ρ 的二维正态分布, 记为 $(X,Y) \sim N(\mu_1,\mu_2,\sigma_1^2,\sigma_2^2,\rho)$, 同时称 (X,Y) 是二维正态随机向量.

令 $z = f(x,y)$, 则它在三维空间中的图形 (曲面) 就像是一个水平切面为椭圆的钟倒扣在 Oxy 平面上, 其中心在 (μ_1,μ_2) 处, 见图 3.3.

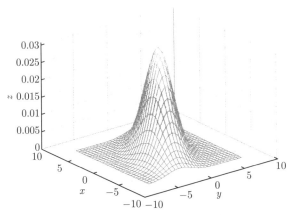

图 3.3 二维正态分布概率密度函数图形

下面证明二维正态分布的概率密度函数 $f(x,y)$ 满足概率密度函数的性质 2. 作积分变量代换 $u = \dfrac{x-\mu_1}{\sigma_1}$, $v = \dfrac{y-\mu_2}{\sigma_2}$, 有

$$\int_{-\infty}^{\infty} \int_{-\infty}^{\infty} f(x,y)\mathrm{d}x\mathrm{d}y = \frac{1}{2\pi\sqrt{1-\rho^2}} \int_{-\infty}^{\infty} \int_{-\infty}^{\infty} \mathrm{e}^{-\frac{u^2-2\rho uv+v^2}{2(1-\rho^2)}} \mathrm{d}u\mathrm{d}v$$

$$= \frac{1}{2\pi\sqrt{1-\rho^2}} \int_{-\infty}^{\infty} \int_{-\infty}^{\infty} \mathrm{e}^{-\frac{1}{2}\left[\frac{(u-\rho v)^2}{1-\rho^2}+v^2\right]} \mathrm{d}u\mathrm{d}v$$

$$= \int_{-\infty}^{\infty} \frac{1}{\sqrt{2\pi}}\mathrm{e}^{-\frac{v^2}{2}} \left[\int_{-\infty}^{\infty} \frac{1}{\sqrt{2\pi(1-\rho^2)}}\mathrm{e}^{-\frac{(u-\rho v)^2}{2(1-\rho^2)}} \mathrm{d}u\right] \mathrm{d}v,$$

注意到, 上式中的中括号内的积分等于正态分布 $N(\rho v, 1-\rho^2)$ 的概率密度函数的积分, 等于 1. 于是, 二重积分等于

$$\int_{-\infty}^{\infty} \frac{1}{\sqrt{2\pi}}\mathrm{e}^{-\frac{v^2}{2}}\mathrm{d}v = 1.$$

即 $f(x,y)$ 满足概率密度函数的性质 2.

3.4 边 缘 分 布

3.4.1 边缘分布函数

二维随机向量 (X,Y) 作为一个整体, 有分布函数 $F(x,y)$, 其分量 X 和 Y 都是随机变量, 也有各自的分布函数. 若将它们各自的分布函数分别记为 $F_X(x)$ 和 $F_Y(y)$, 依次称为 X 和 Y 的边缘分布函数, 而将 $F(x,y)$ 称为 X 和 Y 的联合分布函数. 这里需要注意的是, X 和 Y 的边缘分布函数, 本质上就是一维随机变量 X 和 Y 的分布函数. 我们现在之所以称其为边缘分布是相对于它们的联合分布而言的. 同样地, 联合分布函数 $F(x,y)$ 就是二维随机向量 (X,Y) 的分布函数, 之所以称其为联合分布是相对其分量 X 或 Y 的分布而言的.

边缘分布函数 $F_X(x)$ 和 $F_Y(y)$ 都可以由联合分布函数 $F(x,y)$ 确定:

$$F_X(x) = P\{X \leqslant x\} = P\{X \leqslant x, Y < \infty\} = F(x, \infty), \tag{3.4.1}$$

$$F_Y(y) = P\{Y \leqslant y\} = P\{X < \infty, Y \leqslant y\} = F(\infty, y). \tag{3.4.2}$$

3.4.2 二维离散型随机向量的边缘概率分布

设 (X,Y) 是二维离散型随机向量, 概率分布为

$$P\{X = x_i, Y = y_j\} = p_{ij}, \quad i = 1, 2, \cdots, \ j = 1, 2, \cdots,$$

由 (3.4.1) 和 (3.4.2) 式, 得

$$F_X(x) = F(x, \infty) = \sum_{x_i \leqslant x} \sum_{y_j < \infty} p_{ij} = \sum_{x_i \leqslant x} \sum_{j} p_{ij},$$

与 (2.2.3) 式相比较, 得到

$$P\{X = x_i\} = \sum_j p_{ij}, \quad i = 1, 2, \cdots.$$

同理可得

$$P\{Y = y_j\} = \sum_i p_{ij}, \quad j = 1, 2, \cdots.$$

记

$$p_{i\cdot} = P\{X = x_i\} = \sum_j p_{ij}, \quad i = 1, 2, \cdots, \tag{3.4.3}$$

$$p_{\cdot j} = P\{Y = y_j\} = \sum_i p_{ij}, \quad j = 1, 2, \cdots, \tag{3.4.4}$$

分别称 $p_{i\cdot}$, $i = 1, 2, \cdots$ 和 $p_{\cdot j}$, $j = 1, 2, \cdots$ 为 X 和 Y 的边缘概率分布.

例 3.4.1 求例 3.2.1 中 (X, Y) 的分量 X 和 Y 的边缘概率分布.

解 X 所有可能取的值为 0 和 1,分别记为 x_1 和 x_2; Y 所有可能取的值也是 0 和 1, 分别记为 y_1 和 y_2. 于是 $p_{11} = \dfrac{7}{15}$, $p_{12} = \dfrac{7}{30}$, $p_{21} = \dfrac{7}{30}$, $p_{22} = \dfrac{1}{15}$.

由 (3.4.3) 式得到 X 的边缘概率分布

$$P\{X = 0\} = p_{1\cdot} = p_{11} + p_{12} = \frac{7}{15} + \frac{7}{30} = \frac{7}{10},$$

$$P\{X = 1\} = p_{2\cdot} = p_{21} + p_{22} = \frac{7}{30} + \frac{1}{15} = \frac{3}{10}.$$

由 (3.4.4) 式得到 Y 的边缘概率分布

$$P\{Y = 0\} = p_{\cdot 1} = p_{11} + p_{21} = \frac{7}{15} + \frac{7}{30} = \frac{7}{10},$$

$$P\{Y = 1\} = p_{\cdot 2} = p_{12} + p_{22} = \frac{7}{30} + \frac{1}{15} = \frac{3}{10}.$$

注意到 $p_{1\cdot}$ 和 $p_{2\cdot}$ 分别是表 3.2 中第一行和第二行的数之和; $p_{\cdot 1}$ 和 $p_{\cdot 2}$ 分别是表中第一列和第二列的数之和. 分别将 $p_{i\cdot}$ 和 $p_{\cdot j}$ 填在表 3.2 的最右边和最下边, 得到表 3.5. 由于 $p_{i\cdot}$ 和 $p_{\cdot j}$ 位于这张表的边缘, 于是就得到了 "边缘概率分布" 之名.

表 3.5 边缘概率分布表

X \ Y	0	1	$p_i.$
0	$\dfrac{7}{15}$	$\dfrac{7}{30}$	$\dfrac{7}{10}$
1	$\dfrac{7}{30}$	$\dfrac{1}{15}$	$\dfrac{3}{10}$
$p._j$	$\dfrac{7}{10}$	$\dfrac{3}{10}$	

例 3.4.2 对例 3.2.2 中的二维随机向量 (X,Y), 求 X 和 Y 的边缘概率分布.

解 由 (3.4.3) 式, 得到

$$\begin{aligned}
P\{X=0\} &= P\{X=0,\ Y=0\} + P\{X=0,\ Y=1\} \\
&= 0.00013 + 0.19987 \\
&= 0.20000, \\
P\{X=1\} &= P\{X=1,\ Y=0\} + P\{X=1,\ Y=1\} \\
&= 0.00004 + 0.79996 \\
&= 0.80000.
\end{aligned}$$

这就是 X 的边缘概率分布. 由此可知, 随机抽取一个人, 是吸烟者的概率为 0.2, 是不吸烟者的概率为 0.8.

同样地, 由 (3.4.4) 式, 得到

$$\begin{aligned}
P\{Y=0\} &= P\{X=0,\ Y=0\} + P\{X=1,\ Y=0\} \\
&= 0.00013 + 0.00004 \\
&= 0.00017, \\
P\{Y=1\} &= P\{X=0,\ Y=1\} + P\{X=1,\ Y=1\} \\
&= 0.19987 + 0.79996 \\
&= 0.99983,
\end{aligned}$$

这就是 Y 的边缘概率分布. 由此可知, 随机抽取一个人, 患肺癌的概率为 0.00017, 不患肺癌的概率为 0.99983.

将上述结果列在表 3.6 中.

表 3.6 边缘概率分布表

X \ Y	0	1	$p_i.$
0	0.00013	0.19987	0.20000
1	0.00004	0.79996	0.80000
$p._j$	0.00017	0.99983	

3.4.3 二维连续型随机向量的边缘概率密度

设 (X,Y) 是二维连续型随机向量, 有概率密度函数 $f(x,y)$, 由 (3.4.1) 和 (3.3.1) 式可得

$$F_X(x) = F(x, \infty) = \int_{-\infty}^{\infty} \int_{-\infty}^{x} f(u,v) \mathrm{d}u \mathrm{d}v = \int_{-\infty}^{x} \left[\int_{-\infty}^{\infty} f(u,v) \mathrm{d}v \right] \mathrm{d}u.$$

记

$$f_X(u) = \int_{-\infty}^{\infty} f(u,v) \mathrm{d}v,$$

则有

$$F_X(x) = \int_{-\infty}^{x} f_X(u) \mathrm{d}u.$$

由 (2.3.1) 式可知, X 是一个连续型随机变量, 有概率密度函数

$$f_X(x) = \int_{-\infty}^{\infty} f(x,y) \mathrm{d}y; \tag{3.4.5}$$

同理可知, Y 也是连续型随机变量, 有概率密度函数

$$f_Y(y) = \int_{-\infty}^{\infty} f(x,y) \mathrm{d}x. \tag{3.4.6}$$

分别称 $f_X(x)$ 和 $f_Y(y)$ 为 X 和 Y 的边缘概率密度函数, 也简称为边缘概率密度.

容易得到, 对于服从矩形区域 $D = \{(x,y) \,|\, a \leqslant x \leqslant b,\ c \leqslant y \leqslant d\}$ 上均匀分布的随机向量 (X,Y), 两个边缘概率密度分别为

$$f_X(x) = \begin{cases} \dfrac{1}{b-a}, & a \leqslant x \leqslant b, \\ 0, & \text{其他,} \end{cases} \qquad f_Y(y) = \begin{cases} \dfrac{1}{d-c}, & c \leqslant y \leqslant d, \\ 0, & \text{其他.} \end{cases}$$

这表明 X 和 Y 都是服从均匀分布的随机变量. 但对于其他区域上的均匀分布, 不一定有上述结论.

例 3.4.3 设 (X,Y) 服从单位圆域 $D = \{(x,y) \,|\, x^2 + y^2 \leqslant 1\}$ 上的均匀分布, 求 X 和 Y 的边缘概率密度.

解

$$f(x,y) = \begin{cases} \dfrac{1}{\pi}, & x^2 + y^2 \leqslant 1, \\ 0, & \text{其他,} \end{cases}$$

应用 (3.4.5) 式计算 $f_X(x)$. 当 $x < -1$ 或 $x > 1$ 时, $f(x,y) = 0$, 从而 $f_X(x) = 0$; 当 $-1 \leqslant x \leqslant 1$ 时,

$$f_X(x) = \int_{-\infty}^{\infty} f(x,y)\,\mathrm{d}y = \int_{-\infty}^{-\sqrt{1-x^2}} 0\,\mathrm{d}y + \int_{-\sqrt{1-x^2}}^{\sqrt{1-x^2}} \frac{1}{\pi}\,\mathrm{d}y + \int_{\sqrt{1-x^2}}^{\infty} 0\,\mathrm{d}y = \frac{2}{\pi}\sqrt{1-x^2}.$$

于是, X 的边缘概率密度

$$f_X(x) = \begin{cases} \dfrac{2}{\pi}\sqrt{1-x^2}, & -1 \leqslant x \leqslant 1, \\ 0, & \text{其他}. \end{cases}$$

由 X 和 Y 在问题中的对称性, 将上式中的 x 换成 y, 可得 Y 的边缘概率密度

$$f_Y(y) = \begin{cases} \dfrac{2}{\pi}\sqrt{1-y^2}, & -1 \leqslant y \leqslant 1, \\ 0, & \text{其他}. \end{cases}$$

例 3.4.4 设随机向量 (X,Y) 服从二维正态分布 $N(\mu_1, \mu_2, \sigma_1^2, \sigma_2^2, \rho)$, 求其分量 X 和 Y 的边缘概率密度.

解 利用 (3.4.5) 式, $f_X(x) = \displaystyle\int_{-\infty}^{\infty} f(x,y)\mathrm{d}y$, 其中 $f(x,y)$ 见 (3.3.4) 式, 得

$$f_X(x) = \frac{1}{2\pi\sigma_1\sigma_2\sqrt{1-\rho^2}} \int_{-\infty}^{\infty} \mathrm{e}^{-\frac{1}{2(1-\rho^2)}\left[\frac{(x-\mu_1)^2}{\sigma_1^2} - 2\rho\frac{(x-\mu_1)(y-\mu_2)}{\sigma_1\sigma_2} + \frac{(y-\mu_2)^2}{\sigma_2^2}\right]} \mathrm{d}y$$

$$= \frac{1}{2\pi\sigma_1\sigma_2\sqrt{1-\rho^2}} \int_{-\infty}^{\infty} \mathrm{e}^{-\frac{1}{2(1-\rho^2)}\left[\left(\frac{y-\mu_2}{\sigma_2} - \rho\frac{x-\mu_1}{\sigma_1}\right)^2 + (1-\rho^2)\frac{(x-\mu_1)^2}{\sigma_1^2}\right]} \mathrm{d}y$$

$$= \frac{1}{\sqrt{2\pi}\sigma_1} \mathrm{e}^{-\frac{(x-\mu_1)^2}{2\sigma_1^2}} \int_{-\infty}^{\infty} \frac{1}{\sqrt{2\pi(1-\rho^2)}\sigma_2} \mathrm{e}^{-\frac{[y-\mu_2-\rho\sigma_2(x-\mu_1)/\sigma_1]^2}{2(1-\rho^2)\sigma_2^2}} \mathrm{d}y$$

$$= \frac{1}{\sqrt{2\pi}\sigma_1} \mathrm{e}^{-\frac{(x-\mu_1)^2}{2\sigma_1^2}}.$$

这表明 $X \sim N(\mu_1, \sigma_1^2)$.

同理可得

$$f_Y(y) = \frac{1}{\sqrt{2\pi}\sigma_2} \mathrm{e}^{-\frac{(y-\mu_2)^2}{2\sigma_2^2}}, \quad -\infty < y < \infty,$$

表明 $Y \sim N(\mu_2, \sigma_2^2)$.

这样, 二维正态随机向量 (X,Y) 的两个分量都服从正态分布, 并且与参数 ρ 无关. 所以, 对于确定的 $\mu_1, \mu_2, \sigma_1, \sigma_2$, 当取不同的 ρ 时, 对应了不同的二维正态分布, 但其中的分量 X 或 Y 却服从相同的正态分布. 对这个现象的解释是: 边缘概率密度只考虑了单个分量的情况, 而未涉及 X 和 Y 之间的关系, X 和 Y 之间的关系这个信息是包含在 (X,Y) 的联合概率密度函数之内的. 在下一章将指出, 参数 ρ 正好刻画了 X 和 Y 之间关系的密切程度.

因此, 仅由 X 和 Y 的边缘概率密度 (或边缘概率分布) 一般不能确定 (X,Y) 的联合概率密度函数 (或联合概率分布).

3.5　条件分布

3.5.1　条件分布的概念

在第 1 章, 曾经介绍了条件概率的概念, 这是对随机事件而言的. 在本节中, 我们将讨论随机变量的条件分布. 设有两个随机变量 X 和 Y, 在给定了 Y 取某个值或某些值的条件下, X 的分布称为 X 的条件分布. 类似地, 我们可以定义 Y 的条件分布.

例如, 考虑某地区成年男性群体, 从中随机挑选一人, 用 X 和 Y 分别记其体重和身高, 则 X 和 Y 都是随机变量, 有各自的分布. 现在如果限制 Y 的取值从 1.5 米到 1.6 米, 即 $1.5 \leqslant Y \leqslant 1.6$. 在这个限制下, 求 X 的条件分布, 就意味着要从该地区成年男性中把身高在 1.5 米到 1.6 米之间的那些人都挑出来, 然后在挑出来的群体中求其体重的分布. 容易想到, 这个分布与不设这个限制时的分布会很不一样, 因为我们的条件是把身高限制在了比较低的群体中, 在条件分布中体重取小值的概率会显著地增加. 类似地, 可以考虑限制 X 取某些值时, Y 的条件分布.

从上述例子可以看出条件分布这个概念的重要性. 弄清了 X 的条件分布随着 Y 值而变化的情况, 就能了解身高对体重的影响. 由于在许多问题中有关的变量往往是相互影响的, 这使得条件分布成为研究变量之间相依关系的一个有力工具, 在概率论与数理统计的许多分支中有着重要的应用.

3.5.2　离散型随机变量的条件概率分布

这种情况是第 1 章中的条件概率概念在另外一种形式下的运用.

设 (X,Y) 是二维离散型随机向量, 概率分布为

$$P\{X = x_i,\ Y = y_j\} = p_{ij},\quad i = 1, 2, \cdots,\ j = 1, 2, \cdots,$$

(X,Y) 的分量 X 和 Y 的边缘概率分布分别为

$$p_{i\cdot} = P\{X = x_i\} = \sum_j p_{ij}, \ i = 1, 2, \cdots; \quad p_{\cdot j} = P\{Y = y_j\} = \sum_i p_{ij}, \ j = 1, 2, \cdots.$$

设 $p_{i\cdot} > 0$, $p_{\cdot j} > 0$, $i, j = 1, 2, \cdots$. 现考虑在事件 $\{Y = y_j\}$ 发生的条件下 X 的条件分布, 即在 $\{Y = y_j\}$ 发生的条件下, 对 $i = 1, 2, \cdots$, 求事件 $\{X = x_i\}$ 发生的概率

$$P\{X = x_i | Y = y_j\}, \ i = 1, 2, \cdots.$$

由条件概率的定义,

$$P\{X = x_i | Y = y_j\} = \frac{P\{X = x_i, \ Y = y_j\}}{P\{Y = y_j\}} = \frac{p_{ij}}{p_{\cdot j}}, \ i = 1, 2, \cdots.$$

容易看出, 上述条件概率具有概率分布的两条性质:
1. $P\{X = x_i | Y = y_j\} \geqslant 0, \ i = 1, 2, \cdots$;
2. $\sum_i P\{X = x_i | Y = y_j\} = 1$.

从而 $P\{X = x_i | Y = y_j\}, \ i = 1, 2, \cdots$ 可以作为概率分布. 类似地, 可以讨论

$$P\{Y = y_j | X = x_i\}, \ j = 1, 2, \cdots.$$

定义 3.5.1 设二维离散型随机向量 (X, Y) 的概率分布为 $P\{X = x_i, \ Y = y_j\} = p_{ij}, \ i, j = 1, 2, \cdots$, X 和 Y 的边缘概率分布分别为 $P\{X = x_i\} = p_{i\cdot}, \ i = 1, 2, \cdots$ 和 $P\{Y = y_j\} = p_{\cdot j}, \ j = 1, 2, \cdots$. 对于固定的 j, 若 $p_{\cdot j} > 0$, 则称

$$P\{X = x_i | Y = y_j\} = \frac{p_{ij}}{p_{\cdot j}}, \ i = 1, 2, \cdots \tag{3.5.1}$$

为在 $Y = y_j$ 条件下随机变量 X 的条件概率分布. 对于固定的 i, 若 $p_{i\cdot} > 0$, 则称

$$P\{Y = y_j | X = x_i\} = \frac{p_{ij}}{p_{i\cdot}}, \ j = 1, 2, \cdots \tag{3.5.2}$$

为在 $X = x_i$ 条件下随机变量 Y 的条件概率分布.

例 **3.5.1** 求例 3.2.1 中 Y 的条件概率分布.

解 在例 3.2.1 中已求出 (X, Y) 的概率分布, 在例 3.4.1 中已求出 X 的边缘概率分布; 这样由 (3.5.2) 式可得 Y 的条件概率分布如下:

在 $X = 0$ 的条件下,

$$P\{Y=0|X=0\} = \frac{7/15}{7/10} = \frac{2}{3}, \quad P\{Y=1|X=0\} = \frac{7/30}{7/10} = \frac{1}{3};$$

在 $X=1$ 的条件下,

$$P\{Y=0|X=1\} = \frac{7/30}{3/10} = \frac{7}{9}, \quad P\{Y=1|X=1\} = \frac{1/15}{3/10} = \frac{2}{9}.$$

例 3.5.2 求例 3.2.2 中被调查者吸烟条件下得肺癌的概率和不吸烟条件下得肺癌的概率.

解 使用例 3.2.2 中的符号, 求 $P\{Y=0|X=0\}$ 和 $P\{Y=0|X=1\}$. 由 (3.5.2) 式得

$$P\{Y=0|X=0\} = \frac{0.00013}{0.2} = 0.00065, \quad P\{Y=0|X=1\} = \frac{0.00004}{0.8} = 0.00005,$$

其中 X 的边缘概率分布在例 3.4.2 中已求出.

可以看出, 吸烟条件下得肺癌的概率是不吸烟条件下得肺癌的概率的 13 倍.

3.5.3 连续型随机变量的条件概率密度

设 (X,Y) 是二维连续型随机向量. 由于对任意的 x,y, $P\{X=x\}=0$, $P\{Y=y\}=0$, 因此, 不能够像离散型那样引入条件分布, 这时要使用极限的方法来处理.

给定 y, 若对任意给定的正数 ε, 概率 $P\{y-\varepsilon < Y \leqslant y+\varepsilon\} > 0$, 于是, 对于任意的 x, 有

$$P\{X \leqslant x | y - \varepsilon < Y \leqslant y + \varepsilon\} = \frac{P\{X \leqslant x, \ y - \varepsilon < Y \leqslant y + \varepsilon\}}{P\{y - \varepsilon < Y \leqslant y + \varepsilon\}},$$

这是在条件 $y - \varepsilon < Y \leqslant y + \varepsilon$ 下 X 的条件分布函数.

定义 3.5.2 给定 y, 若对任意给定的 $\varepsilon > 0$, $P\{y - \varepsilon < Y \leqslant y + \varepsilon\} > 0$, 且对于任意实数 x, 极限

$$\lim_{\varepsilon \to 0^+} P\{X \leqslant x | y - \varepsilon < Y \leqslant y + \varepsilon\} = \lim_{\varepsilon \to 0^+} \frac{P\{X \leqslant x, \ y - \varepsilon < Y \leqslant y + \varepsilon\}}{P\{y - \varepsilon < Y \leqslant y + \varepsilon\}} \tag{3.5.3}$$

存在, 则称此极限为在条件 $Y = y$ 下 X 的条件分布函数, 记为 $P\{X \leqslant x | Y = y\}$ 或 $F_{X|Y}(x|y)$. 若存在 $f_{X|Y}(x|y) \geqslant 0$, 使得

$$F_{X|Y}(x|y) = \int_{-\infty}^{x} f_{X|Y}(u|y) \mathrm{d}u, \tag{3.5.4}$$

则称 $f_{X|Y}(x|y)$ 为在条件 $Y = y$ 下 X 的条件概率密度函数, 简称条件概率密度.

定理 3.5.1 设二维连续型随机向量 (X, Y) 有概率密度函数 $f(x, y)$, Y 的边缘概率密度为 $f_Y(y)$. 若 $f(x, y)$ 在点 (x, y) 处连续, $f_Y(y)$ 在 y 处连续, 且 $f_Y(y) > 0$, 则

$$f_{X|Y}(x|y) = \frac{f(x, y)}{f_Y(y)}. \tag{3.5.5}$$

证 设 (X, Y) 的分布函数为 $F(x, y)$, Y 的边缘分布函数为 $F_Y(y)$, 由 (3.5.3) 式,

$$
\begin{aligned}
F_{X|Y}(x|y) &= \lim_{\varepsilon \to 0^+} \frac{P\{X \leqslant x,\ y - \varepsilon < Y \leqslant y + \varepsilon\}}{P\{y - \varepsilon < Y \leqslant y + \varepsilon\}} \\
&= \lim_{\varepsilon \to 0^+} \frac{F(x, y + \varepsilon) - F(x, y - \varepsilon)}{F_Y(y + \varepsilon) - F_Y(y - \varepsilon)} \\
&= \frac{\lim\limits_{\varepsilon \to 0^+} [F(x, y + \varepsilon) - F(x, y - \varepsilon)]/2\varepsilon}{\lim\limits_{\varepsilon \to 0^+} [F_Y(y + \varepsilon) - F_Y(y - \varepsilon)]/2\varepsilon} \\
&= \frac{\partial F(x, y)/\partial y}{\mathrm{d} F_Y(y)/\mathrm{d} y} = \frac{\displaystyle\int_{-\infty}^{x} f(u, y)\mathrm{d}u}{f_Y(y)} = \int_{-\infty}^{x} \frac{f(u, y)}{f_Y(y)}\mathrm{d}u,
\end{aligned}
$$

从而

$$f_{X|Y}(x|y) = \frac{f(x, y)}{f_Y(y)}.$$

定理证毕.

类似地, 可以定义 $F_{Y|X}(y|x)$ 和 $f_{Y|X}(y|x)$, 并可证明当 $f(x, y)$ 在点 (x, y) 处连续, $f_X(x)$ 在 x 处连续, 且 $f_X(x) > 0$ 时,

$$f_{Y|X}(y|x) = \frac{f(x, y)}{f_X(x)}. \tag{3.5.6}$$

例 3.5.3 设二维随机向量 (X, Y) 服从单位圆域 $D = \{(x, y) \,|\, x^2 + y^2 \leqslant 1\}$ 上的均匀分布, 求条件概率密度.

解 (X, Y) 的概率密度函数为

$$f(x,y) = \begin{cases} \dfrac{1}{\pi}, & x^2 + y^2 \leqslant 1, \\ 0, & \text{其他}. \end{cases}$$

由例 3.4.3 得知,

$$f_X(x) = \begin{cases} \dfrac{2}{\pi}\sqrt{1-x^2}, & -1 \leqslant x \leqslant 1, \\ 0, & \text{其他}, \end{cases} \qquad f_Y(y) = \begin{cases} \dfrac{2}{\pi}\sqrt{1-y^2}, & -1 \leqslant y \leqslant 1, \\ 0, & \text{其他}. \end{cases}$$

于是, 当 $-1 < y < 1$ 时, $f_Y(y) > 0$. 由 (3.5.5) 式, 得

$$f_{X|Y}(x|y) = \begin{cases} \dfrac{1}{2\sqrt{1-y^2}}, & -\sqrt{1-y^2} \leqslant x \leqslant \sqrt{1-y^2}, \\ 0, & \text{其他}. \end{cases}$$

这里条件 "$-\sqrt{1-y^2} \leqslant x \leqslant \sqrt{1-y^2}$" 是由 $f(x,y) = 1/\pi$ 的条件 "$x^2 + y^2 \leqslant 1$" 而来的, 因为现在给定了 $y(-1 < y < 1)$, 于是仅当 x 满足 $x^2 + y^2 \leqslant 1$, 等价地, $-\sqrt{1-y^2} \leqslant x \leqslant \sqrt{1-y^2}$ 时, 才能保证 $f(x,y) = 1/\pi$ 成立.

同理, 当 $-1 < x < 1$ 时, $f_X(x) > 0$. 由 (3.5.6) 式, 得

$$f_{Y|X}(y|x) = \begin{cases} \dfrac{1}{2\sqrt{1-x^2}}, & -\sqrt{1-x^2} \leqslant y \leqslant \sqrt{1-x^2}, \\ 0, & \text{其他}. \end{cases}$$

特别地, 当 $y = 0$ 时, X 的条件概率密度为

$$f_{X|Y}(x|0) = \begin{cases} \dfrac{1}{2}, & -1 \leqslant x \leqslant 1, \\ 0, & \text{其他}. \end{cases}$$

这是 $[-1,1]$ 上的均匀分布.

例 3.5.4 设二维正态随机向量 $(X, Y) \sim N(\mu_1, \mu_2, \sigma_1^2, \sigma_2^2, \rho)$, 求条件概率密度 $f_{Y|X}(y|x)$.

解 $f(x,y)$ 如 (3.3.4) 式所示,

$$f_X(x) = \frac{1}{\sqrt{2\pi}\,\sigma_1} \mathrm{e}^{-\frac{(x-\mu_1)^2}{2\sigma_1^2}}, \quad -\infty < x < \infty,$$

由 (3.5.6) 式得到, 对 $-\infty < x < \infty$,

$$
\begin{aligned}
f_{Y|X}(y|x) &= \frac{1}{\sqrt{2\pi}\,\sigma_2\sqrt{1-\rho^2}}\mathrm{e}^{-\frac{1}{2(1-\rho^2)}\left[\frac{(x-\mu_1)^2}{\sigma_1^2}-2\rho\frac{(x-\mu_1)(y-\mu_2)}{\sigma_1\sigma_2}+\frac{(y-\mu_2)^2}{\sigma_2^2}\right]+\frac{(x-\mu_1)^2}{2\sigma_1^2}} \\
&= \frac{1}{\sqrt{2\pi}\,\sigma_2\sqrt{1-\rho^2}}\mathrm{e}^{-\frac{\{y-[\mu_2+\rho\sigma_2(x-\mu_1)/\sigma_1]\}^2}{2(1-\rho^2)\sigma_2^2}}, \quad -\infty < y < \infty,
\end{aligned}
$$

表明 $f_{Y|X}(y|x)$ 是正态分布 $N\big[\mu_2+\rho\sigma_2(x-\mu_1)/\sigma_1, (1-\rho^2)\sigma_2^2\big]$ 的概率密度函数.

例 3.5.5 设二维随机向量 (X,Y) 的概率密度函数为

$$
f(x,y) = \begin{cases} \dfrac{21}{4}x^2y, & x^2 \leqslant y \leqslant 1, \\ 0, & \text{其他}. \end{cases}
$$

求条件概率密度和条件概率 $P\Big\{Y > \dfrac{3}{4}\Big|X = \dfrac{1}{2}\Big\}$.

解 由 (3.4.5) 和 (3.4.6) 式可分别求得 X 和 Y 的边缘概率密度为

$$
f_X(x) = \begin{cases} \dfrac{21}{8}x^2(1-x^4), & -1 \leqslant x \leqslant 1, \\ 0, & \text{其他}, \end{cases} \qquad
f_Y(y) = \begin{cases} \dfrac{7}{2}y^{\frac{5}{2}}, & 0 \leqslant y \leqslant 1, \\ 0, & \text{其他}. \end{cases}
$$

从而条件概率密度 $f_{X|Y}(x|y)$: 对 $0 < y \leqslant 1$,

$$
f_{X|Y}(x|y) = \frac{f(x,y)}{f_Y(y)} = \begin{cases} \dfrac{3}{2}x^2y^{-\frac{3}{2}}, & -\sqrt{y} \leqslant x \leqslant \sqrt{y}, \\ 0, & \text{其他}. \end{cases}
$$

条件概率密度 $f_{Y|X}(y|x)$: 对 $-1 < x < 1$,

$$
f_{Y|X}(y|x) = \frac{f(x,y)}{f_X(x)} = \begin{cases} \dfrac{2y}{1-x^4}, & x^2 \leqslant y \leqslant 1, \\ 0, & \text{其他}. \end{cases}
$$

特别地, 对 $x = \dfrac{1}{2}$, 有

$$
f_{Y|X}\Big(y\Big|\dfrac{1}{2}\Big) = \begin{cases} \dfrac{32}{15}y, & \dfrac{1}{4} \leqslant y \leqslant 1, \\ 0, & \text{其他}. \end{cases}
$$

从而

$$P\left\{Y > \frac{3}{4}\Big| X = \frac{1}{2}\right\} = \int_{\frac{3}{4}}^{\infty} f_{Y|X}\left(y\Big|\frac{1}{2}\right)\mathrm{d}y = \int_{\frac{3}{4}}^{1} \frac{32}{15}y\mathrm{d}y = \frac{7}{15}.$$

例 3.5.6 设店主在每日开门营业时, 放在柜台上的货物量为 Y, 当日销售量为 X, 假定一天中不再往柜台上补充货物, 于是 $X \leqslant Y$. 根据历史资料, (X, Y) 的概率密度函数为

$$f(x, y) = \begin{cases} \dfrac{1}{200}, & 0 \leqslant x \leqslant y,\ 0 \leqslant y \leqslant 20, \\ 0, & \text{其他.} \end{cases}$$

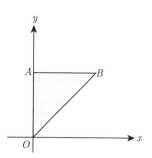

即 (X, Y) 服从直角三角形区域 OAB 上的均匀分布, 见图 3.4.

(1) 求给定 $Y = y$ 条件下, X 的条件概率密度;

(2) 假定某日开门时, $Y = 10$ 件, 求这天顾客买走 $X \leqslant 5$ 件的概率. 如果 $Y = 20$ 件呢?

图 3.4 三角形区域 OAB

解 (1) Y 的边缘概率密度为

$$f_Y(y) = \begin{cases} \displaystyle\int_0^y \frac{1}{200}\mathrm{d}x = \frac{y}{200}, & 0 \leqslant y \leqslant 20, \\ 0, & \text{其他.} \end{cases}$$

应用 (3.5.5) 式, 当 $0 < y \leqslant 20$ 时,

$$f_{X|Y}(x|y) = \frac{f(x, y)}{f_Y(y)} = \begin{cases} \dfrac{1}{y}, & 0 \leqslant x \leqslant y, \\ 0, & \text{其他.} \end{cases}$$

这个结果表明, 对给定的 $0 < y \leqslant 20$, X 的条件分布是 $[0, y]$ 上的均匀分布.

(2) 因为

$$f_{X|Y}(x|10) = \begin{cases} \dfrac{1}{10}, & 0 \leqslant x \leqslant 10, \\ 0, & \text{其他,} \end{cases}$$

所求概率

$$P\{X \leqslant 5|Y = 10\} = \int_{-\infty}^{5} f_{X|Y}(x|10)\mathrm{d}x = \int_0^5 \frac{1}{10}\mathrm{d}x = \frac{1}{2},$$

即开门营业时有 10 件货物, 当日卖出不超过 5 件的概率为 $\dfrac{1}{2}$.

又因为

$$f_{X|Y}(x|20) = \begin{cases} \dfrac{1}{20}, & 0 \leqslant x \leqslant 20, \\ 0, & \text{其他,} \end{cases}$$

于是

$$P\{X \leqslant 5 | Y = 20\} = \int_{-\infty}^{5} f_{X|Y}(x|20)\mathrm{d}x = \int_{0}^{5} \dfrac{1}{20}\mathrm{d}x = \dfrac{1}{4},$$

即开门营业时有 20 件货物, 当日卖出不超过 5 件的概率为 $\dfrac{1}{4}$. 这表明货物销售量与现有货物数量的关系很密切.

3.6 随机变量的独立性

在第 1 章中, 我们讨论了随机事件的相互独立性, 现在, 利用两个事件相互独立的概念引出两个随机变量相互独立的概念.

> **定义 3.6.1** 设二维随机向量 (X, Y) 的分布函数为 $F(x, y)$, X 和 Y 的边缘分布函数分别为 $F_X(x)$ 和 $F_Y(y)$. 若对任意的实数 x, y, 有
>
> $$F(x, y) = F_X(x)F_Y(y), \tag{3.6.1}$$
>
> 则称随机变量 X 与 Y 相互独立.

根据分布函数的定义, (3.6.1) 式可以写成

$$P\{X \leqslant x,\ Y \leqslant y\} = P\{X \leqslant x\}P\{Y \leqslant y\}. \tag{3.6.2}$$

因此, 随机变量 X 与 Y 相互独立, 是指对任意实数 x, y, 随机事件 $\{X \leqslant x\}$ 与 $\{Y \leqslant y\}$ 相互独立.

随机变量的相互独立是概率统计中一个十分重要的概念.

设 (X, Y) 是二维离散型随机向量, 所有可能取的值 (向量) 为 (x_i, y_j), $i = 1, 2, \cdots, j = 1, 2, \cdots$, 则 X 与 Y 相互独立的充分必要条件是:

$$P\{X = x_i,\ Y = y_j\} = P\{X = x_i\}P\{Y = y_j\},\ \ i = 1, 2, \cdots,\ j = 1, 2, \cdots,$$
$$\tag{3.6.3}$$

或

$$p_{ij} = p_{i\cdot}p_{\cdot j}, \quad i = 1, 2, \cdots, \ j = 1, 2, \cdots. \tag{3.6.4}$$

设 (X, Y) 是二维连续型随机向量, 则 X 与 Y 相互独立的充分必要条件是: 对几乎所有实数 x, y, 有

$$f(x, y) = f_X(x)f_Y(y). \tag{3.6.5}$$

注 所谓"对几乎所有实数 x, y, 有 (3.6.5) 式"是指: 记 $A = \{(x, y) \mid f(x, y) \neq f_X(x)f_Y(y)\}$, 有 $P\{(X, Y) \in A\} = 0$.

下面只对连续型情况加以说明.

若 X 与 Y 相互独立, 则对任意的实数 x, y, 有 $F(x, y) = F_X(x)F_Y(y)$, 且该式两边对几乎所有的 x, 几乎所有的 y 均可求导, 得

$$f(x, y) = \frac{\partial^2 F(x, y)}{\partial x \partial y} = F_X'(x)F_Y'(y) = f_X(x)f_Y(y).$$

反之, 若对几乎所有实数 x, y, 有 $f(x, y) = f_X(x)f_Y(y)$, 则对任意的实数 x, y, 有

$$\begin{aligned}
F(x, y) &= \int_{-\infty}^{y} \int_{-\infty}^{x} f(u, v) \, \mathrm{d}u \, \mathrm{d}v \\
&= \int_{-\infty}^{y} \int_{-\infty}^{x} f_X(u)f_Y(v) \, \mathrm{d}u \, \mathrm{d}v \\
&= \left(\int_{-\infty}^{x} f_X(u) \, \mathrm{d}u \right) \left(\int_{-\infty}^{y} f_Y(v) \, \mathrm{d}v \right) \\
&= F_X(x)F_Y(y),
\end{aligned}$$

这表明, X 与 Y 相互独立.

顺便指出, (3.6.5) 式可以用来定义二维连续型随机向量 (X, Y) 中的分量 X 与 Y 相互独立. 这样定义有两点好处:

(1) 其形式关于 X, Y 对称;

(2) 可以直接推广到任意多个随机变量的情况.

例 3.6.1 考察例 3.2.2 (即吸烟与得肺癌关系的研究) 中随机变量的独立性.

解 由例 3.4.2 得 $P\{X = 0\} = 0.2$, $P\{Y = 0\} = 0.00017$, 而 $P\{X = 0, Y = 0\} = 0.00013$, 显然 $P\{X = 0, Y = 0\} \neq P\{X = 0\}P\{Y = 0\}$, 从而 X 与 Y 不相互独立.

例 3.6.2 考察例 3.4.3 中随机变量的独立性.

解 根据在例 3.4.3 中得到的 $f(x,y)$, $f_X(x)$ 和 $f_Y(y)$ 的表达式, 显然在单位圆域 $D = \{(x,y) \mid x^2 + y^2 \leqslant 1\}$ 上, 有 $f(x,y) \neq f_X(x)f_Y(y)$, 但 $P\{(X,Y) \in D\} = 1$, 从而 X 与 Y 不相互独立.

顺便指出, 若 (X,Y) 服从矩形区域 $D = \{(x,y) \mid a \leqslant x \leqslant b,\ c \leqslant y \leqslant d\}$ 上的均匀分布, 则 X 与 Y 相互独立.

例 3.6.3 设 $(X,Y) \sim N(\mu_1, \mu_2, \sigma_1^2, \sigma_2^2, \rho)$, 则 X 与 Y 相互独立的充分必要条件是 $\rho = 0$.

证 充分性. 设 $\rho = 0$, 由 (3.3.4) 式, 得到

$$f(x,y) = \frac{1}{2\pi\sigma_1\sigma_2} e^{-\frac{1}{2}\left[\frac{(x-\mu_1)^2}{\sigma_1^2} + \frac{(y-\mu_2)^2}{\sigma_2^2}\right]} = f_X(x)f_Y(y),$$

从而 X 与 Y 相互独立.

必要性. 设 X 与 Y 相互独立, 则对任意实数 x, y, 有 $f(x,y) = f_X(x)f_Y(y)$. 特别地, 取 $x = \mu_1$, $y = \mu_2$, 得到 $f(\mu_1, \mu_2) = f_X(\mu_1)f_Y(\mu_2)$, 即

$$\frac{1}{2\pi\sigma_1\sigma_2\sqrt{1-\rho^2}} = \frac{1}{\sqrt{2\pi}\,\sigma_1} \cdot \frac{1}{\sqrt{2\pi}\,\sigma_2},$$

于是 $\sqrt{1-\rho^2} = 1$, $\rho = 0$.

最后需要指出的是, 与随机事件的独立性一样, 在实际问题中, 随机变量的独立性往往不是从其数学定义验证出来的, 相反, 常是从随机变量产生的实际背景判断它们的独立性, 然后再使用独立性定义中所给出的性质和结论.

3.7 随机向量函数的分布

在第 2 章中, 我们讨论了一个随机变量函数的分布问题, 现在讨论两个随机变量函数的分布问题. 对二维随机向量 (X,Y), 其两个分量 X 和 Y 的函数 $Z = g(X,Y)$ 是一个随机变量, 现由 (X,Y) 的分布导出 Z 的分布.

例如, 考虑某地区成年男性的群体, 令 X 和 Y 分别表示该群体中某人的年龄和体重, Z 表示该人的血压, 并且已知 Z 与 X, Y 的函数关系 $Z = g(X,Y)$, 则可以通过 (X,Y) 的分布确定 Z 的分布.

这里我们仅对二维连续型随机向量 (X,Y) 的情形加以讨论, 并且只对两种特殊的函数关系解决分布问题, 这两种函数关系是

1. $Z = X + Y$;
2. $Z = \max\{X,Y\}$ 和 $Z = \min\{X,Y\}$, 其中 X 与 Y 相互独立.

这是两种在实际应用中有较大用途的函数关系, 下面举的例子可以说明这一点.

3.7.1　$Z = X + Y$ 的分布

设二维连续型随机向量 (X, Y) 的概率密度函数为 $f(x, y)$, 求 $Z = X + Y$ 的概率密度函数 $f_Z(z)$.

设 Z 的分布函数为 $F_Z(z)$, 区域 $D = \{(x, y) \mid x + y \leqslant z\}$ (图 3.5), 有

$$
\begin{aligned}
F_Z(z) &= P\{X + Y \leqslant z\} \\
&= \iint_D f(x, y)\mathrm{d}x\mathrm{d}y \\
&= \int_{-\infty}^{\infty} \left[\int_{-\infty}^{z-x} f(x, y)\mathrm{d}y \right] \mathrm{d}x.
\end{aligned}
$$

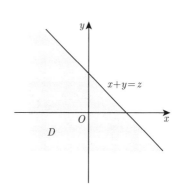

在积分 $\int_{-\infty}^{z-x} f(x, y)\mathrm{d}y$ 中, 作变量代换, 令 $u = y + x$, 有

$$
\int_{-\infty}^{z-x} f(x, y)\mathrm{d}y = \int_{-\infty}^{z} f(x, u - x)\mathrm{d}u.
$$

图 3.5　积分区域 D

于是,

$$
F_Z(z) = \int_{-\infty}^{\infty} \left[\int_{-\infty}^{z} f(x, u - x)\mathrm{d}u \right] \mathrm{d}x = \int_{-\infty}^{z} \left[\int_{-\infty}^{\infty} f(x, u - x)\mathrm{d}x \right] \mathrm{d}u,
$$

根据 (2.3.1) 式, 有

$$
f_Z(z) = \int_{-\infty}^{\infty} f(x, z - x)\mathrm{d}x. \tag{3.7.1}
$$

由于 X 和 Y 地位的对称性, 又有

$$
f_Z(z) = \int_{-\infty}^{\infty} f(z - y, y)\mathrm{d}y. \tag{3.7.2}
$$

特别当 X 与 Y 相互独立时, 设 X 和 Y 的边缘概率密度分别为 $f_X(x)$ 和 $f_Y(y)$, 则 (3.7.1) 和 (3.7.2) 式可依次变成

$$
f_Z(z) = \int_{-\infty}^{\infty} f_X(x) f_Y(z - x)\mathrm{d}x, \tag{3.7.3}
$$

$$f_Z(z) = \int_{-\infty}^{\infty} f_X(z-y)f_Y(y)\mathrm{d}y. \tag{3.7.4}$$

例 3.7.1　设 X 与 Y 相互独立, 均服从标准正态分布, 求 $Z = X + Y$ 的概率密度函数.

解　根据 (3.7.3) 式, 对 $-\infty < z < \infty$,

$$f_Z(z) = \int_{-\infty}^{\infty} \frac{1}{\sqrt{2\pi}}\mathrm{e}^{-\frac{x^2}{2}} \frac{1}{\sqrt{2\pi}}\mathrm{e}^{-\frac{(z-x)^2}{2}}\mathrm{d}x = \frac{1}{2\pi}\int_{-\infty}^{+\infty} \mathrm{e}^{-\frac{x^2+(z-x)^2}{2}}\mathrm{d}x,$$

因为

$$\frac{x^2+(z-x)^2}{2} = \left(x - \frac{z}{2}\right)^2 + \frac{z^2}{4},$$

所以

$$f_Z(z) = \frac{1}{2\pi}\mathrm{e}^{-\frac{z^2}{4}}\int_{-\infty}^{\infty} \mathrm{e}^{-(x-\frac{z}{2})^2}\mathrm{d}x.$$

作变量代换, 令 $t = \sqrt{2}\left(x - \frac{z}{2}\right)$, 得

$$f_Z(z) = \frac{1}{2\pi}\mathrm{e}^{-\frac{z^2}{4}}\int_{-\infty}^{\infty} \frac{1}{\sqrt{2}}\mathrm{e}^{-\frac{t^2}{2}}\mathrm{d}t = \frac{1}{2\sqrt{\pi}}\mathrm{e}^{-\frac{z^2}{4}}\int_{-\infty}^{\infty} \frac{1}{\sqrt{2\pi}}\mathrm{e}^{-\frac{t^2}{2}}\mathrm{d}t = \frac{1}{2\sqrt{\pi}}\mathrm{e}^{-\frac{z^2}{4}},$$

这表明, $Z \sim N(0, 2)$.

进一步, 可以证明: 设 $X \sim N(\mu_1, \sigma_1^2)$, $Y \sim N(\mu_2, \sigma_2^2)$, 且 X 与 Y 相互独立, 则 $Z = X + Y \sim N(\mu_1 + \mu_2, \sigma_1^2 + \sigma_2^2)$.

例 3.7.2　设 X 与 Y 独立, 且均服从 $U(0,1)$, 求 $X + Y$ 的概率密度函数.

解　X 与 Y 的概率密度函数为

$$f_X(x) = \begin{cases} 1, & 0 \leqslant x \leqslant 1, \\ 0, & 其他, \end{cases} \qquad f_Y(y) = \begin{cases} 1, & 0 \leqslant y \leqslant 1, \\ 0, & 其他. \end{cases}$$

利用 (3.7.3) 式, 并注意到积分中的被积函数不等于零的必要条件是 $0 \leqslant x \leqslant 1$, $0 \leqslant z - x \leqslant 1$, 即 $0 \leqslant x \leqslant 1$, $z - 1 \leqslant x \leqslant z$, 即 $\max(0, z-1) \leqslant x \leqslant \min(1, z)$. 所以, 当 $0 \leqslant z < 1$ 时,

$$f_Z(z) = \int_0^z 1\,\mathrm{d}x = z\,;$$

当 $1 \leqslant z \leqslant 2$ 时,

$$f_Z(z) = \int_{z-1}^{1} 1 \, \mathrm{d}x = 2 - z \,;$$

当 $z \notin [0, 2]$ 时, $f_Z(z) = 0$.

综上, 得

$$f_Z(z) = \begin{cases} z, & 0 \leqslant z < 1, \\ 2 - z, & 1 \leqslant z \leqslant 2, \\ 0, & \text{其他}. \end{cases}$$

上述分布称为三角分布或辛普森分布. 一般地, 当随机变量 X 与 Y 独立同分布, 且均服从 $U(a/2, b/2)$ 时, $Z = X + Y$ 的概率密度函数为

$$f_Z(z) = \begin{cases} \dfrac{4(z-a)}{(b-a)^2}, & a \leqslant z < \dfrac{a+b}{2}, \\ \dfrac{4(b-z)}{(b-a)^2}, & \dfrac{a+b}{2} \leqslant z \leqslant b, \\ 0, & \text{其他}. \end{cases}$$

例 3.7.3 设某种商品一周的需求量是一个随机变量, 其概率密度函数为

$$f(x) = \begin{cases} x\mathrm{e}^{-x}, & x > 0, \\ 0, & x \leqslant 0. \end{cases}$$

如果各周的需求量相互独立, 求两周需求量的概率密度函数.

解 分别用 X 和 Y 表示第一周、第二周的需求量, 则

$$f_X(x) = \begin{cases} x\mathrm{e}^{-x}, & x > 0, \\ 0, & x \leqslant 0, \end{cases} \qquad f_Y(y) = \begin{cases} y\mathrm{e}^{-y}, & y > 0, \\ 0, & y \leqslant 0. \end{cases}$$

从而两周需求量 $Z = X + Y$.

利用 (3.7.3) 式计算 $f_Z(z)$. 注意到积分中的被积函数不等于零的必要条件是 $x \geqslant 0$ 且 $z - x \geqslant 0$, 即 $0 \leqslant x \leqslant z$. 所以, 当 $z \leqslant 0$ 时, $f_Z(z) = 0$; 当 $z > 0$ 时,

$$f_Z(z) = \int_0^z x\mathrm{e}^{-x}(z-x)\mathrm{e}^{-(z-x)}\mathrm{d}x = \mathrm{e}^{-z}\int_0^z x(z-x)\mathrm{d}x = \frac{z^3}{6}\mathrm{e}^{-z}.$$

从而

$$f_Z(z) = \begin{cases} \dfrac{z^3}{6}\mathrm{e}^{-z}, & z > 0, \\ 0, & z \leqslant 0. \end{cases}$$

3.7.2 $Z = \max\{X, Y\}$ 和 $Z = \min\{X, Y\}$ 的分布

在实际应用中, 很多问题都归结为求 Z 的分布. 例如, 假设某地区降水量集中在 7、8 两月, 该地区的某条河这两个月的最高洪峰分别为 X 和 Y. 为制定防洪设施的安全标准, 就需要知道 $Z = \max\{X, Y\}$ 的分布. 在高山上架设电线需要研究冬天的最大风力, 假设某地区一年中风力最大的两个月的风力分别为 X 和 Y, 则一年中最大风力 $Z = \max\{X, Y\}$ 的分布就要在设计之前搞清楚. 又如, 在河流航运中我们最担心的是水量太小而停航, 若记 X 和 Y 分别为某条河流一年中流量最小的两个月的流量, 则 $Z = \min\{X, Y\}$ 就是一年中的最小流量, 它的分布是很有指导价值的.

设 X 与 Y 是相互独立的随机变量, 分布函数分别为 $F_X(x)$ 和 $F_Y(y)$, 先求 $Z = \max\{X, Y\}$ 的分布函数 $F_{\max}(z)$. 显然 $\{Z \leqslant z\}$ 等价于 $\{X \leqslant z, Y \leqslant z\}$, 因此,

$$P\{Z \leqslant z\} = P\{X \leqslant z, Y \leqslant z\} = P\{X \leqslant z\}P\{Y \leqslant z\} = F_X(z)F_Y(z),$$

即

$$F_{\max}(z) = F_X(z)F_Y(z). \tag{3.7.5}$$

对于 $Z = \min\{X, Y\}$, 其分布函数

$$F_{\min}(z) = P\{Z \leqslant z\} = 1 - P\{Z > z\},$$

而 $\{Z > z\}$ 等价于 $\{X > z, Y > z\}$, 于是

$$\begin{aligned}
P\{Z > z\} &= P\{X > z, Y > z\} \\
&= P\{X > z\}P\{Y > z\} \\
&= [1 - P\{X \leqslant z\}]\,[1 - P\{Y \leqslant z\}] \\
&= [1 - F_X(z)]\,[1 - F_Y(z)],
\end{aligned}$$

从而

$$F_{\min}(z) = 1 - [1 - F_X(z)]\,[1 - F_Y(z)]. \tag{3.7.6}$$

特别地, 如果 X 和 Y 具有相同的分布函数 $F(\cdot)$, 这时 (3.7.5) 式和 (3.7.6) 式分别成为

$$F_{\max}(z) = [F(z)]^2, \qquad F_{\min}(z) = 1 - [1 - F(z)]^2.$$

例 **3.7.4** 设系统 L 由两个相互独立的子系统 L_1, L_2 连接而成, 连接的方式分别为: (1) 串联; (2) 并联; (3) 备用 (开关完全可靠, 子系统 L_2 在储备期内性能无变化, 当 L_1 损坏时, L_2 开始工作), 如图 3.6 所示. 设 L_1, L_2 的寿命分别为 X 和 Y, 概率密度函数分别为

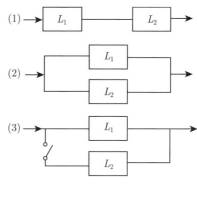

$$f_X(x) = \begin{cases} \lambda_1 e^{-\lambda_1 x}, & x > 0, \\ 0, & x \leqslant 0, \end{cases}$$

$$f_Y(y) = \begin{cases} \lambda_2 e^{-\lambda_2 y}, & y > 0, \\ 0, & y \leqslant 0, \end{cases}$$

图 3.6 三种连接方式

其中 λ_1, $\lambda_2 > 0$, 分别对以上三种连接方式写出 L 的寿命 Z 的概率密度函数.

解 易得 X, Y 的分布函数分别为

$$F_X(x) = \begin{cases} 1 - e^{-\lambda_1 x}, & x > 0, \\ 0, & x \leqslant 0, \end{cases} \qquad F_Y(y) = \begin{cases} 1 - e^{-\lambda_2 y}, & y > 0, \\ 0, & y \leqslant 0. \end{cases}$$

(1) 串联时, $Z = \min\{X, Y\}$, 分布函数

$$F_{\min}(z) = \begin{cases} 1 - e^{-(\lambda_1 + \lambda_2)z}, & z > 0, \\ 0, & z \leqslant 0, \end{cases}$$

概率密度函数

$$f_{\min}(z) = \begin{cases} (\lambda_1 + \lambda_2)e^{-(\lambda_1 + \lambda_2)z}, & z > 0, \\ 0, & z \leqslant 0. \end{cases}$$

(2) 并联时, $Z = \max\{X, Y\}$, 分布函数

$$F_{\max}(z) = \begin{cases} (1 - e^{-\lambda_1 z})(1 - e^{-\lambda_2 z}), & z > 0, \\ 0, & z \leqslant 0, \end{cases}$$

概率密度函数

$$f_{\max}(z) = \begin{cases} \lambda_1 e^{-\lambda_1 z} + \lambda_2 e^{-\lambda_2 z} - (\lambda_1 + \lambda_2)e^{-(\lambda_1 + \lambda_2)z}, & z > 0, \\ 0, & z \leqslant 0. \end{cases}$$

(3) 备用时, $Z = X + Y$. 由 (3.7.3) 式知, 当 $z \leqslant 0$ 时, $f_Z(z) = 0$; 当 $z > 0$ 时,

$$f_Z(z) = \int_0^z \lambda_1 \mathrm{e}^{-\lambda_1 x} \lambda_2 \mathrm{e}^{-\lambda_2(z-x)} \mathrm{d}x = \lambda_1 \lambda_2 \mathrm{e}^{-\lambda_2 z} \int_0^z \mathrm{e}^{(\lambda_2 - \lambda_1)x} \mathrm{d}x.$$

所以, 当 $\lambda_1 = \lambda_2 = \lambda$ 时,

$$f_Z(z) = \begin{cases} \lambda^2 z \mathrm{e}^{-\lambda z}, & z > 0, \\ 0, & z \leqslant 0; \end{cases}$$

当 $\lambda_1 \neq \lambda_2$ 时,

$$f_Z(z) = \begin{cases} \dfrac{\lambda_1 \lambda_2}{\lambda_2 - \lambda_1} (\mathrm{e}^{-\lambda_1 z} - \mathrm{e}^{-\lambda_2 z}), & z > 0, \\ 0, & z \leqslant 0. \end{cases}$$

3.8 n 维随机向量

前面我们系统地讨论了二维随机向量. 在实际问题中, 除了二维随机向量以外, 常常还会遇到 $n(n \geqslant 3)$ 维随机向量, 例如, 在本章开始所提到的对每炉钢的含碳量、含硫量和硬度这些基本指标的研究, 涉及三个随机变量: 含碳量 X、含硫量 Y 和硬度 Z, 从而形成一个三维随机向量 (X, Y, Z). 又如, 在讨论某商场每年商品销售情况时, 用 X_i 表示该商场第 i 月份的商品销售额, $i = 1, 2, \cdots, 12$, 形成了一个 12 维随机向量 $(X_1, X_2, \cdots, X_{12})$. 前面有关二维随机向量的概念和结论不难推广到 n 维随机向量.

3.8.1 定义和分布函数

设随机试验 E 的样本空间为 Ω, $X_1, X_2, \cdots, X_n$ 是定义在 Ω 上的 n 个随机变量, 称由它们构成的 n 维向量 $(X_1, X_2, \cdots, X_n)$ 为 n 维随机向量. n 维随机向量 $(X_1, X_2, \cdots, X_n)$ 的性质不仅与每个分量的性质有关, 而且还依赖于它们之间的相互关系.

分布函数仍然是描述 n 维随机向量分布的重要工具. 设 $(X_1, X_2, \cdots, X_n)$ 是 n 维随机向量, 对于任意 n 个实数 $x_1, x_2, \cdots, x_n$, 称 n 元函数

$$F(x_1, x_2, \cdots, x_n) = P\{X_1 \leqslant x_1, X_2 \leqslant x_2, \cdots, X_n \leqslant x_n\} \tag{3.8.1}$$

为 $(X_1, X_2, \cdots, X_n)$ 的分布函数. $F(x_1, x_2, \cdots, x_n)$ 具有类似于二维随机向量分布函数的性质.

n 维随机向量也有离散型和连续型两类, 其中连续型更为常见.

3.8.2 n 维连续型随机向量

与二维连续型随机向量类似, 为了引进 n 维连续型随机向量的概率密度, 要使用分布函数和 n 重积分.

对 n 维随机向量 $(X_1, X_2, \cdots, X_n)$, 如果存在非负函数 $f(x_1, x_2, \cdots, x_n)$, 使得对于任意实数 $x_1, x_2, \cdots, x_n$ 有

$$F(x_1, x_2, \cdots, x_n) = \int_{-\infty}^{x_n} \cdots \int_{-\infty}^{x_2} \int_{-\infty}^{x_1} f(u_1, u_2, \cdots, u_n) \mathrm{d}u_1 \mathrm{d}u_2 \cdots \mathrm{d}u_n, \quad (3.8.2)$$

则称 $(X_1, X_2, \cdots, X_n)$ 为 n 维连续型随机向量, 称 $f(x_1, x_2, \cdots, x_n)$ 为 $(X_1, X_2, \cdots, X_n)$ 的概率密度函数, 简称为概率密度.

$f(x_1, x_2, \cdots, x_n)$ 具有类似于二维连续型随机向量概率密度函数的性质.

n 维连续型随机向量 $(X_1, X_2, \cdots, X_n)$ 的边缘分布比二维情况要复杂, 其中常用的是每个分量 X_i 的边缘概率密度 $f_{X_i}(x_i)$, $i = 1, 2, \cdots, n$. 以 X_1 为例, 其边缘概率密度

$$f_{X_1}(x_1) = \underbrace{\int_{-\infty}^{\infty} \cdots \int_{-\infty}^{\infty}}_{n-1\,\text{重积分}} f(x_1, x_2, \cdots, x_n) \mathrm{d}x_2 \cdots \mathrm{d}x_n. \quad (3.8.3)$$

若对任意的实数 $x_1, x_2, \cdots, x_n$, 成立

$$f(x_1, x_2, \cdots, x_n) = f_{X_1}(x_1) f_{X_2}(x_2) \cdots f_{X_n}(x_n), \quad (3.8.4)$$

则称 $X_1, X_2, \cdots, X_n$ 相互独立.

例 3.8.1 设三维随机向量 (X_1, X_2, X_3) 的概率密度函数

$$f(x_1, x_2, x_3) = \begin{cases} \mathrm{e}^{-(x_1 + x_2 + x_3)}, & x_1 > 0,\ x_2 > 0,\ x_3 > 0, \\ 0, & \text{其他}, \end{cases}$$

判断 X_1, X_2, X_3 是否相互独立.

解 先求边缘概率密度 $f_{X_i}(x_i)$, $i = 1, 2, 3$.

$$f_{X_1}(x_1) = \int_{-\infty}^{\infty} \int_{-\infty}^{\infty} f(x_1, x_2, x_3) \mathrm{d}x_2 \mathrm{d}x_3,$$

当 $x_1 \leqslant 0$ 时, $f(x_1, x_2, x_3) = 0$, 于是 $f_{X_1}(x_1) = 0$; 当 $x_1 > 0$ 时,

$$f_{X_1}(x_1) = \int_0^\infty \int_0^\infty \mathrm{e}^{-(x_1+x_2+x_3)} \mathrm{d}x_2 \mathrm{d}x_3$$

$$= \mathrm{e}^{-x_1} \left(\int_0^\infty \mathrm{e}^{-x_2} \mathrm{d}x_2 \right) \left(\int_0^\infty \mathrm{e}^{-x_3} \mathrm{d}x_3 \right) = \mathrm{e}^{-x_1}.$$

于是,

$$f_{X_1}(x_1) = \begin{cases} \mathrm{e}^{-x_1}, & x_1 > 0, \\ 0, & x_1 \leqslant 0. \end{cases}$$

同理可得

$$f_{X_i}(x_i) = \begin{cases} \mathrm{e}^{-x_i}, & x_i > 0, \\ 0, & x_i \leqslant 0, \end{cases} \quad i = 2, 3.$$

这样, 对任意实数 x_1, x_2, x_3, 总有 $f(x_1, x_2, x_3) = f_{X_1}(x_1) f_{X_2}(x_2) f_{X_3}(x_3)$, 从而 X_1, X_2, X_3 相互独立.

3.8.3　n 维随机向量函数的分布

对 n 维连续型随机向量 $(X_1, X_2, \cdots, X_n)$, 设其 n 个分量 $X_1, X_2, \cdots, X_n$ 的函数 $Z = g(X_1, X_2, \cdots, X_n)$, 则 Z 是随机变量, 由 $(X_1, X_2, \cdots, X_n)$ 的分布求 Z 的分布.

下面我们对几种重要的特殊情况叙述其结果.

1. 设 $X_1, X_2, \cdots, X_n$ 相互独立, 且 $X_i \sim B(1, p)$, $i = 1, 2, \cdots, n$, $0 < p < 1$ 为常数, 则 $Z = \sum\limits_{i=1}^{n} X_i \sim B(n, p)$.

2. 设 $X_1, X_2, \cdots, X_n$ 相互独立, 且 $X_i \sim P(\lambda_i)$, $\lambda_i > 0$, $i = 1, 2, \cdots, n$, 则

$$Z = \sum_{i=1}^{n} X_i \sim P\left(\sum_{i=1}^{n} \lambda_i \right), \tag{3.8.5}$$

即独立的泊松分布之和仍为泊松分布, 参数为 n 个相互独立的泊松分布的参数之和.

3. 设 $X_1, X_2, \cdots, X_n$ 相互独立, 且 $X_i \sim N(\mu_i, \sigma_i^2)$, $i = 1, 2, \cdots, n$, 则

$$Z = \sum_{i=1}^{n} X_i \sim N\left(\sum_{i=1}^{n} \mu_i, \ \sum_{i=1}^{n} \sigma_i^2 \right). \tag{3.8.6}$$

这是两个独立的正态分布之和仍为正态分布的直接推广.

4. 设 $X_1, X_2, \cdots, X_n$ 相互独立, 且 X_i 的分布函数为 $F_{X_i}(x_i)$, $i = 1, 2, \cdots, n$, 则 $Z = \max\{X_1, X_2, \cdots, X_n\}$ 的分布函数为

$$F_{\max}(z) = F_{X_1}(z)F_{X_2}(z) \cdots F_{X_n}(z); \tag{3.8.7}$$

$Z = \min\{X_1, X_2, \cdots, X_n\}$ 的分布函数为

$$F_{\min}(z) = 1 - [1 - F_{X_1}(z)][1 - F_{X_2}(z)] \cdots [1 - F_{X_n}(z)]. \tag{3.8.8}$$

上述结论的证明可以仿照两个变量的情况进行.

特别地, 如果 $X_1, X_2, \cdots, X_n$ 具有相同的分布函数 $F(\cdot)$, 这时 (3.8.7) 式成为

$$F_{\max}(z) = [F(z)]^n, \tag{3.8.9}$$

(3.8.8) 式成为

$$F_{\min}(z) = 1 - [1 - F(z)]^n. \tag{3.8.10}$$

例 **3.8.2** 设某种电器设备的寿命 (单位: h) 服从正态分布 $N(1000, 20^2)$, 现随机地抽取这种设备 4 件作寿命试验, 求 4 件设备的寿命均大于 1020 小时的概率.

解 设 4 件设备的寿命分别为 X_1, X_2, X_3, X_4, $X_i \sim N(1000, 20^2)$, $i = 1, 2, 3, 4$. 记 $Z = \min\{X_1, X_2, X_3, X_4\}$, 则所求概率为 $P\{Z > 1020\}$. 由于

$$P\{Z > 1020\} = 1 - P\{Z \leqslant 1020\} = 1 - F_{\min}(1020),$$

再利用 (3.8.10) 式, 及正态分布 $N(1000, 20^2)$ 的分布函数的计算公式 (2.3.21) 式, 得

$$P\{Z > 1020\} = [1 - F(1020)]^4 = [1 - \mathtt{pnorm}(1020, 1000, 20)]^4 = 0.000634.$$

习 题 3

3.1 设二维随机向量 (X, Y) 的分布函数为

$$F(x, y) = \begin{cases} 1 - 2^{-x} - 2^{-y} + 2^{-x-y}, & x \geqslant 0, \ y \geqslant 0, \\ 0, & \text{其他}, \end{cases}$$

求 $P\{1 < X \leqslant 2, \ 3 < Y \leqslant 5\}$.

3.2 设随机变量 X 与 Y 均服从正态分布 $N(0, \sigma^2)$, 且有 $P\{X \leqslant 2, Y \leqslant -2\} = 0.25$, 计算 $P\{X > 2, Y > -2\}$.

3.3 盒中装有 3 个黑球, 2 个白球. 现从中任取 4 个球, 用 X 表示取到的黑球的个数, 用 Y 表示取到的白球的个数, 求 (X, Y) 的概率分布.

3.4 将一枚均匀的硬币抛掷 3 次, 用 X 表示在 3 次中出现正面的次数, 用 Y 表示 3 次中出现正面次数与出现反面次数之差的绝对值, 求 (X, Y) 的概率分布.

3.5 设二维随机向量 (X, Y) 的概率密度函数为

$$f(x, y) = \begin{cases} a(6 - x - y), & 0 \leqslant x \leqslant 1, \ 0 \leqslant y \leqslant 2, \\ 0, & \text{其他.} \end{cases}$$

(1) 确定常数 a;   (2) 求 $P\{X \leqslant 0.5, \ Y \leqslant 1.5\}$;

(3) 求 $P\{(X, Y) \in D\}$, 这里 D 是由 $x = 0$, $y = 0$ 和 $x + y = 1$ 这 3 条直线所围成的区域.

3.6 设二维随机向量 (X, Y) 的概率密度函数为

$$f(x, y) = \begin{cases} 2\mathrm{e}^{-(2x+y)}, & x > 0, \ y > 0, \\ 0, & \text{其他.} \end{cases}$$

(1) 求分布函数 $F(x, y)$;   (2) 求概率 $P\{Y \leqslant X\}$.

3.7 向一个无限平面靶射击, 设命中点 (X, Y) 的概率密度函数为

$$f(x, y) = \frac{1}{\pi(1 + x^2 + y^2)^2}, \quad -\infty < x, y < \infty,$$

求命中点与靶心 (坐标原点) 的距离不超过 a 的概率.

3.8 设二维随机向量 (X, Y) 的概率分布如下表所示, 求 X 和 Y 的边缘概率分布.

X \ Y	0	2	5
1	0.15	0.25	0.35
3	0.05	0.18	0.02

3.9 设二维随机向量 (X, Y) 的概率密度函数为

$$f(x, y) = \begin{cases} \dfrac{3}{2}xy^2, & 0 \leqslant x \leqslant 2, \ 0 \leqslant y \leqslant 1, \\ 0, & \text{其他,} \end{cases}$$

求边缘概率密度 $f_X(x)$, $f_Y(y)$.

3.10 设二维随机向量 (X, Y) 的概率密度函数为

$$f(x, y) = \begin{cases} 4.8y(2 - x), & 0 \leqslant x \leqslant 1, \ 0 \leqslant y \leqslant x, \\ 0, & \text{其他,} \end{cases}$$

求边缘概率密度 $f_X(x)$, $f_Y(y)$.

3.11 设二维随机向量 (X, Y) 的概率密度函数为

$$f(x, y) = \frac{1}{2\pi}\mathrm{e}^{-\frac{1}{2}(2x^2 - 2xy + y^2)}, \quad -\infty < x, y < \infty.$$

(1) 求边缘概率密度 $f_X(x)$, $f_Y(y)$; 　　(2) 计算 $P\{X > 0, Y > 0\}$.

3.12　求习题 3.8 中的条件概率分布.

3.13　设 X 在区间 $(0,1)$ 上随机地取值, 当观察到 $X = x(0 < x < 1)$ 时, Y 在区间 $(x,1)$ 上随机地取值, 求 Y 的概率密度函数.

3.14　设二维随机向量 (X, Y) 的概率密度函数为

$$f(x, y) = \begin{cases} x^2 + \dfrac{xy}{3}, & 0 \leqslant x \leqslant 1,\ 0 \leqslant y \leqslant 2, \\ 0, & \text{其他}, \end{cases}$$

求条件概率密度 $f_{X|Y}(x|y)$, $f_{Y|X}(y|x)$ 以及 $P\left\{Y < \dfrac{1}{2}\Big|X = \dfrac{1}{2}\right\}$.

3.15　问习题 3.8 中的 X 与 Y 是否相互独立?

3.16　问习题 3.9 和习题 3.10 中的 X 与 Y 是否相互独立?

3.17　设二维随机向量 (X, Y) 的概率分布如下表所示.

X \ Y	1	2	3
1	$\dfrac{1}{6}$	$\dfrac{1}{9}$	$\dfrac{1}{18}$
2	$\dfrac{1}{3}$	a	b

问 a, b 取何值时, X 与 Y 相互独立?

3.18　设二维随机向量 (X, Y) 的概率密度函数为

$$f(x, y) = \begin{cases} x\mathrm{e}^{-x}\dfrac{1}{(1+y)^2}, & x > 0,\ y > 0, \\ 0, & \text{其他}, \end{cases}$$

问 X 与 Y 是否相互独立?

3.19　设二维随机向量 (X, Y) 的分布函数为

$$F(x, y) = \begin{cases} 1 - \mathrm{e}^{-x} - \mathrm{e}^{-y} + \mathrm{e}^{-(x+y)}, & x \geqslant 0,\ y \geqslant 0, \\ 0, & \text{其他}, \end{cases}$$

讨论 X, Y 的独立性.

3.20　设随机变量 X 与 Y 相互独立, 且 $X \sim P(\lambda_1)$, $Y \sim P(\lambda_2)$, 试证: $X + Y \sim P(\lambda_1 + \lambda_2)$.

3.21　设 X 与 Y 是两个相互独立的随机变量, 概率密度函数分别为

$$f_X(x) = \begin{cases} \dfrac{1}{2}\mathrm{e}^{-\frac{x}{2}}, & x > 0, \\ 0, & x \leqslant 0, \end{cases} \qquad f_Y(y) = \begin{cases} \dfrac{1}{3}\mathrm{e}^{-\frac{y}{3}}, & y > 0, \\ 0, & y \leqslant 0, \end{cases}$$

求 $X+Y$ 的概率密度函数.

3.22　设二维随机向量 (X,Y) 的概率密度函数为

$$f(x,y) = \begin{cases} 2-x-y, & 0 < x < 1,\ 0 < y < 1, \\ 0, & \text{其他}, \end{cases}$$

求 $Z = X+Y$ 的概率密度函数.

3.23　设随机变量 X 与 Y 相互独立, 且均服从标准指数分布 $E(1)$, 求 $Z_1 = \min\{X,Y\}$ 和 $Z_2 = \max\{X,Y\}$ 的概率密度函数.

3.24　对某种电子装置的输出测量了 5 次, 得到观察值 X_1, X_2, X_3, X_4, X_5. 设它们是相互独立的随机变量, 且有相同的概率密度函数

$$f(x) = \begin{cases} \dfrac{x}{4}\mathrm{e}^{-\frac{x^2}{8}}, & x \geqslant 0, \\ 0, & x < 0, \end{cases}$$

求 $Z = \max\{X_1, X_2, X_3, X_4, X_5\}$ 的分布函数.

3.25　设电子元件的寿命 X(单位: h) 的概率密度函数为

$$f(x) = \begin{cases} 0.0005\mathrm{e}^{-0.0005x}, & x \geqslant 0, \\ 0, & x < 0, \end{cases}$$

今测试 6 个元件, 并记录下它们各自的失效时间. 求

(1) 到 1000 小时时没有一个元件失效的概率;

(2) 到 3000 小时时所有元件都失效的概率.

第 3 章内容提要

第 3 章教学要求、
重点与难点

第 3 章典型例题分析

数 字 特 征

随机变量的分布函数是对随机变量概率性质的完整的刻画, 描述了随机变量的统计规律性. 但在实际问题中, 有时不容易确定随机变量的分布; 有时也并不需要完全知道随机变量的分布, 而只需知道它的某些特征就够了, 因此不需要求出它的分布函数. 这些特征就是随机变量的数字特征, 是由随机变量的分布所决定的常数, 刻画了随机变量某一方面的性质.

例如, 考察某种大批量生产的元件的寿命, 它可以用随机变量来描述. 如果知道了这个随机变量的分布函数, 就可以算出元件寿命落在任一指定界限内的元件百分比是多少, 这是对元件寿命状况的完整刻画. 如果不知道随机变量的分布函数, 而知道元件的平均寿命, 虽不能对元件寿命状况提供一个完整的刻画, 但却在一个重要方面刻画了元件寿命的状况, 这往往也是我们最为关心的一个方面. 类似的情况很多, 如评定某地区粮食产量的水平时, 经常考虑平均亩产量; 对一射手进行技术评定时, 经常考察射击命中环数的平均值; 检查一批棉花的质量时, 所关心的是棉花纤维的平均长度等. 这个重要的数字特征就是数学期望, 简称为期望, 常常也称为均值.

另一个重要的数字特征用以衡量一个随机变量取值的分散程度. 例如对一射手进行技术评定时, 除考察射击命中环数的平均值以外, 还要了解命中点是比较分散还是比较集中. 在检查一批棉花的质量时, 除关心棉花纤维的平均长度以外, 还要考虑纤维的长度与平均长度的偏离情况. 如果两批棉花纤维的平均长度相同, 而一批棉花纤维的长度与平均长度接近, 另一批棉花则相差较大, 显然前者显得整齐, 也便于使用, 后者显得参差不齐, 不便于使用. 描述随机变量取值分散程度的数字特征就是方差.

期望和方差是刻画随机变量性质的两个最重要的数字特征. 对多维随机向量, 则还有刻画各分量之间关系的数字特征.

数字特征能够比较容易地估算出来, 在理论上和实践上都具有重要的意义.

4.1 期 望

4.1.1 离散型随机变量的期望

某服装公司生产两种套装: 一种是大众装, 每件价格 200 元, 每月生产 1 万件; 另一种是高档装, 每件 1800 元, 每月生产 100 件. 现在问该公司生产的套装平均价格是多少?

这里有两种算法, 一种是把两种套装的价格作简单平均, 即

$$\frac{200 + 1800}{2} = 1000, \tag{4.1.1}$$

于是得到套装平均价格为 1000 元. 很明显, 这个平均价格太高了, 没有能够反映该公司生产的套装的真实平均价格, 这是因为忽略了每种套装的生产数量. 另一种算法是: 把每种套装的价格乘上生产件数, 然后相加, 得到总价格, 最后除以总件数, 即

$$\begin{aligned} \frac{200 \times 10000 + 1800 \times 100}{10100} &= 200 \times \frac{10000}{10100} + 1800 \times \frac{100}{10100} \\ &= 200 \times 0.9901 + 1800 \times 0.0099 \\ &= 215.84, \end{aligned} \tag{4.1.2}$$

这样得到套装平均价格为 215.84 元, 这个平均价格客观地反映了该公司所生产的套装的真实情况. 后一种算法考虑了每种套装生产量的多少, 在 (4.1.2) 式中, 对价格 200 元和 1800 元分别乘上了系数 0.9901 和 0.0099, 这分别是两种套装在总件数中所占的比例. 因此 (4.1.2) 式表示一种加权平均, 它比 (4.1.1) 式的简单平均要合理.

为了进一步阐明问题, 我们引入随机变量. 设随机变量 X 为该公司生产的套装的价格, 任取一件套装, 则

$$X = \begin{cases} 200, & \text{取到的是大众装}, \\ 1800, & \text{取到的是高档装}. \end{cases}$$

由古典概率知识, 容易算出, 取到的是大众装的概率为

$$P\{X = 200\} = \frac{10000}{10100} = 0.9901,$$

而取到的是高档装的概率为

$$P\{X = 1800\} = \frac{100}{10100} = 0.0099.$$

因此 (4.1.2) 式可以改写为

$$200 \times P\{X = 200\} + 1800 \times P\{X = 1800\} = 215.84,$$

这是随机变量的平均值, 它是以其概率为权的加权平均, 在概率论中称为随机变量的数学期望. 现在我们引入如下定义.

定义 4.1.1 设离散型随机变量的概率分布为

$$P\{X = x_i\} = p_i, \quad i = 1, 2, \cdots,$$

若级数 $\sum\limits_i x_i p_i$ 绝对收敛, 即 $\sum\limits_i |x_i| p_i$ 收敛, 则称 $\sum\limits_i x_i p_i$ 为随机变量 X 的期望, 记为 $E(X)$, 即

$$E(X) = \sum_i x_i p_i. \tag{4.1.3}$$

在 X 取可列无限个值时, 级数 $\sum\limits_i x_i p_i$ 绝对收敛可以保证 "级数之值不因级数各项次序的改变而变化", 这样 $E(X)$ 与 X 取值的人为排列次序无关.

(4.1.3) 式表明, 期望就是随机变量 X 的取值 x_i 以它们的概率为权的加权平均, 从这个意义上说, 把 $E(X)$ 称为 X 的均值更能反映这个概念的本质. 因此, 在以后的讨论中, 有时我们也称 $E(X)$ 为 X 的均值.

例 4.1.1 有 4 个盒子, 编号分别为 1, 2, 3, 4. 现有 3 个球, 将球逐个独立地随机放入 4 个盒子中去. 用 X 表示其中至少有一个球的盒子的最小号码, 求 $E(X)$.

解 首先求 X 的概率分布. X 所有可能取的值是 1, 2, 3, 4. $\{X = 1\}$ 表示 1 号盒中至少有一个球. 为求 $P\{X = 1\}$, 考虑 $\{X = 1\}$ 的对立事件: 1 号盒中没有球, 其概率为 $\dfrac{3^3}{4^3}$, 因此

$$P\{X = 1\} = 1 - \frac{3^3}{4^3} = \frac{4^3 - 3^3}{4^3};$$

$\{X = 2\}$ 表示 1 号盒中没有球, 而 2 号盒中至少有一个球, 类似地得到

$$P\{X = 2\} = \frac{3^3 - 2^3}{4^3};$$

同样有

$$P\{X = 3\} = \frac{2^3 - 1^3}{4^3};$$

最后

$$P\{X = 4\} = 1 - P\{X = 1\} - P\{X = 2\} - P\{X = 3\} = \frac{1}{4^3}.$$

于是

$$E(X) = 1 \times \frac{4^3 - 3^3}{4^3} + 2 \times \frac{3^3 - 2^3}{4^3} + 3 \times \frac{2^3 - 1^3}{4^3} + 4 \times \frac{1}{4^3} = \frac{25}{16}.$$

下面介绍几种常用离散型随机变量的期望.

1. 两点分布

设 X 服从参数为 p 的两点分布, 即

$$P\{X=1\}=p, \quad P\{X=0\}=1-p, \quad 0<p<1.$$

$$E(X)=1\times p+0\times(1-p)=p. \tag{4.1.4}$$

2. 二项分布

设 $X\sim B(n,p)$, 概率分布为

$$P\{X=k\}=\mathrm{C}_n^k p^k(1-p)^{n-k}, \quad k=0,1,2,\cdots,n, \quad 0<p<1.$$

$$\begin{aligned}
E(X)&=\sum_{k=0}^{n}k\mathrm{C}_n^k p^k(1-p)^{n-k}\\
&=\sum_{k=1}^{n}\frac{n!}{(k-1)!(n-k)!}p^k(1-p)^{n-k}\\
&=np\sum_{k=1}^{n}\frac{(n-1)!}{(k-1)![(n-1)-(k-1)]!}p^{k-1}(1-p)^{(n-1)-(k-1)}\\
&=np\sum_{k=1}^{n}\mathrm{C}_{n-1}^{k-1}p^{k-1}(1-p)^{(n-1)-(k-1)},
\end{aligned}$$

令 $m=k-1$, 则

$$\begin{aligned}
\sum_{k=1}^{n}\mathrm{C}_{n-1}^{k-1}p^{k-1}(1-p)^{(n-1)-(k-1)}&=\sum_{m=0}^{n-1}\mathrm{C}_{n-1}^m p^m(1-p)^{n-1-m}\\
&=[p+(1-p)]^{n-1}\\
&=1,
\end{aligned}$$

从而

$$E(X)=np. \tag{4.1.5}$$

二项分布的期望是 np, 直观上也比较容易理解这个结果. 因为 X 是 n 次试验中某事件 A 发生的次数, 它在每次试验时发生的概率为 p, 那么 n 次试验时当然平均发生 np 次了.

例 4.1.2 某种产品的次品率为 0.1. 检验员每天检验 4 次, 每次随机抽取 10 件产品进行检验, 如果发现其中的次品数大于 1, 则应调整设备. 设各件产品是否为次品是相互独立的, 求一天中调整设备次数的期望.

解 用 X 表示 10 件产品中的次品数, 则 $X \sim B(10, 0.1)$. 每次检验后需要调整设备的概率

$$p = P\{X > 1\} = 1 - P\{X \leqslant 1\} = 1 - \mathtt{pbinom(1,10,0.1)} = 0.263901.$$

用 Y 表示一天中调整设备的次数, 则 $Y \sim B(n, p)$, 其中 $n = 4$, $p = 0.263901$. 所求期望

$$E(Y) = np = 4 \times 0.263901 = 1.055604.$$

3. 泊松分布

设 $X \sim P(\lambda)$, 概率分布为

$$P\{X = k\} = \frac{\lambda^k}{k!}\mathrm{e}^{-\lambda}, \quad k = 0, 1, 2, \cdots, \quad \lambda > 0.$$

$$E(X) = \sum_{k=0}^{\infty} k\frac{\lambda^k}{k!}\mathrm{e}^{-\lambda} = \lambda\mathrm{e}^{-\lambda}\sum_{k=1}^{\infty}\frac{\lambda^{k-1}}{(k-1)!},$$

令 $m = k - 1$, 则

$$\sum_{k=1}^{\infty}\frac{\lambda^{k-1}}{(k-1)!} = \sum_{m=0}^{\infty}\frac{\lambda^m}{m!} = \mathrm{e}^{\lambda},$$

从而

$$E(X) = \lambda. \tag{4.1.6}$$

这表明: 在泊松分布中, 参数 λ 是该分布的期望.

4.1.2 连续型随机变量的期望

定义 4.1.2 设连续型随机变量 X 的概率密度函数为 $f(x)$, 若积分 $\int_{-\infty}^{\infty} xf(x)\mathrm{d}x$ 绝对收敛, 则称积分 $\int_{-\infty}^{\infty} xf(x)\mathrm{d}x$ 的值为随机变量 X 的期望, 记为 $E(X)$, 即

$$E(X) = \int_{-\infty}^{\infty} xf(x)\mathrm{d}x. \tag{4.1.7}$$

例 4.1.3 设随机变量 X 的概率密度函数为

$$f(x) = \frac{1}{2}\mathrm{e}^{-|x|}, \quad -\infty < x < \infty,$$

求 $E(X)$.

解　　$E(X) = \int_{-\infty}^{\infty} \frac{1}{2} x e^{-|x|} dx = \int_{-\infty}^{0} \frac{1}{2} x e^{x} dx + \int_{0}^{\infty} \frac{1}{2} x e^{-x} dx,$

使用分部积分法, 得到 $E(X) = 0$.

下面介绍几种常用连续型随机变量的期望.

1. 均匀分布

设 $X \sim U(a, b)$, 概率密度函数为

$$f(x) = \begin{cases} \dfrac{1}{b-a}, & a \leqslant x \leqslant b, \\ 0, & \text{其他}. \end{cases}$$

$$E(X) = \int_{a}^{b} \frac{x}{b-a} dx = \frac{1}{2}(a+b). \tag{4.1.8}$$

2. 伽马分布

设 X 服从形状参数为 α, 刻度参数为 σ 的伽马分布 $\mathrm{Gamma}(\alpha, \sigma)$, 即 X 有概率密度函数

$$f(x; \alpha, \sigma) = \begin{cases} \dfrac{1}{\sigma^{\alpha} \Gamma(\alpha)} x^{\alpha-1} e^{-x/\sigma} & x > 0, \\ 0, & x \leqslant 0, \end{cases}$$

其中 $\alpha > 0,\ \sigma > 0$.

$$\begin{aligned} E(X) &= \int_{0}^{\infty} x \frac{1}{\sigma^{\alpha} \Gamma(\alpha)} x^{\alpha-1} e^{-x/\sigma} dx \\ &= \alpha\sigma \int_{0}^{\infty} \frac{1}{\sigma^{\alpha+1} \Gamma(\alpha+1)} x^{(\alpha+1)-1} e^{-x/\sigma} dx \\ &= \alpha\sigma \int_{0}^{\infty} f(x; \alpha+1, \sigma) dx \\ &= \alpha\sigma. \end{aligned} \tag{4.1.9}$$

特别地, 当 $\alpha = 1$, $\sigma = \dfrac{1}{\lambda}$ 时, 伽马分布 $\mathrm{Gamma}(\alpha, \sigma)$ 为指数分布 $\mathrm{Exp}(\lambda)$, 于是 $E(X) = \dfrac{1}{\lambda}$.

例 4.1.4　设某型号电子管的寿命 X 服从指数分布, 其平均寿命为 1000 小时, 计算 $P\{1000 < X \leqslant 1200\}$.

解　$E(X) = \dfrac{1}{\lambda} = 1000$, $\lambda = 0.001$, X 的概率密度函数

$$f(x) = \begin{cases} 0.001 e^{-0.001x}, & x \geqslant 0, \\ 0, & x < 0. \end{cases}$$

$$P\{1000 < X \leqslant 1200\} = \int_{1000}^{1200} f(x)\mathrm{d}x = \int_{1000}^{1200} 0.001\mathrm{e}^{-0.001x}\mathrm{d}x = 0.066685.$$

3. 正态分布

设 $X \sim N(\mu, \sigma^2)$, 概率密度函数为

$$f(x) = \frac{1}{\sqrt{2\pi}\,\sigma}\mathrm{e}^{-\frac{(x-\mu)^2}{2\sigma^2}}, \quad -\infty < x < \infty.$$

$$E(X) = \int_{-\infty}^{\infty} \frac{x}{\sqrt{2\pi}\,\sigma}\mathrm{e}^{-\frac{(x-\mu)^2}{2\sigma^2}}\mathrm{d}x,$$

作变量代换, 令 $t = \dfrac{x-\mu}{\sigma}$,

$$\int_{-\infty}^{\infty} \frac{x}{\sqrt{2\pi}\,\sigma}\mathrm{e}^{-\frac{(x-\mu)^2}{2\sigma^2}}\mathrm{d}x = \frac{1}{\sqrt{2\pi}}\int_{-\infty}^{\infty}(\mu+\sigma t)\mathrm{e}^{-\frac{t^2}{2}}\mathrm{d}t = \mu,$$

从而

$$E(X) = \mu. \tag{4.1.10}$$

这说明, 在正态分布 $N(\mu, \sigma^2)$ 中, 参数 μ 是该分布的期望.

4.1.3 随机变量函数的期望

在实际工作中, 有时我们所面临的问题涉及一个或多个随机变量的函数. 例如, 在一个电子系统中装有三个电子元件, 每个电子元件的使用寿命当然是一个随机变量, 该系统的寿命就是这些随机变量的函数. 如果我们要求电子系统的平均寿命, 就归结为计算随机变量函数的期望.

定理 4.1.1 设 $g(x)$ 是连续函数, Y 是随机变量 X 的函数: $Y = g(X)$.

(1) 设 X 是离散型随机变量, 概率分布为 $P\{X = x_i\} = p_i$, $i = 1, 2, \cdots$. 若 $\sum\limits_i |g(x_i)|p_i$ 收敛, 则有

$$E(Y) = E[g(X)] = \sum_i g(x_i)p_i. \tag{4.1.11}$$

(2) 设 X 是连续型随机变量, 概率密度函数为 $f(x)$, 若积分 $\displaystyle\int_{-\infty}^{\infty} |g(x)|f(x)\mathrm{d}x$ 收敛, 则有

$$E(Y) = E[g(X)] = \int_{-\infty}^{\infty} g(x)f(x)\mathrm{d}x. \tag{4.1.12}$$

定理 4.1.1 的证明从略. 但是, 从期望的定义不难解释这个定理结论的正确性. 例如, 对 (4.1.11) 式, 把 $g(X)$ 看成一个新的随机变量, 那么当 X 以概率 p_i 取

值 x_i 时, 它以概率 p_i 取值 $g(x_i)$, 因而它的期望当然应该是 $\sum\limits_i g(x_i)p_i$. 对 (4.1.12) 式也一样.

这个定理的重要性在于它提供了计算随机变量 X 的函数 $g(X)$ 的期望的一个简便方法, 不需要先计算 $g(X)$ 的分布, 直接利用 X 的分布. 因为有时候, 求 $g(X)$ 的分布并不是一件容易事.

在这个定理中, 我们给出了求 $g(X)$ 的期望的方法. 但是定理的结论可以容易地推广到两个随机变量函数 $Z = g(X, Y)$ 的情形. 例如, 对离散型情形, 设

$$P\{X = x_i,\ Y = y_j\} = p_{ij},\ \ i = 1, 2, \cdots,\ j = 1, 2, \cdots,$$

则

$$E(Z) = E[g(X, Y)] = \sum_i \sum_j g(x_i, y_j)p_{ij}, \tag{4.1.13}$$

对连续型情形, 设 $f(x, y)$ 是 (X, Y) 的概率密度函数, 则

$$E(Z) = E[g(X, Y)] = \int_{-\infty}^{\infty} \int_{-\infty}^{\infty} g(x, y)f(x, y)\mathrm{d}x\mathrm{d}y. \tag{4.1.14}$$

例 4.1.5 设随机变量 $X \sim N(0, 1)$, 求 $E(X^2)$.

解 $f(x) = \dfrac{1}{\sqrt{2\pi}}\mathrm{e}^{-\frac{x^2}{2}},\ -\infty < x < \infty,$

$$E(X^2) = \int_{-\infty}^{\infty} x^2 \frac{1}{\sqrt{2\pi}}\mathrm{e}^{-\frac{x^2}{2}}\mathrm{d}x = -\frac{1}{\sqrt{2\pi}} \int_{-\infty}^{\infty} x\mathrm{d}\mathrm{e}^{-\frac{x^2}{2}},$$

分部积分得

$$E(X^2) = \frac{1}{\sqrt{2\pi}} \int_{-\infty}^{\infty} \mathrm{e}^{-\frac{x^2}{2}}\mathrm{d}x = 1.$$

例 4.1.6 设国际市场上对我国某种出口商品的年需求量是随机变量 X(单位: 吨), 服从区间 $[2000, 4000]$ 上的均匀分布. 每销售出一吨商品, 可获收益 3 万元; 若销售不出, 则每吨商品需支付存储费 1 万元. 问应组织多少货源, 才能使收益最大?

解 设组织货源 t 吨, 显然应要求 $2000 \leqslant t \leqslant 4000$, 收益 Y(单位: 万元) 是 X 的函数 $Y = g(X)$, 表达式为

$$g(X) = \begin{cases} 3t, & X \geqslant t, \\ 4X - t, & X < t. \end{cases}$$

设 X 的概率密度函数为 $f(x)$,

$$f(x) = \begin{cases} \dfrac{1}{2000}, & 2000 \leqslant x \leqslant 4000, \\ 0, & \text{其他,} \end{cases}$$

于是 Y 的期望为

$$\begin{aligned} E(Y) &= \int_{-\infty}^{\infty} g(x)f(x)\mathrm{d}x = \int_{2000}^{4000} \frac{1}{2000}g(x)\mathrm{d}x \\ &= \frac{1}{2000}\left[\int_{2000}^{t} (4x-t)\mathrm{d}x + \int_{t}^{4000} 3t\mathrm{d}x \right] \\ &= \frac{1}{2000}(-2t^2 + 14000t - 8 \times 10^6). \end{aligned}$$

考虑 t 的取值使 $E(Y)$ 达到最大, 易得 $t^* = 3500$, 因此组织 3500 吨商品为好.

例 4.1.7 设二维离散型随机向量 (X, Y) 的概率分布如表 4.1 所示, 求 $Z = X^2 + Y$ 的期望.

解 设 $g(x, y) = x^2 + y$, 则 $g(x, y)$ 的值 $g(1,1) = 2$, $g(1,2) = 3$, $g(2,1) = 5$, $g(2,2) = 6$. 于是

$$E(Z) = 2 \times \frac{1}{8} + 3 \times \frac{1}{4} + 5 \times \frac{1}{2} + 6 \times \frac{1}{8} = \frac{17}{4}.$$

表 4.1 概率分布

X \ Y	1	2
1	$\dfrac{1}{8}$	$\dfrac{1}{4}$
2	$\dfrac{1}{2}$	$\dfrac{1}{8}$

例 4.1.8 设随机变量 X 与 Y 相互独立, 概率密度函数分别为

$$f_X(x) = \begin{cases} 4\mathrm{e}^{-4x}, & x \geqslant 0, \\ 0, & x < 0, \end{cases} \qquad f_Y(y) = \begin{cases} 2\mathrm{e}^{-2y}, & y \geqslant 0, \\ 0, & y < 0, \end{cases}$$

求 $E(XY)$.

解 (X, Y) 的概率密度函数为

$$f(x,y) = f_X(x)f_Y(y) = \begin{cases} 8\mathrm{e}^{-4x-2y}, & x \geqslant 0,\ y \geqslant 0, \\ 0, & \text{其他.} \end{cases}$$

于是

$$E(XY) = \int_0^\infty \int_0^\infty 8xy\mathrm{e}^{-4x-2y}\mathrm{d}x\mathrm{d}y$$

$$= 8 \left(\int_0^\infty x\mathrm{e}^{-4x}\mathrm{d}x \right) \left(\int_0^\infty y\mathrm{e}^{-2y}\mathrm{d}y \right)$$
$$= \frac{1}{8}.$$

4.1.4　期望的性质

期望具有以下四条重要性质 (设所遇到的随机变量的期望都存在).

1. 设 c 是常数, 则

$$E(c) = c. \tag{4.1.15}$$

证　对常数 c, 看作离散型随机变量, 它只取一个可能值 c, 概率为 1, 因此

$$E(c) = c \times 1 = c.$$

2. 设 k 是常数, 则

$$E(kX) = kE(X). \tag{4.1.16}$$

证　$k = 0$ 时, 显然成立. $k \neq 0$ 时, 设 X 是离散型随机变量, 概率分布为 $P\{X = x_i\} = p_i$, $i = 1, 2, \cdots$. 令 $Y = kX$, 使用 (4.1.11) 式, 有

$$E(kX) = \sum_i kx_i p_i = k \sum_i x_i p_i = kE(X).$$

设 X 是连续型随机变量, 概率密度函数为 $f(x)$, $Y = kX$, 使用 (4.1.12) 式, 有

$$E(kX) = \int_{-\infty}^\infty kx f(x)\mathrm{d}x = k \int_{-\infty}^\infty x f(x)\mathrm{d}x = kE(X).$$

3. $E(X + Y) = E(X) + E(Y)$. $\tag{4.1.17}$

证　设二维离散型随机向量 (X, Y) 的概率分布为

$$P\{X = x_i, \ Y = y_j\} = p_{ij}, \quad i = 1, 2, \cdots, \ j = 1, 2, \cdots,$$

令 $Z = X + Y$, 使用 (4.1.13) 式, 有

$$E(X + Y) = \sum_i \sum_j (x_i + y_j)p_{ij} = \sum_i \sum_j x_i p_{ij} + \sum_i \sum_j y_j p_{ij}$$
$$= E(X) + E(Y).$$

设 (X, Y) 是二维连续型随机向量, 概率密度函数为 $f(x, y)$, 令 $Z = X + Y$,

使用 (4.1.14) 式, 有

$$E(X+Y) = \int_{-\infty}^{\infty} \int_{-\infty}^{\infty} (x+y)f(x,y)\mathrm{d}x\mathrm{d}y$$

$$= \int_{-\infty}^{\infty} \int_{-\infty}^{\infty} xf(x,y)\mathrm{d}x\mathrm{d}y + \int_{-\infty}^{\infty} \int_{-\infty}^{\infty} yf(x,y)\mathrm{d}x\mathrm{d}y$$

$$= E(X) + E(Y).$$

推论　$E(X_1 + X_2 + \cdots + X_n) = E(X_1) + E(X_2) + \cdots + E(X_n).$　　(4.1.18)

4. 设 X 与 Y 相互独立, 则

$$E(XY) = E(X)E(Y). \tag{4.1.19}$$

证　设二维离散型随机向量 (X, Y) 的概率分布为

$$P\{X = x_i,\ Y = y_j\} = p_{ij},\quad i = 1, 2, \cdots,\ j = 1, 2, \cdots,$$

X 和 Y 的边缘概率分布分别为 $P\{X = x_i\} = p_{i\cdot},\ i = 1, 2, \cdots$ 和 $P\{Y = y_j\} = p_{\cdot j},\ j = 1, 2, \cdots$. 由于 X 与 Y 相互独立, 有 $p_{ij} = p_{i\cdot}p_{\cdot j},\ i = 1, 2, \cdots,\ j = 1, 2, \cdots$. 令 $Z = XY$, 使用 (4.1.13) 式, 有

$$E(XY) = \sum_i \sum_j x_i y_j p_{ij} = \sum_i \sum_j x_i y_j p_{i\cdot}p_{\cdot j}$$

$$= \left(\sum_i x_i p_{i\cdot}\right)\left(\sum_j y_j p_{\cdot j}\right) = E(X)E(Y).$$

设二维连续型随机向量 (X, Y) 的概率密度函数为 $f(x, y)$, X 和 Y 的边缘概率密度分别为 $f_X(x)$ 和 $f_Y(y)$. 由于 X 与 Y 相互独立, 有 $f(x, y) = f_X(x)f_Y(y)$. 令 $Z = XY$, 由 (4.1.14) 式, 有

$$E(XY) = \int_{-\infty}^{\infty} \int_{-\infty}^{\infty} xyf(x,y)\mathrm{d}x\mathrm{d}y = \int_{-\infty}^{\infty} \int_{-\infty}^{\infty} xyf_X(x)f_Y(y)\mathrm{d}x\mathrm{d}y$$

$$= \left(\int_{-\infty}^{\infty} xf_X(x)\mathrm{d}x\right)\left(\int_{-\infty}^{\infty} yf_Y(y)\mathrm{d}y\right) = E(X)E(Y).$$

推论　设 $X_1, X_2, \cdots, X_n$ 相互独立, 则

$$E(X_1 X_2 \cdots X_n) = E(X_1)E(X_2) \cdots E(X_n). \tag{4.1.20}$$

例 4.1.9　对例 4.1.8 中的随机变量 X 和 Y, 使用期望的性质求 $E(X + Y)$ 和 $E(XY)$.

解　易知 X 服从参数为 4 的指数分布, Y 服从参数为 2 的指数分布, 因此

$$E(X) = \frac{1}{4}, \quad E(Y) = \frac{1}{2},$$

$$E(X+Y) = E(X) + E(Y) = \frac{3}{4}, \quad E(XY) = E(X)E(Y) = \frac{1}{8}.$$

例 4.1.10　将 n 个球放入 M 个盒子中, 设每个球落入各个盒子是等可能的, 求有球的盒子数 X 的期望.

解　引入随机变量

$$X_i = \begin{cases} 1, & \text{第}\,i\,\text{个盒子中有球}, \\ 0, & \text{第}\,i\,\text{个盒子中无球}, \end{cases} \quad i = 1, 2, \cdots, M,$$

则 $X = X_1 + X_2 + \cdots + X_M$, 于是 $E(X) = E(X_1) + E(X_2) + \cdots + E(X_M)$. 现在问题归结为求 $E(X_i)$.

每个随机变量 X_i 都服从两点分布. 由于每个球落入每个盒子是等可能的, 均为 $\frac{1}{M}$, 则对第 i 个盒子, 一个球不落入这个盒子内的概率为 $1 - \frac{1}{M}$, n 个球都不落入这个盒子内的概率为 $\left(1 - \frac{1}{M}\right)^n$, 即

$$P\{X_i = 0\} = \left(1 - \frac{1}{M}\right)^n, \quad i = 1, 2, \cdots, M.$$

从而

$$P\{X_i = 1\} = 1 - \left(1 - \frac{1}{M}\right)^n, \quad i = 1, 2, \cdots, M,$$

$$E(X_i) = 1 - \left(1 - \frac{1}{M}\right)^n, \quad i = 1, 2, \cdots, M,$$

$$E(X) = M\left[1 - \left(1 - \frac{1}{M}\right)^n\right].$$

这个例子有丰富的实际背景, 例如, 把 M 个 "盒子" 看成 M 个 "银行自动取款机", n 个 "球" 看成 n 个 "取款人". 假定每个人到哪个取款机取款是随机的, 那么 $E(X)$ 就是处于服务状态的取款机的平均个数 (当然, 有的取款机前可能有几个人排队等待取款).

4.2　方　　差

4.2.1　定义

在本章开始, 我们就已经指出, 方差是随机变量的又一重要的数字特征, 它刻画了随机变量取值在其中心位置附近的分散程度, 也就是随机变量取值与平均值

的偏离程度. 设随机变量 X 的期望为 $E(X)$, 偏离量 $X - E(X)$ 本身也是随机的, 为刻画偏离程度的大小, 不能使用 $X - E(X)$ 的期望, 因为其值为零, 即正负偏离彼此抵消了. 为避免正负偏离彼此抵消, 可以使用 $E[|X - E(X)|]$ 作为描述 X 取值分散程度的数字特征, 称之为 X 的平均绝对差. 由于在数学上绝对值的处理很不方便, 因此常用 $[X - E(X)]^2$ 的平均值度量 X 与 $E(X)$ 的偏离程度, 这个平均值就是方差.

定义 4.2.1　设 X 为一随机变量, 如果 $E\{[X - E(X)]^2\}$ 存在, 则称之为 X 的方差, 记为 $\mathrm{Var}(X)$, 即

$$\mathrm{Var}(X) = E\{[X - E(X)]^2\}, \tag{4.2.1}$$

并称 $\sqrt{\mathrm{Var}(X)}$ 为 X 的标准差.

有时也使用 $D(X)$ 表示 X 的方差.

注意到 $\mathrm{Var}(X)$ 是 X 的函数 $[X - E(X)]^2$ 的期望, 取 $g(X) = [X - E(X)]^2$, 利用定理 4.1.1 就可以方便地计算 $\mathrm{Var}(X)$. 例如对离散型随机变量 X, 若其概率分布为 $P\{X = x_i\} = p_i$, $i = 1, 2, \cdots$, 则有

$$\mathrm{Var}(X) = \sum_i [x_i - E(X)]^2 p_i. \tag{4.2.2}$$

对连续型随机变量 X, 若其概率密度函数为 $f(x)$, 则有

$$\mathrm{Var}(X) = \int_{-\infty}^{\infty} [x - E(X)]^2 f(x) \mathrm{d}x. \tag{4.2.3}$$

还有一个计算方差的重要公式. 使用期望的几条性质, 有

$$\begin{aligned} E\{[X - E(X)]^2\} &= E\{X^2 - 2XE(X) + [E(X)]^2\} \\ &= E(X^2) - 2E(X)E(X) + [E(X)]^2 \\ &= E(X^2) - [E(X)]^2, \end{aligned}$$

即

$$\mathrm{Var}(X) = E(X^2) - [E(X)]^2. \tag{4.2.4}$$

这是计算方差的常用公式, 它把计算方差归结为计算两个期望 $E(X^2)$ 和 $E(X)$.

例 4.2.1　设离散型随机变量 X 的概率分布是 $P\{X = 0\} = 0.2$, $P\{X = 1\} = 0.5$, $P\{X = 2\} = 0.3$, 求 $\mathrm{Var}(X)$.

解 $E(X) = 0 \times 0.2 + 1 \times 0.5 + 2 \times 0.3 = 1.1,$

$$E(X^2) = 0^2 \times 0.2 + 1^2 \times 0.5 + 2^2 \times 0.3 = 1.7,$$

$$\mathrm{Var}(X) = 1.7 - 1.1^2 = 0.49.$$

例 4.2.2   设连续型随机变量 X 的概率密度函数为

$$f(x) = \begin{cases} 2x, & 0 \leqslant x \leqslant 1, \\ 0, & \text{其他}, \end{cases}$$

求 $\mathrm{Var}(X)$.

解 $E(X) = \displaystyle\int_0^1 2x^2 \mathrm{d}x = \frac{2}{3}, \quad E(X^2) = \int_0^1 2x^3 \mathrm{d}x = \frac{1}{2},$

$$\mathrm{Var}(X) = \frac{1}{2} - \left(\frac{2}{3}\right)^2 = \frac{1}{18}.$$

例 4.2.3   设 X 为一加油站在一天开始时储存的油量, Y 为一天中卖出的油量, 当然 $Y \leqslant X$. 设 (X, Y) 具有概率密度函数

$$f(x, y) = \begin{cases} 3x, & 0 \leqslant y < x \leqslant 1, \\ 0, & \text{其他}, \end{cases}$$

这里 1 表示 1 个容积单位, 求 $E(Y)$ 和 $\mathrm{Var}(Y)$.

解 1   先求 Y 的边缘概率密度

$$f_Y(y) = \begin{cases} \dfrac{3}{2}(1 - y^2), & 0 \leqslant y \leqslant 1, \\ 0, & \text{其他}. \end{cases}$$

于是

$$E(Y) = \int_0^1 y \times \frac{3}{2}(1 - y^2)\mathrm{d}y = \frac{3}{8}, \quad E(Y^2) = \int_0^1 y^2 \times \frac{3}{2}(1 - y^2)\mathrm{d}y = \frac{1}{5},$$

$$\mathrm{Var}(Y) = \frac{1}{5} - \left(\frac{3}{8}\right)^2 = 0.0594.$$

解 2   使用随机变量函数的期望公式, 直接使用 $f(x, y)$ 计算 $E(Y)$ 和 $\mathrm{Var}(Y)$.

$$E(Y) = \int_{-\infty}^{\infty} \int_{-\infty}^{\infty} y f(x, y)\mathrm{d}x\mathrm{d}y = \int_0^1 \mathrm{d}x \int_0^x 3xy\mathrm{d}y = \frac{3}{8},$$

$$\mathrm{Var}(Y) = E\{[Y - E(Y)]^2\} = \int_{-\infty}^{\infty} \int_{-\infty}^{\infty} \left(y - \frac{3}{8}\right)^2 f(x, y)\mathrm{d}x\mathrm{d}y$$

$$= \int_0^1 \mathrm{d}x \int_0^x 3x\left(y - \frac{3}{8}\right)^2 \mathrm{d}y = 0.0594.$$

4.2.2 方差的性质

方差具有以下三条重要性质 (设所遇到的随机变量的方差均存在).

1. 设 c 为常数, 则

$$\text{Var}(c) = 0, \tag{4.2.5}$$

$$\text{Var}(X + c) = \text{Var}(X). \tag{4.2.6}$$

证 $\text{Var}(c) = E\{[c - E(c)]^2\} = 0,$

$$\text{Var}(X + c) = E\{[(X + c) - E(X + c)]^2\} = E\{[X - E(X)]^2\} = \text{Var}(X).$$

(4.2.5) 式表明, 常数的方差等于零. 这个事实直观上容易理解, 因为方差刻画了随机变量取值围绕其均值的波动情况, 作为特殊随机变量的常数, 其波动为零, 自然它的方差就是零.

2. 设 k 为常数, 则

$$\text{Var}(kX) = k^2\text{Var}(X). \tag{4.2.7}$$

证 $\text{Var}(kX) = E\{[kX - E(kX)]^2\} = k^2 E\{[X - E(X)]^2\} = k^2\text{Var}(X).$

3. 设 X 与 Y 相互独立, 则

$$\text{Var}(X + Y) = \text{Var}(X) + \text{Var}(Y). \tag{4.2.8}$$

证
$$\begin{aligned}
&\text{Var}(X + Y) \\
&= E\{[(X + Y) - E(X + Y)]^2\} \\
&= E\{[(X - E(X)) + (Y - E(Y))]^2\} \\
&= E\{[X - E(X)]^2 + [Y - E(Y)]^2 + 2[X - E(X)][Y - E(Y)]\} \\
&= \text{Var}(X) + \text{Var}(Y) + 2E\{[X - E(X)][Y - E(Y)]\},
\end{aligned} \tag{4.2.9}$$

由于 X 与 Y 相互独立, 从而 $X - E(X)$ 与 $Y - E(Y)$ 相互独立, $E\{[X - E(X)] \cdot [Y - E(Y)]\} = 0$, 得到 (4.2.8) 式.

推论 设 $X_1, X_2, \cdots, X_n$ 相互独立, 则

$$\text{Var}(X_1 + X_2 + \cdots + X_n) = \text{Var}(X_1) + \text{Var}(X_2) + \cdots + \text{Var}(X_n). \tag{4.2.10}$$

例 4.2.4 设随机变量 X 的期望和方差分别为 $E(X)$ 和 $\text{Var}(X)$, 且 $\text{Var}(X) > 0$, 求 $Y = \dfrac{X - E(X)}{\sqrt{\text{Var}(X)}}$ 的期望和方差.

解 $E(Y) = \dfrac{E[X - E(X)]}{\sqrt{\text{Var}(X)}} = 0,$ $\text{Var}(Y) = \dfrac{\text{Var}[X - E(X)]}{\text{Var}(X)} = 1.$

这里称 $Y = \dfrac{X - E(X)}{\sqrt{\text{Var}(X)}}$ 为 X 的标准化的随机变量.

4.2.3 几种常用随机变量的方差

1. 两点分布

设 X 服从参数为 p 的两点分布, 由 (4.1.4) 式知 $E(X) = p$, 而

$$E(X^2) = 1^2 \times p + 0^2 \times (1-p) = p,$$

从而

$$\text{Var}(X) = p - p^2 = p(1-p). \tag{4.2.11}$$

例 4.2.5 一台设备由三个部件构成, 在设备运转中各部件需要调整的概率分别为 0.01, 0.02, 0.03. 设各部件的状态相互独立, 用 X 表示同时需要调整的部件数, 求 $E(X)$ 和 $\text{Var}(X)$.

解 设

$$X_i = \begin{cases} 1, & \text{部件 } i \text{ 需要调整}, \\ 0, & \text{部件 } i \text{ 不需要调整}, \end{cases} \quad i = 1, 2, 3,$$

则 X_1, X_2, X_3 相互独立, 并且 $X = X_1 + X_2 + X_3$. 显然 $X_1 \sim B(1, 0.01)$, $X_2 \sim B(1, 0.02)$, $X_3 \sim B(1, 0.03)$. 于是

$$\begin{aligned} E(X) &= E(X_1) + E(X_2) + E(X_3) \\ &= 0.01 + 0.02 + 0.03 \\ &= 0.06, \\ \text{Var}(X) &= \text{Var}(X_1) + \text{Var}(X_2) + \text{Var}(X_3) \\ &= 0.01 \times 0.99 + 0.02 \times 0.98 + 0.03 \times 0.97 \\ &= 0.0586. \end{aligned}$$

2. 二项分布

设 $X \sim B(n, p)$, 在 2.2 节中曾指出, X 可以表示成 n 个相互独立的服从两点分布的随机变量之和:

$$X = X_1 + X_2 + \cdots + X_n,$$

其中 $X_i \sim B(1, p)$. 由 (4.2.10) 和 (4.2.11) 式可得

$$\text{Var}(X) = \text{Var}(X_1) + \text{Var}(X_2) + \cdots + \text{Var}(X_n) = np(1-p). \tag{4.2.12}$$

这种方法比直接计算 $\text{Var}(X)$ 要简单.

3. 泊松分布

设 $X \sim P(\lambda)$, 由 (4.1.6) 式知 $E(X) = \lambda$, 而

$$
\begin{aligned}
E(X^2) &= \sum_{k=0}^{\infty} k^2 \frac{\lambda^k}{k!} \mathrm{e}^{-\lambda} \\
&= \sum_{k=1}^{\infty} k \frac{\lambda^k}{(k-1)!} \mathrm{e}^{-\lambda} \\
&= \sum_{k=1}^{\infty} [(k-1)+1] \frac{\lambda^k}{(k-1)!} \mathrm{e}^{-\lambda} \\
&= \sum_{k=2}^{\infty} \frac{\lambda^k}{(k-2)!} \mathrm{e}^{-\lambda} + \sum_{k=1}^{\infty} \frac{\lambda^k}{(k-1)!} \mathrm{e}^{-\lambda}.
\end{aligned}
$$

注意到在计算 $E(X)$ 的过程中, 有 $\displaystyle\sum_{k=1}^{\infty} \frac{\lambda^k}{(k-1)!} \mathrm{e}^{-\lambda} = \lambda$, 而

$$
\sum_{k=2}^{\infty} \frac{\lambda^k}{(k-2)!} \mathrm{e}^{-\lambda} = \lambda^2 \mathrm{e}^{-\lambda} \sum_{k=2}^{\infty} \frac{\lambda^{k-2}}{(k-2)!} = \lambda^2 \mathrm{e}^{-\lambda} \mathrm{e}^{\lambda} = \lambda^2,
$$

从而 $E(X^2) = \lambda^2 + \lambda$,

$$
\operatorname{Var}(X) = \lambda. \tag{4.2.13}
$$

结合 (4.1.6) 式, 我们看到, 在泊松分布 $P(\lambda)$ 中, 它的唯一参数 λ 即是期望, 又是方差.

4. 均匀分布

设 $X \sim U(a,b)$, 由 (4.1.8) 式知 $E(X) = \dfrac{1}{2}(a+b)$, 而

$$
E(X^2) = \int_a^b \frac{x^2}{b-a} \mathrm{d}x = \frac{1}{3}(a^2 + ab + b^2),
$$

从而

$$
\operatorname{Var}(X) = \frac{1}{12}(b-a)^2. \tag{4.2.14}
$$

5. 伽马分布

设 $X \sim \mathrm{Gamma}(\alpha, \sigma)$, 由 (4.1.9) 式知 $E(X) = \alpha\sigma$, 而

$$E(X^2) = \int_0^\infty x^2 \frac{1}{\sigma^\alpha \Gamma(\alpha)} x^{\alpha-1} e^{-x/\sigma} dx$$

$$= (\alpha+1)\alpha\sigma^2 \int_0^\infty \frac{1}{\sigma^{\alpha+2}\Gamma(\alpha+2)} x^{(\alpha+2)-1} e^{-x/\sigma} dx$$

$$= (\alpha+1)\alpha\sigma^2 \int_0^\infty f(x;\alpha+1,\sigma) dx$$

$$= (\alpha+1)\alpha\sigma^2,$$

从而

$$\mathrm{Var}(X) = E(X^2) - [E(X)]^2 = \alpha\sigma^2. \tag{4.2.15}$$

特别地, 对于指数分布 $X \sim E(\lambda)$, 有 $\mathrm{Var}(X) = \dfrac{1}{\lambda^2}$.

6. 正态分布

设 $X \sim N(\mu, \sigma^2)$, 由 (4.1.10) 式知 $E(X) = \mu$, 而

$$E(X^2) = \frac{1}{\sqrt{2\pi}\,\sigma} \int_{-\infty}^\infty x^2 e^{-\frac{(x-\mu)^2}{2\sigma^2}} dx,$$

作变量代换 $t = \dfrac{x-\mu}{\sigma}$, 并利用分部积分法, 易得 $E(X^2) = \sigma^2 + \mu^2$, 从而

$$\mathrm{Var}(X) = \sigma^2. \tag{4.2.16}$$

到现在, 我们清楚了正态分布 $N(\mu, \sigma^2)$ 的两个参数的意义, 即 μ 是期望, σ^2 是方差. 一个正态分布由这两个参数完全确定.

由例 4.2.4 可知, 若 $X \sim N(\mu, \sigma^2)$, 则 $Y = \dfrac{X-\mu}{\sigma}$ 是 X 的标准化的随机变量, 并且由例 2.4.5 知 $Y \sim N(0, 1)$.

例 4.2.6　设 $X \sim N(\mu, \sigma^2)$, 计算

(1) $P\{\mu - \sigma < X < \mu + \sigma\}$;

(2) $P\{\mu - 2\sigma < X < \mu + 2\sigma\}$;

(3) $P\{\mu - 3\sigma < X < \mu + 3\sigma\}$.

解　由 (2.3.20) 式, 利用 R 中的函数 "pnorm()", 可轻松地得到

(1) $P\{\mu - \sigma < X < \mu + \sigma\} = $ pnorm(1,0,1) $-$ pnorm(-1,0,1) $= 0.6826895$;

(2) $P\{\mu - 2\sigma < X < \mu + 2\sigma\} = $ pnorm(2,0,1) $-$ pnorm(-2,0,1) $= 0.9544997$;

(3) $P\{\mu - 3\sigma < X < \mu + 3\sigma\} = $ pnorm(3,0,1) $-$ pnorm(-3,0,1) $= 0.9973002$.

上面的计算结果表明, 服从正态分布 $N(\mu, \sigma^2)$ 的随机变量 X 取值于区间 $(\mu - 2\sigma,\ \mu + 2\sigma)$ 之内的概率为 95% 以上, 而取值于区间 $(\mu - 3\sigma,\ \mu + 3\sigma)$ 之外的概率则不足 0.3%. 这些结果是现代工业产品质量监控方法的理论基础.

4.3 协方差与相关系数

对于二维随机向量 (X, Y), 除了它的分量 X 和 Y 的期望和方差以外, 还有一些数字特征, 用以刻画 X 与 Y 之间的相关程度, 其中最主要的就是本节要讨论的协方差和相关系数.

4.3.1 协方差

定义 4.3.1 称 $E\{[X - E(X)][Y - E(Y)]\}$ 为 X 与 Y 的协方差, 记为 $\text{Cov}(X, Y)$, 即

$$\text{Cov}(X, Y) = E\{[X - E(X)][Y - E(Y)]\}. \tag{4.3.1}$$

协方差可以帮助我们了解两个随机变量之间的关系. 若 X 取值比较大时 (如 X 大于其期望 $E(X)$), Y 也取值比较大 (也大于它的期望 $E(Y)$), 这时 $[X - E(X)][Y - E(Y)] > 0$; 同时, X 取值比较小时 (如 X 小于 $E(X)$), Y 也取值比较小 (也小于 $E(Y)$), 这时也有 $[X - E(X)][Y - E(Y)] > 0$, 这样就有协方差 $\text{Cov}(X, Y) > 0$. 可见正的协方差表示两个随机变量倾向于同时取较大值或同时取较小值. 反过来, 若 X 取值比较小时, Y 取值反而比较大, 或当 X 取值比较大时, Y 取值反而较小, 则可能有 $\text{Cov}(X, Y) < 0$, 于是负的协方差反映了两个随机变量有相反方向变化的趋势. 这里需要说明的是, 协方差定义为 $[X - E(X)][Y - E(Y)]$ 的期望, 因此, 我们上面说的两个随机变量的变化趋势是在平均意义上而言的.

协方差具有以下四条性质:

1. $\text{Cov}(X, Y) = \text{Cov}(Y, X)$.

这就是说, X 与 Y 的协方差等于 Y 与 X 的协方差, 它与 X, Y 的次序无关.

2. 设 a, b, c, d 是常数, 则

$$\text{Cov}(aX + b,\ cY + d) = ac\,\text{Cov}(X, Y).$$

3. $\text{Cov}(X_1 + X_2, Y) = \text{Cov}(X_1, Y) + \text{Cov}(X_2, Y)$.

4. $\text{Cov}(X, Y) = E(XY) - E(X)E(Y)$, \hfill (4.3.2)

当 X 与 Y 相互独立时, $\text{Cov}(X, Y) = 0$.

上述性质的证明都很简单.

由 (4.2.9) 式可知, 对任意 X, Y,

$$\text{Var}(X + Y) = \text{Var}(X) + \text{Var}(Y) + 2\text{Cov}(X, Y). \tag{4.3.3}$$

关于协方差, 还有以下重要性质.

> **定理 4.3.1**   记 $\mathrm{Var}(X) = \sigma_1^2$, $\mathrm{Var}(Y) = \sigma_2^2$, 则
>
> $$[\mathrm{Cov}(X,Y)]^2 \leqslant \sigma_1^2 \sigma_2^2, \tag{4.3.4}$$
>
> 等号成立当且仅当 X 与 Y 之间有线性关系, 即存在常数 a 和 b, 使 $Y = aX + b$[①].

证   对任意实数 t, 有

$$E\{[t(X - E(X)) + (Y - E(Y))]^2\} = t^2 \sigma_1^2 + 2t\mathrm{Cov}(X,Y) + \sigma_2^2 \geqslant 0,$$

将 $t^2 \sigma_1^2 + 2t\mathrm{Cov}(X,Y) + \sigma_2^2$ 视为关于 t 的二次函数, 取值非负, 必有判别式

$$4[\mathrm{Cov}(X,Y)]^2 - 4\sigma_1^2 \sigma_2^2 \leqslant 0,$$

即 (4.3.4) 式成立.

现设 (4.3.4) 式等号成立, 则

$$E\{[t(X - E(X)) + (Y - E(Y))]^2\} = (\sigma_1 t \pm \sigma_2)^2,$$

其中 $\pm$ 号视 $\mathrm{Cov}(X,Y) > 0$ 或 < 0 而定. 不妨设 $\mathrm{Cov}(X,Y) > 0$, 则上式右端为 $(\sigma_1 t + \sigma_2)^2$. 当 $t = t_0 = -\dfrac{\sigma_2}{\sigma_1}$ ($\sigma_1 > 0$, $\sigma_2 > 0$) 时, 有

$$E\{[t(X - E(X)) + (Y - E(Y))]^2\} = 0.$$

由于 $[t_0(X - E(X)) + (Y - E(Y))]^2 \geqslant 0$, 其期望为零, 所以

$$P\{t_0(X - E(X)) + (Y - E(Y)) = 0\} = 1,$$

即

$$P\{Y = aX + b\} = 1,$$

其中 $a = \dfrac{\sigma_2}{\sigma_1}$, $b = E(Y) - \dfrac{\sigma_2}{\sigma_1} E(X)$. 因此 X 与 Y 之间有线性关系.

反之, 若 X 与 Y 之间有线性关系 $Y = aX + b$, 则 $\sigma_2^2 = \mathrm{Var}(Y) = \mathrm{Var}(aX + b) = a^2 \sigma_1^2$, $E(Y) = aE(X) + b$, $Y - E(Y) = a[X - E(X)]$,

$$\mathrm{Cov}(X,Y) = E\{a[X - E(X)]^2\} = a\sigma_1^2,$$

$$[\mathrm{Cov}(X,Y)]^2 = a^2 \sigma_1^4 = \sigma_1^2 \sigma_2^2.$$

定理证毕.

有了定理 4.3.1 的结论, 我们就可以引进另一个度量随机变量关系的数字特征 —— 相关系数.

---

① 严格地讲, 应该是存在常数 a 和 b, 使得 $Y = aX + b$ 成立的概率等于 1.

4.3.2 相关系数

定义 4.3.2 若 $\mathrm{Var}(X) > 0$, $\mathrm{Var}(Y) > 0$, 则称 $\dfrac{\mathrm{Cov}(X,Y)}{\sqrt{\mathrm{Var}(X)\mathrm{Var}(Y)}}$ 为 X 与 Y 的相关系数, 记为 ρ_{XY}, 即

$$\rho_{XY} = \frac{\mathrm{Cov}(X,Y)}{\sqrt{\mathrm{Var}(X)\mathrm{Var}(Y)}}. \tag{4.3.5}$$

相关系数 ρ_{XY} 与协方差 $\mathrm{Cov}(X,Y)$ 之间相差一个倍数, 相关系数是标准尺度下随机变量的协方差. 协方差依赖于 X 与 Y 的度量单位, 如果将 X 与 Y 分别除以各自的标准差 $\sqrt{\mathrm{Var}(X)}$ 和 $\sqrt{\mathrm{Var}(Y)}$ 之后再求协方差, 就得到相关系数. 这样能更好地反映 X 与 Y 之间的关系, 而不受随机变量所用的度量单位的影响.

需要注意的是: 当 X 与 Y 相互独立时, $\mathrm{Cov}(X,Y) = 0$, 于是 $\rho_{XY} = 0$. 但是, 当 $\mathrm{Cov}(X,Y) = 0$, 即 $\rho_{XY} = 0$ 时, 并不能保证 X 与 Y 相互独立.

例 4.3.1 设二维连续型随机向量 (X,Y) 服从单位圆域 $D = \{(x,y) \mid x^2 + y^2 \leqslant 1\}$ 上的均匀分布, 即有概率密度

$$f(x,y) = \begin{cases} \dfrac{1}{\pi}, & x^2 + y^2 \leqslant 1, \\ 0, & x^2 + y^2 > 1, \end{cases}$$

求 ρ_{XY}.

解 先计算 $E(X)$, 由 (4.1.14) 式有

$$E(X) = \iint_D \frac{x}{\pi} \mathrm{d}x\mathrm{d}y = \frac{1}{\pi} \int_{-1}^{1} \left(\int_{-\sqrt{1-y^2}}^{\sqrt{1-y^2}} x\mathrm{d}x \right) \mathrm{d}y = 0,$$

上式中, 括号内积分的被积函数是奇函数, 它在关于原点对称的区间上的积分等于零. 再由 (4.1.14) 式计算

$$\mathrm{Var}(X) = \iint_D \frac{x^2}{\pi} \mathrm{d}x\mathrm{d}y = \frac{1}{\pi} \int_{-1}^{1} \left(\int_{-\sqrt{1-y^2}}^{\sqrt{1-y^2}} x^2\mathrm{d}x \right) \mathrm{d}y$$

$$= \frac{2}{\pi} \int_{-1}^{1} \int_{0}^{\sqrt{1-y^2}} x^2\mathrm{d}x\mathrm{d}y = \frac{1}{4}.$$

由 X 与 Y 的对称性, 知 $E(Y) = 0$, $\mathrm{Var}(Y) = \dfrac{1}{4}$. 于是

$$\text{Cov}(X,Y) = E(XY) = \iint_D \frac{xy}{\pi} \mathrm{d}x\mathrm{d}y = \frac{1}{\pi} \int_{-1}^{1} \left(\int_{-\sqrt{1-y^2}}^{\sqrt{1-y^2}} xy\mathrm{d}x \right) \mathrm{d}y = 0.$$

从而 $\rho_{XY} = 0$.

由例 3.6.2 知, X 与 Y 不 (相互) 独立. 因此, 即使 $\rho_{XY} = 0$, 也不一定有 X 与 Y (相互) 独立.

例 4.3.2 设二维随机向量 $(X,Y) \sim N(\mu_1, \mu_2, \sigma_1^2, \sigma_2^2, \rho)$, 求 ρ_{XY}.

解 由例 3.4.4 可知, $E(X) = \mu_1$, $E(Y) = \mu_2$, $\text{Var}(X) = \sigma_1^2$, $\text{Var}(Y) = \sigma_2^2$,

$$\text{Cov}(X,Y) = \int_{-\infty}^{\infty} \int_{-\infty}^{\infty} (x - \mu_1)(y - \mu_2) f(x,y)\mathrm{d}x\mathrm{d}y,$$

这里 $f(x,y)$ 是 (X,Y) 的概率密度. 类似于等式 $\displaystyle\int_{-\infty}^{\infty} \int_{-\infty}^{\infty} f(x,y)\mathrm{d}x\mathrm{d}y = 1$ 的证明, 作变量代换 $u = \dfrac{x - \mu_1}{\sigma_1}$, $v = \dfrac{y - \mu_2}{\sigma_2}$, 有

$$\begin{aligned}
\text{Cov}(X,Y) &= \frac{\sigma_1\sigma_2}{2\pi\sqrt{1-\rho^2}} \int_{-\infty}^{\infty} \int_{-\infty}^{\infty} uv\mathrm{e}^{-\frac{u^2 - 2\rho uv + v^2}{2(1-\rho^2)}} \mathrm{d}u\mathrm{d}v \\
&= \frac{\sigma_1\sigma_2}{2\pi\sqrt{1-\rho^2}} \int_{-\infty}^{\infty} \int_{-\infty}^{\infty} uv\mathrm{e}^{-\frac{1}{2}\left[\frac{(u-\rho v)^2}{1-\rho^2} + v^2 \right]} \mathrm{d}u\mathrm{d}v \\
&= \sigma_1\sigma_2 \int_{-\infty}^{\infty} \frac{1}{\sqrt{2\pi}} v\mathrm{e}^{-\frac{v^2}{2}} \left(\int_{-\infty}^{\infty} \frac{1}{\sqrt{2\pi(1-\rho^2)}} u\mathrm{e}^{-\frac{(u-\rho v)^2}{2(1-\rho^2)}} \mathrm{d}u \right) \mathrm{d}v \\
&= \sigma_1\sigma_2 \int_{-\infty}^{\infty} \frac{1}{\sqrt{2\pi}} v\mathrm{e}^{-\frac{v^2}{2}} \rho v\mathrm{d}v = \sigma_1\sigma_2\rho \int_{-\infty}^{\infty} \frac{1}{\sqrt{2\pi}} v^2\mathrm{e}^{-\frac{v^2}{2}} \mathrm{d}v \\
&= \sigma_1\sigma_2\rho,
\end{aligned}$$

于是

$$\rho_{XY} = \rho. \tag{4.3.6}$$

这样, 结合例 3.6.3, 对于二维正态随机向量 (X,Y), X 与 Y 相互独立的充分必要条件是 $\rho_{XY} = 0$.

由定理 4.3.1 直接得到相关系数的如下重要性质.

定理 4.3.2

$$|\rho_{XY}| \leqslant 1, \tag{4.3.7}$$

当且仅当 X 与 Y 之间有线性关系时等号成立.

定义 4.3.3　若 X 与 Y 的相关系数 $\rho_{XY} = 0$, 则称 X 与 Y 互不相关, 也简称为不相关.

相关系数 ρ_{XY} 刻画了 X 与 Y 之间线性关系的程度. 若 $|\rho_{XY}| = 1$, X 与 Y 之间有线性关系 $Y = aX + b$. 还可以从理论上保证, 当 $0 < |\rho_{XY}| < 1$ 时, 若 $|\rho_{XY}|$ 较大, 表明 X 与 Y 之间线性关系的联系较好, $|\rho_{XY}|$ 越接近于 1, 这种联系越好; 若 $|\rho_{XY}|$ 较小, 表明 X 与 Y 之间线性关系的联系较差, $|\rho_{XY}|$ 越接近于 0, 这种联系越差. 特别, 若 $\rho_{XY} = 0$, X 与 Y 之间不存在线性关系.

当 $\rho_{XY} = 0$ 时, X 与 Y 互不相关只是指 X 与 Y 之间没有线性关系, 但这时 X 与 Y 之间可能有某种别的函数关系, 因此, 不能保证 X 与 Y 相互独立. 当然, 对二维正态随机向量 (X, Y) 来说, X 与 Y 互不相关同 X 与 Y 相互独立是等价的, 见例 4.3.2 后的说明.

关于 ρ_{XY} 的符号: 当 $\rho_{XY} > 0$ 时, 称 X 与 Y 是正相关的; 反之, 当 $\rho_{XY} < 0$ 时, 称 X 与 Y 是负相关的. 因为相关系数和协方差具有相同的符号, 因此, 前面关于协方差的符号意义的讨论可以移到这里. 即正相关表示两个随机变量有同时增加或同时减少的变化趋势, 而负相关表示两个随机变量有相反的变化趋势.

4.4　矩与协方差矩阵

4.4.1　矩

矩包括原点矩和中心矩, 它们在数理统计中有重要的应用. 前面介绍的随机变量的期望和方差都是矩的特例.

定义 4.4.1　对随机变量 X, 若 $E(X^k)$ 存在, 则称它为 X 的 k 阶原点矩, 这里 $k = 1, 2, \cdots$. 若 $E\{[X - E(X)]^k\}$ 存在, 则称它为 X 的 k 阶中心矩. 这里 $k = 2, 3, \cdots$.

易知 X 的期望 $E(X)$ 是 X 的一阶原点矩, 方差 $\mathrm{Var}(X)$ 是 X 的二阶中心矩. 在数理统计中, 高于四阶的矩应用较少.

4.4.2　协方差矩阵

下面介绍 n 维随机向量 $(X_1, X_1, \cdots, X_n)$ 的协方差矩阵, 先从二维情况讲起. 对二维随机向量 (X_1, X_2), 记

$$c_{11} = E\{[X_1 - E(X_1)]^2\} = \mathrm{Var}(X_1),$$

$$c_{12} = E\{[X_1 - E(X_1)][X_2 - E(X_2)]\} = \mathrm{Cov}(X_1, X_2),$$

$$c_{21} = E\{[X_2 - E(X_2)][X_1 - E(X_1)]\} = \text{Cov}(X_2, X_1),$$

$$c_{22} = E\{[X_2 - E(X_2)]^2\} = \text{Var}(X_2),$$

并排成矩阵 $\begin{pmatrix} c_{11} & c_{12} \\ c_{21} & c_{22} \end{pmatrix}$, 称为 (X_1, X_2) 的协方差矩阵. 一般地有如下定义.

定义 4.4.2 对 n 维随机向量 $(X_1, X_2, \cdots, X_n)$, 记

$$c_{ij} = E\{[X_i - E(X_i)][X_j - E(X_j)]\} = \text{Cov}(X_i, X_j), \quad i, j = 1, 2, \cdots, n,$$

称矩阵

$$C = (c_{ij})_{n \times n} = \begin{pmatrix} c_{11} & c_{12} & \cdots & c_{1n} \\ c_{21} & c_{22} & \cdots & c_{2n} \\ \vdots & \vdots & & \vdots \\ c_{n1} & c_{n2} & \cdots & c_{nn} \end{pmatrix} \tag{4.4.1}$$

为 $(X_1, X_2, \cdots, X_n)$ 的协方差矩阵.

显然, 协方差矩阵是一个对称矩阵.

由于 n 维随机向量的分布在很多情况下是未知的, 或是过于复杂而不便使用, 这时可使用其协方差矩阵, 能在一定程度上解决一些实际问题.

习　题　4

4.1　甲、乙两台机床生产同一种零件, 在一天内生产的次品数分别记为 X 和 Y. 已知 X, Y 的概率分布如下表所示:

X	0	1	2	3	Y	0	1	2	3
p	0.4	0.3	0.2	0.1	p	0.3	0.5	0.2	0

如果两台机床的产量相同, 问哪台机床生产的零件的质量较好?

4.2　袋中有 5 个同型号的球, 编号分别为 1,2,3,4,5, 现从中任意抽取 3 个球, 若 X 表示取出的 3 个球中的最大编号, 求 $E(X)$.

4.3　设从学校乘汽车到火车站的途中有 3 个交通岗, 在各交通岗遇到红灯是相互独立的, 其概率均为 0.4. 求途中遇到红灯次数的期望.

4.4　某人每次射击命中目标的概率为 p, 现连续向目标射击, 直到第一次命中目标为止, 求射击次数的期望.

4.5　设随机变量 X 的概率分布为

$$P\left\{X = (-1)^{k+1}\frac{3^k}{k}\right\} = \frac{2}{3^k}, \quad k = 1, 2, \cdots,$$

说明 X 的期望不存在.

4.6　设随机变量 X 的概率密度函数为

$$f(x) = \frac{1}{\pi(1+x^2)}, \quad -\infty < x < \infty,$$

说明 $E(X)$ 不存在.

4.7　设随机变量 X 的概率密度函数为

$$f(x) = \begin{cases} ax, & 0 < x < 2, \\ bx+1, & 2 \leqslant x \leqslant 4, \\ 0, & 其他, \end{cases}$$

又 $E(X) = 2$, 求常数 a 和 b 的值.

4.8　某地抽样调查结果表明, 考生的外语成绩 X(百分制) 近似服从正态分布, 平均成绩为 72 分, 96 分以上的考生占考生总数的 2.3%. 求考生外语成绩在 60 分至 84 分之间的概率.

4.9　对习题 4.1 中的随机变量 X, 计算 $E(X^2)$ 和 $E(5X^2 + 4)$.

4.10　设随机变量 X 的概率密度函数为

$$f(x) = \begin{cases} \mathrm{e}^{-x}, & x > 0, \\ 0, & x \leqslant 0, \end{cases}$$

分别求 $Y = 2X$ 的期望和 $Y = \mathrm{e}^{-2X}$ 的期望.

4.11　对球的直径做近似测量, 设其值均匀分布在区间 (a, b) 内, 求球体积的均值.

4.12　游客乘电梯从电视塔底层到顶层观光, 电梯于每个整点的第 5 分钟、25 分钟和 55 分钟从底层起运行. 设某一游客在早八点的第 X 分钟到达底层候梯处, 且 $X \sim U[0, 60]$, 求该游客等候时间的期望.

4.13　设二维随机向量 (X, Y) 的概率密度函数为

$$f(x, y) = \begin{cases} 12y^2, & 0 \leqslant y \leqslant x \leqslant 1, \\ 0, & 其他, \end{cases}$$

求 $E(X)$ 和 $E(XY)$.

4.14　设随机变量 X 与 Y 相互独立, 概率密度函数分别为

$$f_X(x) = \begin{cases} 2x, & 0 \leqslant x \leqslant 1, \\ 0, & 其他, \end{cases} \qquad f_Y(y) = \begin{cases} \mathrm{e}^{5-y}, & y > 5, \\ 0, & y \leqslant 5, \end{cases}$$

求 $E(XY)$.

4.15　设二维随机向量 (X, Y) 服从圆域 $D = \{(x, y) : x^2 + y^2 \leqslant R^2\}$ 上的均匀分布, 求 $E(\sqrt{X^2 + Y^2})$.

4.16　设随机变量 X 与 Y 相互独立, 并且均服从正态分布 $N(\mu, \sigma^2)$, 求 $E(|X - Y|)$ 和 $E(\max\{X, Y\})$.

4.17 民航机场的一辆送客汽车每次载 20 名旅客自机场开出, 沿途有 10 个车站. 若到达一个车站时没有旅客下车, 就不停车. 设每名旅客在各个车站下车的概率是等可能的, 求汽车的平均停车次数.

4.18 将一颗均匀的骰子连掷 10 次, 求所得点数之和的期望.

4.19 在习题 4.4 中, 若直到命中目标 n 次为止, 求射击次数的期望.

4.20 设随机变量 X 的分布函数为 $F(x) = 0.3\Phi(x) + 0.7\Phi[(x-1)/2]$, 其中 $\Phi(x)$ 为标准正态分布的分布函数, 求 $E(X)$.

4.21 求习题 4.1 中随机变量 X, Y 的方差.

4.22 设二维随机向量 (X, Y) 的概率密度函数

$$f(x, y) = \begin{cases} \dfrac{1 + xy}{4}, & -1 < x < 1, \ -1 < y < 1, \\ 0, & \text{其他}, \end{cases}$$

求 $\mathrm{Var}(X)$ 和 $\mathrm{Var}(Y)$.

4.23 设随机变量 $X_1, X_2, \ldots, X_n$ 相互独立, 且均服从区间 $[0, 1]$ 上的均匀分布 $U(0, 1)$, 求 $Y = \min\{X_1, X_2, \ldots, X_n\}$ 的概率密度函数、期望和方差.

4.24 设二维随机向量 (X, Y) 的概率分布如下表:

X \ Y	-1	0	1
0	0.1	0.1	0.1
1	0.3	0.1	0.3

求 $\mathrm{Cov}(X, Y)$.

4.25 设随机变量 $X_1, X_2, \cdots, X_n$ 相互独立, 且均服从正态分布 $N(\mu, \sigma^2)$, 记 $\overline{X} = \dfrac{1}{n} \sum\limits_{i=1}^{n} X_i$, 求 $E\left(\sum\limits_{i=1}^{n} |X_i - \overline{X}|\right)$.

4.26 设二维随机向量 (X, Y) 的概率密度函数为

$$f(x, y) = \begin{cases} \dfrac{1}{8}(x + y), & 0 \leqslant x \leqslant 2, \ 0 \leqslant y \leqslant 2, \\ 0, & \text{其他}, \end{cases}$$

求 X 与 Y 的协方差.

4.27 设二维随机向量 (X, Y) 的概率密度函数为

$$f(x, y) = \begin{cases} \mathrm{e}^{-(x+y)}, & x > 0, \ y > 0, \\ 0, & \text{其他}, \end{cases}$$

求 $\mathrm{Cov}(X, Y)$ 和 ρ_{XY}.

4.28 设随机变量 X 的概率密度函数

$$f(x) = 0.5\mathrm{e}^{-|x|}, \quad -\infty < x < \infty,$$

求 X 与 $|X|$ 的协方差, 并讨论两者的相关性.

　4.29　设 $\mathrm{Var}(X) = 25$, $\mathrm{Var}(Y) = 36$, $\rho_{XY} = 0.4$, 求 $\mathrm{Var}(X+Y)$ 和 $\mathrm{Var}(X-Y)$.

　4.30　设 X 服从 $U(-0.5, 0.5)$, $Y = \cos X$, 求 ρ_{XY}.

　4.31　设二维正态随机向量 (X, Y) 的概率密度函数为

$$f(x,y) = \frac{1}{2\sqrt{2\pi}} \mathrm{e}^{-\frac{1}{2}\left[\frac{1}{2}(x-4)^2 + (y-2)^2\right]}, \quad -\infty < x, y < \infty,$$

记 $Z = \dfrac{X+Y}{2}$, $W = \dfrac{X-Y}{2}$, 求 Z 与 W 的相关系数 ρ_{ZW}.

第 4 章内容提要

第 4 章教学要求、
重点与难点

第 4 章典型例题分析

极 限 定 理

极限定理是概率论的基本理论之一, 在概率论和数理统计的理论研究和实际应用中都具有重要的意义. 在这一章, 我们将介绍有关随机变量序列的最基本的两类极限定理, 即大数定律和中心极限定理.

注意到, 随机现象的统计规律性是在相同条件下进行大量重复试验时呈现出来的. 例如在第 1 章中, 谈到一个事件发生的频率具有稳定性, 即频率趋于事件的概率. 这里 "趋于" 是指当试验的次数无限增大时, 频率在某种收敛意义下逼近概率. 这是最早的一个大数定律. 一般的大数定律讨论 n 个随机变量的平均值的稳定性.

另一类基本的极限定理是中心极限定理. 这些定理证明了, 在很一般的条件下, n 个随机变量的和当 $n \to \infty$ 时的极限分布是正态分布. 利用这些结论, 在数理统计中许多复杂随机变量的分布可以用正态分布近似, 而正态分布有许多完美的理论, 从而可以获得简单实用的统计分析.

本章将介绍大数定律和中心极限定理的最简单也是最重要的结论.

5.1 大 数 定 律

5.1.1 切比雪夫不等式

首先介绍一个重要的不等式——切比雪夫 (Chebyshev) 不等式.

定理 5.1.1 设随机变量 X 具有期望 $E(X) = \mu$, 方差 $\mathrm{Var}(X) = \sigma^2$, 则对于任意正数 ε, 有

$$P\{|X - \mu| \geqslant \varepsilon\} \leqslant \frac{\sigma^2}{\varepsilon^2}. \tag{5.1.1}$$

证 只对 X 是连续型随机变量的情况加以证明. 设 X 有概率密度函数为 $f(x)$, 则有

$$P\{|X - \mu| \geqslant \varepsilon\} = \int_{|x-\mu| \geqslant \varepsilon} f(x)\,\mathrm{d}x \leqslant \int_{|x-\mu| \geqslant \varepsilon} \frac{|x-\mu|^2}{\varepsilon^2} f(x)\,\mathrm{d}x$$

$$\leqslant \frac{1}{\varepsilon^2} \int_{-\infty}^{\infty} (x-\mu)^2 f(x)\,\mathrm{d}x = \frac{\sigma^2}{\varepsilon^2}.$$

定理证毕.

切比雪夫不等式也可以写为

$$P\{|X - \mu| < \varepsilon\} \geqslant 1 - \frac{\sigma^2}{\varepsilon^2}. \tag{5.1.2}$$

切比雪夫不等式说明, X 的方差越小, 则事件 $\{|X - \mu| < \varepsilon\}$ 发生的概率就越大, 即 X 取的值越集中于它的期望 μ 附近. 这进一步说明了方差的意义.

用切比雪夫不等式可以在 X 的分布未知的情况下, 估计概率值 $P\{|X - \mu| < \varepsilon\}$ 或 $P\{|X - \mu| \geqslant \varepsilon\}$. 例如,

$$P\{|X - \mu| < 3\sigma\} \geqslant 1 - \frac{\sigma^2}{9\sigma^2} = 0.8889.$$

此外, 切比雪夫不等式作为一个理论工具, 它的应用是普遍的, 在大数定律的证明中将要用到它.

5.1.2　大数定律

首先引入随机变量序列 $X_1, X_2, \cdots, X_n, \cdots$ 相互独立的概念. 如果对于任意 $n > 1$, $X_1, X_2, \cdots, X_n$ 相互独立, 则称 $X_1, X_2, \cdots, X_n, \cdots$ 相互独立.

定理 5.1.2　设随机变量 $X_1, X_2, \cdots, X_n, \cdots$ 相互独立, 并且具有相同的期望和方差: $E(X_i) = \mu$, $\mathrm{Var}(X_i) = \sigma^2$, $i = 1, 2, \cdots$. 作前 n 个随机变量的平均 $Y_n = \frac{1}{n} \sum\limits_{i=1}^{n} X_i$, 则对于任意正数 ε, 有

$$\lim_{n \to \infty} P\{|Y_n - \mu| < \varepsilon\} = 1. \tag{5.1.3}$$

证　　$E(Y_n) = \frac{1}{n} \sum\limits_{i=1}^{n} E(X_i) = \mu$, $\mathrm{Var}(Y_n) = \frac{1}{n^2} \sum\limits_{i=1}^{n} \mathrm{Var}(X_i) = \frac{\sigma^2}{n}$,

使用切比雪夫不等式, 得到

$$P\{|Y_n - \mu| < \varepsilon\} \geqslant 1 - \frac{\sigma^2}{n\varepsilon^2},$$

令 $n \to \infty$, 注意到概率不可能大于 1, 得到 (5.1.3) 式. 定理证毕.

(5.1.3) 式表明, 无论正数 ε 多小, 当 n 充分大时, 事件 $\{Y_n \in (\mu - \varepsilon, \mu + \varepsilon)\}$ 发生的概率可任意接近于 1. 在概率论中, 把 (5.1.3) 式表示的收敛性称为随机变量序列 $Y_1, Y_2, \cdots, Y_n, \cdots$ 依概率收敛于 μ, 记为 $Y_n \xrightarrow{P} \mu$.

定理 5.1.2 表明, 随着 n 的增大, 独立随机变量 $X_1, X_2, \cdots, X_n$ 的平均值 Y_n 依上述方式收敛于它们共同的期望 μ. 如图 5.1 所示, n 越大, 平均值 Y_n 的取值

越集中在期望 μ 的附近. 无论区间 $(\mu-\varepsilon,\mu+\varepsilon)$ 多短, 只要 n 足够大, 可以有任意接近于 100% 的可能性保证 Y_n 落入该区间, 即保证 Y_n 与 μ 的偏离不超过 ε.

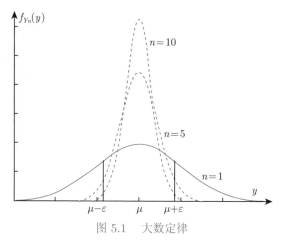

图 5.1　大数定律

图中的曲线分别为 Y_1, Y_5 和 Y_{10} 的概率密度曲线

　　推论　设 n 次独立重复试验中事件 A 发生的次数为 n_A, 在每次试验中事件 A 发生的概率为 p, 则对于任意正数 ε, 有

$$\lim_{n\to\infty} P\left\{\left|\frac{n_A}{n}-p\right|<\varepsilon\right\}=1. \tag{5.1.4}$$

　　证　令

$$X_i=\begin{cases} 1, & \text{第 } i \text{ 次试验中事件 } A \text{ 发生,} \\ 0, & \text{第 } i \text{ 次试验中事件 } A \text{ 不发生,} \end{cases} \quad i=1,2,\cdots,$$

则 $X_1, X_2, \cdots$ 是相互独立的随机变量序列. 显然 X_i 服从两点分布, 从而

$$E(X_i)=p, \quad \mathrm{Var}(X_i)=p(1-p), \quad i=1,2,\cdots.$$

注意到

$$\frac{1}{n}\sum_{i=1}^{n}X_i=\frac{n_A}{n},$$

由定理 5.1.2 得到 (5.1.4) 式.

　　这个推论就是最早的一个大数定律, 称为伯努利定理. 该定理表明事件 A 发生的频率 n_A/n 依概率收敛于事件 A 的概率 p, 以严格的数学形式表达了频率的稳定性, 即随着试验次数的增加, 事件发生的频率逐渐稳定于事件的概率. 这个事实为在实际应用中用频率去估计概率提供了一个理论依据.

5.2 中心极限定理

中心极限定理是棣莫弗 (De Moivre) 在 18 世纪首先提出的, 到现在内容已十分丰富. 在这一节里, 我们只介绍其中两个最基本的结论.

定理 5.2.1(独立同分布的中心极限定理) 设随机变量 $X_1, X_2, \cdots, X_n, \cdots$ 相互独立, 服从同一分布, 并且具有期望和方差: $E(X_i) = \mu$, $\mathrm{Var}(X_i) = \sigma^2 > 0$, $i = 1, 2, \cdots$, 则随机变量

$$Y_n = \frac{\sum\limits_{i=1}^{n} X_i - n\mu}{\sqrt{n}\sigma} \tag{5.2.1}$$

的分布函数 $F_n(x)$ 收敛到标准正态分布 $N(0,1)$ 的分布函数, 即对任意实数 x 满足

$$\lim_{n \to \infty} F_n(x) = \lim_{n \to \infty} P\{Y_n \leqslant x\} = \Phi(x), \tag{5.2.2}$$

其中 $\Phi(x)$ 是标准正态分布 $N(0,1)$ 的分布函数, 即 $\Phi(x) = \int_{-\infty}^{x} \frac{1}{\sqrt{2\pi}} \mathrm{e}^{-\frac{t^2}{2}} \mathrm{d}t$.

定理 5.2.1 的证明从略. 这个定理的证明是 20 世纪 20 年代由林德伯格 (Lindeberg) 和莱维 (Levy) 给出的.

(5.2.2) 式表明, 随机变量序列 $Y_1, Y_2, \cdots, Y_n, \cdots$ 的分布函数序列 $\{F_n(x)\}$ 的极限是 $\Phi(x)$.

注意到 $E\left(\sum\limits_{i=1}^{n} X_i\right) = n\mu$, $\mathrm{Var}\left(\sum\limits_{i=1}^{n} X_i\right) = n\sigma^2$, (5.2.1) 式可写为

$$Y_n = \frac{\sum\limits_{i=1}^{n} X_i - E\left(\sum\limits_{i=1}^{n} X_i\right)}{\sqrt{\mathrm{Var}\left(\sum\limits_{i=1}^{n} X_i\right)}}, \tag{5.2.3}$$

从而 Y_n 的期望是 0, 方差是 1, Y_n 是 $\sum\limits_{i=1}^{n} X_i$ 的标准化的随机变量. 由定理 5.2.1, 当 n 很大时, Y_n 近似服从标准正态分布 $N(0,1)$（如图 5.2 所示）, 从而当 n 很大时, $\sum\limits_{i=1}^{n} X_i$ 近似服从正态分布 $N(n\mu, n\sigma^2)$. 由于 X_i 的分布在一定程度上可以是任意的, 一般说来, $\sum\limits_{i=1}^{n} X_i$ 的分布难以确切求得, 这时, 只要 n 很大, 就能通过 $\Phi(x)$ 给出 $\sum\limits_{i=1}^{n} X_i$ 的分布函数的近似值. 这是正态分布在概率统计中占有重要地位的一个基本原因.

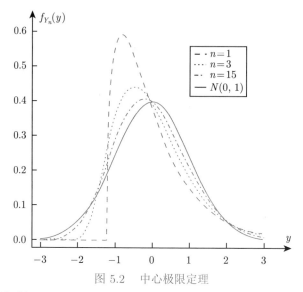

图 5.2 中心极限定理

图中的曲线分别为 Y_1, Y_3, Y_{15} 和 $N(0,1)$ 的概率密度曲线, 其中 $X_1 \sim \chi_3^2$ (见 6.3.1 小节)

在实际问题中, 有很多随机现象可以看作是许多因素的独立影响的综合结果, 而每一因素对该现象的影响都很微小, 那么, 描述这种随机现象的随机变量可以看成许多相互独立的起微小作用的因素的总和, 它往往近似服从正态分布. 这就是中心极限定理的客观背景. 例如, 测量误差是由许多观察不到的、可加的微小误差所合成的; 在任一指定时刻, 一个城市的耗电量是大量用户耗电量的总和等, 它们都可以用服从正态分布的随机变量近似地描述.

在数理统计中, 中心极限定理是大样本统计推断的理论基础.

例 5.2.1 设一批产品的强度服从期望为 14, 方差为 4 的分布. 每箱中装有这种产品 100 件, 问:

(1) 每箱产品的平均强度超过 14.5 的概率是多少?

(2) 每箱产品的平均强度超过期望 14 的概率是多少?

解 $n = 100$. 设 X_i 是第 i 件产品的强度, $E(X_i) = 14$, $\text{Var}(X_i) = 4$, $i = 1, 2, \cdots, 100$. 记 $\overline{X} = \dfrac{1}{100} \sum\limits_{i=1}^{100} X_i$, 依定理 5.2.1, 近似地有

$$\frac{\overline{X} - \mu}{\sigma/\sqrt{n}} = \frac{\overline{X} - 14}{2/\sqrt{100}} = \frac{\overline{X} - 14}{0.2} \sim N(0, 1),$$

于是

(1) $P\{\overline{X} > 14.5\} = P\left\{\dfrac{\overline{X} - 14}{0.2} > \dfrac{14.5 - 14}{0.2}\right\} = P\left\{\dfrac{\overline{X} - 14}{0.2} > 2.5\right\}$

$\approx 1 - \Phi(2.5) = 1 - \texttt{pnorm(2.5)}$

$= 0.006210,$

可见, 100 件产品的平均强度超过 14.5 的概率非常之小.

(2) $P\{\overline{X} > 14\} = P\left\{\dfrac{\overline{X} - 14}{0.2} > 0\right\} \approx \Phi(0) = 0.5,$

于是, 我们可以说, 每箱产品的平均强度超过 14 的概率约为 50%.

例 5.2.2 计算机在进行数字计算时, 遵从四舍五入原则. 为简单计, 现在对小数点后面第一位进行舍入运算, 则舍入误差 X 可以认为服从 $[-0.5, 0.5]$ 上的均匀分布. 若独立进行了 100 次数字计算, 求这些计算的平均舍入误差落在区间 $[-\sqrt{3}/20, \sqrt{3}/20]$ 上的概率.

解 $n = 100$, 用 X_i 表示第 i 次运算中产生的舍入误差. $X_1, X_2, \cdots, X_{100}$ 相互独立, 都服从 $[-0.5, 0.5]$ 上的均匀分布. 这时, $E(X_i) = 0$, $\text{Var}(X_i) = 1/12$, $i = 1, 2, \cdots, 100$, 从而, 近似地有

$$Y_{100} = \frac{\sum\limits_{i=1}^{100} X_i - 100 \times 0}{\sqrt{100/12}} = \frac{\sqrt{3}}{5} \sum_{i=1}^{100} X_i \sim N(0, 1).$$

于是, 平均误差 $\overline{X} = \dfrac{1}{100} \sum\limits_{i=1}^{100} X_i$ 落在区间 $[-\sqrt{3}/20, \sqrt{3}/20]$ 上的概率为

$$P\left\{-\frac{\sqrt{3}}{20} \leqslant \frac{1}{100} \sum_{i=1}^{100} X_i \leqslant \frac{\sqrt{3}}{20}\right\} = P\left\{-3 \leqslant \frac{\sqrt{3}}{5} \sum_{i=1}^{100} X_i \leqslant 3\right\}$$

$$\approx \Phi(3) - \Phi(-3) = \texttt{pnorm(3)} - \texttt{pnorm(-3)}$$
$$= 0.9973.$$

注意到 $\sqrt{3}/20 = 0.0866$, 于是, 平均舍入误差 $\overline{X}$ 几乎取值于区间 $[-0.0866, 0.0866]$ 之内.

下面介绍定理 5.2.1 的一个重要特例, 是历史上最早的中心极限定理, 由棣莫弗提出, 拉普拉斯 (Laplace) 推广的, 称为棣莫弗–拉普拉斯定理.

定理 5.2.2 (棣莫弗–拉普拉斯定理) 设随机变量 $X_1, X_2, \cdots, X_n, \cdots,$ 相互独立, 并且都服从参数为 p 的两点分布, 则对于任意实数 x, 有

$$\lim_{n \to \infty} P \left\{ \frac{\sum\limits_{i=1}^{n} X_i - np}{\sqrt{np(1-p)}} \leqslant x \right\} = \Phi(x). \tag{5.2.4}$$

证　$E(X_i) = p$, $\mathrm{Var}(X_i) = p(1-p)$, $i = 1, 2, \cdots$. 由 (5.2.2) 式即得定理之结论.

由于 $\sum\limits_{i=1}^{n} X_i \sim B(n,p)$, 从而, 定理 5.2.2 表明, 有关二项分布的概率计算, 当 n 很大时, 可以通过关于 $\Phi(x)$ 的计算来解决. 另外, 当 n 很大时, 二项分布可以用正态分布来近似.

例 5.2.3　某公司有 200 名员工参加一种资格证书考试. 按往年经验该考试通过率为 0.8. 试计算这 200 名员工至少有 150 人考试通过的概率.

解　令 $X_i = \begin{cases} 1, & \text{第 } i \text{ 人通过考试,} \\ 0, & \text{第 } i \text{ 人未通过考试,} \end{cases} \quad i = 1, 2, \cdots, 200.$

依题设知, $P\{X_i = 1\} = 0.8$, $np = 200 \times 0.8 = 160$, $np(1-p) = 32$. $\sum\limits_{i=1}^{200} X_i$ 是考试通过人数, 因为 X_i 满足定理 5.2.2 的条件, 故依此定理, 近似地有

$$\frac{\sum\limits_{i=1}^{200} X_i - 160}{\sqrt{32}} \sim N(0, 1).$$

于是

$$P \left\{ \sum_{i=1}^{200} X_i \geqslant 150 \right\} = P \left\{ \frac{\sum\limits_{i=1}^{200} X_i - 160}{\sqrt{32}} \geqslant \frac{150 - 160}{\sqrt{32}} \right\}$$

$$= P \left\{ \frac{\sum\limits_{i=1}^{200} X_i - 160}{\sqrt{32}} \geqslant -1.77 \right\}$$

$$\approx 1 - \Phi(-1.77) = 1 - \mathtt{pnorm(-1.77)}$$

$$= 0.961636,$$

即至少有 150 名员工通过这种资格证书考试的概率为 0.961636.

例 5.2.4　某市保险公司开办一年人身保险业务, 被保险人每年需交付保险费 160 元, 若一年内发生重大人身事故, 其本人或家属可获 2 万元赔金. 已知该市人员一年内发生重大人身事故的概率为 0.005, 现有 5000 人参加此项保险, 问保险公司一年内从此项业务所得到的总收益在 20 万到 40 万元之间的概率是多少?

解 记

$$X_i = \begin{cases} 1, & \text{第 } i \text{ 个被保险人一年内发生重大人身事故,} \\ 0, & \text{第 } i \text{ 个被保险人一年内未发生重大人身事故,} \end{cases} \quad i = 1, 2, \cdots, 5000,$$

$P\{X_i = 1\} = 0.005, np = 25. \sum\limits_{i=1}^{5000} X_i$ 是 5000 个被保险人中一年内发生重大人身事故的人数, 保险公司一年内从此项业务所得到的总收益为

$$0.016 \times 5000 - 2 \times \sum_{i=1}^{5000} X_i \ (\text{万元}).$$

于是

$$P\left\{20 \leqslant 0.016 \times 5000 - 2 \sum_{i=1}^{5000} X_i \leqslant 40\right\}$$

$$= P\left\{20 \leqslant \sum_{i=1}^{5000} X_i \leqslant 30\right\}$$

$$= P\left\{\frac{20 - 25}{\sqrt{25 \times 0.995}} \leqslant \frac{\sum\limits_{i=1}^{5000} X_i - 25}{\sqrt{25 \times 0.995}} \leqslant \frac{30 - 25}{\sqrt{25 \times 0.995}}\right\}$$

$$= P\left\{-1.0025 \leqslant \frac{\sum\limits_{i=1}^{5000} X_i - 25}{\sqrt{25 \times 0.995}} \leqslant 1.0025\right\}$$

$$\approx \Phi(1.0025) - \Phi(-1.0025) = \text{pnorm}(1.0025) - \text{pnorm}(-1.0025)$$

$$= 0.683898.$$

习 题 5

5.1 已知正常男性成人每毫升的血液中含白细胞平均数是 7300, 标准差是 700. 使用切比雪夫不等式估计正常男性成人每毫升血液中含白细胞数在 5200 到 9400 之间的概率.

5.2 设随机变量 X 服从参数为 λ 的泊松分布, 使用切比雪夫不等式证明

$$P\{0 < X < 2\lambda\} \geqslant \frac{\lambda - 1}{\lambda}.$$

5.3 设由机器包装的每包大米的重量是一个随机变量, 期望是 10 千克, 方差是 0.1 千克^2. 求 100 袋这种大米的总重量在 990 至 1010 千克之间的概率.

5.4 一加法器同时收到 20 个噪声电压 V_i, $i = 1, 2, \cdots, 20$, 设它们是相互独立的随机变量, 并且都服从区间 $[0, 10]$ 上的均匀分布. 记 $V = \sum\limits_{i=1}^{20} V_i$, 计算 $P\{V > 105\}$ 的近似值.

5.5 一复杂的系统由 100 个相互独立起作用的部件组成, 在整个运行期间每个部件损坏的概率为 0.1, 为了使整个系统起作用, 至少要有 85 个部件正常工作. 求整个系统起作用的概率.

5.6 银行为支付某日即将到期的债券需准备一笔现金. 这批债券共发放了 500 张, 每张债券到期之日需付本息 1000 元. 若持券人 (一人一张) 于债券到期之日到银行领取本息的概率为 0.4, 问银行于该日应至少准备多少现金才能以 99.9% 的把握满足持券人的兑换?

第 5 章内容提要

第 5 章教学要求、
重点与难点

第 5 章典型例题分析

样本与统计量

在前面五章, 我们讲述了概率论中最基本的内容, 概括起来主要是随机变量的概率分布. 概率分布全面地描述了随机变量的统计规律性. 在概率论的许多问题中, 通常假定概率分布是已知的; 然而, 在实际问题中, 随机变量的分布往往是未知的, 或者有未知的成分, 而研究的目的恰恰是通过探究这些随机变量的分布规律来认识自然和社会. 比如, 要制订服装标准, 需要了解一个地区人群身体多个指标的分布情况; 再如, 由交通事故的规律我们认为某一地区一个月内交通事故的发生次数服从泊松分布 $P(\lambda)$, 希望了解月平均事故次数 λ 以采取应对策略. 前者中分布完全未知, 后者中 λ 未知.

为了在实际中处理这些问题, 通常的方法是对随机变量 X 进行多次观测, 并利用观测所得到的数据推断 X 的分布规律. 这正是数理统计的任务. 数理统计是以概率论为理论基础, 具有广泛应用的应用数学分支, 是一门分析带有随机影响的数据的学科. 它研究如何有效地收集数据, 并利用一定的统计模型对这些数据进行分析, 提取数据中的有用信息, 形成统计结论, 从而帮助我们认识事物的规律性. 因此, 可以粗略地说, 只要有数据, 或者通过观察、调查、试验可以获得数据, 就需要数理统计.

6.1　总体与样本

在统计学中, 将我们研究的问题所涉及的对象的全体称为总体, 而把总体中的每个成员称为个体. 这是一个比较形象的说法. 例如, 我们研究一家工厂的某种产品的次品率, 这种产品的全体就是总体, 而每件产品则是个体. 为了评价厂家产品质量的好坏, 通常的做法是从厂家全部产品中随机地抽取一些样品, 在统计学上称为样本. 但是, 实际上, 我们真正关心的并不是总体或个体的本身, 而是它们的某项数量指标. 因此, 进一步, 我们应该把总体理解为那些研究对象上的某项数量指标的全体, 而把样本理解为样品上的数量指标. 因此, 当我们说到总体和样本时, 既指研究对象, 又指它们的某项数量指标.

例 6.1.1　研究某地区 N 个农户的年收入. 在这里, 总体既指这 N 个农户, 又指他们的年收入的 N 个数字. 如果从这 N 个农户中随机地抽出 n 个农户作为调查对象, 那么, 这 n 个农户及他们年收入的 n 个数字就是样本.

在上面的例子中, 总体是直观的, 是看得见, 摸得着的. 但客观情况并非总是这样.

例6.1.2 用一把尺子测量一个物体的长度. 假定 n 次测量值为 $X_1, X_2, \cdots, X_n$.

显然, 在这个问题中, 我们把测量值 $X_1, X_2, \cdots, X_n$ 看成了样本, 但是, 总体是什么呢? 事实上, 这里没有一个现实存在的个体的集合可以作为总体. 可是, 我们可以这样考虑, 既然 n 个测量值 $X_1, X_2, \cdots, X_n$ 是样本, 那么总体就应该理解为一切所有可能的测量值的全体.

这种类型的总体的例子不胜枚举. 例如: 为研究某种安眠药的药效, 让 n 个患者同时服用此药, 记录下他们各自服药后的睡眠时间比未服药前延长的小时数 $X_1, X_2, \cdots, X_n$. 这些数字就是样本. 总体就是设想让某个地区或某个国家, 甚至全世界所有患失眠症的患者都服用此药, 他们所增加的睡眠时间的小时数的全体, 就是该问题的总体.

对一个总体, 如果我们用 X 表示它的数量指标, 那么 X 的值对不同的个体可能取不同的值. 因此, 如果我们随机地抽取个体, 则 X 的值也就随着抽取的个体的不同而变化. 所以, X 是一个随机变量. 既然总体是随机变量 X, 自然就有其概率分布. 我们把 X 的分布称为总体的分布. 总体的特征是由总体分布来刻画的. 因此, 我们常把总体和总体分布视为同义语.

例 6.1.3 在例 6.1.1 中, 若农户年收入以万元计, 假定 N 户中收入 X 为 $0.5, 0.8, 1.0, 1.2$ 和 1.5 的农户个数分别为: n_1, n_2, n_3, n_4 和 n_5, 这里 $n_1 + n_2 + n_3 + n_4 + n_5 = N$, 则总体 X 的分布为离散型分布, 其概率分布为

X	0.5	0.8	1.0	1.2	1.5
p_i	$\dfrac{n_1}{N}$	$\dfrac{n_2}{N}$	$\dfrac{n_3}{N}$	$\dfrac{n_4}{N}$	$\dfrac{n_5}{N}$

例 6.1.4 在例 6.1.2 中, 假定物体的真正长度为 μ(未知). 一般说来测量值 X, 也就是我们的总体, 取 μ 附近值的概率要大一些, 而离 μ 越远的值被取到的概率就越小. 如果测量过程没有系统性误差, 那么 X 取大于 μ 和小于 μ 的概率也会相等. 在这样的情况下, 人们往往认为 X 服从均值为 μ 的正态分布. 假定其方差为 σ^2, 则 σ^2 反映了测量的精度. 于是, 总体 X 的分布为 $N(\mu, \sigma^2)$, 记为 $X \sim N(\mu, \sigma^2)$.

这里有一个问题, 即物体长度的测量值总是在它的真正长度 μ 的附近, 它根本不可能取到负值, 而正态随机变量取值在 $(-\infty, \infty)$ 上, 那么怎么可以认为测量值服从正态分布呢? 要回答这个问题, 需要用到正态分布的一条性质.

对于正态随机变量 $X \sim N(\mu, \sigma^2)$, 有

$$P\{\mu - 3\sigma < X < \mu + 3\sigma\} > 99.7\%,$$

即 X 落在区间 $(\mu - 3\sigma, \mu + 3\sigma)$ 之外的概率不超过 0.003, 可见这个概率是非常小的. 显然 X 落在 $(\mu - 4\sigma, \mu + 4\sigma)$ 之外的概率也就更小了.

比如, 假定物体长度 $\mu = 10$ 厘米, 标准差约为 0.01 厘米, 则 $\sigma^2 = 0.01^2$, 这时, $(\mu - 3\sigma, \mu + 3\sigma) = (9.97, 10.03)$, 于是, 测量值落在这个区间之外的概率最多只有 0.003, 可以忽略不计. 可见, 用正态分布 $N(10, 0.01^2)$ 去描述测量值是适当的.

另外, 正态分布取值范围是无限区间 $(-\infty, \infty)$, 还可以解决规定测量值取值范围上的困难. 如若不然, 我们用一个定义在有限区间 (a, b) 的随机变量来描述测量值, 那么 a 和 b 到底取什么值, 测量者事先很难确定. 再退一步, 即便我们能够确定出 a 和 b, 却仍很难找出一个定义在 (a, b) 上的非均匀分布能够用来恰当地描述测量值, 与其这样, 还不如干脆就把取值区间放大到 $(-\infty, \infty)$, 并采用正态分布去描述测量值, 这样既简化了问题又不致引起较大的误差.

如果总体所包含的个体数量是有限的, 则称该总体为有限总体, 其分布是离散型的, 如例 6.1.3. 如果总体所包含的个体数量是无限的, 则称该总体为无限总体, 其分布可以是连续型的, 如例 6.1.4, 也可以是离散型的. 在数理统计中, 研究有限总体比较困难, 因为它的分布是离散型的, 其概率分布与总体所含个体数量有关系. 所以, 通常在总体所含个体数量比较大时, 我们就把它近似地视为无限总体, 并且用连续型分布去逼近总体的分布, 这样便于做进一步的统计分析. 例如, 我们研究某大城市年龄从 1 岁到 10 岁之间儿童的身高. 显然, 不管这个城市规模有多大, 在这个年龄段的儿童数量总是有限的. 因此, 这个总体只能是有限总体, 总体分布也只能是离散型分布. 然而, 为了便于处理问题, 我们可以把它近似地看成一个无限总体, 并且通常用正态分布来逼近这个总体的分布. 当城市比较大, 儿童数量比较多时, 这种逼近所带来的误差, 从应用观点来看, 可以忽略不计.

样本的一个重要性质是它的二重性. 假设 $X_1, X_2, \cdots, X_n$ 是从总体 X 中抽取的样本, 在一次具体的观测或试验中, 它们是一批测量值, 是一些已知的数. 这就是说, 样本具有数的属性. 这一点比较容易理解. 但是, 另一方面, 由于在具体的试验或观测中, 受到各种随机因素的影响, 在不同的观测中样本取值可能不同. 因此, 当脱离开特定的具体试验或观测时, 我们并不知道样本 $X_1, X_2, \cdots, X_n$ 的具体取值到底是多少, 因此, 可以把它们看成随机变量. 这时, 样本就具有随机变量的属性. 样本 $X_1, X_2, \cdots, X_n$ 既可被看成数又可被看成随机变量, 这就是所谓的样本二重性. 这里, 需要特别强调的是, 以后凡是我们离开具体的一次观测或试验来谈及样本 $X_1, X_2, \cdots, X_n$ 时, 它们总是被看成随机变量, 关于样本的这个基本的认识对理解后面的内容十分重要.

既然样本 $X_1, X_2, \cdots, X_n$ 被看成随机变量, 自然就需要研究它们的分布. 在前面测量物体长度的例子中, 如果我们是在完全相同的条件下, 独立地测量了 n 次, 把这 n 次测量结果, 即样本记为 $X_1, X_2, \cdots, X_n$, 那么我们完全有理由认为,这些样本相互独立且有相同的分布, 其分布与总体分布 $N(\mu, \sigma^2)$ 相同. 推广到一般情况, 如果在相同条件下对总体 X 进行 n 次重复的独立观测, 那么就可以认为所获得的样本 $X_1, X_2, \cdots, X_n$ 是相互独立且与 X 同分布的随机变量, 这样的样本称为随机样本或简单样本, 简称为样本. 在统计文献中, 通常称 n 为样本大小, 或样本容量, 或样本数, 而把 $X_1, X_2, \cdots, X_n$ 称为一组样本或一个样本 (这是把 $X_1, X_2, \cdots, X_n$ 看成一个整体). 假设总体 X 具有概率密度函数 $f(x)$, 则由于样本 $X_1, X_2, \cdots, X_n$ 相互独立且与 X 同分布, 于是它们的联合概率密度函数 (即 n 维随机向量 $(X_1, X_2, \cdots, X_n)$ 的概率密度函数) 为

$$g(x_1, x_2, \cdots, x_n) = \prod_{i=1}^{n} f(x_i).$$

例 6.1.5 某公司为制订营销策略, 需要研究一城市居民的收入情况. 假定该城市居民家庭年收入服从正态分布 $N(\mu, \sigma^2)$, 其概率密度函数

$$f(x) = \frac{1}{\sqrt{2\pi}\,\sigma} \mathrm{e}^{-\frac{(x-\mu)^2}{2\sigma^2}}, \quad -\infty < x < \infty.$$

现在随机调查 n 户居民年收入, 记为 $X_1, X_2, \cdots, X_n$, 这里 $X_1, X_2, \cdots, X_n$ 就是从总体 $N(\mu, \sigma^2)$ 中抽取的样本, 它们是相互独立的, 且与总体 $N(\mu, \sigma^2)$ 有相同分布, 即 $X_i \sim N(\mu, \sigma^2)$, $i = 1, 2, \cdots, n$. 于是 $X_1, X_2, \cdots, X_n$ 的联合概率密度函数为

$$g(x_1, x_2, \cdots, x_n) = \frac{1}{(2\pi)^{n/2}\sigma^n} \mathrm{e}^{-\frac{\sum\limits_{i=1}^{n}(x_i-\mu)^2}{2\sigma^2}}.$$

这个函数概括了样本 $X_1, X_2, \cdots, X_n$ 中所包含的总体 $N(\mu, \sigma^2)$ 的全部信息. 我们知道, 正态分布完全由它的均值 μ 和方差 σ^2 确定, 因此, 联合概率密度函数 $g(x_1, x_2, \cdots, x_n)$ 也概括了样本 $X_1, X_2, \cdots, X_n$ 中所包含的 μ 和 σ^2 的全部信息, 它是我们做进一步统计推断的基础和出发点.

在数理统计中, 总体或者说总体分布是我们研究的目标, 而样本是从总体中随机抽取的一部分个体. 通过对这些个体 (即样本) 进行具体的研究, 我们所得到的统计结论以及对这些结论的统计解释, 都反映或体现着总体的信息, 也就是说, 这些信息是对总体而言的. 因此, 我们总是着眼于总体, 而着手于样本, 用样本去推断总体. 这种由已知推断未知, 用具体推断抽象的思想, 对我们后面的学习和研究是大有裨益的.

6.2 统 计 量

在获得了样本之后, 下一步就要对样本进行统计分析, 也就是对样本进行加工、整理, 从中提取有用信息. 例如, 当把一个长度为 μ 的物体测量了 n 次, 获得

样本 $X_1, X_2, \cdots, X_n$ 之后, 往往计算它们的算术平均值 $\overline{X} = \sum\limits_{i=1}^{n} X_i/n,$ 用来作为 μ 的估计, 这 $\overline{X}$ 就是对样本 $X_1, X_2, \cdots, X_n$ 进行加工处理后得到的一个量, 在统计学上称为统计量.

通常, 将样本的已知函数称为统计量, 它只依赖于样本, 而不能包含问题中的任何未知量. 因此, 一旦有了样本, 就可以算出统计量. 例如, 在上面讨论的测量物体长度的例子中, $\overline{X}$ 就是一个统计量, 但 $\overline{X} - \mu$ 就不是统计量, 因为后者包含了待估计的未知量 μ. 统计量是用来对总体分布参数作估计或检验的, 因此它应该包含了样本中有关参数的尽可能多的信息, 在统计学中, 根据不同的目的构造了许多不同的统计量.

下面是几种常用的重要统计量.

例 **6.2.1** (样本均值)   设 $X_1, X_2, \cdots, X_n$ 为一组样本, 则称

$$\overline{X} = \frac{1}{n} \sum_{i=1}^{n} X_i$$

为样本均值. 其基本作用是估计总体分布的均值和对有关总体分布均值的假设作检验.

如果改变测量的起点和度量单位, 数学上相当于对样本 $X_1, X_2, \cdots, X_n$ 作一个变换

$$Y_i = aX_i + b, \quad i = 1, 2, \cdots, n,$$

这里 a 和 b 是已知常数, 则新样本 $Y_1, Y_2, \cdots, Y_n$ 的均值 $\overline{Y} = \sum\limits_{i=1}^{n} Y_i/n$ 和 $\overline{X}$ 有如下关系

$$\overline{Y} = a\overline{X} + b. \tag{6.2.1}$$

例 **6.2.2** (样本方差)   设 $X_1, X_2, \cdots, X_n$ 为一组样本, 则称

$$S^2 = \frac{1}{n-1} \sum_{i=1}^{n} (X_i - \overline{X})^2$$

为样本方差. 它的基本作用是用来估计总体分布的方差 σ^2 和对有关总体分布的均值或方差的假设进行检验. 需要特别说明的是, 在一些统计著作中, 有时把样本方差定义为 $\sum\limits_{i=1}^{n} (X_i - \overline{X})^2/n.$ 这种定义的缺点是, 它不具有所谓的无偏性. 而 S^2 具有无偏性. 这一点在后续讨论中将会看到 (参见定理 7.3.1 和习题 6.3).

通常称 S^2 的平方根 S, 即

$$S = \sqrt{\frac{1}{n-1} \sum_{i=1}^{n} (X_i - \overline{X})^2}$$

为样本标准差, 其基本作用是用来估计总体分布的标准差 σ. 注意, S 与样本具有相同的度量单位, 而 S^2 则不然.

如果 $X_1, X_2, \cdots, X_n$ 为一组样本, $Y_1, Y_2, \cdots, Y_n$ 像例 6.2.1 那样定义. 记 S_X^2 和 S_Y^2 分别为它们的样本方差, 则容易证明如下关系

$$S_Y^2 = a^2 S_X^2. \tag{6.2.2}$$

另外一类重要统计量是样本矩. 我们分别称

$$A_k = \frac{1}{n} \sum_{i=1}^{n} X_i^k \ \ (k = 1, 2, \cdots) \ \ \text{和} \ \ M_k = \frac{1}{n} \sum_{i=1}^{n} (X_i - \overline{X})^k \ \ (k = 2, 3, \cdots)$$

为 k 阶样本原点矩和 k 阶样本中心矩. 它们的基本作用是估计总体分布的 k 阶原点矩和 k 阶中心矩.

前面我们已经讲过, 样本具有二重性. 统计量作为样本的函数也具有二重性, 即对一次具体的观测或试验, 它们都是具体的数值. 这时我们会说, 样本均值 $\overline{X} = 1.5$, 或样本方差 $S^2 = 0.4$ 等. 但是脱离开具体的某次观测或试验, 样本是随机变量, 因此统计量也是随机变量, 也有自己的概率分布, 称为统计量的抽样分布. 这个分布原则上可以从样本的概率分布计算出来. 但是, 一般说来, 统计量的抽样分布的计算是很困难的. 如果总体服从正态分布, 那么像样本均值和样本方差等常见的较简单的统计量的精确抽样分布是容易算出的, 这将在下一节讨论. 对于一般的总体分布, 我们可以借助中心极限定理算出一些统计量的近似分布, 这种近似只有当样本大小很大时才成立, 所以也称为大样本分布. 下面的定理建立了样本均值的大样本分布.

> **定理 6.2.1** 假设 $X_1, X_2, \cdots, X_n$ 为来自均值为 μ、方差为 σ^2 的总体的一组样本, 则当 n 充分大时, 近似地有
>
> $$\overline{X} \sim N\left(\mu, \frac{\sigma^2}{n}\right).$$

证 因为 $X_1, X_2, \cdots, X_n$ 是来自均值为 μ、方差为 σ^2 的总体的样本, 是独立同分布的, 且 $E(X_i) = \mu$, $\mathrm{Var}(X_i) = \sigma^2$, $i = 1, 2, \cdots, n$. 根据中心极限定理 (定理 5.2.1), 对于充分大的 n, 近似地有

$$\frac{\sum\limits_{i=1}^{n} X_i - n\mu}{\sqrt{n}\,\sigma} \sim N(0, 1),$$

即对充分大的 n, 近似地有

$$\frac{\overline{X} - \mu}{\sigma/\sqrt{n}} \sim N(0,1). \tag{6.2.3}$$

等价地

$$\overline{X} \sim N\left(\mu, \frac{\sigma^2}{n}\right),$$

定理证毕.

这个定理表明, 不管总体分布的具体形式如何, 只要它的均值为 μ, 方差为 σ^2, 那么从这个总体抽取的样本的均值 $\overline{X}$ 就近似地服从均值为 μ、方差为 σ^2/n 的正态分布. 这就是说, 对许多总体而言, 可以用正态分布 $N(\mu, \sigma^2/n)$ 作为样本均值的近似分布, 这在实际应用上既方便又有效.

根据上面的定理, 对任意的实数 x, $\overline{X}$ 的分布函数

$$F(x) = P\{\overline{X} \leqslant x\} = P\left\{\frac{\overline{X} - \mu}{\sigma/\sqrt{n}} \leqslant \frac{x - \mu}{\sigma/\sqrt{n}}\right\} \approx \Phi\left(\frac{x - \mu}{\sigma/\sqrt{n}}\right),$$

这里 $\Phi(\cdot)$ 表示标准正态分布 $N(0,1)$ 的分布函数. 这个式子说明, 当 n 很大时, 样本均值 $\overline{X}$ 的分布函数可以近似地通过标准正态分布函数来计算.

另外, 我们利用上面的定理还可以近似地计算 $\overline{X}$ 与均值 μ 的偏差不超过任一给定值的概率. 事实上, 对任意给定的正数 c, 有

$$\begin{aligned}
P\{|\overline{X} - \mu| \leqslant c\} &= P\{-c \leqslant \overline{X} - \mu \leqslant c\} \\
&= P\left\{\frac{-c}{\sigma/\sqrt{n}} \leqslant \frac{\overline{X} - \mu}{\sigma/\sqrt{n}} \leqslant \frac{c}{\sigma/\sqrt{n}}\right\} \\
&\approx \Phi\left(\frac{c}{\sigma/\sqrt{n}}\right) - \Phi\left(\frac{-c}{\sigma/\sqrt{n}}\right) \\
&= 2\Phi\left(\frac{c}{\sigma/\sqrt{n}}\right) - 1.
\end{aligned}$$

对给定的 σ^2 和 c, 当样本大小 n 增大时, 上面的概率也随之增加.

在具体计算时, 我们不必套用上面这两个式子, 因为它们都是直接从定理 6.2.1 推出的. 只需直接利用定理的结论. 请看下面的例子.

例 6.2.3 某公司用机器向瓶子里灌装液体洗净剂, 规定每瓶装 μ 毫升. 但实际灌装量总有一定的波动, 假定灌装量的方差 $\sigma^2 = 1$. 如果每箱装 25 瓶这样的洗净剂, 试问这 25 瓶洗净剂的平均每瓶灌装量与标定值 μ 相差不超过 0.3 毫升的概率是多少?

解 记一箱中 25 瓶洗净剂灌装量为 $X_1, X_2, \cdots, X_{25}$, 它们是来自均值为 μ、方差为 1 的总体的样本. 我们需要计算的是事件 $\{|\overline{X} - \mu| \leqslant 0.3\}$ 的概率. 根据定理 6.2.1 有

$$P\{|\overline{X} - \mu| \leqslant 0.3\} = P\left\{\frac{-0.3}{\sigma/\sqrt{n}} \leqslant \frac{\overline{X} - \mu}{\sigma/\sqrt{n}} \leqslant \frac{0.3}{\sigma/\sqrt{n}}\right\}$$

$$\approx \Phi\left(\frac{0.3}{\sigma/\sqrt{n}}\right) - \Phi\left(\frac{-0.3}{\sigma/\sqrt{n}}\right)$$

$$= 2\Phi\left(\frac{0.3}{1/\sqrt{25}}\right) - 1 = 2\Phi(1.5) - 1$$

$$= 0.8664.$$

这就是说, 对于装 25 瓶的一箱而言, 平均每瓶灌装量与标定值之差不超过 0.3 毫升的概率近似地为 86.64%.

如果我们将每箱装 50 瓶, 读者不难验算

$$P\{|\overline{X} - \mu| \leqslant 0.3\} \approx 0.9661.$$

可见, 当每箱由 25 瓶增加到 50 瓶时, 能以更大的概率保证厂家和商家都不吃亏.

数值计算与试验

从本章起, 在数理统计部分的学习中, 涉及利用样本计算各种统计量, 我们在每节内容后增加 "数值计算与试验" 的内容, 简单介绍如何利用 R 语言完成该节内容中的主要计算, 以及如何通过一些模拟的随机试验来认识统计量的分布及其性质, 帮助读者进一步理解相应的统计方法. 我们着眼于这些计算说明和小试验对于学习主体内容的助益作用, 而不追求程序本身的优化, 尽量简化程序, 避免读者陷入理解程序的困难. 关于 R 语言的简单介绍, 请参见附录三.

本节引入了统计量的概念, 首先讨论统计量的计算.

样本均值可以用 mean 函数计算, 样本方差可以用 var 函数计算. 例如, 设有样本观测值

$$23.3, \ 18.7, \ 19.6, \ 20.7, \ 22.1, \ 18.9, \ 21.6, \ 22.8, \ 22.9, \ 19.7$$

可以用以下程序计算样本均值, 样本方差, 3 阶原点矩和 4 阶中心矩:

```
X=c(23.3, 18.7, 19.6, 20.7, 22.1, 18.9, 21.6, 22.8, 22.9, 19.7)
A1=mean(X)
M2=var(X)
A3=mean(X^3)
M4=mean((X-A1)^4)
```

在以上程序中, 第一行把样本观测值输入向量 X, mean(X), var(X) 分别计算样本均值和样本方差. 第四行先把 X 的每个分量做 3 次方再求均值. 最后一行先把每个分量减去 A1, 再做 4 次方, 然后求均值即得 4 阶中心矩.

接下来, 我们用模拟的方法认识统计量的分布. 所谓模拟, 也称为计算机随机试验或仿真, 是指通过计算机程序, 产生指定分布的随机样本, 从这些样本计算某个统计量, 并大量重复这样的计算. 然后从这些重复的计算获得该统计量的频率特性. 由大数定律, 这些频率特性反映了相应的概率性质. 这样, 一些抽象的理论就可以通过这样的计算结果表现出来.

R 中有许多函数, 可以产生不同分布的独立样本. 下面列出几个常用分布的样本产生函数:

正态分布 rnorm(n, mu, sigma) 产生 $N(\mathrm{mu}, \mathrm{sigma}^2)$ 的大小为 n 的样本;

均匀分布 runif(n, min, max) 产生 $U(\min, \max)$ 的大小为 n 的样本;

二项分布 rbinom(n, size, prob) 产生 $B(\mathrm{size}, \mathrm{prob})$ 的大小为 n 的样本;

泊松分布 rpois(n, lambda) 产生 $P(\mathrm{lambda})$ 的大小为 n 的样本.

读者可通过运行下列程序, 观察样本大小为 12 的均匀分布的样本均值, 其分布如何接近于正态分布.

```
set.seed(202301)          # 设置随机数种子
Rep=1000                  # 设置抽样重复次数
n=12                      # 设置样本量
StdXbar=c(1:Rep)          # 设定存放标准化的样本均值
for (i in 1:Rep) {
    X=runif(n, 0, 1)      # 抽取U(0,1)的大小为n的样本
    StdXbar[i]=sum(X)-6   # 计算标准化的样本均值
    }
plot(density(StdXbar))    # 画出1000个标准化样本均值产生的密度函数图像
a=(c(1:101)-51)*3.8/50
points(a,dnorm(a))        # 增画标准正态分布密度函数图像
```

程序中, density(StdXbar) 用已经算得的 1000 个标准化的样本均值, 对 $\bar{X}$ 的概率密度函数进行估计, plot 是 R 中的画图函数. dnorm(a) 用来计算向量 a 中各点上的 $N(0,1)$ 的概率密度函数. points 函数用来把计算所得的点增加到已有的图像上, 用于对比两条密度曲线. 读者不妨改变其中的样本量, 看看随着样本量增加会有什么变化, 以进一步理解中心极限定理.

6.3 正态总体的抽样分布

如果总体的分布为正态分布, 则称该总体为正态总体.

从上节的讨论我们知道, 统计量是对样本进行加工后得到的量, 它被用来对总体分布的参数作估计和检验. 为此, 我们需要求出统计量的分布.

统计量的分布被称为抽样分布. 遗憾的是能够精确地计算出抽样分布且其具有较简单表达式的情形并不多见. 但是, 对于正态总体, 我们可以计算出一些重要统计量的精确抽样分布. 这些精确抽样分布为正态总体参数的估计和检验提供了理论依据.

为了后面的讨论, 我们需要先引进数理统计学中占有重要地位的三大分布: χ^2 分布、t 分布和 F 分布.

6.3.1 χ^2 分布

定义 6.3.1 设 $X_1, X_2, \cdots, X_n$ 为独立同分布的随机变量, 且都服从 $N(0,1)$. 记 $Y = X_1^2 + X_2^2 + \cdots + X_n^2$. 则称 Y 的分布为自由度为 n 的 χ^2 分布, 记为 $Y \sim \chi_n^2$.

在统计文献中, 常常用 χ_n^2 表示自由度为 n 的 χ^2 分布的随机变量.

显然, 若 $X_1, X_2, \cdots, X_n$ 为来自总体 $N(0,1)$ 的样本, 则统计量 $\sum\limits_{i=1}^{n} X_i^2 \sim \chi_n^2$.

χ^2 分布具有如下重要性质:

1. 可加性. 设 $Y_1 \sim \chi_m^2$, $Y_2 \sim \chi_n^2$, 且两者相互独立, 则 $Y_1 + Y_2 \sim \chi_{m+n}^2$.

事实上, 根据 χ^2 分布的定义, 我们可以把 Y_1 和 Y_2 分别表为

$$Y_1 = X_1^2 + X_2^2 + \cdots + X_m^2, \quad Y_2 = Z_1^2 + Z_2^2 + \cdots + Z_n^2,$$

其中 $X_1, X_2, \cdots, X_m$ 和 $Z_1, Z_2, \cdots, Z_n$ 都服从 $N(0,1)$, 且相互独立. 于是

$$Y_1 + Y_2 = X_1^2 + X_2^2 + \cdots + X_m^2 + Z_1^2 + Z_2^2 + \cdots + Z_n^2.$$

由定义 6.3.1 知 $Y_1 + Y_2 \sim \chi_{m+n}^2$.

2. $E(\chi_n^2) = n$, $\mathrm{Var}(\chi_n^2) = 2n$, 即 χ^2 分布的均值等于它的自由度, 方差等于其自由度的 2 倍.

这个性质的证明如下. 设 $Y \sim \chi_n^2$, 则 Y 可以表为 $Y = X_1^2 + X_2^2 + \cdots + X_n^2$, 这里 $X_i \sim N(0,1)$ 且相互独立. 因而 $E(X_i) = 0$, $\mathrm{Var}(X_i) = E(X_i^2) = 1$. 故

$$E(Y) = E\Big(\sum_{i=1}^{n} X_i^2 \Big) = \sum_{i=1}^{n} E(X_i^2) = n.$$

这就证明了第一条结论.

另一方面, 利用分部积分法不难验证

$$E(X_i^4) = \frac{1}{\sqrt{2\pi}} \int_{-\infty}^{\infty} x^4 \mathrm{e}^{-\frac{x^2}{2}} \mathrm{d}x = 3, \quad i = 1, 2, \cdots, n.$$

于是
$$\operatorname{Var}(X_i^2) = E(X_i^4) - [E(X_i^2)]^2 = 3 - 1 = 2, \quad i = 1, 2, \cdots, n.$$

再利用 $X_1, X_2, \cdots, X_n$ 的独立性, 有
$$\operatorname{Var}(Y) = \sum_{i=1}^n \operatorname{Var}(X_i^2) = 2n.$$

这就证明了第二条结论.

χ_n^2 分布具有概率密度函数
$$f(x) = \begin{cases} \dfrac{1}{2^{n/2}\Gamma(n/2)} x^{\frac{n}{2}-1} \mathrm{e}^{-\frac{x}{2}}, & x > 0 \\ 0, & x \leqslant 0, \end{cases}$$

其中 $\Gamma(\cdot)$ 为伽马 (gamma) 函数. $f(x)$ 的图形如图 6.1 所示.

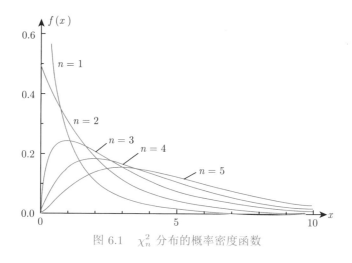

图 6.1 χ_n^2 分布的概率密度函数

对于给定的 α, $0 < \alpha < 1$, 我们称满足条件
$$P\{\chi_n^2 > \chi_n^2(\alpha)\} = \int_{\chi_n^2(\alpha)}^{\infty} f(x)\mathrm{d}x = \alpha$$

的点 $\chi_n^2(\alpha)$ 为 χ_n^2 分布的上 α 分位点, 如图 6.2 所示. 对不同的 n 和 α, 分位点 $\chi_n^2(\alpha)$ 的值有现成的表格供查用, 见附表 4. 例如, $\alpha = 0.05$, $n = 20$, $\chi_{20}^2(0.05) = 31.41$. 另外, 在许多统计或数学软件包中, 都有专门程序用于计算各种常用分布的分位点.

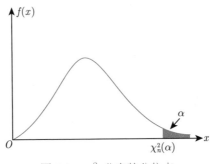

图 6.2 χ_n^2 分布的分位点

6.3.2 t 分布

定义 6.3.2 设随机变量 $X \sim N(0,1)$, $Y \sim \chi_n^2$, 且 X 与 Y 相互独立, 则随机变量

$$T = \frac{X}{\sqrt{Y/n}}$$

的分布称为自由度为 n 的 t 分布, 记为 $T \sim t_n$.

若 $T \sim t_n$, 可以证明它的概率密度函数为

$$f(x) = \frac{\Gamma\left(\dfrac{n+1}{2}\right)}{\sqrt{n\pi}\Gamma\left(\dfrac{n}{2}\right)}\left(1 + \frac{x^2}{n}\right)^{-\frac{n+1}{2}}, \quad -\infty < x < \infty,$$

函数图形如图 6.3 所示. 从 $f(x)$ 的表达式不难看出, $f(x)$ 是偶函数, 于是它的图形关于纵轴 $x = 0$ 对称. 据此可以推得 $E(T) = 0$, 对一切 $n = 2, 3, \cdots$ 成立.

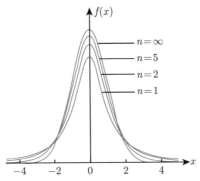

图 6.3 t_n 分布的概率密度函数 ($n = \infty$ 表示标准正态分布的概率密度函数)

设 $T \sim t_n$. 对给定的 α, $0 < \alpha < 1$, 我们称满足条件

$$P\{T > t_n(\alpha)\} = \int_{t_n(\alpha)}^{\infty} f(x)\mathrm{d}x = \alpha$$

的点 $t_n(\alpha)$ 为 t_n 分布的上 α 分位点. t 分布的分位点的具体数值可以从 t 分布表中查到, 见附表 3.

6.3.3 F 分布

定义 6.3.3 设随机变量 $X \sim \chi_m^2$, $Y \sim \chi_n^2$, 且 X 与 Y 相互独立, 则随机变量

$$F = \frac{X/m}{Y/n}$$

的分布称为自由度为 m 和 n 的 F 分布, 记为 $F \sim F_{m,n}$.

根据定义, 可以证明 $F_{m,n}$ 分布的概率密度函数为

$$f(x) = \begin{cases} \dfrac{\Gamma\left(\dfrac{m+n}{2}\right)}{\Gamma\left(\dfrac{m}{2}\right)\Gamma\left(\dfrac{n}{2}\right)} \left(\dfrac{m}{n}\right)^{\frac{m}{2}} x^{\frac{m}{2}-1} \left(1 + \dfrac{m}{n}x\right)^{-\frac{m+n}{2}}, & x > 0, \\ 0, & x \leqslant 0, \end{cases}$$

函数图形如图 6.4 所示.

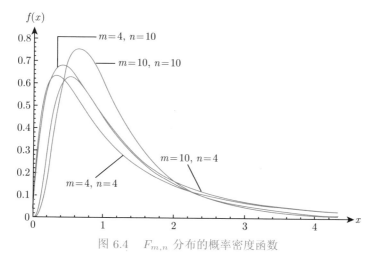

图 6.4　$F_{m,n}$ 分布的概率密度函数

设 $F \sim F_{m,n}$, 对给定的 α, $0 < \alpha < 1$, 我们称满足条件

$$P\{F > F_{m,n}(\alpha)\} = \int_{F_{m,n}(\alpha)}^{\infty} f(x)\mathrm{d}x = \alpha$$

的点 $F_{m,n}(\alpha)$ 为 $F_{m,n}$ 分布的上 α 分位点. 它可以从 F 分布表中查到, 见附表 5.

F 分布具有下列重要性质:

1. 设 $X \sim F_{m,n}$, 记 $Y = 1/X$, 则 $Y \sim F_{n,m}$.

这个性质可以直接从 F 分布的定义推出. 利用这个性质我们可以得到 F 分布分位点的如下关系

$$F_{m,n}(1 - \alpha) = \frac{1}{F_{n,m}(\alpha)}. \tag{6.3.1}$$

这个关系式的证明如下. 若 $X \sim F_{m,n}$, 依据分位点的定义

$$1 - \alpha = P\left\{X > F_{m,n}(1 - \alpha)\right\} = P\left\{\frac{1}{X} < \frac{1}{F_{m,n}(1 - \alpha)}\right\}$$
$$= P\left\{Y < \frac{1}{F_{m,n}(1 - \alpha)}\right\} = 1 - P\left\{Y \geqslant \frac{1}{F_{m,n}(1 - \alpha)}\right\}.$$

等价地

$$P\left\{Y > \frac{1}{F_{m,n}(1 - \alpha)}\right\} = \alpha,$$

因为 $Y \sim F_{n,m}$, 再根据分位点的定义, 知 $1/F_{m,n}(1 - \alpha)$ 就是 $F_{n,m}(\alpha)$, 即

$$\frac{1}{F_{m,n}(1 - \alpha)} = F_{n,m}(\alpha),$$

这就证明了 (6.3.1) 式.

通常在 F 分布表中, 只对 α 比较小的值, 如 $\alpha = 0.1$, 0.01, 0.05, 0.025 等列出分位点. 但有时我们也需要知道 α 值相对比较大的分位点, 它们在 F 分布表中查不到. 这时我们就可以利用分位点的关系 (6.3.1) 式把它们计算出来. 例如, 对 $m = 12$, $n = 9$, $\alpha = 0.95$, 我们在 F 分布表中查不到 $F_{12,9}(0.95)$. 但由 (6.3.1) 式知

$$F_{12,9}(0.95) = \frac{1}{F_{9,12}(0.05)} = \frac{1}{2.80} = 0.357,$$

这里 $F_{9,12}(0.05) = 2.80$ 是可以从 F 分布表查到的.

2. 设 $X \sim t_n$, 则 $X^2 \sim F_{1,n}$.

证 设 $X \sim t_n$, 根据定义, X 可以表为 $X = \dfrac{Y}{\sqrt{Z/n}}$, 其中 $Y \sim N(0, 1)$, $Z \sim \chi_n^2$, 且相互独立. 于是

$$X^2 = \frac{Y^2}{Z/n}.$$

注意到 $Y^2 \sim \chi_1^2$, 依据 F 分布的定义知, $X^2 \sim F_{1,n}$.

6.3.4 正态总体的样本均值与样本方差的分布

对正态总体, 关于样本均值和样本方差以及某些重要统计量的抽样分布具有非常完美的理论结果, 它们为讨论参数估计和假设检验奠定了坚实的基础. 我们把这些内容归纳成如下定理.

定理 6.3.1 (基本定理) 设 $X_1, X_2, \cdots, X_n$ 是来自正态总体 $N(\mu, \sigma^2)$ 的样本, 则

(1) $\overline{X} \sim N\left(\mu, \dfrac{\sigma^2}{n}\right)$,

(2) $(n-1)S^2/\sigma^2 \sim \chi_{n-1}^2$,

(3) $\overline{X}$ 与 S^2 相互独立,

(4) $\dfrac{\overline{X} - \mu}{S/\sqrt{n}} \sim t_{n-1}$,

其中 $\overline{X}$ 为样本均值, S^2 为样本方差, 即

$$\overline{X} = \frac{1}{n} \sum_{i=1}^{n} X_i, \quad S^2 = \frac{1}{n-1} \sum_{i=1}^{n} (X_i - \overline{X})^2.$$

定理 6.3.1 的证明超出了课程教学范围, 在此不作证明.

在后面几章的讨论中将多次用到定理 6.3.1, 这里我们先举两个简单例子来说明定理 6.3.1 的应用.

例 6.3.1 假设某物体的实际重量为 μ, 但它是未知的. 现在用一架天平去称它, 共称了 n 次, 得到 $X_1, X_2, \cdots, X_n$. 假设每次称量过程彼此独立且没有系统误差, 则可以认为这些测量值都服从正态分布 $N(\mu, \sigma^2)$, 方差 σ^2 反映了天平及测量过程的总精度, 通常我们用样本均值 $\overline{X}$ 去估计 μ, 根据基本定理 6.3.1, $\overline{X} \sim N\left(\mu, \dfrac{\sigma^2}{n}\right)$. 再从正态分布的性质 (见例 4.2.6) 知

$$P\left\{|\overline{X} - \mu| < \frac{3\sigma}{\sqrt{n}}\right\} \geqslant 99.7\%.$$

这就是说, 我们的估计值 $\overline{X}$ 与真值 μ 的偏差小于 $3\sigma/\sqrt{n}$ 的概率不小于 99.7%, 并且随着称量次数 n 的增加, 偏差界限 $3\sigma/\sqrt{n}$ 越来越小. 例如, 若 $\sigma = 0.1$, $n = 10$, 则

$$P\left\{|\overline{X} - \mu| < \frac{3 \times 0.1}{\sqrt{10}}\right\} = P\{|\overline{X} - \mu| < 0.09\} \geqslant 99.7\%,$$

于是我们断言, $\overline{X}$ 与物体真正重量 μ 的偏差小于 0.09 的概率至少是 99.7%. 如果将称量次数 n 增加到 100, 则

$$P\left\{|\overline{X} - \mu| < \frac{3 \times 0.1}{\sqrt{100}}\right\} = P\{|\overline{X} - \mu| < 0.03\} \geqslant 99.7\%.$$

这时, 以同样的概率成立 " $\overline{X}$ 与物体真正重量 μ 的偏差小于 0.03".

例 6.3.2 假定某厂生产的一种线材抗拉强度服从正态分布 $N(\mu, \sigma^2)$, 其中标准差 σ 也是重要质量指标. 按照设计要求, $\sigma = 20$ 牛/毫米 ^{2}. 现在进行了 30 个样品的测试, 用 S^2 记这 30 个样品抗拉强度的样本方差. 试求 S 超过 25 牛/毫米 ^{2} 的概率.

解 根据基本定理 $\frac{(n-1)S^2}{\sigma^2} \sim \chi^2_{n-1}$, 于是

$$P\{S > 25\} = P\left\{\frac{(n-1)S^2}{\sigma^2} > \frac{(n-1)25^2}{\sigma^2}\right\}$$

$$= P\left\{\chi^2_{29} > \frac{29 \times 25^2}{20^2}\right\} = 0.0274.$$

数 值 计 算 与 试 验

本节引进了上分位点的概念. 现在介绍如何利用 R 语言计算上分位点. R 中包括了如下常见分布分位点的计算函数.

正态分布 qnorm(p, mean = 0, sd = 1, lower.tail = TRUE)

χ^2 分布 qchisq(p, df, ncp = 0, lower.tail = TRUE)

t 分布 qt(p, df, ncp, lower.tail = TRUE)

F 分布 qf(p, df1, df2, ncp, lower.tail = TRUE)

首先看这几个函数的共同参数 p 和 lower.tail. lower.tail 是一个逻辑型参数, lower.tail=TRUE 表示计算下分位点, 此时 p 是分位点左侧的概率. 如果我们要计算上 0.05 分位点, 则可取 p=0.05, lower.tail=FALSE 或 p=0.95, lower.tail=TRUE. qnorm 的参数 mean, sd 分别是正态分布的均值和标准差. 其他几个函数中的参数为自由度和非中心参数, 我们本节讨论的分布中, 非中心参数 ncp 都是 0. 因此, χ^2_{10} 的上 0.05 分位点由下面的程序计算:

```
qchisq(0.05, 10, ncp=0, lower.tail=FALSE)
[1] 18.30704
```

R 中也提供了计算上述几个分布的分布函数的工具:

正态分布 pnorm(x, mean = 0, sd = 1, lower.tail = TRUE)

χ^2 **分布** pchisq(x, df, ncp = 0, lower.tail = TRUE)

t **分布** pt(x, df, ncp, lower.tail = TRUE)

F **分布** pf(x, df1, df2, ncp, lower.tail = TRUE)

类似于分位点计算函数, 当 lower.tail = TRUE 时计算 x 左侧的概率, 即分布函数 $F(x) = P\{X \leqslant x\}$. 而当 lower.tail=FALSE 时计算概率 $1 - F(x) = P\{X > x\}$. 如例 6.3.2 中的概率可由

```
pchisq(29*25^2/20^2,29,lower.tail=FALSE)
```

计算. 其中没有指定 ncp=0, 程序自身默认为 0, 即 ncp 缺省值为 0(上述函数调用格式中, 参数等号后面的值为缺省值).

习　题　6

6.1　证明 (6.2.1) 和 (6.2.2) 式.

6.2　设 $X_1, X_2, \cdots, X_n$ 为抽自均值为 μ、方差为 σ^2 的总体的样本, $\overline{X}$ 为样本均值. 证明 $E(\overline{X}) = \mu$, $\text{Var}(\overline{X}) = \sigma^2/n$.

6.3　假设 $X_1, X_2, \cdots, X_n$ 为来自均值为 μ、方差为 σ^2 的总体的样本,

$$S^2 = \frac{1}{n-1} \sum_{i=1}^{n} (X_i - \overline{X})^2,$$

证明

$$(1)\ S^2 = \frac{1}{n-1} \Big[\sum_{i=1}^{n} X_i^2 - n\overline{X}^2 \Big]; \qquad (2)\ E(S^2) = \sigma^2.$$

6.4　在例 6.2.3 中, 设每箱装 n 瓶洗净剂. 若想要 n 瓶灌装量的平均值与标定值相差不超过 0.3 毫升的概率近似为 95%, 请问 n 至少应该等于多少?

6.5　假设某种类型的电阻器的阻值服从均值 $\mu = 200$ 欧姆, 标准差 $\sigma = 10$ 欧姆的分布, 在一个电子线路中使用了 25 个这样的电阻.

(1) 求这 25 个电阻平均阻值落在 199 到 202 欧姆之间的概率;

(2) 求这 25 个电阻总阻值不超过 5100 欧姆的概率.

6.6　假设某种设备每天停机时间服从均值 $\mu = 4$ 小时、标准差 $\sigma = 0.8$ 小时的分布.

(1) 求一个月 (30 天) 中, 每天平均停机时间在 1 到 5 小时之间的概率;

(2) 求一个月 (30 天) 中, 总的停机时间不超过 115 小时的概率.

6.7　设 $T \sim t_n$, 证明 $E(T) = 0$, $n = 2, 3, \cdots$.

6.8　设总体 $X \sim N(150, 25^2)$, 现在从中抽取样本大小为 25 的样本, 求 $P\{140 < \overline{X} < 147.5\}$.

6.9　设某大城市产业工人的月收入服从均值 $\mu = 1.5$ 万元、标准差 $\sigma = 0.4$ 万元的正态分布. 现随机调查了 100 个人, 求他们的平均月收入落在下列范围内的概率:

(1) 大于 1.6 万元;　(2) 小于 1.2 万元;　(3) 落在区间 [1.4, 1.6] 内.

6.10　假设总体分布为 $N(12, 2^2)$, 今从中抽取样本 $X_1, X_2, \cdots, X_5$. 求

(1) 样本均值 $\overline{X}$ 大于 13 的概率;　(2) 样本的最小值小于 10 的概率;

(3) 样本的最大值大于 15 的概率.

6.11　设总体 $X \sim N(\mu, \sigma^2)$, 从中抽取样本 $X_1, X_2, \cdots, X_{16}$, S^2 为样本方差, 计算 $P\{S^2/\sigma^2 \leqslant 2.04\}$ 和 $P\{S^2/\sigma^2 \geqslant 2.5\}$.

6.12　设 $X_1, X_2, \cdots, X_n$ 是从参数为 λ 的指数分布抽取的样本 (概率密度函数见 2.3.3 小节). 证明:

(1) $2\lambda X_1 \sim \chi_2^2$;　(2) $2n\lambda\overline{X} \sim \chi_{2n}^2$.

第 6 章内容提要　　　第 6 章教学要求、　　　第 6 章典型例题分析

　　　　　　　　　　　重点与难点

参 数 估 计

总体是由总体分布来刻画的, 或者说总体分布是物理总体的数学模型. 在许多实际问题中, 人们对于这个总体分布模型不完全了解, 需要通过对总体进行观测获得样本, 然后利用样本对总体分布的未知成分进行推断, 这就是所谓统计推断. 统计推断是数理统计的基本内容. 比如, 我们根据问题本身的专业知识、以往的经验或适当的统计方法, 有时可以判断总体分布的类型, 但是总体分布的参数还是未知的, 需要通过样本来估计. 例如, 为了研究人们的市场消费行为, 我们要先搞清楚人们的收入状况. 若假设某城市在职职工年收入的对数服从正态分布 $N(\mu, \sigma^2)$, 但参数 μ 和 σ^2 的具体值并不知道, 需要通过样本来估计. 通过样本来估计总体的参数, 这称为参数估计, 它是统计推断的一种重要形式. 本章我们讨论参数估计的常用方法、估计的优良性以及若干重要总体的参数估计问题.

7.1 矩 估 计

设有一个总体 X, 为简单计, 我们以 $f(x, \theta_1, \cdots, \theta_k)$ 记其概率密度函数或概率分布. 若总体分布为连续型的, 它就是概率密度函数. 若总体分布为离散型的, 它就是概率分布. $\theta_1, \cdots, \theta_k$ 为总体的 k 个未知参数. 例如, 对正态总体 $N(\mu, \sigma^2)$, 它包含两个未知参数 μ 和 σ^2, 它的概率密度函数为

$$f(x, \mu, \sigma^2) = \frac{1}{\sqrt{2\pi}\sigma} e^{-\frac{1}{2\sigma^2}(x-\mu)^2}, \quad -\infty < x < \infty.$$

若总体为二项分布 $B(n, p)$, 那么根据二项分布的定义, 我们知道 n 是试验次数, 它是已知的. 因此对二项分布只有一个未知参数 p, 它的概率分布为

$$f(x, p) = C_n^x p^x (1-p)^{n-x}, \quad x = 0, 1, 2, \cdots, n.$$

为了估计总体参数 $\theta_1, \cdots, \theta_k$, 我们就要从总体中抽出样本, 记之为 X_1, $X_2, \cdots, X_n$. 我们已经说过, 这些 X_i 都是独立同分布的, 它们的公共分布就是总体分布 $f(x, \theta_1, \cdots, \theta_k)$. 以 θ_1 的估计为例. 为了估计 θ_1, 需要构造适当的统计量 $\hat{\theta}_1(X_1, X_2, \cdots, X_n)$, 它只依赖于样本. 也就是说, 一旦有了样本 $X_1, X_2, \cdots, X_n$, 我们就可以算出统计量 $\hat{\theta}_1(X_1, X_2, \cdots, X_n)$ 的一个值, 用来作为 θ_1 的估计值. 我

们称统计量 $\hat{\theta}_1(X_1, X_2, \cdots, X_n)$ 为 θ_1 的估计, 简记为 $\hat{\theta}_1$. 因为未知参数 θ_1 和估计 $\hat{\theta}_1$ 都是实轴上的点, 所以这样的估计称为点估计.

矩估计是基于直观考虑而提出的, 其方法比较简单. 假设总体 X 存在 k 阶矩, 它的 m 阶原点矩为

$$\alpha_m = E(X^m) = \int_{-\infty}^{\infty} x^m f(x, \theta_1, \cdots, \theta_k) \mathrm{d}x.$$

若是离散型分布, 这里的积分应改为求和. 而 m 阶样本原点矩为

$$A_m = \frac{1}{n} \sum_{i=1}^{n} X_i^m.$$

一般说来, α_m 是总体参数 $\theta_1, \cdots, \theta_k$ 的函数, 记之为 $\alpha_m(\theta_1, \cdots, \theta_k)$. 因此, 如果令总体的前 k 阶原点矩与同阶样本原点矩相等, 就得到关于 $\theta_1, \cdots, \theta_k$ 的一个方程组

$$\alpha_m(\theta_1, \cdots, \theta_k) = A_m, \quad m = 1, 2, \cdots, k. \tag{7.1.1}$$

称之为矩估计方程组. 解这个方程组, 其解记为

$$\hat{\theta}_i = \hat{\theta}_i(X_1, X_2, \cdots, X_n), \quad i = 1, 2, \cdots, k.$$

把它们作为 $\theta_1, \cdots, \theta_k$ 的估计, 称之为矩估计.

矩估计法的理论背景是: 因为样本 $X_1, X_2, \cdots, X_n$ 是独立同分布的, 于是 $X_1^m, X_2^m, \cdots, X_n^m$ 也是独立同分布的, 因而 $E(X_1^m) = E(X_2^m) = \cdots = E(X_n^m) = \alpha_m$. 按照大数定律, 样本原点矩 A_m 作为 $X_1^m, X_2^m, \cdots, X_n^m$ 的算术平均值依概率收敛到均值 $\alpha_m = E(X_i^m)$, 即

$$A_m = \frac{1}{n} \sum_{i=1}^{n} X_i^m \xrightarrow{P} \alpha_m.$$

于是, 对充分大的 n, 有 $\alpha_m(\theta_1, \cdots, \theta_k) \approx A_m$, 将 "近似等于号" 换成 "等号" 就得到了矩估计方程组 (7.1.1).

设总体 X 的均值为 μ, 方差为 σ^2, 于是

$$\begin{cases} \alpha_1 = E(X) = \mu, \\ \alpha_2 = E(X^2) = \mathrm{Var}(X) + [E(X)]^2 = \sigma^2 + \mu^2. \end{cases}$$

对 $m = 1, 2$, 方程组 (7.1.1) 变为

$$\begin{cases} \mu = \bar{X}, \\ \sigma^2 + \mu^2 = \frac{1}{n} \sum_{i=1}^{n} X_i^2. \end{cases}$$

解这个方程组, 得到 μ 和 σ^2 的矩估计

$$\hat{\mu} = \bar{X}, \quad \hat{\sigma}^2 = \frac{1}{n}\sum_{i=1}^{n} X_i^2 - \bar{X}^2 = \frac{1}{n}\sum_{i=1}^{n}(X_i - \bar{X})^2.$$

于是, 我们得到如下结论: 对一切均值为 μ, 方差为 σ^2 的总体, 不管总体的具体分布形式如何, μ 和 σ^2 的矩估计总是

$$\hat{\mu} = \bar{X}, \quad \hat{\sigma}^2 = \frac{1}{n}\sum_{i=1}^{n}(X_i - \bar{X})^2. \tag{7.1.2}$$

需要读者特别注意, 方差的矩估计并不等于样本方差 S^2, 而是等于 $\hat{\sigma}^2 = \frac{n-1}{n}S^2$.

例 7.1.1 对正态总体 $N(\mu, \sigma^2)$, 因为 μ 和 σ^2 分别为总体均值和方差, 所以, 它们的矩估计为 $\hat{\mu} = \bar{X}, \hat{\sigma}^2 = \sum_{i=1}^{n}(X_i - \bar{X})^2/n$.

例 7.1.2 设 $X_1, X_2, \cdots, X_n$ 为从定义在 $[a,b]$ 上的均匀分布的总体抽取的样本, 试导出 a 和 b 的矩估计.

解 根据 4.1 节和 4.2 节知, 总体 X 有均值 $E(X) = \dfrac{a+b}{2}$ 和方差 $\mathrm{Var}(X) = \dfrac{(b-a)^2}{12}$, 于是由 (7.1.2) 式得

$$\begin{cases} \dfrac{b+a}{2} = \bar{X}, \\ \dfrac{(b-a)^2}{12} = \dfrac{1}{n}\sum_{i=1}^{n}(X_i - \bar{X})^2. \end{cases}$$

由此方程组解得 a 和 b 的矩估计分别为

$$\hat{a} = \bar{X} - \sqrt{3\hat{\sigma}^2} = \bar{X} - \sqrt{3}\hat{\sigma},$$
$$\hat{b} = \bar{X} + \sqrt{3\hat{\sigma}^2} = \bar{X} + \sqrt{3}\hat{\sigma},$$

这里 $\hat{\sigma} = (\hat{\sigma}^2)^{1/2} = \left(\dfrac{1}{n}\sum_{i=1}^{n}(X_i - \bar{X})^2\right)^{1/2}$. 注意, 解上述方程组时, 从第一个方程解出 a 代入第二个方程, 得到关于 b 的二次方程. 该二次方程的两个根中只有一个满足 $a < b$.

例 7.1.3 在对事件 A 进行的 n 次独立重复观测中, 得到记录 $X_1, X_2, \cdots, X_n$, 其中

$$X_i = \begin{cases} 1, & \text{第 } i \text{ 次试验中事件 } A \text{ 发生}, \\ 0, & \text{第 } i \text{ 次试验中事件 } A \text{ 不发生}, \end{cases}$$

试估计事件 A 发生的概率.

解 记事件 A 发生的概率为 p, 定义随机变量

$$X = \begin{cases} 1, & \text{一次试验中事件 } A \text{ 发生}, \\ 0, & \text{一次试验中事件 } A \text{ 不发生}, \end{cases}$$

则 $X \sim B(1, p)$, 并且 $E(X) = p, X_1, X_2, \cdots, X_n$ 为总体 X 的样本. 根据 (7.1.2) 式, p 的矩估计为

$$\hat{p} = \bar{X} = \frac{1}{n} \sum_{i=1}^{n} X_i,$$

注意, 这里 $\sum_{i=1}^{n} X_i$ 是在 n 次试验中事件 A 发生的次数. 因而, $\bar{X}$ 是事件 A 发生的频率. 于是, 我们的结论可叙述为: 频率是概率的矩估计.

例 7.1.4 设总体的分布为泊松分布 $P(\lambda), X_1, X_2, \cdots, X_n$ 为从该总体抽取的样本. 因为 $E(X) = \lambda$, 所以, 据 (7.1.2) 中第一式, λ 的矩估计为 $\hat{\lambda} = \bar{X}$. 另一方面, λ 也是总体的方差, 据 (7.1.2) 中第二式 λ 的矩估计为 $\hat{\lambda} = \hat{\sigma}^2$. 这样, 一个参数 λ 就有了两个不同的矩估计. 在实际应用中, 我们究竟采用哪一个呢? 这除了要考虑在后面我们将要讨论的估计优良性的标准外, 一般选用阶数较低的样本矩. 在本例中, $\bar{X}$ 是一阶样本原点矩, $\hat{\sigma}^2$ 是二阶样本中心矩, 所以, 我们采用 $\bar{X}$ 作为 λ 的矩估计.

下面我们再举一个例子. 人的白细胞在体内每个细胞单位内的数量近似服从泊松分布 $P(\lambda)$. 为了估计 λ 的值, 现在观察了 1008 个细胞单位, 数出了每个细胞单位内的白细胞数, 如表 7.1.

表 7.1 每个细胞单位内的白细胞数

每个细胞单位内的白细胞数	对应的细胞单位个数	每个细胞单位内的白细胞数	对应的细胞单位个数
0	64	7	20
1	171	8	6
2	239	9	3
3	220	10	0
4	155	11	1
5	83	总计	1008
6	46		

于是, 每个细胞单位内的白细胞数的样本均值

$$\bar{X} = \frac{1}{1008}(64 \times 0 + 171 \times 1 + 239 \times 2 + \cdots + 1 \times 11) = 2.82.$$

根据上面的讨论, 我们知道它是 λ 的估计. 另一方面,

$$\hat{\sigma}^2 = \frac{1}{1008}[64 \times (0 - 2.82)^2 + 171 \times (1 - 2.82)^2 + 239 \times (2 - 2.82)^2$$
$$+ \cdots + 1 \times (11 - 2.82)^2]$$
$$= 2.99.$$

它和 $\bar{X} = 2.82$ 很相近. 这个事实从另一角度表明, 用泊松分布 $P(\lambda)$ 来近似描述每个细胞单位内的白细胞数有其合理性.

有时, 计算出的某个矩与参数无关, 需要计算另外的矩.

例 7.1.5 设样本 $X_1, X_2, \cdots, X_n$ 是从概率密度函数为

$$f(x, \sigma) = \begin{cases} \dfrac{1}{\pi\sqrt{\sigma^2 - x^2}}, & x \in (-\sigma, \sigma), \\ 0, & \text{其他} \end{cases}$$

的总体抽取的样本. 求 σ 的矩估计.

解 首先计算总体的数学期望.

$$E(X) = \int_{-\sigma}^{\sigma} \frac{x}{\pi\sqrt{\sigma^2 - x^2}} \mathrm{d}x = 0,$$

注意上述积分是绝对收敛的, 且被积函数为奇函数, 而积分区间为对称区间, 故积分的值为 0. 用 $E(X)$ 不能估计 σ, 进一步计算二阶原点距.

$$E(X^2) = \int_{-\sigma}^{\sigma} \frac{x^2}{\pi\sqrt{\sigma^2 - x^2}} \mathrm{d}x = \frac{\sigma^2}{\pi} \int_{-\pi/2}^{\pi/2} \sin^2 t \mathrm{d}t = \frac{\sigma^2}{2\pi} \int_{-\pi/2}^{\pi/2} [1 - \cos(2t)] \mathrm{d}t = \frac{\sigma^2}{2},$$

由此, 得到 σ 的矩估计为

$$\hat{\sigma} = \sqrt{\frac{2\sum_{i=1}^{n} X_i^2}{n}}.$$

当总体分布没有足够多阶有限矩时, 矩估计方法无效. 见习题 7.5.

7.2 极大似然估计

设总体的概率密度函数 (或概率分布) 为 $f(x, \theta_1, \cdots, \theta_k)$, $X_1, X_2, \cdots, X_n$ 为从该总体抽出的样本. 因为 $X_1, X_2, \cdots, X_n$ 相互独立且同分布, 于是, 它们的联合概率密度函数 (或联合概率分布) 为

$$L(x_1, x_2, \cdots, x_n; \theta_1, \cdots, \theta_k) = \prod_{i=1}^{n} f(x_i, \theta_1, \cdots, \theta_k).$$

它反映了样本值出现在 $x_1, x_2, \cdots, x_n$ 处的可能性大小. 这里 $\theta_1, \cdots, \theta_k$ 被看作固定但是未知的参数. 反过来, 如果把 $x_1, x_2, \cdots, x_n$ 看成固定的, 则 $L(x_1, x_2, \cdots, x_n; \theta_1, \cdots, \theta_k)$ 就是 $\theta_1, \cdots, \theta_k$ 的函数, 这时我们把它称为似然函数.

假定现在我们已经观测到一组样本观测值 $x_1, x_2, \cdots, x_n$, 要去估计未知参数 $\theta_1, \cdots, \theta_k$. 一种直观的想法是, 哪一组参数值使现在的样本观测值 $x_1, x_2, \cdots, x_n$ 出现的可能性最大, 哪一组参数可能就是真正的参数, 我们就要用它作为参数的估计值. 这里, 假定我们已知一组样本观测值 $x_1, x_2, \cdots, x_n$. 如果对两组不同的参数值 $\theta_1', \cdots, \theta_k'$ 和 $\theta_1'', \cdots, \theta_k''$, 似然函数有如下关系

$$L(x_1, x_2, \cdots, x_n; \theta_1', \cdots, \theta_k') > L(x_1, x_2, \cdots, x_n; \theta_1'', \cdots, \theta_k''),$$

那么, 从 $L(x_1, x_2, \cdots, x_n; \theta_1, \cdots, \theta_k)$ 又是概率密度函数的角度来看, 上式的意义就是参数 $\theta_1', \cdots, \theta_k'$ 使 $x_1, x_2, \cdots, x_n$ 出现的可能性比参数 $\theta_1'', \cdots, \theta_k''$ 使 $x_1, x_2, \cdots, x_n$ 出现的可能性大, 当然参数 $\theta_1', \cdots, \theta_k'$ 比 $\theta_1'', \cdots, \theta_k''$ 更像是真正的参数. 这样的分析就导致了参数估计的一种方法, 即用使似然函数达到最大值的点 $(\theta_1^*, \cdots, \theta_k^*)$, 作为未知参数的估计, 这就是所谓的极大似然估计.

现在讨论求极大似然估计的具体方法. 为简单起见, 以下记 $L(\theta) = L(x_1, x_2, \cdots, x_n; \theta_1, \cdots, \theta_k)$. 求 $\theta = (\theta_1, \cdots, \theta_k)$ 的极大似然估计就归结为求 $L(\theta)$ 的最大值点. 由于对数函数是单调增函数, 所以

$$\ln L(\theta) = \sum_{i=1}^{n} \ln f(x_i; \theta_1, \cdots, \theta_k) \tag{7.2.1}$$

与 $L(\theta)$ 有相同的最大值点. 而在许多情况下, 求 $\ln L(\theta)$ 的最大值点比较简单, 于是, 我们就将求 $L(\theta)$ 的最大值点改为求 $\ln L(\theta)$ 的最大值点. 对 $\ln L(\theta)$ 关于 $\theta_1, \cdots, \theta_k$ 求偏导数, 并令其等于零, 得到方程组

$$\frac{\partial \ln L(\theta)}{\partial \theta_i} = 0, \quad i = 1, \cdots, k, \tag{7.2.2}$$

称为似然方程组. 解这个方程组, 得到 $\ln L(\theta)$ 的驻点, 如果驻点是唯一的, 又能验证它是一个极大值点, 则它必是 $\ln L(\theta)$, 也就是 $L(\theta)$ 的最大值点, 即为所求的极大似然估计. 许多常用的重要例子多属于这种情况. 然而在一些情况下, 问题比较复杂, 似然方程组的解可能不唯一, 这时就需要进一步判定哪一个是最大值点.

还需要指出, 若函数 $f(x, \theta_1, \cdots, \theta_k)$ 关于 $\theta_1, \cdots, \theta_k$ 不可微时, 我们就无法得到似然方程组 (7.2.2), 这时就必须根据极大似然估计的定义直接去求 $L(\theta)$ 的最大值点.

在一些情况下, 我们需要估计 $g(\theta_1, \cdots, \theta_k)$. 如果 $\theta_1^*, \cdots, \theta_k^*$ 分别是 $\theta_1, \cdots, \theta_k$ 的极大似然估计, 则称 $g(\theta_1^*, \cdots, \theta_k^*)$ 为 $g(\theta_1, \cdots, \theta_k)$ 的极大似然估计.

下面我们举一些例子来说明求极大似然估计的方法.

例 7.2.1 设从正态总体 $N(\mu, \sigma^2)$ 抽出样本 $X_1, X_2, \cdots, X_n$, 这里未知参数为 μ 和 σ^2 (注意我们把 σ^2 看作一个参数). 似然函数为

$$L(\mu, \sigma^2) = \prod_{i=1}^{n} \frac{1}{\sqrt{2\pi}\sigma} e^{-\frac{(x_i-\mu)^2}{2\sigma^2}} = (2\pi\sigma^2)^{-\frac{n}{2}} e^{-\frac{1}{2\sigma^2} \sum\limits_{i=1}^{n}(x_i-\mu)^2},$$

它的对数为

$$\ln L(\mu, \sigma^2) = -\frac{n}{2}\ln(2\pi) - \frac{n}{2}\ln(\sigma^2) - \frac{1}{2\sigma^2}\sum_{i=1}^{n}(x_i-\mu)^2,$$

似然方程组为

$$\begin{cases} \dfrac{\partial \ln L(\mu, \sigma^2)}{\partial \mu} = \dfrac{1}{\sigma^2}\sum_{i=1}^{n}(x_i-\mu) = 0, \\[3mm] \dfrac{\partial \ln L(\mu, \sigma^2)}{\partial \sigma^2} = -\dfrac{n}{2\sigma^2} + \dfrac{1}{2\sigma^4}\sum_{i=1}^{n}(x_i-\mu)^2 = 0, \end{cases}$$

由第一式解得

$$\mu^* = \bar{x} = \frac{1}{n}\sum_{i=1}^{n}x_i, \tag{7.2.3}$$

代入第二式得

$$\sigma^{2*} = \frac{1}{n}\sum_{i=1}^{n}(x_i-\bar{x})^2. \tag{7.2.4}$$

似然方程组有唯一解 (μ^*, σ^{2*}), 而且它一定是最大值点, 这是因为当 $|\mu| \to \infty$ 或 $\sigma^2 \to 0$ 或 ∞ 时, 非负函数 $L(\mu, \sigma^2) \to 0$. 于是, μ 和 σ^2 的极大似然估计为

$$\mu^* = \bar{X}, \quad \sigma^{2*} = \frac{1}{n}\sum_{i=1}^{n}(X_i-\bar{X})^2. \tag{7.2.5}$$

这里, 我们用大写字母表示所有涉及的样本, 因为极大似然估计 μ^* 和 σ^{2*} 都是统计量, 离开了具体的一次试验或观测, 它们都是随机的.

例 7.2.2 设总体 X 服从参数为 λ 的泊松分布, 它的概率分布为

$$P\{X = x\} = \frac{e^{-\lambda}\lambda^x}{x!}, \quad x = 0, 1, 2, \cdots.$$

有了样本 $X_1, X_2, \cdots, X_n$ 之后, 参数 λ 的似然函数为

$$L(\lambda) = \prod_{i=1}^{n} \frac{\mathrm{e}^{-\lambda} \lambda^{x_i}}{x_i!} = \mathrm{e}^{-n\lambda} \frac{\lambda^{\sum\limits_{i=1}^{n} x_i}}{\prod\limits_{i=1}^{n} (x_i!)},$$

似然方程为

$$\frac{\mathrm{d} \ln L(\lambda)}{\mathrm{d} \lambda} = -n + \frac{1}{\lambda} \sum_{i=1}^{n} x_i = 0,$$

解得

$$\lambda^* = \frac{1}{n} \sum_{i=1}^{n} x_i.$$

因为 $\ln L(\lambda)$ 的二阶导数总是负值, 可见, 似然函数在 λ^* 处达到最大值. 所以, $\lambda^* = \bar{X}$ 是 λ 的极大似然估计.

例 7.2.3 在对事件 A 进行的 n 次独立重复观测中, 得到记录 $X_1, X_2, \cdots, X_n$, 其中

$$X_i = \begin{cases} 1, & \text{第 } i \text{ 次试验中事件 } A \text{ 发生,} \\ 0, & \text{第 } i \text{ 次试验中事件 } A \text{ 不发生,} \end{cases}$$

试求事件 A 发生概率 p 的极大似然估计.

解 定义随机变量

$$X = \begin{cases} 1, & \text{一次试验中事件 } A \text{ 发生,} \\ 0, & \text{一次试验中事件 } A \text{ 不发生,} \end{cases}$$

则 $X \sim B(1, p)$, 它的概率分布为

$$P\{X = x\} = p^x (1-p)^{1-x}, \quad x = 0, 1.$$

现有样本 $X_1, X_2, \cdots, X_n$, 故似然函数为

$$L(p) = \prod_{i=1}^{n} p^{x_i} (1-p)^{1-x_i} = p^{\sum\limits_{i=1}^{n} x_i} (1-p)^{n - \sum\limits_{i=1}^{n} x_i},$$

它的对数为

$$\ln L(p) = \left(\sum_{i=1}^{n} x_i \right) \ln p + \left(n - \sum_{i=1}^{n} x_i \right) \ln(1-p),$$

似然方程为

$$\frac{\mathrm{d}\ln L(p)}{\mathrm{d}p} = \frac{\sum\limits_{i=1}^{n} x_i}{p} - \frac{\left(n - \sum\limits_{i=1}^{n} x_i\right)}{1-p} = 0.$$

方程的解为

$$p^* = \bar{x}.$$

注意到 $\sum\limits_{i=1}^{n} x_i \leqslant n$, 很容易验证, $\ln L(p)$ 的二阶导数总小于 0, 于是 $\bar{x}$ 是 $\ln L(p)$ 的最大值点. 因而 $\bar{X}$ 是 p 的极大似然估计. 因为 $\bar{X}$ 是事件 A 在 n 次试验中发生的频率, 于是, 我们得到如下结论: 频率是概率的极大似然估计.

结合例 7.1.3, 我们看到, 频率既是概率的矩估计, 又是概率的极大似然估计, 这就为我们在各种具体场合用频率去估计概率提供了理论依据. 例如, 当我们要估计一种产品的合格率 p 时, 就可以随机抽取这种产品 N 件进行检查, 若发现其中有 n 件合格品, 那么 $\hat{p} = n/N$ 就是该产品合格率的矩估计和极大似然估计. 又如, 据记载, 1982 年在北京某家医院出生的 1449 名婴儿中有男婴 754 人. 那么男婴出生率的估计就是 $\hat{p} = 754/1449 = 52.04\%$, 这个数字与从遗传学原理算出的男婴出生率 22/43 = 51.16% 很接近.

例 7.2.4 设样本 $X_1, X_2, \cdots, X_n$ 来自 $[a, b]$ 上的均匀分布, 求 a, b 的极大似然估计.

解 X 的概率密度函数为

$$f(x) = \begin{cases} \dfrac{1}{b-a}, & a \leqslant x \leqslant b, \\ 0, & \text{其他}. \end{cases}$$

对样本 $X_1, X_2, \cdots, X_n$,

$$L(a, b) = \begin{cases} \dfrac{1}{(b-a)^n}, & a \leqslant x_i \leqslant b, i = 1, 2, \cdots, n, \\ 0, & \text{其他}. \end{cases}$$

$L(a, b) > 0$ 的条件是 $a \leqslant x_1, x_2, \cdots, x_n \leqslant b$. 等价表示为自变量 a, b 的变化范围, 即 $a \leqslant x_{(1)} \leqslant x_{(n)} \leqslant b$, 这里, $x_{(1)} = \min\{x_1, x_2, \cdots, x_n\}$, $x_{(n)} = \max\{x_1, x_2, \cdots, x_n\}$. 所以 $L(a, b)$ 在 $a = x_{(1)}$ 和 $b = x_{(n)}$ 两条直线上是不连续的. 这时我们不能用似然方程组 (7.2.2) 来求极大似然估计, 而必须从极大似然估计的定义出发, 求 $L(a, b)$ 的最大值. 为使 $L(a, b)$ 达到最大, $b - a$ 应该尽量地小, 但 b 又不能小于 $x_{(n)}$, 否则, $L(a, b) = 0$. 类似地, a 不能大过 $x_{(1)}$. 因此, a 和 b 的极大似然估计为

$$a^* = \min\{X_1, X_2, \cdots, X_n\}, \quad b^* = \max\{X_1, X_2, \cdots, X_n\}.$$

到现在为止, 我们以正态分布、泊松分布、均匀分布的参数以及事件发生的概率的估计为例子讨论了矩估计和极大似然估计. 在我们所举的例子中, 除了均匀分布外, 两种估计都是一致的. 矩估计的优点是只需知道总体的矩, 总体的分布形式不必知道. 而极大似然估计则必须知道总体分布形式, 并且在一般情况下, 似然方程组的求解较复杂, 往往需要在计算机上通过迭代运算才能计算出其近似解.

例 7.2.5 设某城市的在职人员年收入 X 概率密度函数为

$$f(x) = \begin{cases} \dfrac{1}{\sqrt{2\pi}\sigma(x-11.00)} \exp\left(-\dfrac{[\ln(x-11.00)-\mu]^2}{2\sigma^2}\right), & x > 11.00, \\ 0, & x \leqslant 11.00, \end{cases}$$

其中 11.00(千元) 为最低工资标准. 随机抽取了 10 名在职人员的年收入, 记录如下 (单位: 千元):

123.23, 49.45, 107.79, 18.84, 23.31, 158.05, 75.19, 15.28, 54.59, 13.51,

试用极大似然估计法估计 μ 和 σ^2.

解 样本大小 $n = 10$, 似然函数为

$$L(\mu, \sigma^2) = \begin{cases} \displaystyle\prod_{i=1}^{n} \dfrac{1}{\sqrt{2\pi}\sigma(x_i-11)} \exp\left[-\dfrac{[\ln(x_i-11)-\mu]^2}{2\sigma^2}\right], & x_1, x_2, \cdots, x_n > 11, \\ 0, & \text{其他}. \end{cases}$$

注意到所有样本观测值都大于 11, 似然函数值为 0 的部分不需要考虑. 故其对数为

$$\ln L(\mu, \sigma^2) = -\frac{n}{2}\ln(2\pi\sigma^2) - \sum_{i=1}^{n}\ln(x_i-11) - \sum_{i=1}^{n}\frac{[\ln(x_i-11)-\mu]^2}{2\sigma^2},$$

似然方程组为

$$\begin{cases} \dfrac{\partial \ln L(\mu, \sigma^2)}{\partial \mu} = \displaystyle\sum_{i=1}^{n}\dfrac{[\ln(x_i-11)-\mu]}{\sigma^2} = 0, \\ \dfrac{\partial \ln L(\mu, \sigma^2)}{\partial \sigma^2} = -\dfrac{n}{2\sigma^2} + \displaystyle\sum_{i=1}^{n}\dfrac{[\ln(x_i-11)-\mu]^2}{2\sigma^4} = 0, \end{cases}$$

由第一式解得

$$\mu^* = \frac{1}{n}\sum_{i=1}^{n}\ln(x_i-11),$$

代入第二式得

$$\sigma^{2*} = \frac{1}{n} \sum_{i=1}^{n} [\ln(x_i - 11) - \mu^*]^2.$$

与例 7.2.1 同样可以说明, (μ^*, σ^{2*}) 为 $L(\mu, \sigma^2)$ 的唯一最大值点. 把样本观测值代入上述二式, 得到 μ 和 σ^2 的极大似然估计值分别为 3.28, 1.88.

数值计算与试验

在实际问题中, 样本呈现为观测值. 可以利用 R 软件中的函数 "maxLik" 计算极大似然估计. 该函数在程序包 maxLik 中, 使用前要先安装该程序包. 计算方法见下面的例子.

例 **7.2.6** 设观测到正态总体 $N(\mu, \sigma^2)$ 的如下样本值:

$$1.11, 1.55, 0.55, 2.15, 2.11, 2.03, 2.38, 3.26, 1.76, 1.44,$$
$$1.96, 1.75, 3.12, 0.81, 2.57, 1.27, 2.09, 1.01, 2.52, 1.32.$$

用上述 R 程序求 μ, σ^2 的极大似然估计.

程序和输出如下:

```
> loglik <- function(param) {
 mu <- param[1]
 sigma <- param[2]
 ll <- -0.5*log(2*pi) - log(sigma) - (0.5*(x - mu)^2/sigma^2)
 ll
}

> x<-c(1.11, 1.55, 0.55, 2.15, 2.11, 2.03, 2.38, 3.26, 1.76, 1.44)
> x<-c(x,1.96, 1.75, 3.12, 0.81, 2.57, 1.27, 2.09, 1.01, 2.52, 1.32)

> result <- maxLik(loglik, start=c(mu=1.5, sigma=0.5))
> summary(result)
--------------------------------------------
Maximum Likelihood estimation
Newton-Raphson maximisation, 6 iterations
Return code 1: gradient close to zero
Log-Likelihood: -21.47159
2  free parameters
Estimates:
      Estimate Std. error t value  Pr(> t)
```

```
mu       1.8380    0.1583  11.611  < 2e-16 ***
sigma    0.7080    0.1119   6.325 2.54e-10 ***
---
Signif. codes:  0 '***' 0.001 '**' 0.01 '*' 0.05 '.' 0.1 ' ' 1
```

首先, 定义了函数 loglik, 用来计算对数似然函数在给定参数向量 param 处的函数值. 注意, 该函数的自变量是参数向量. 计算对数似然所用的样本放在 x 中. 这个函数要根据总体分布自己编写.

其次, 把样本观测值存入 x 中.

最后, 调用函数 "maxLik" 用数值迭代法去求解. 函数 "maxLik" 的一般调用方法如下:

maxLik(logLik,grad=NULL,hess=NULL,start,method,constraints=NULL,...)

其中 logLik 是用户自己定义的对数似然函数的名字; grad 是用户定义的计算对数似然的梯度向量 (偏导数向量) 的函数, 缺省时采用数值微分替代; hess 是用户定义的计算对数似然的黑塞矩阵 (二阶偏导数矩阵) 的函数, 缺省时采用数值微分替代; start 是迭代初值 (注意结果可能与初值选取有关); method 是指采用的数值迭代方法, 缺省时采用牛顿–拉弗森迭代法; constraints 用来说明约束条件. 更详细的说明参见软件的说明书. 注意, 上述例子直接计算的样本均值和样本标准差分别为 1.838 和 0.726. 后者与程序输出有差异, 可以更换迭代初值检查输出的稳定性.

7.3 估计量的优良性准则

从前面两节的讨论中我们看到, 有时候同一个参数可以有几种不同的估计, 这时就存在采用哪一个估计的问题. 另一方面, 对一个参数, 用矩估计和极大似然估计即使得到同一种估计, 也存在一个衡量这个估计优劣的问题. 本节我们就讨论评价一个估计的标准问题.

7.3.1 无偏性

假设总体分布的参数为 θ, 设 $\hat{\theta}(X_1, X_2, \cdots, X_n)$ 是 θ 的一个估计, 它是一个统计量, 其值随样本观测值而变化. 如果 $\hat{\theta}(X_1, X_2, \cdots, X_n)$ 的均值等于未知参数 θ, 即

$$E[\hat{\theta}(X_1, X_2, \cdots, X_n)] = \theta, \quad \text{对一切可能的 } \theta \text{ 成立}, \tag{7.3.1}$$

则称 $\hat{\theta}$ 为 θ 的无偏估计. 无偏性的意义是, 用一个估计量 $\hat{\theta}(X_1, X_2, \cdots, X_n)$ 去估计未知参数 θ, 有时候可能偏高, 有时候可能偏低, 但是平均来说它等于未知参数 θ.

在 (7.3.1) 式中, "一切可能的 θ" 是指每个具体参数估计问题中, 参数 θ 取值范围内的一切可能的值. 例如, 若 θ 是正态总体 $N(\mu,\sigma^2)$ 的均值 μ, 那么, 它的一切可能取值范围是 $(-\infty,\infty)$. 若 θ 为方差 σ^2, 则它的取值范围是 $(0,+\infty)$. 我们之所以要求 (7.3.1) 式对一切可能的 θ 都成立, 是因为在参数估计问题中, 我们并不知道参数的真值. 所以, 当我们要求一个估计量具有无偏性时, 自然要求它在参数的一切可能取值范围内处处都是无偏的.

例 7.3.1 设 $X_1, X_2, \cdots, X_n$ 为抽自均值为 μ 的总体的样本, 考虑 μ 的估计量

$$\hat{\mu}_1 = X_1,$$

$$\hat{\mu}_2 = \frac{X_1 + X_2}{2},$$

$$\hat{\mu}_3 = \frac{X_1 + X_2 + X_{n-1} + X_n}{4} \quad (假设 n \geqslant 4).$$

因为 $E(X_i) = \mu$, 容易验证, $E(\hat{\mu}_i) = \mu, i = 1, 2, 3$, 所以 $\hat{\mu}_1, \hat{\mu}_2$ 和 $\hat{\mu}_3$ 都是 μ 的无偏估计. 但是

$$\hat{\mu}_4 = 2X_1, \quad \hat{\mu}_5 = \frac{X_1 + X_2}{3}$$

都不是 μ 的无偏估计.

定理 7.3.1 设总体均值为 μ, 方差为 $\sigma^2, X_1, X_2, \cdots, X_n$ 为来自该总体的样本, 则

(1) $E(\bar{X}) = \mu$, (2) $E(S^2) = \sigma^2$,

这里 $S^2 = \sum_{i=1}^{n}(X_i - \bar{X})^2/(n-1)$ 为样本方差, 即样本均值与样本方差分别为总体均值和总体方差的无偏估计.

证 (1) 因为 $X_1, X_2, \cdots, X_n$ 是同分布的, 于是 $E(X_i) = \mu$, 故有

$$E(\bar{X}) = \frac{1}{n}\sum_{i=1}^{n} E(X_i) = \frac{1}{n} \cdot n\mu = \mu.$$

(2) 因为

$$\sum_{i=1}^{n}(X_i - \bar{X})^2 = \sum_{i=1}^{n} X_i^2 - 2\left(\sum_{i=1}^{n} X_i\right)\bar{X} + n\bar{X}^2 = \sum_{i=1}^{n} X_i^2 - n\bar{X}^2,$$

注意到

$$E(X_i^2) = \text{Var}(X_i) + [E(X_i)]^2 = \sigma^2 + \mu^2,$$

$$E(\bar{X}^2) = \text{Var}(\bar{X}) + [E(\bar{X})]^2 = \frac{\sigma^2}{n} + \mu^2,$$

于是

$$
\begin{aligned}
E(S^2) &= \frac{1}{n-1}\left[E\left(\sum_{i=1}^{n} X_i^2\right) - nE(\bar{X}^2)\right] \\
&= \frac{1}{n-1}\left[(n\sigma^2 + n\mu^2) - n\left(\frac{\sigma^2}{n} + \mu^2\right)\right] = \sigma^2.
\end{aligned}
$$

定理证毕.

在前两节中, 我们曾经用矩估计和极大似然估计求得正态分布参数 σ^2 的估计, 两者是相同的, 皆为

$$
\hat{\sigma}^2 = \frac{1}{n}\sum_{i=1}^{n}(X_i - \bar{X})^2.
$$

很明显, 它不是 σ^2 的无偏估计. 这就是我们为什么把 $\hat{\sigma}^2$ 的分母 n 修正为 $n-1$ 获得样本方差 S^2 的理由.

若 $\hat{\theta}$ 为 θ 的一个估计, $g(\theta)$ 为 θ 的一个实值函数, 通常我们总是用 $g(\hat{\theta})$ 去估计 $g(\theta)$. 但是, 需要注意的是, 即便 $E(\hat{\theta}) = \theta$, 也不一定有 $E[g(\hat{\theta})] = g(\theta)$. 也就是说, 由 $\hat{\theta}$ 是 θ 的无偏估计, 不能断言 $g(\hat{\theta})$ 是 $g(\theta)$ 的无偏估计.

例 7.3.2 样本标准差 S 不是总体标准差 σ 的无偏估计.

事实上, 由于 $\sigma^2 = E(S^2) = \mathrm{Var}(S) + [E(S)]^2$, 并且注意到任何随机变量的方差都是非负的, 故有 $[E(S)]^2 \leqslant \sigma^2$. 下面说明等号不能对于任何 $\sigma^2 \geqslant 0$ 都成立.

用反证法. 若等号总成立, 则必有 $\mathrm{Var}(S) = 0$. 另一方面, 我们容易得到, 如果对于非负随机变量 $\xi, E(\xi) = 0$, 则 $\xi = 0$ (读者不妨以离散型随机变量为例来证明这个结论). 由于 $\mathrm{Var}(S) = E\{[S - E(S)]^2\} = 0, S = E(S)$. 这表明 S 为常数, 从而 S^2 为常数. 但由于 $E(S^2) = \sigma^2$, 从而 $S^2 = \sigma^2$ 对于任何 $\sigma^2 \geqslant 0$ 成立, 这显然是不可能的.

由 $[E(S)]^2 \leqslant \sigma^2$ 得到

$$
E(S) \leqslant \sigma. \tag{7.3.2}
$$

这表明用样本标准差去估计总体标准差, 平均来说是偏低的.

7.3.2 均方误差准则

用估计量 $\hat{\theta}$ 去估计 θ, 其误差为 $\hat{\theta} - \theta$, 它随样本 $X_1, X_2, \cdots, X_n$ 的值而定, 也是随机的, 即 $\hat{\theta} - \theta$ 是随机变量. 为了考察 $\hat{\theta}$ 作为 θ 估计的精确程度, 我们先将其平方再求均值, 并将其称为均方误差, 记为 $\mathrm{MSE}(\hat{\theta})$, 即

$$
\mathrm{MSE}(\hat{\theta}) = E[(\hat{\theta} - \theta)^2].
$$

这个量越小, 表示用 $\hat{\theta}$ 去估计 θ 时平均平方误差就越小, 因而也就越优. 均方误差能够分解成两部分

$$\mathrm{MSE}(\hat{\theta}) = \mathrm{Var}(\hat{\theta}) + [E(\hat{\theta}) - \theta]^2, \tag{7.3.3}$$

这个式子的证明是很容易的. 事实上

$$\begin{aligned}
\mathrm{MSE}(\hat{\theta}) &= E[(\hat{\theta} - \theta)^2] = E\{[\hat{\theta} - E(\hat{\theta}) + E(\hat{\theta}) - \theta]^2\} \\
&= E\{[\hat{\theta} - E(\hat{\theta})]^2\} + 2E\{[\hat{\theta} - E(\hat{\theta})][E(\hat{\theta}) - \theta]\} + [E(\hat{\theta}) - \theta]^2 \\
&= \mathrm{Var}(\hat{\theta}) + [E(\hat{\theta}) - \theta]^2.
\end{aligned}$$

(7.3.3) 式中第一部分是估计量 $\hat{\theta}$ 的方差, 第二部分是估计量的偏差 $E(\hat{\theta}) - \theta$ 的平方. 如果一个估计量是无偏的, 那么这第二部分就是零, 这时

$$\mathrm{MSE}(\hat{\theta}) = \mathrm{Var}(\hat{\theta}). \tag{7.3.4}$$

这就是说, 如果限定在无偏估计里, 则均方误差准则就变成了方差准则. 这时两个估计中哪一个估计的方差小, 哪一个估计就比较优.

例 7.3.3 设 $X_1, X_2, \cdots, X_n$ 抽自均值为 μ 的总体, 考虑 μ 的如下两个估计

$$\hat{\mu} = \bar{X}, \quad \hat{\mu}_{(-i)} = \frac{1}{n-1} \sum_{j \neq i} X_j,$$

这里 $\hat{\mu}_{(-i)}$ 表示去掉第 i 个样本 X_i 后, 对其余 $n-1$ 个样本所求的样本均值. 显然, $\hat{\mu}$ 和 $\hat{\mu}_{(-i)}$ 都是 μ 的无偏估计, 但是, 因为 $X_1, X_2, \cdots, X_n$ 都是独立同分布的, 且 $\mathrm{Var}(X_i) = \sigma^2$, 于是

$$\mathrm{Var}(\hat{\mu}) = \frac{1}{n^2} \sum_{i=1}^{n} \mathrm{Var}(X_i) = \frac{\sigma^2}{n}, \quad \mathrm{Var}(\hat{\mu}_{(-i)}) = \frac{\sigma^2}{n-1}.$$

可见, $\hat{\mu} = \bar{X}$ 比 $\hat{\mu}_{(-i)}$ 有较小的方差, 因而 $\bar{X}$ 优于 $\hat{\mu}_{(-i)}$. 这表明, 当我们用样本均值去估计总体均值时, 使用全体样本总比使用部分样本要好.

数值计算与试验

本节的数值计算和试验内容是通过数值模拟, 体会点估计的优良性. 为便于说明, 考虑下面的例子.

设总体分布为 $N(5,4)$, 考虑用样本 $X_1, \cdots, X_{15}$ 估计总体的均值 $\mu_0 = 5$ 和方差 $\sigma_0^2 = 4$. 我们可以利用计算机程序产生来自 $N(5,4)$ 的样本, 并利用这些样

本计算 μ_0 和 σ_0^2 的估计. 由于 μ_0 和 σ_0^2 已知, 我们可以比较从样本所得的估计值与参数的真值. 大量重复上述过程, 就可以看出一个估计方法的优良性.

设样本大小为 $n = 10$, 重复次数 $R = 1000$. 具体计算方法如下:

1. $r = 1$, 从总体分布 $N(5,4)$ 抽取样本 $x_1^{(r)}, \cdots, x_n^{(r)}$.

2. 选定未知参数的估计, 把样本带入, 计算样本的估计值. 比如, 对于 μ, 选用两个估计:

$$\hat{\mu} = \bar{X} = \frac{1}{n} \sum_{i=1}^{n} X_i, \quad \tilde{\mu} = \frac{1}{4}(X_1 + X_2 + X_9 + X_{10});$$

而对于 σ^2, 考察如下两个估计:

$$\hat{\sigma}^2 = S^2 = \frac{1}{n-1} \sum_{i=1}^{n} (X_i - \bar{X})^2, \quad \tilde{\sigma}^2 = \frac{(n-1)\Gamma^2\left(\dfrac{n-1}{2}\right)}{2\Gamma^2\left(\dfrac{n}{2}\right)} S^2.$$

(注: $\sqrt{\tilde{\sigma}^2}$ 是 σ 的无偏估计.) 把样本代入上述公式, 得到估计值 $\hat{\mu}^{(r)}$, $\tilde{\mu}^{(r)}$, $[\hat{\sigma}^2]^{(r)}$, $[\tilde{\sigma}^2]^{(r)}$.

3. 重复上述两步, 直到 $r = R$, 得到 $\{\hat{\mu}^{(r)}\}_{r=1}^{R}$, $\{\tilde{\mu}^{(r)}\}_{r=1}^{R}$, $\{[\hat{\sigma}^2]^{(r)}\}_{r=1}^{R}$, $\{[\tilde{\sigma}^2]^{(r)}\}_{r=1}^{R}$. 分别计算经验偏差和均方误差:

$$\bar{\hat{\mu}} = \frac{1}{R} \sum_{r}^{R} \hat{\mu}^{(r)}, \quad \text{Bias}(\hat{\mu}) = \bar{\hat{\mu}} - \mu_0, \quad \text{MSE}(\hat{\mu}) = \frac{1}{R} \sum_{r=1}^{R} [\hat{\mu}^{(r)} - \mu_0]^2,$$

类似得到 $\text{Bias}(\tilde{\mu})$, $\text{MSE}(\tilde{\mu})$, $\text{Bias}(\hat{\sigma}^2)$, $\text{MSE}(\hat{\sigma}^2)$, $\text{Bias}(\tilde{\sigma}^2)$, $\text{MSE}(\tilde{\sigma}^2)$.

当 R 比较大时, 无偏估计的经验偏差接近于 0; 通过比较同一参数的不同估计的经验均方误差, 也可以来比较估计的优劣.

上述计算的 R 程序如下:

```
R=1000; n=10; mu0=5;sigma02=4
mu_hat=c(1:R) #用于存放mu的样本均值估计
mu_tilde=c(1:R) #用于存放mu的4样本值均值估计
sigma2_hat=c(1:R) #用于存放sigma^2的样本方差估计
sigma2_tilde=c(1:R) #用于存放用sigma的无偏估计构造的方差估计
set.seed(202211) #设置随机数种子,相同的种子使得每次运行程序产生相同的结果

for (r in 1:R) {
  x=rnorm(n,mu0,sqrt(sigma02)) #产生样本
  xbar=mean(x) #计算Xbar
  xvar=var(x)   #计算S^2
  mu_hat[r]=xbar
```

```
    mu_tilde[r]=(x[1]+x[2]+x[n-1]+x[n])/4
    sigma2_hat[r]=xvar
    sigma2_tilde[r]=((n-1)/2)*exp(2*(lgamma((n-1)/2)-lgamma(n/2)))*xvar
    }
bias_mu_hat=mean(mu_hat)-mu0
bias_mu_tilde=mean(mu_tilde)-mu0
bias_sigma2_hat=mean(sigma2_hat)-sigma02
bias_sigma2_tilde=mean(sigma2_tilde)-sigma02

mse_mu_hat=(R-1)*var(mu_hat)/R+bias_mu_hat^2
mse_mu_tilde=(R-1)*var(mu_tilde)/R+bias_mu_tilde^2
mse_sigma2_hat=(R-1)*var(sigma2_hat)/R+bias_sigma2_hat^2
mse_sigma2_tilde=(R-1)*var(sigma2_tilde)/R+bias_sigma2_tilde^2

re=list(method=c('muhat','mutil','sigma2hat','sigma2til'),
    bias=c(bias_mu_hat,bias_mu_tilde,bias_sigma2_hat,bias_sigma2_tilde),
    mse=c(mse_mu_hat,mse_mu_tilde,mse_sigma2_hat,mse_sigma2_tilde))

re
```

程序中, mean(x), var(x) 都是 R 中的函数, 分别用来计算样本向量 x 的样本均值和样本方差. rnorm(n,mu,sigma) 用来产生正态分布 $N(\mathrm{mu},\mathrm{sigma}^2)$ 的大小为 n 的样本. 当自变量较大时, 直接计算伽马函数容易溢出, 故用 lgamma(y) 计算伽马函数的对数. 运行结果如下:

```
> re
$method
[1] "muhat"      "mutil"      "sigma2hat" "sigma2til"
$bias
[1] -0.0073     -0.0066     -0.0665      0.1577
$mse
[1] 0.4074      1.0353       3.7550       4.2152
```

从上面结果可以看出, μ 的两个估计都是无偏的, 估计 $\tilde{\mu}$ 比估计 $\hat{\mu}$ 的均方误差大; σ^2 的估计 $\hat{\sigma}^2$ 是无偏的, 估计 $\tilde{\sigma}^2$ 是有偏的, 其均方误差也比 $\hat{\sigma}^2$ 的均方误差大一些.

读者不妨考虑其他总体, 如 $P(\lambda)$, 选取 λ 的不同估计进行计算. 产生泊松分布样本的函数为 rpois(n, lambda).

7.4   正态总体的区间估计 (一)

在日常生活中, 当我们估计一个未知量的时候, 通常采用两种方法. 一种方法是用一个数, 也就是用实轴上的一个点去估计, 我们称它为点估计. 前面讨论的矩估计和极大似然估计都属于这种情况. 另一种方法是采用一个区间去估计未知量, 例如, 估计某人的身高在 170 厘米到 180 厘米之间; 明天北京的最高气温在 $30 \sim 32°\mathrm{C}$ 等等. 这类估计称为区间估计.

不难看出, 区间估计的长度度量了该区间估计的精度. 区间估计的长度愈长, 它的精度也就愈低. 例如: 估计某人的身高. 甲估计他是在 170~180 厘米, 而乙估计他是在 150~190 厘米, 显然, 甲的区间估计较乙的短, 因而精度较高. 但是, 这个区间短, 包含该人真正身高的可能性即概率就小. 我们把这个概率称为区间估计的可靠度. 那么, 乙的区间估计的长度长, 精度差, 但可靠度比甲的大. 由此可见, 在区间估计中, 精度 (用区间估计的长度来度量) 和可靠度 (用估计的区间包含未知量的概率来度量) 是相互矛盾着的. 在实际问题中, 我们总是在保证可靠度的条件下, 尽可能地提高精度. 下面我们来讨论如何构造未知参数的区间估计.

在统计文献中, 将可靠度称为 "置信系数". 区间估计也常常称为 "置信区间".

> **定义 7.4.1** 设 $X_1, X_2, \cdots, X_n$ 为从总体中抽出的样本, θ 为总体中未知参数. 记 $\hat{\theta}_1 = \hat{\theta}_1(X_1, X_2, \cdots, X_n), \hat{\theta}_2 = \hat{\theta}_2(X_1, X_2, \cdots, X_n)$ 为两个统计量, 对给定的 $\alpha(0 < \alpha < 1)$, 若
>
> $$P\{\theta \in [\hat{\theta}_1, \hat{\theta}_2]\} \geqslant 1 - \alpha, \tag{7.4.1}$$
>
> 则称区间 $[\hat{\theta}_1, \hat{\theta}_2]$ 为 θ 的置信系数为 $1 - \alpha$ 的置信区间.

需要特别强调的是, 置信区间 $[\hat{\theta}_1, \hat{\theta}_2]$ 是一个随机区间, 对给定的一组样本 $X_1, X_2, \cdots, X_n$, 这个区间可能包含未知参数 θ, 也可能不包含. 但 (7.4.1) 式表明, 对置信系数 $1 - \alpha$ 的置信区间, 它包含未知参数的概率至少是 $1 - \alpha$. 一般在应用上, 取 $\alpha = 0.05$ 的最多, 这时置信系数 $1 - \alpha = 0.95$, 那么置信区间包含未知参数的概率至少是 95%. 当然也可以取 $\alpha = 0.01, 0.10$ 等等.

在求置信区间时, α 或置信系数 $1 - \alpha$ 是事先给定的, 所以按照上面的讨论, 在 (7.4.1) 式中可以首先考虑取等号, 这样可以使得置信区间在保证置信系数的前提下尽量短些. 对于离散型总体, 有时等号不能成立, 则需要用不等号来确定置信区间.

现在我们来讨论正态总体参数的区间估计.

设 $X_1, X_2, \cdots, X_n$ 为来自正态总体 $N(\mu, \sigma^2)$ 的样本, σ^2 已知, 求均值 μ 的置信系数为 $1 - \alpha$ 的置信区间. 根据基本定理 (见定理 6.3.1), $\bar{X} \sim N\left(\mu, \dfrac{\sigma^2}{n}\right)$,

于是

$$\frac{\bar{X} - \mu}{\sigma/\sqrt{n}} \sim N(0,1). \tag{7.4.2}$$

记 $\Phi(x)$ 为 $N(0,1)$ 的分布函数, $Z_{\alpha/2}$ 为其上 $\dfrac{\alpha}{2}$ 分位点, 即 $\Phi(Z_{\alpha/2}) = 1 - \dfrac{\alpha}{2}$. 则

$$P\left\{\left|\frac{\bar{X} - \mu}{\sigma/\sqrt{n}}\right| \leqslant Z_{\alpha/2}\right\} = 1 - \alpha, \tag{7.4.3}$$

等价地

$$P\left\{\bar{X} - \frac{\sigma}{\sqrt{n}}Z_{\alpha/2} \leqslant \mu \leqslant \bar{X} + \frac{\sigma}{\sqrt{n}}Z_{\alpha/2}\right\} = 1 - \alpha.$$

这样, 我们就得到了 μ 的置信系数为 $1 - \alpha$ 的置信区间

$$\left[\bar{X} - \frac{\sigma}{\sqrt{n}}Z_{\alpha/2}, \bar{X} + \frac{\sigma}{\sqrt{n}}Z_{\alpha/2}\right]. \tag{7.4.4}$$

这个区间的长度为 $2\sigma Z_{\alpha/2}/\sqrt{n}$, 它刻画了此区间估计的精度. 从这个例子可以看出:

(1) 置信系数越大, α 就越小, 因而 $Z_{\alpha/2}$ 就越大, 这时置信区间的长度越长, 精度就越小.

(2) 样本大小 n 越大, 置信区间的长度越短, 因而精度也就越高. 这是在情理中的事, 样本个数增加, 就意味着从样本中获得的关于 μ 的信息增加了, 自然应该构造出比较短的区间估计.

例 7.4.1 某工厂生产的零件长度 X 被认为服从 $N(\mu, 0.04)$, 现从该产品中随机抽取 6 个, 其长度的测量值 (单位: 毫米) 如下:

$$14.6,\ 15.1,\ 14.9,\ 14.8,\ 15.2,\ 15.1.$$

试求该零件长度的置信系数为 0.95 的置信区间.

解 $\alpha = 0.05, n = 6, Z_{\alpha/2} = Z_{0.025} = 1.96, \sigma^2 = 0.04$, 因而

$$\bar{X} = 14.95, \quad \frac{\sigma}{\sqrt{n}}Z_{\alpha/2} = \frac{\sqrt{0.04}}{\sqrt{6}}1.96 = 0.16.$$

$$\left[\bar{X} - \frac{\sigma}{\sqrt{n}}Z_{\alpha/2}, \bar{X} + \frac{\sigma}{\sqrt{n}}Z_{\alpha/2}\right] = [14.79, 15.11],$$

所以, 我们得到该零件长度的置信系数为 0.95 的置信区间为 [14.79, 15.11].

现在我们对 "区间 [14.79,15.11] 包含 μ 的置信系数为 0.95" 这句话作一些解释. 因为现在的区间 [14.79, 15.11] 是固定的, 不再是随机区间, 它要么包含 μ, 要

么不包含 μ, 两者必居其一, 因此, 从字面上看置信系数已没有实际意义. 这里的置信系数 0.95 是指, 如果我们把上述抽样多次重复, 构造出很多个这样的区间, 它们包含 μ 的频率大约是 95%. 因此, 置信系数实际上是对构造置信区间的这种方法的可靠程度的整体评价.

上面讨论的是方差 σ^2 已知的情形. 但在应用上, σ^2 往往是未知的, 它是通过样本方差

$$S^2 = \frac{1}{n-1} \sum_{i=1}^{n} (X_i - \bar{X})^2$$

来估计的, 这时, 依据基本定理 (定理 6.3.1), 我们有

$$\frac{\bar{X} - \mu}{S/\sqrt{n}} \sim t_{n-1}, \tag{7.4.5}$$

和 (7.4.2) 式相比, 我们是用 S 代替了 σ, 用 t_{n-1} 代替了 $N(0,1)$, 于是, 不难得到 μ 的置信系数为 $1 - \alpha$ 的置信区间为

$$\left[\bar{X} - \frac{S}{\sqrt{n}} t_{n-1}\left(\frac{\alpha}{2}\right), \bar{X} + \frac{S}{\sqrt{n}} t_{n-1}\left(\frac{\alpha}{2}\right) \right], \tag{7.4.6}$$

这里 $t_{n-1}\left(\frac{\alpha}{2}\right)$ 表示自由度为 $n-1$ 的 t 分布的上 $\frac{\alpha}{2}$ 分位点.

例 7.4.2 一家粮油公司大米包装生产线封装的袋米重量服从 $N(\mu, \sigma^2)$. 从生产线抽取 10 袋大米, 测得各袋大米的重量 (单位：千克) 如下：

10.1, 10.0, 9.8, 10.5, 9.7, 10.1, 9.9, 10.2, 10.3, 9.9.

求该生产线封装的平均袋米重量 μ 的置信系数为 0.95 的置信区间.

解 $\alpha = 0.05, n = 10, t_9(0.025) = 2.2622, \bar{X} = 10.05,$

$$S^2 = \frac{1}{n-1} \sum_{i=1}^{n} (X_i - \bar{X})^2 = \frac{1}{n-1} \left[\sum_{i=1}^{n} X_i^2 - \frac{1}{n} \left(\sum_{i=1}^{n} X_i \right)^2 \right]$$

$$= \frac{1}{9} \left[1010.55 - \frac{1}{10} \times 10100.25 \right] = 0.0583,$$

故 $S = 0.24$.

将这些数据代入 (7.4.6) 式得到 μ 的置信系数为 0.95 的置信区间为 [9.87, 10.22].

通过上面的例子, 我们可以把构造未知参数 θ 的置信区间的方法归纳如下.

(1) 寻找样本 $X_1, X_2, \cdots, X_n$ 和未知参数 θ 的一个函数 $g(X_1, X_2, \cdots, X_n; \theta)$, 其分布完全已知, 且这个分布与参数 θ 无关 (如: (7.4.2) 式的 $(\bar{X} - \mu)/(\sigma/\sqrt{n})$ 和

(7.4.5) 式的 $(\bar{X} - \mu)/(S/\sqrt{n})$ 就是这样的函数 $g(X_1, X_2, \cdots, X_n; \mu)$, 它们的分布分别为 $N(0,1)$ 和 t_{n-1}, 与未知参数无关).

(2) 对给定的置信系数 $1 - \alpha$, 根据 $g(X_1, X_2, \cdots, X_n; \theta)$ 的分布函数, 确定出 a 和 b 使

$$P\{a \leqslant g(X_1, X_2, \cdots, X_n; \theta) \leqslant b\} \geqslant 1 - \alpha.$$

(3) 解不等式 $a \leqslant g(X_1, X_2, \cdots, X_n; \theta) \leqslant b$, 得到 $\hat{\theta}_1 \leqslant \theta \leqslant \hat{\theta}_2$, 此即为 θ 的置信系数为 $1 - \alpha$ 的置信区间.

现在我们按照上述步骤来构造正态总体 $N(\mu, \sigma^2)$ 中 σ^2 的置信区间.

(1) 由基本定理 (定理 6.3.1) 知

$$\frac{(n-1)S^2}{\sigma^2} \sim \chi_{n-1}^2.$$

这里 $\dfrac{(n-1)S^2}{\sigma^2}$ 就是我们要寻找的函数 $g(X_1, X_2, \cdots, X_n; \sigma^2)$, 且它的分布 χ_{n-1}^2 与 σ^2 无关.

(2) 对给定的 $1 - \alpha$, 我们取 $a = \chi_{n-1}^2\left(1 - \dfrac{\alpha}{2}\right)$, $b = \chi_{n-1}^2\left(\dfrac{\alpha}{2}\right)$, 它们是 χ_{n-1}^2 分布的两个分位点, 如图 7.1 所示. 则有

$$P\left\{\chi_{n-1}^2\left(1 - \frac{\alpha}{2}\right) \leqslant \frac{(n-1)S^2}{\sigma^2} \leqslant \chi_{n-1}^2\left(\frac{\alpha}{2}\right)\right\} = 1 - \alpha.$$

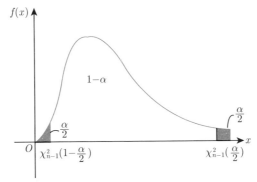

图 7.1　χ_{n-1}^2 分布的分位点

(3) 由 $\chi_{n-1}^2\left(1 - \dfrac{\alpha}{2}\right) \leqslant \dfrac{(n-1)S^2}{\sigma^2} \leqslant \chi_{n-1}^2\left(\dfrac{\alpha}{2}\right)$ 解得

$$\hat{\theta}_1 = \frac{(n-1)S^2}{\chi_{n-1}^2\left(\dfrac{\alpha}{2}\right)}, \quad \hat{\theta}_2 = \frac{(n-1)S^2}{\chi_{n-1}^2\left(1 - \dfrac{\alpha}{2}\right)},$$

故 σ^2 的置信系数为 $1 - \alpha$ 的置信区间为

$$\left[\frac{(n-1)S^2}{\chi^2_{n-1}\left(\frac{\alpha}{2}\right)}, \frac{(n-1)S^2}{\chi^2_{n-1}\left(1 - \frac{\alpha}{2}\right)} \right]. \tag{7.4.7}$$

例 7.4.3 (续例 7.4.2)   求 σ^2 的置信系数为 0.95 的置信区间.

解 $\alpha = 0.05, n = 10, \chi^2_{n-1}\left(\frac{\alpha}{2}\right) = \chi^2_9(0.025) = 19.023,$

$$\chi^2_{n-1}\left(1 - \frac{\alpha}{2}\right) = \chi^2_9(0.975) = 2.70, \quad S^2 = 0.0583.$$

代入 (7.4.7) 式得, σ^2 的置信系数为 0.95 的置信区间为 $[0.028, 0.194]$.

7.5 正态总体的区间估计 (二)

两个正态总体的区间估计问题, 在实际应用中经常会遇到. 例如, 如果要考察一项新技术对提高产品的某项质量指标的作用, 我们把实施新技术前产品的质量指标看成一个正态总体 $N(\mu_1, \sigma_1^2)$, 而把实施新技术后产品质量指标看成另一个正态总体 $N(\mu_2, \sigma_2^2)$. 于是, 评价此新技术的效果问题, 就归结为研究两个正态总体均值之差 $\mu_1 - \mu_2$ 的问题. 又如, 当我们要比较甲、乙两种药物对于某种疾病的治疗效果时, 可以把双盲临床试验中医生对于两种药物治疗后患者康复情况的综合评分分别看成服从正态分布的两个总体, 那么, 两种药效的差异, 也就是两个正态总体均值的差异. 从而, 评价两种药物的治疗效果, 就归结为研究对应的两个正态总体的均值之差. 类似的例子可以举出很多, 说明两个正态总体的区间估计问题, 有很广泛的实际意义. 本节我们讨论如何构造两个正态总体均值之差的区间估计.

设 $X_1, X_2, \cdots, X_m$ 是抽自正态总体 $N(\mu_1, \sigma_1^2)$ 的样本, $Y_1, Y_2, \cdots, Y_n$ 是抽自正态总体 $N(\mu_2, \sigma_2^2)$ 的样本, 两样本相互独立, 记 $\bar{X}$ 和 $\bar{Y}$ 分别为它们的样本均值, 样本方差分别为

$$S_1^2 = \frac{1}{m-1} \sum_{i=1}^{m} (X_i - \bar{X})^2, \quad S_2^2 = \frac{1}{n-1} \sum_{i=1}^{n} (Y_i - \bar{Y})^2.$$

定理 7.5.1 (1) $\bar{X} - \bar{Y} \sim N\left(\mu_1 - \mu_2, \frac{\sigma_1^2}{m} + \frac{\sigma_2^2}{n}\right),$ $\qquad$ (7.5.1)

或

$$\frac{(\bar{X} - \bar{Y}) - (\mu_1 - \mu_2)}{\sqrt{\sigma_1^2/m + \sigma_2^2/n}} \sim N(0, 1). \tag{7.5.2}$$

(2) 设 $\sigma_1^2 = \sigma_2^2 = \sigma^2$, 则

$$\frac{(\bar{X} - \bar{Y}) - (\mu_1 - \mu_2)}{S\sqrt{1/m + 1/n}} \sim t_{m+n-2}, \tag{7.5.3}$$

这里

$$S^2 = \frac{(m-1)S_1^2 + (n-1)S_2^2}{m+n-2} = \frac{m-1}{m+n-2}S_1^2 + \frac{n-1}{m+n-2}S_2^2 \tag{7.5.4}$$

是 S_1^2 和 S_2^2 的加权平均.

证 (1) 由基本定理 (见定理 6.3.1) 知

$$\bar{X} \sim N\left(\mu_1, \frac{\sigma_1^2}{m}\right), \quad \bar{Y} \sim N\left(\mu_2, \frac{\sigma_2^2}{n}\right).$$

因为来自两个不同总体的样本总是相互独立的, 于是 $\bar{X}$ 与 $\bar{Y}$ 也是相互独立的, 因而 (7.5.1) 式成立.

(2) 当 $\sigma_1^2 = \sigma_2^2 = \sigma^2$ 时, S_1^2 和 S_2^2 都是 σ^2 的估计, 由基本定理得

$$\frac{(m-1)S_1^2}{\sigma^2} \sim \chi_{m-1}^2, \quad \frac{(n-1)S_2^2}{\sigma^2} \sim \chi_{n-1}^2,$$

且相互独立, 根据 χ^2 分布的可加性, 我们有

$$\frac{(m-1)S_1^2 + (n-1)S_2^2}{\sigma^2} \sim \chi_{m+n-2}^2. \tag{7.5.5}$$

另一方面, 当 $\sigma_1^2 = \sigma_2^2 = \sigma^2$ 时, (7.5.2) 式变为

$$\frac{(\bar{X} - \bar{Y}) - (\mu_1 - \mu_2)}{\sigma\sqrt{1/m + 1/n}} \sim N(0,1), \tag{7.5.6}$$

由 (7.5.5) 式和 (7.5.6) 式以及 t 分布的定义, 便得到 (7.5.3) 式, 定理证毕.

利用这个定理, 我们可以得到 $\mu_1 - \mu_2$ 的置信系数为 $1 - \alpha$ 的置信区间.

(1) 当 σ_1^2 和 σ_2^2 皆已知时, 由 (7.5.2) 式得

$$P\left\{\left|\frac{(\bar{X} - \bar{Y}) - (\mu_1 - \mu_2)}{\sqrt{\sigma_1^2/m + \sigma_2^2/n}}\right| \leqslant Z_{\alpha/2}\right\} = 1 - \alpha,$$

于是所求的置信区间为

$$\left[(\bar{X} - \bar{Y}) \pm Z_{\alpha/2}\sqrt{\frac{\sigma_1^2}{m} + \frac{\sigma_2^2}{n}}\right]. \tag{7.5.7}$$

(2) 当 σ_1^2 和 σ_2^2 未知但 $\sigma_1^2 = \sigma_2^2 = \sigma^2$ 时, 由 (7.5.3) 式得

$$P\left\{\left|\frac{(\bar{X} - \bar{Y}) - (\mu_1 - \mu_2)}{S\sqrt{1/m + 1/n}}\right| \leqslant t_{m+n-2}\left(\frac{\alpha}{2}\right)\right\} = 1 - \alpha,$$

于是所求的置信区间为

$$\left[(\bar{X} - \bar{Y}) \pm t_{m+n-2}\left(\frac{\alpha}{2}\right) S\sqrt{\frac{1}{m} + \frac{1}{n}}\right]. \tag{7.5.8}$$

例 7.5.1 欲比较甲、乙两种棉花品种的优劣. 现假设用它们纺出的棉纱强度分别服从 $N(\mu_1, 2.18^2)$ 和 $N(\mu_2, 1.76^2)$, 试验者从这两种棉纱中分别抽取样本 $X_1, X_2, \cdots, X_{200}$ 和 $Y_1, Y_2, \cdots, Y_{100}$, 其均值 $\bar{X} = 5.32, \bar{Y} = 5.76$. 试给出 $\mu_1 - \mu_2$ 的置信系数为 0.95 的置信区间.

解 由 $\sigma_1^2 = 2.18^2, \sigma_2^2 = 1.76^2, m = 200, n = 100, Z_{\alpha/2} = Z_{0.025} = 1.96$, 代入 (7.5.7) 式得到所求置信区间为 $[-0.899, 0.019]$.

例 7.5.2 某公司利用两条自动化流水线灌装矿泉水. 现从生产线上随机抽取样本 $X_1, X_2, \cdots, X_{12}$ 和 $Y_1, Y_2, \cdots, Y_{17}$, 它们是每瓶矿泉水的体积 (单位: 毫升). 算得样本均值 $\bar{X} = 501.1$ 和 $\bar{Y} = 499.7$, 样本方差 $S_1^2 = 2.4, S_2^2 = 4.7$. 假设这两条流水线所装的矿泉水的体积都服从正态分布, 分别为 $N(\mu_1, \sigma^2)$ 和 $N(\mu_2, \sigma^2)$. 给定置信系数 0.95, 试求 $\mu_1 - \mu_2$ 的置信区间.

解 由 (7.5.4) 式算出

$$S^2 = \frac{(m-1)S_1^2 + (n-1)S_2^2}{m + n - 2} = \frac{11 \times 2.4 + 16 \times 4.7}{12 + 17 - 2} = 3.763,$$

于是 $S = 1.94$, 查 t 分布表 $t_{m+n-2}\left(\frac{\alpha}{2}\right) = t_{27}(0.025) = 2.0518$, 由 (7.5.8) 式算得所求置信区间为 $[-0.101, 2.901]$.

在这两个例子中, $\mu_1 - \mu_2$ 的置信区间包含了零, 也就是说, μ_1 可能大于 μ_2, 也可能小于 μ_2, 我们就认为 μ_1 与 μ_2 并没有显著差异. 但也要注意, 例 7.5.1 中的置信区间右端点很接近于 0.

数 值 计 算 与 试 验

读者可以把 7.3 节中考察点估计性质的模拟程序改为考察区间估计性质的模拟计算程序. 只需要把其中计算点估计改为计算置信区间, 把计算偏差和均方误

差的部分分别改为计算置信区间包含参数真值的频率以及置信区间的长度的平均值. 留为练习.

计算区间估计用到分位点的计算, 参见 6.3 节的数值计算与试验.

7.6 非正态总体的区间估计

7.6.1 连续型总体均值的置信区间

前面两节我们讨论了正态总体参数的区间估计. 但是在实际应用中, 我们有时不能判断手中的数据是否服从正态分布或者有足够理由认为它们不服从正态分布, 这时, 只要样本大小 n 比较大, 总体均值 μ 的置信区间仍可用正态总体情形的公式 (7.4.4), 所不同的是这时的置信系数是近似的. 这是求一般连续总体均值置信区间的一种简单有效的方法, 其理论依据是中心极限定理, 它要求样本大小 n 比较大, 因此, 这个方法称为大样本方法.

设总体均值为 μ, 方差为 σ^2, $X_1, X_2, \cdots, X_n$ 为来自该总体的样本. 因为这些 X_i 是独立同分布的, 根据中心极限定理, 对充分大的 n, 下式近似成立

$$\frac{\sum\limits_{i=1}^{n} X_i - n\mu}{\sqrt{n}\sigma} \sim N(0,1), \tag{7.6.1}$$

因而, 近似地有

$$P\left\{\left|\frac{\bar{X}-\mu}{\sigma/\sqrt{n}}\right| \leqslant Z_{\alpha/2}\right\} = 1 - \alpha.$$

于是我们得到 μ 的置信系数约为 $1-\alpha$ 的置信区间

$$\left[\bar{X} - Z_{\alpha/2}\frac{\sigma}{\sqrt{n}}, \ \bar{X} + Z_{\alpha/2}\frac{\sigma}{\sqrt{n}}\right], \tag{7.6.2}$$

形式上, 这个置信区间和 (7.4.4) 式完全一样, 但这个区间包含 μ 的真值的概率与 $1-\alpha$ 相比会有些误差. 一般来说, 如果总体分布具有钟形形状, 这个概率比较接近于 $1-\alpha$; 如果总体分布偏倚, 误差就会大一些. 实际应用中需要注意.

若 σ 未知, 用 σ 的一个估计, 例如 S, 来代替得

$$\left[\bar{X} - Z_{\alpha/2}\frac{S}{\sqrt{n}}, \ \bar{X} + Z_{\alpha/2}\frac{S}{\sqrt{n}}\right], \tag{7.6.3}$$

只要 n 很大, (7.6.3) 式所提供的置信区间在应用上还是令人满意的. 那么 n 究竟应该是多大呢? 很明显, 对相同的 n, (7.6.3) 式所给出置信区间的近似程度随总体

分布与正态分布接近程度而变化, 因此, 从理论上很难给出 n 的一个界限, 但许多应用实践表明, 如果总体分布的密度呈钟形, 则当 $n \geqslant 30$ 时, 近似程度会相当不错. 而当总体分布是偏态分布时, 需要样本大小 n 更大些.

　　理论上说, 在总体分布是离散分布的情形, 也可以利用中心极限定理构造均值的区间估计, 但有时这样得到的区间估计的可靠度不够理想, 参见 7.6.2 小节.

　　例 7.6.1　某公司欲估计自己生产的电池寿命. 现从其产品中随机抽取 50 只电池做寿命试验. 这些电池的寿命的平均值 $\bar{X} = 2.266$ (单位: 100h), $S = 1.935$. 求该公司生产的电池平均寿命的置信系数为 0.95 的置信区间.

　　解　查正态分布表得 $Z_{\alpha/2} = Z_{0.025} = 1.96$, 由 (7.6.3) 式得到

$$\left[2.266 \pm 1.96 \times \frac{1.935}{\sqrt{50}} \right],$$

经简单计算上式化为 $[1.730, 2.802]$. 于是, 我们有如下结论: 该公司电池的平均寿命的置信系数约为 0.95 的置信区间为 $[1.730, 2.802]$.

7.6.2　二项分布参数 p 的置信区间

　　上面的大样本方法可在总体分布未知时使用. 如果分布已知, 可以利用分布本身的特点构造置信区间, 以使置信区间有更加精确的置信系数, 或者在保证置信系数的前提下有更加短的置信区间. 下面讨论二项分布参数的区间估计.

　　假设事件 A 在一次试验中发生的概率为 p, 现在做了 n 次独立重复试验. 以 Y_n 记事件 A 发生的次数, 则 $Y_n \sim B(n, p)$. 利用二项分布的分布函数的性质, 可以证明, 由

$$[\underline{p}(Y_n), \ \overline{p}(Y_n)] \tag{7.6.4}$$

给出的区间是 p 的置信系数为 $1 - \alpha$ 的置信区间, 其中 $\underline{p}(Y_n), \overline{p}(Y_n)$ 分别是下列方程的解:

$$\sum_{k=Y_n}^{n} C_n^k \underline{p}^k (1 - \underline{p})^{n-k} = \frac{\alpha}{2},$$

$$\sum_{k=0}^{Y_n} C_n^k \overline{p}^k (1 - \overline{p})^{n-k} = \frac{\alpha}{2}.$$

这个区间称为克洛珀–皮尔逊 (Clopper-Pearson) 精确置信区间, 简称精确置信区间, 是由克洛珀和皮尔逊于 1934 年提出的. 这里 "精确" 的意思是: 该区间包含参数真值的概率不小于 $1 - \alpha$. 当时使用这个置信区间的最大障碍是计算困难, 现在当然不再是问题, 常用的统计软件都可以计算.

由于上述提到的计算困难, 人们也研究了基于大样本的区间估计. 依中心极限定理, 对充分大的 n, 近似地有

$$\frac{Y_n - np}{\sqrt{np(1-p)}} \sim N(0,1). \tag{7.6.5}$$

(7.6.5) 式是 (7.6.1) 式的一种特殊情形. 读者从 5.2 节可以明白这一点. 事实上, 若记

$$X_i = \begin{cases} 1, & A \text{ 在第 } i \text{ 次试验中发生,} \\ 0, & A \text{ 在第 } i \text{ 次试验中不发生,} \end{cases}$$

这些 $X_i(i = 1, 2, \cdots, n)$ 独立同分布, $E(X_i) = p, \mathrm{Var}(X_i) = p(1-p)$, 且 $Y_n = \sum_{i=1}^{n} X_i$. 将这些量代入 (7.6.1) 式就得到 (7.6.5) 式. 对现在情形 (7.6.3) 式变为

$$[\hat{p} - Z_{\alpha/2}\sqrt{\hat{p}(1-\hat{p})/n}, \ \hat{p} + Z_{\alpha/2}\sqrt{\hat{p}(1-\hat{p})/n}],$$

这里 $\hat{p} = Y_n/n = \sum_{i=1}^{n} X_i/n$. 该公式虽然简单易行, 但研究表明 (参见 [9]) 该区间包含 p 的真值的概率, 即 $P_p\{p \in [\hat{p} - Z_{\alpha/2}\sqrt{\hat{p}(1-\hat{p})/n}, \ \hat{p} + Z_{\alpha/2}\sqrt{\hat{p}(1-\hat{p})/n}]\}$ 可能与 $1-\alpha$ 相差较大, 甚至随着 p 的变化可以任意接近于 0. 因此这个区间需要改进. 一种改进是

$$\left[\tilde{p} - Z_{\alpha/2}\sqrt{\frac{\tilde{p}(1-\tilde{p})}{\tilde{n}}}, \tilde{p} + Z_{\alpha/2}\sqrt{\frac{\tilde{p}(1-\tilde{p})}{\tilde{n}}}\right], \tag{7.6.6}$$

其中 $\tilde{n} = n + Z_{\alpha/2}^2, \tilde{p} = (Y_n + Z_{\alpha/2}^2/2)/\tilde{n}$. 这个区间是 Agresti 和 Coull 于 1998 年提出的, 可用于 $\alpha \leqslant 0.05$ 的情形. 当 $\alpha > 0.05$ 时, 区间包含参数真值的概率可能会明显小于 $1-\alpha$. 由此可见, 即便对于二项分布这样简单的离散分布, 参数的区间估计也需要小心. 这一点在有些应用如药物的临床试验中十分重要, 否则试验中药物疗效的评估结果的可靠性得不到保证.

例 **7.6.2** 商品检验部门随机抽查了某公司生产的产品 100 件, 发现其中合格产品 84 件, 试求该产品合格率的置信系数为 0.95 的置信区间.

解 $n = 100, Y_n = 84, Z_{\alpha/2} = Z_{0.025} = 1.96, \tilde{n} = 100 + Z_{\alpha/2}^2 = 103.8416, \tilde{p} = (Y_n + Z_{\alpha/2}^2/2)/\tilde{n} = 0.8274$, (7.6.6) 式变为

$$\left[0.8274 \pm 1.96\sqrt{\frac{0.8274(1 - 0.8274)}{103.8416}}\right] = [0.7547, 0.9001],$$

即 [0.7547, 0.9001] 是该产品合格率的置信系数约为 0.95 的置信区间.

利用 R 语言计算机程序 (见本节的数值计算与试验), 可以算得置信系数为 0.95 的克洛珀–皮尔逊精确置信区间为 [0.7532, 0.9057]. 与上面的近似置信区间相差不大.

例 7.6.3 在环境保护问题中, 饮水质量研究占有重要地位, 其中一项工作是检查在饮水中是否存在各种类型的微生物. 假设在随机抽取的 100 份一定容积的水样品中有 20 份样品含有某种微生物. 试求同样容积的这种水含有这种微生物的概率 p 的置信区间, 置信系数为 0.90.

解 $n = 100, Y_n = 20$, 利用 R 程序可以算得, 含有指定微生物的概率 p 的置信系数为 0.90 的精确置信区间为 [0.1367, 0.2772].

下面利用 (7.6.6) 来求区间估计. $Z_{\alpha/2} = Z_{0.05} = 1.645, \tilde{n} = 100 + Z_{\alpha/2}^2 = 102.706, \tilde{p} = (Y_n + Z_{\alpha/2}^2/2)/\tilde{n} = 0.2079$, (7.6.6) 式变为

$$\left[0.2079 \pm 1.645\sqrt{\frac{0.2079(1 - 0.2079)}{102.706}} \right] = [0.1420, 0.2738],$$

与上述精确置信区间相比, 这个区间偏短一些.

7.6.3 泊松分布参数的置信区间

泊松分布也是最常见的离散型概率分布. 下面讨论其参数的区间估计.

设 $X_1, X_2, \cdots, X_n$ 为抽自具有泊松分布 $P(\lambda)$ 的总体的样本, 由第 3 章习题 3.20 知, $Y = \sum_{i=1}^{n} X_i \sim P(n\lambda)$, 其分布函数为

$$F(y, \lambda) = \sum_{k=0}^{[y]} \frac{(n\lambda)^k}{k!} \mathrm{e}^{-n\lambda}, \quad y \geqslant 0.$$

利用分部积分容易证明, $F(y, \lambda) = \int_{\lambda}^{\infty} \frac{n^{[y]+1}}{\Gamma([y] + 1)} t^{[y]} \mathrm{e}^{-nt} \mathrm{d}t$. 这表明, $F(Y, \lambda)$ 是 λ 的连续且严格单调减函数. 由此可以得到 λ 的置信系数 $1 - \alpha$ 的置信区间

$$[\underline{\lambda}(Y), \overline{\lambda}(Y)] = [\underline{\lambda}(n\bar{X}), \overline{\lambda}(n\bar{X})], \tag{7.6.7}$$

其中 $\underline{\lambda}(Y), \overline{\lambda}(Y)$ 分别是

$$\int_0^{\lambda} \frac{n^Y}{\Gamma(Y)} t^{Y-1} \mathrm{e}^{-nt} \mathrm{d}t = \frac{\alpha}{2}, \quad \int_0^{\lambda} \frac{n^{Y+1}}{\Gamma(Y + 1)} t^Y \mathrm{e}^{-nt} \mathrm{d}t = 1 - \frac{\alpha}{2}$$

的解. (7.6.7) 式给出的区间是精确置信区间. 事实上, 注意到

$$\int_0^{\infty} \frac{n^{m+1}}{\Gamma(m + 1)} t^m \mathrm{e}^{-nt} \mathrm{d}t = 1,$$

以及 $F(y, \lambda)$ 关于 y 是阶梯函数, 当 y 为正整数时, $F(y - 0, \lambda) = F(y - 1, \lambda)$, 有

$$P\{\lambda \in [\underline{\lambda}(Y), \overline{\lambda}(Y)]\}$$

$$= P\left\{\frac{\alpha}{2} \leqslant \int_0^\lambda \frac{n^Y}{\Gamma(Y)} t^{Y-1} \mathrm{e}^{-nt} \mathrm{d}t, \int_0^\lambda \frac{n^{Y+1}}{\Gamma(Y+1)} t^Y \mathrm{e}^{-nt} \mathrm{d}t \leqslant 1 - \frac{\alpha}{2}\right\}$$

$$= P\left\{\frac{\alpha}{2} \leqslant 1 - F(Y - 0, \lambda), 1 - F(Y, \lambda) \leqslant 1 - \frac{\alpha}{2}\right\}$$

$$= P\left\{F(Y - 0, \lambda) \leqslant 1 - \frac{\alpha}{2}, F(Y, \lambda) \geqslant \frac{\alpha}{2}\right\}$$

$$\geqslant 1 - \alpha.$$

(7.6.7) 式的计算比较复杂, 考虑利用中心极限定理构造近似置信区间. 由 $E(X_i) = \lambda$, $\mathrm{Var}(X_i) = \lambda$, 应用 (7.6.3) 式, 并用 $\bar{X}$ 去估计 λ, 得到参数 λ 的置信系数约为 $1 - \alpha$ 的置信区间

$$\left[\bar{X} - Z_{\alpha/2}\sqrt{\bar{X}/n}, \quad \bar{X} + Z_{\alpha/2}\sqrt{\bar{X}/n}\right]. \tag{7.6.8}$$

类似二项分布的情形, 研究表明区间 (7.6.8) 需要改进, 比如当 $\bar{X} = 0$ 时, 区间变成一个点, 这意味着当 λ 很小时, 这个区间的可靠度可能偏低. 一种改进由下式给出:

$$\left[\bar{X} + \frac{Z_{\alpha/2}^2}{2n} \pm Z_{\alpha/2}\sqrt{\frac{\bar{X} + Z_{\alpha/2}^2/(4n)}{n}}\right]. \tag{7.6.9}$$

这个改进避免了上述的问题, 可靠度也有增强.

例 **7.6.4** 公共汽车站在一单位时间内 (如半小时或 1 小时或一天等) 到达的乘客数服从泊松分布 $P(\lambda)$, 对不同的车站, 所不同的仅仅是参数 λ 的取值不同. 现对一城市某一公共汽车站进行了 100 个单位时间的调查. 这里单位时间是 20 分钟. 计算得到每 20 分钟内来到该车站的乘客数平均值 $\bar{X} = 15.2$ 人. 试求参数 λ 的置信系数为 0.95 的置信区间.

解 利用 R 函数 (见本节的数值计算与试验部分) 容易计算出 λ 的置信系数为 0.95 的精确置信区间为 $[14.4454, 15.9838]$.

下面计算 (7.6.9) 式给出的置信区间. $n = 100$, $\alpha = 0.05$, $Z_{\alpha/2} = Z_{0.025} = 1.96$, $\bar{X} = 15.2$, 应用 (7.6.9) 式得

$$\left[\bar{X} + \frac{Z_{\alpha/2}^2}{2n} \pm Z_{\alpha/2}\sqrt{\frac{\bar{X} + Z_{\alpha/2}^2/(4n)}{n}}\right] = [14.4548, 15.9836],$$

即 [14.4548, 15.9836] 为参数 λ 的置信系数约为 0.95 的置信区间.

数 值 计 算 与 试 验

1. 二项分布参数 p 的精确置信区间可以由下面的 R 函数计算:

binom.test(x, n, p = 0.5, alternative = c("two.sided", "less", "greater"), conf.level = 0.95)

这个函数主要是用来对二项分布的 p 作假设检验的, p 的精确置信区间是其副产品. 用它求置信区间时, 只需要把事件发生次数 Y_n 代入 x, 试验次数代入 n, 并把置信系数代入 conf.level(缺省值为 0.95) 即可. 如在例 7.6.3 中, 只要直接使用

```
binom.test(20, 100)
```

即可.

2. 泊松分布参数 λ 的精确置信区间可以通过计算伽马分布的分位点计算. 具有概率密度函数

$$f(x) = \begin{cases} \dfrac{1}{\Gamma(m)\sigma^m} x^{m-1} \mathrm{e}^{-\frac{x}{\sigma}}, & x > 0; \\ 0, & x \leqslant 0 \end{cases}$$

的分布称为形状参数是 m, 尺度参数是 σ 的伽马分布, 其中 $\Gamma(m) = \displaystyle\int_0^\infty x^{m-1} \mathrm{e}^{-x} \mathrm{d}x$ 为伽马函数. 容易看出, (7.6.7) 中的 $\underline{\lambda}(Y)$ 正是形状参数是 Y, 尺度参数是 $1/n$ 的伽马分布的上 $1 - \alpha/2$ 分位点 (回顾 6.3 节上分位点的定义), 或者下 $\alpha/2$ 分位点, 而 $\overline{\lambda}(Y)$ 则是形状参数是 $Y+1$, 尺度参数是 $1/n$ 的伽马分布的上 $\alpha/2$ 分位点 (下 $1 - \alpha/2$ 分位点). 在 R 中, 函数

qgamma(p, shape, rate=1, scale=1/rate, lower.tail=TRUE, log.p=FALSE)

用来计算伽马分布的分位点, 其中 p 是要计算的分位点对应的概率, shape 是形状参数, rate 与 scale 互为倒数, 后者是尺度参数, 二者给定其一即可, lower.tail= TRUE 时计算下分位点, lower.tail=FALSE 时计算上分位点. 以例 7.6.4 为例, 可以使用下面的程序:

```
qgamma(0.025,1520,100)
[1] 14.44538
qgamma(0.975,1521,100)
[1] 15.98381
```

第一行输出区间左端点 (第二行), 第三行输出区间右端点.

3. 可以利用模拟试验考察近似置信区间的可靠度. 以区间 (7.6.8) 为例. 首先产生参数真值为 λ_0 的泊松分布的样本, 用样本计算区间 (7.6.8), 检查所得区间是否包含真值 λ_0. 这样的过程重复比如 10000 次, 计算区间 (7.6.8) 包含参数真值的比例, 这个比例大体等于区间 (7.6.8) 包含参数真值的概率. 如果这个比例小于 $1-\alpha$, 就表明这个近似置信区间的可靠度不足. 简单的程序如下:

```
set.seed(202301)
Rep=10000;alpha=0.05
n=50; lambda0=0.1;
Ratio=0
Zalpha.5=qnorm(1-alpha/2)
for ( i in 1:Rep) {
    x=rpois(n, lambda0)
    xbar=mean(x)
    r=sqrt(xbar/n)
    Ileft=xbar-Zalpha.5*r
    Iright=xbar+Zalpha.5*r
    Ratio=Ratio+((Ileft<=lambda0)& (Iright>=lambda0))
    }
Ratio=Ratio/Rep
Ratio
```

运行这个程序, 你会发现区间 (7.6.8) 包含参数真值的比例 Ratio 的结果仅为 0.871, 与 0.95 相差甚远. 读者可以改变 λ_0(程序中的 lambda0), 比如每次变化 0.01, 直到 lambda0=10, 会得到 Ratio 的一条曲线, 观察随着 λ 的变化, 区间 (7.6.8) 包含参数真值的概率如何变化.

读者也可以把上述区间换为其他置信区间, 甚至改造程序来计算二项分布参数 p 的置信区间, 看看其性质如何.

习　题　7

7.1　设 $X_1, X_2, \cdots, X_n$ 为抽自二项分布 $B(m,p)$ 的样本, 试求 p 的矩估计和极大似然估计.

注: 这个问题的实际背景是很丰富的. 例如, 生物医学方面的学者要研究某种物质致癌性质, 往往用小白鼠做试验. 假定把 50 只小白鼠随机地分成 10 组, 每组 5 只. 对每只小白鼠注射该物质, 经过一段时间后, 观察每组小白鼠患癌的个数, 得到 $X_1, X_2, \cdots, X_{10}$, 则 $X_i \sim B(5,p), i=1,2,\cdots,10$. 这里 p 就是这种物质致癌的概率.

7.2　设总体服从参数为 λ 的指数分布, 求 λ 的矩估计和极大似然估计.

7.3　设总体为 $[0,\theta]$ 上的均匀分布, 求参数 θ 的矩估计和极大似然估计.

7.4　设总体为 $[\theta,2\theta]$ 上的均匀分布, 求参数 θ 的矩估计和极大似然估计.

7.5 设总体的概率密度函数为

$$f(x) = \frac{1}{\pi[1 + (x - \theta)^2]},$$

其中 θ 为未知参数. 试证明该总体的数学期望不存在, 从而不能用矩估计方法来估计 θ.

7.6 假设 $X_1, X_2, \cdots, X_n$ 为来自正态总体 $N(\mu, \sigma^2)$ 的样本, 其中 μ 已知, 求 σ^2 的极大似然估计.

7.7 设总体的概率密度函数为

$$f(x) = \begin{cases} \dfrac{1}{\theta} \mathrm{e}^{-\frac{x}{\theta}}, & x \geqslant 0, \\ 0, & \text{其他} \end{cases}$$

(这是指数分布的另一种形式). 从该总体中抽出样本 X_1, X_2, X_3, 考虑 θ 的如下四种估计:

$$\hat{\theta}_1 = X_1, \quad \hat{\theta}_2 = \frac{X_1 + X_2}{2}, \quad \hat{\theta}_3 = \frac{X_1 + 2X_2}{3}, \quad \hat{\theta}_4 = \bar{X}.$$

(1) 这四个估计中, 哪些是 θ 的无偏估计?　(2) 试比较这些估计的方差和均方误差.

7.8 一个电子线路上电压表的读数 X 服从 $[\theta, \theta + 1]$ 上的均匀分布, 其中 θ 是该线路上电压的真值, 但它是未知的, 假设 $X_1, X_2, \cdots, X_n$ 是此电压表上读数的一组样本, 证明:

(1) 样本均值 $\bar{X}$ 不是 θ 的无偏估计.　(2) 用一阶矩求出的 θ 的矩估计是 θ 的无偏估计.

7.9 设 $\hat{\theta}_1$ 和 $\hat{\theta}_2$ 都是 θ 的无偏估计, 且 $\mathrm{Var}(\hat{\theta}_1) = \sigma_1^2, \mathrm{Var}(\hat{\theta}_2) = \sigma_2^2$, 构造一个新无偏估计

$$\hat{\theta} = c\hat{\theta}_1 + (1 - c)\hat{\theta}_2, \quad 0 \leqslant c \leqslant 1.$$

如果 $\hat{\theta}_1$ 与 $\hat{\theta}_2$ 相互独立, 确定 c 使得 $\mathrm{Var}(\hat{\theta})$ 达到最小.

7.10 为考察某种高油玉米的含油量, 从粮库中随机抽取 20 个样品, 每个样品净重 1 千克, 加工测得各个样品的含油量 (单位: 克) 为

$$88.5, 92.1, 89.1, 90.5, 92.1, 90.8, 91.4, 92.3, 90.8, 89.9,$$
$$92.3, 90.2, 92.0, 92.6, 88.3, 92.7, 89.8, 89.6, 90.3, 90.6.$$

假设含油量分布为 $N(\mu, \sigma^2)$, 试分如下两种情况求 μ 的置信系数为 0.90 的置信区间:
(1) $\sigma^2 = 2.0^2$, (2) σ^2 未知.

7.11 要比较两个汉字录入软件 A 和 B 的性能, 考虑它们对于录入速度的影响. 确定一篇文档, 随机挑选 10 名有 3 年工作经验但都没有使用过 A 和 B 的女性打字员, 并请她们抽取使用 A 和 B 的顺序, 使得 5 人先用 A, 另 5 人先用 B, 然后交换, 记录下她们录入文档所用的时间 (单位: min) 如下:

$$A: 12.4, 7.6, 10.7, 13.1, 11.2, 8.5, 10.9, 10.3, 11.2, 8.4;$$
$$B: 12.9, 10.9, 11.2, 10.8, 12.2, 11.6, 10.7, 10.5, 13.1, 11.6.$$

假设使用两种软件的录入时间分别服从正态分布 $N(\mu_1, 1.6^2)$ 和 $N(\mu_2, 1.2^2)$. 求 $\mu_1 - \mu_2$ 的置信系数为 0.90 的置信区间. (请读者思考: 为什么要抽取 5 人先用 A, 另 5 人先用 B?)

7.12 甲、乙两组生产同种导线, 现从甲组生产的导线中随机抽取 4 根, 从乙组生产的导线中随机抽取 5 根, 它们的电阻值 (单位: 欧姆) 分别为

甲组：0.143, 0.142, 0.143, 0.137;

乙组：0.140, 0.142, 0.136, 0.138, 0.140.

假设两组电阻值分别服从正态分布 $N(\mu_1, \sigma^2)$ 和 $N(\mu_2, \sigma^2)$, 其中 σ^2 未知. 试求 $\mu_1 - \mu_2$ 的置信系数为 0.95 的置信区间.

7.13　某市随机抽取 1000 个家庭, 调查知道其中有 320 家拥有新能源轿车. 试据此数据求该市拥有新能源轿车家庭比例 p 的置信区间. 取置信系数为 0.95.

7.14　假定里氏 7.5 级以上或者造成超过 100 人死亡的地震为严重震灾. 现收集了 75 年的年度严重震灾数据如下:

年度严重震灾数	0	1	2	3	4
频数	31	28	14	1	1

若年度严重震灾次数服从泊松分布 $P(\lambda)$. 求 λ 的置信系数为 0.95 的置信区间.

7.15　假定单位面积上的雀巢的数量服从泊松分布 $P(\lambda)$. 现收集 $n = 40$ 块单位面积上的雀巢数据, 得到如下表:

单位面积上的雀巢数	0	1	2	3	4
频数	9	22	6	2	1

求 λ 的置信系数为 0.95 的置信区间.

第 7 章内容提要

第 7 章教学要求、
重点与难点

第 7 章典型例题分析

假 设 检 验

　　统计推断的另一种重要形式是假设检验. 概括起来讲, 所谓假设检验就是根据样本中的信息来检验总体的分布参数或分布形式具有指定的特征. 例如, 对于一个正态总体, 我们通过样本来推断该总体的均值是否等于给定值 μ_0, 就是一个最简单最重要的假设检验问题.

　　本章分为 5 节, 在 8.1 节中将首先引进假设检验中的一些重要的基本概念. 在实用中, 正态总体是最重要的研究对象. 于是, 在 8.2 节和 8.3 节中, 我们将详细讨论正态总体均值和方差的检验. 在实际应用中, 我们往往并不是一开始就能确定总体的分布形式. 比如, 在连续型分布的情形, 时常对总体是正态分布, 还是指数分布或者是其他分布并无完全把握, 这就要通过样本来检验总体的具体分布形式. 8.4 节要讨论的拟合优度检验就是用来解决这个问题的. 最后一节把拟合优度检验应用于列联表. 列联表在社会调查、生物医学中具有广泛的应用.

8.1　基 本 概 念

　　我们通过一个例子, 来引进假设检验中的一些重要概念.

　　例 8.1.1　某工厂生产 10 欧姆的电阻. 根据以往生产的电阻实际情况, 可以认为其电阻值服从正态分布, 标准差 $\sigma = 0.1$. 现在随机抽取 10 个电阻, 测得它们的电阻值为

$$9.9, 10.1, 10.2, 9.7, 9.9, 9.9, 10.0, 10.5, 10.1, 10.2.$$

问, 从这些样本我们能否认为该厂生产的电阻的平均阻值为 10 欧姆?

　　记 X 为该厂生产的电阻的测量值. 根据假设, $X \sim N(\mu, \sigma^2)$, 这里 $\sigma = 0.1$. 我们想通过样本推断的是: 总体均值 μ 是不是等于 10 欧姆. 对于这个问题, 在统计学上可以做如下表述.

　　我们有一个假设

$$H_0 : \mu = 10.$$

现在要通过样本去检验这个假设是否成立. 这个假设的对立面是 $H_1 : \mu \neq 10$. 把它们合写在一起, 就是

$$H_0 : \mu = 10 \leftrightarrow H_1 : \mu \neq 10. \tag{8.1.1}$$

在数理统计中, 我们把 "$H_0 : \mu = 10$" 称为 "原假设" 或 "零假设", 而把 "$H_1 : \mu \neq 10$" 称为 "对立假设" 或 "备择假设".

我们知道, 样本均值 $\bar{X}$ 是总体均值 μ 的一个良好估计. 因此, 如果 $\mu = 10$, 也就是说原假设成立, 那么 $|\bar{X} - 10|$ 应该比较小. 反过来, 若原假设不成立, 则它就应该比较大. 因此, $|\bar{X} - 10|$ 的大小可以用来检验原假设是否成立. 直观上合理的检验是当 $|\bar{X} - 10| < c$ 时, 我们就接受原假设 H_0, 而当 $|\bar{X} - 10| \geqslant c$ 时, 我们就拒绝原假设 H_0. 这里的问题是, 我们如何确定 c 呢?

根据基本定理 (见定理 6.3.1): $\bar{X} \sim N\left(\mu, \dfrac{\sigma^2}{n}\right)$, 即

$$\frac{\bar{X} - \mu}{\sigma/\sqrt{n}} \sim N(0, 1).$$

对现在的情形: $n = 10, \sigma^2 = 0.1^2$, 于是, 当原假设成立时

$$\frac{\bar{X} - \mu}{\sigma/\sqrt{n}} = \frac{\bar{X} - 10}{0.1/\sqrt{10}} \sim N(0, 1), \tag{8.1.2}$$

对给定的 $\alpha, 0 < \alpha < 1$, 根据分位点的定义有

$$P\left\{\left|\frac{\bar{X} - 10}{0.1/\sqrt{10}}\right| \geqslant Z_{\alpha/2}\right\} = \alpha, \tag{8.1.3}$$

即

$$P\{|\bar{X} - 10| \geqslant (0.1/\sqrt{10})Z_{\alpha/2}\} = \alpha.$$

这样, 我们就得到了 c 的值: $c = \dfrac{0.1}{\sqrt{10}}Z_{\alpha/2}$. 这样确定 c 值的理由, 涉及检验的显著性水平 α, 我们将在后面的讨论中作进一步说明.

由此我们得到如下检验:

(1) 若

$$|\bar{X} - 10| \geqslant \frac{0.1}{\sqrt{10}}Z_{\alpha/2} = 0.032 Z_{\alpha/2}, \tag{8.1.4}$$

则认为样本均值 $\bar{X}$ 与总体均值的假设值 10 相距太大, 所以应该拒绝原假设;

(2) 若

$$|\bar{X} - 10| < 0.032 Z_{\alpha/2}, \tag{8.1.5}$$

我们就认为样本均值与总体均值的假设值 10 比较接近, 于是接受原假设.

我们把 (8.1.2) 式中的 $(\bar{X}-10)/(0.1/\sqrt{10})$ 称为检验统计量, 而把 (8.1.4) 式所定义的区域

$$|\bar{X}-10| \geqslant 0.032 Z_{\alpha/2}$$

称为该检验的拒绝域.

当我们检验一个假设 H_0 时, 有可能犯以下两类错误之一. 第一, H_0 是真实成立的, 但被我们拒绝了, 这就犯了 "弃真" 的错误, 即抛弃了真实成立的假设. 第二, H_0 是不真的, 但被我们接受了, 这就犯了 "采伪" 的错误, 即采用了伪假设. 因为检验统计量总是随机的, 所以, 我们总是以一定的概率犯以上两类错误. 应用上, 一般是采用限制犯第一类错误 (即弃真) 概率的方法, 即事先给定一个 $\alpha \in (0,1)$, 使得 $P\{$犯第一类错误$\} \leqslant \alpha$. 我们称 α 为假设检验的显著性水平, 简称水平. 从理论的角度讲, 在保证 $P\{$犯第一类错误$\} \leqslant \alpha$ 的同时, 应该使得犯第二类错误的概率尽量小, 这需要更多的数学工具, 超出了本书的范围, 这里不作讨论. 大体上说, 下面给出的检验方法满足这个要求.

引进了显著性水平的概念之后, 我们回过头来解释确定 c 值的方法的理由. 假定原假设 H_0 为真, 由 (8.1.3) 式知, 这时事件 $\{|\bar{X}-10| \geqslant 0.032 Z_{\alpha/2}\}$ 发生的概率为 α, 也就是说, 我们是以概率 α 拒绝原假设的, 因此, 这时犯第一类错误的概率是 α. 换句话说, 该检验的显著性水平为 α. 于是我们所用的确定 c 值的方法, 保证了所构造的检验具有给定的显著性水平 α.

再回到前面的例子, 原假设 $H_0 : \mu = 10$ 的拒绝域为 $|\bar{X}-10| \geqslant 0.032 Z_{\alpha/2}$. 由 (8.1.3) 式知, 当原假设成立时, 样本落在拒绝域的概率为 α. 于是由 (8.1.4) 式和 (8.1.5) 式给出的检验犯第一类错误的概率为 α, 即该检验的显著性水平为 α.

由此可见, 对于给定的 α, 要求出显著性水平为 α 的检验, 关键在于找出拒绝域, 使得当原假设 H_0 正确时, $P\{$样本落入拒绝域$\} \leqslant \alpha$. 此时, 所求的水平为 α 的检验为: 当样本落入拒绝域时, 拒绝原假设 H_0; 否则, 接受原假设 H_0. 在上面的例子中, 用来确定拒绝域的 (8.1.3) 式中用了等号, 方便可行, 这是由于在 H_0 下检验统计量的分布为连续型分布, 并且完全已知. 但有时需要用不等号, 比如当原假设由不等式给出时, 在原假设下检验统计量的分布不完全已知, 我们只能用不等式对于犯第一类错误的概率作出估计 (见 8.2.1 小节最后的说明); 或在总体分布为离散型而样本大小 n 又较小的情形, 也需要用不等式保证检验的显著性水平, 这里不讨论这个细节.

一般我们把显著性水平限定在一个比较小的值, 通常 $\alpha = 0.05$ 或 0.01. 在上面的例子中, 若 $\alpha = 0.05$, 则 $Z_{\alpha/2} = Z_{0.025} = 1.96$, 所以, 原假设 $H_0 : \mu = 10$ 的拒绝域为

$$|\bar{X}-10| \geqslant 0.063.$$

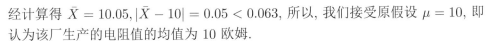

经计算得 $\bar{X} = 10.05, |\bar{X} - 10| = 0.05 < 0.063$, 所以, 我们接受原假设 $\mu = 10$, 即认为该厂生产的电阻值的均值为 10 欧姆.

假设检验中还有一个与显著性水平密切相关的概念, 即检验的 p 值. 在上述例子中, 拒绝域可以用检验统计量 $U = (\bar{X} - 10)/(0.1/\sqrt{10})$ 表示为 $|U| \geqslant Z_{\alpha/2}$, $Z_{\alpha/2}$ 是拒绝域的边界, 称为检验的临界值. 犯第一类错误的概率可以表示为 $P\{|U| \geqslant$ 临界值$\}$. 在得到样本观测值以后, 代入检验统计量得到值 u, 然后在 $P\{|U| \geqslant$ 临界值$\}$ 中以 $|u|$ 替换临界值计算概率, 所得到的值称为这个检验的 p 值. 它表明, 为了从现有样本观测值得到拒绝 H_0 的决定, 显著性水平至少要取这么大. 显然, 当 p 值大于显著性水平 α 时, 我们接受原假设, 否则拒绝原假设. 例如, 当 $\bar{X} = 10.05$ 时, $u = (10.05 - 10)/(0.1/\sqrt{10}) = 1.5811$, 检验的 p 值为 $P\{|U| \geqslant 1.5811\} = 0.1138 > 0.05$, 所以接受原假设 H_0. p 值是目前统计软件中广泛采用的一个概念; 在统计软件中, 一般并不给出检验的拒绝域或临界值, 都是给出检验的 p 值. 于是可以根据 p 值作出拒绝或接受原假设 H_0 的决定. p 值的计算方法超出本书范围, 在本章后面的例子中, 我们只给出 p 值的计算公式, 而不讨论其计算过程.

8.2 正态总体均值的检验

在实际应用中, 许多量都可以近似地用正态总体去刻画, 因此, 关于正态总体均值的检验会经常遇到. 下面我们就此问题, 分几种情况来讨论.

8.2.1 单个正态总体 $N(\mu, \sigma^2)$ 均值 μ 的检验

我们讨论几种常用的原假设和对立假设的情况.

1. $H_0 : \mu = \mu_0 \leftrightarrow H_1 : \mu \neq \mu_0$

假设 σ^2 已知, 根据上节的讨论, 我们取检验统计量

$$U = \frac{\bar{X} - \mu_0}{\sigma/\sqrt{n}} \sim N(0, 1).$$

对给定的显著性水平 α, 拒绝域可取为

$$|U| = \left| \frac{\bar{X} - \mu_0}{\sigma/\sqrt{n}} \right| \geqslant Z_{\alpha/2},$$

即

$$|\bar{X} - \mu_0| \geqslant \frac{\sigma}{\sqrt{n}} Z_{\alpha/2}. \tag{8.2.1}$$

该检验常称为 U 检验.

在应用上, σ^2 未知是常见的, 此时和前面不同的是, 我们需要用样本方差 $S^2 = \sum_{i=1}^{n}(X_i - \bar{X})^2/(n-1)$ 来代替 σ^2, 据基本定理 (见定理 6.3.1) 有

$$t = \frac{\bar{X} - \mu_0}{S/\sqrt{n}} \sim t_{n-1}.$$

对给定的显著性水平 α, 拒绝域为

$$|t| = \left| \frac{\bar{X} - \mu_0}{S/\sqrt{n}} \right| \geqslant t_{n-1}\left(\frac{\alpha}{2}\right),$$

即

$$|\bar{X} - \mu_0| \geqslant \frac{S}{\sqrt{n}} t_{n-1}\left(\frac{\alpha}{2}\right). \tag{8.2.2}$$

比较 (8.2.1) 式和 (8.2.2) 式, 我们不难看出, 从 σ^2 已知到未知, 只需要将 $\sigma Z_{\alpha/2}$ 用 $St_{n-1}\left(\frac{\alpha}{2}\right)$ 来代替, 所得到的检验为: 若

$$|\bar{X} - \mu_0| \geqslant \frac{S}{\sqrt{n}} t_{n-1}\left(\frac{\alpha}{2}\right),$$

则拒绝原假设 $H_0 : \mu = \mu_0$; 否则我们接受 H_0. 文献中常称这个检验为 t 检验.

原假设 $H_0 : \mu = \mu_0$ 的拒绝域 (8.2.1) 式和 (8.2.2) 式在直观上是很合理的. 因为样本均值 $\bar{X}$ 是总体均值 μ 的估计. 当 H_0 成立时, $|\bar{X} - \mu_0|$ 应该比较小. 如果它比较大时, 我们就有理由拒绝原假设. (8.2.1) 式中的 $\frac{\sigma}{\sqrt{n}} Z_{\alpha/2}$ 和 (8.2.2) 式中 $\frac{S}{\sqrt{n}} t_{n-1}\left(\frac{\alpha}{2}\right)$ 保证了所得的检验具有显著性水平 α.

例 8.2.1(续例 8.1.1) 在例 8.1.1 中, 假设 σ^2 未知, 计算得 $S^2 = 0.05$. 给定显著性水平 $\alpha = 0.05$, 则 $t_{n-1}\left(\frac{\alpha}{2}\right) = t_9(0.025) = 2.2622$. 于是, 拒绝域为

$$|\bar{X} - \mu_0| \geqslant 2.2622 \times \frac{S}{\sqrt{n}}.$$

而 $|\bar{X} - \mu_0| = |10.05 - 10| = 0.05 < 2.2622 \times \frac{S}{\sqrt{n}} = 2.2622 \times \frac{\sqrt{0.05}}{\sqrt{10}} = 0.160$, 所以, 在方差未知的情形, 我们仍然是接受原假设 $\mu = 10$. 可以算得, 该检验的 p 值为

$$P\left\{|T_{n-1}| \geqslant \left| \frac{10.05 - 10}{\sqrt{0.05}/\sqrt{10}} \right|\right\} = P\{|T_{n-1}| \geqslant 0.7071\} = 0.4974,$$

其中 T_{n-1} 为服从 t_{n-1} 分布的随机变量.

2. $H_0 : \mu = \mu_0 \Leftrightarrow H_1 : \mu > \mu_0$

这种形式的假设检验问题, 也很有实用意义. 例如, 工厂生产的产品的某项指标平均值为 μ_0. 采用了新技术或新配方后, 被认为产品质量提高了, 该指标的平均值 μ 应该随之上升. 我们的问题就是检验 $\mu = \mu_0$, 即新技术或新配方对提高产品质量无效果, 还是 $H_1 : \mu > \mu_0$, 即新技术或新配方确实有效, 提高了产品质量.

假设 $X_1, X_2, \cdots, X_n$ 来自正态总体 $N(\mu, \sigma^2)$, 方差 σ^2 未知. 由于 $\bar{X}$ 是 μ 的估计, 因此, 当 $\bar{X} - \mu_0$ 较大时, 我们有理由认为原假设 $H_0 : \mu = \mu_0$ 不成立, 而对立假设 $H_1 : \mu > \mu_0$ 成立. 对给定的显著性水平 α, 我们知道当原假设成立时, $\dfrac{\bar{X} - \mu_0}{S/\sqrt{n}} \sim t_{n-1}$, 于是拒绝域应为

$$\frac{\bar{X} - \mu_0}{S/\sqrt{n}} \geqslant t_{n-1}(\alpha), \tag{8.2.3}$$

即

$$\bar{X} - \mu_0 \geqslant \frac{S}{\sqrt{n}} t_{n-1}(\alpha). \tag{8.2.4}$$

所以, 我们所求的检验是, 当 (8.2.4) 式成立时, 拒绝原假设, 否则就接受原假设. 因为, 当原假设成立时,

$$P \left\{ \frac{\bar{X} - \mu_0}{S/\sqrt{n}} \geqslant t_{n-1}(\alpha) \right\} = \alpha,$$

于是我们的检验的显著性水平为 α.

例 8.2.2 某厂生产一种工业用绳, 其质量指标是绳子所承受的最大拉力. 假定该指标服从正态分布. 原来该厂生产的这种绳子平均最大拉力 $\mu_0 = 15$ 千克. 现在采用了一种新的原材料, 厂方称这种原材料提高了绳子的质量, 也就是说绳子所承受的最大拉力比 15 千克大了. 为了检验该厂的结论是否真实, 从其新产品中随机抽取 50 件, 测得它们承受的最大拉力的平均值为 15.8 千克, 样本标准差 $S = 0.5$ 千克. 取显著性水平 $\alpha = 0.01$, 问从这些样本看, 我们能否接受厂方的结论, 即新原材料确实提高了绳子的质量?

解 问题归结为检验如下假设

$$H_0 : \mu = 15 \Leftrightarrow H_1 : \mu > 15.$$

此处 $n = 50, \alpha = 0.01, S = 0.5$. 注意到, 在 t 分布表中, 往往没有 $n - 1 = 49$ 对应的分位点, 但因为 α 很小时 t 分位点关于自由度 n 有单调性: $t_n(\alpha) < t_{n-1}(\alpha)$

知 $t_{49}(0.01) < t_{45}(0.01)$, 所以,

$$\frac{S}{\sqrt{n}}t_{n-1}(\alpha) = \frac{0.5}{\sqrt{50}}t_{49}(0.01) < \frac{0.5}{\sqrt{50}}t_{45}(0.01) = 0.171.$$

但 $\bar{X} - \mu_0 = 15.8 - 15 = 0.8 > 0.171$, 于是我们拒绝原假设, 认为新的原材料确实提高了绳子所能承受的最大拉力. 检验的 p 值为

$$P\left\{T_{n-1} \geqslant \frac{15.8 - 15}{0.5/\sqrt{50}}\right\} = P\{T_{49} \geqslant 11.3137\} = 1.4433 \times 10^{-15}.$$

请注意这里 p 值的计算公式与拒绝域之间的对应.

检验 (8.2.3) 或 (8.2.4) 也适合于假设 $H_0 : \mu \leqslant \mu_0 \leftrightarrow H_1 : \mu > \mu_0$. 这是由于当 $H_0 : \mu \leqslant \mu_0$ 时,

$$\frac{\bar{X} - \mu}{S/\sqrt{n}} \geqslant \frac{\bar{X} - \mu_0}{S/\sqrt{n}},$$

由基本定理, 左边服从自由度为 $n-1$ 的 t 分布, 从而

$$P\left\{\frac{\bar{X} - \mu_0}{S/\sqrt{n}} \geqslant t_{n-1}(\alpha)\right\} \leqslant P\left\{\frac{\bar{X} - \mu}{S/\sqrt{n}} \geqslant t_{n-1}(\alpha)\right\} = \alpha.$$

即取形如 (8.2.3) 的拒绝域, 则在该 H_0 下, 犯第一类错误的概率不超过 α. 类似地, 可以得到假设 $H_0 : \mu \geqslant \mu_0 \leftrightarrow H_1 : \mu < \mu_0$ 的显著性水平为 α 的检验的拒绝域是

$$\frac{\bar{X} - \mu_0}{S/\sqrt{n}} \leqslant t_{n-1}(\alpha),$$

或写为

$$\bar{X} - \mu_0 \leqslant \frac{S}{\sqrt{n}}t_{n-1}(\alpha). \tag{8.2.5}$$

8.2.2 两个正态总体 $N(\mu_1, \sigma_1^2)$ 和 $N(\mu_2, \sigma_2^2)$ 均值的比较

在应用上, 我们经常会遇到两个正态总体均值的比较问题. 譬如, 欲比较甲、乙两厂生产的某种产品的质量. 我们把两厂生产的产品的质量指标分别看成两个正态总体, 比较它们的产品质量指标的问题, 就变为比较这两个正态总体均值的问题. 又如, 欲考察一项新技术对提高产品质量是否有效, 则把新技术实施前后生产的产品质量指标分别看成一个正态总体, 这时, 我们所考察的问题, 就归结为检验这两个正态总体的均值是否相等的问题.

设 $X_1, X_2, \cdots, X_m$ 和 $Y_1, Y_2, \cdots, Y_n$ 分别为来自正态总体 $N(\mu_1, \sigma_1^2)$ 和 $N(\mu_2, \sigma_2^2)$ 的样本. 我们要检验假设

$$H_0 : \mu_1 = \mu_2 \leftrightarrow H_1 : \mu_1 \neq \mu_2.$$

首先假设 σ_1^2 和 σ_2^2 皆已知. 以 $\bar{X}$ 和 $\bar{Y}$ 分别记它们的样本均值, 根据定理 7.5.1 知

$$\frac{(\bar{X} - \bar{Y}) - (\mu_1 - \mu_2)}{\sqrt{\sigma_1^2/m + \sigma_2^2/n}} \sim N(0, 1).$$

当 H_0 成立时

$$U = \frac{\bar{X} - \bar{Y}}{\sqrt{\sigma_1^2/m + \sigma_2^2/n}} \sim N(0, 1). \tag{8.2.6}$$

现在取上式左端为检验统计量. 于是, 显著性水平为 α 的检验的拒绝域为

$$|U| = \frac{|\bar{X} - \bar{Y}|}{\sqrt{\sigma_1^2/m + \sigma_2^2/n}} \geqslant Z_{\alpha/2},$$

即

$$|\bar{X} - \bar{Y}| \geqslant Z_{\alpha/2}\sqrt{\frac{\sigma_1^2}{m} + \frac{\sigma_2^2}{n}}. \tag{8.2.7}$$

当 (8.2.7) 式成立时, 我们拒绝原假设, 否则就接受原假设. 拒绝域 (8.2.7) 式的直观意义是很明显的. 因为 $\bar{X}$ 和 $\bar{Y}$ 分别是 μ_1 和 μ_2 的估计, 因此 $\bar{X} - \bar{Y}$ 作为 $\mu_1 - \mu_2$ 的估计, 自然当 $|\bar{X} - \bar{Y}|$ 比较大时, 原假设 $\mu_1 = \mu_2$ 就不像是正确的, 因此就应该拒绝它.

当 σ_1^2 和 σ_2^2 都未知时, 我们假设 $\sigma_1^2 = \sigma_2^2 = \sigma^2$, 即 σ^2 是两个正态总体的公共的、但未知的方差. 记

$$S_1^2 = \frac{1}{m-1}\sum_{i=1}^{m}(X_i - \bar{X})^2, \quad S_2^2 = \frac{1}{n-1}\sum_{i=1}^{n}(Y_i - \bar{Y})^2$$

分别为两个正态总体的样本方差. 用

$$S^2 = \frac{(m-1)S_1^2 + (n-1)S_2^2}{m+n-2} \tag{8.2.8}$$

作为 σ^2 的估计. 根据定理 7.5.1 知

$$\frac{(\bar{X} - \bar{Y}) - (\mu_1 - \mu_2)}{S\sqrt{1/m + 1/n}} \sim t_{m+n-2}. \tag{8.2.9}$$

因此, 当 H_0 成立时,

$$t = \frac{\bar{X} - \bar{Y}}{S\sqrt{1/m + 1/n}} = \sqrt{\frac{mn}{m+n}}\frac{\bar{X} - \bar{Y}}{S} \sim t_{m+n-2}. \tag{8.2.10}$$

取左端为检验统计量, 则显著性水平为 α 的检验的拒绝域为

$$|t| = \sqrt{\frac{mn}{m+n}} \frac{|\bar{X} - \bar{Y}|}{S} \geqslant t_{m+n-2}\left(\frac{\alpha}{2}\right),$$

即

$$|\bar{X} - \bar{Y}| \geqslant t_{m+n-2}\left(\frac{\alpha}{2}\right)\sqrt{\frac{m+n}{mn}}S. \tag{8.2.11}$$

当 (8.2.11) 式成立时, 拒绝 H_0, 否则就接受 H_0. 这个检验称为两样本 t 检验. 拒绝域 (8.2.11) 式的直观意义类似于 (8.2.7) 式.

需要说明的是, 在上面的讨论中, 我们假定了两个正态总体的方差相等. 当然, 这是一个迫不得已而强加上去的条件. 因为, 如果放弃这个假设, (8.2.9) 式就不再成立, 我们也就无法使用简单易行的 t 检验. 在实用中, 只要我们有理由认为 σ_1^2 和 σ_2^2 相差不是太大, (8.2.9) 式就近似成立, 于是, 相应的检验 (8.2.11) 式还是可行的.

例 8.2.3 假设有 A、B 两种药, 试验者欲比较服用 2 小时后它们在患者血液中的含量是否一样. 为此, 按照某种规则挑选具有可比性的 14 名患者, 并随机指定其中 8 人服用药品 A, 另外 6 人服用药品 B, 记录他们在服用 2 小时后血液中药的浓度 (用适当的单位), 数据如下:

A: 1.23, 1.42, 1.41, 1.62, 1.55, 1.51, 1.60, 1.76;

B: 1.76, 1.41, 1.87, 1.49, 1.67, 1.81.

假定这两组观测值服从具有公共方差的正态分布, 试在显著性水平 $\alpha = 0.10$ 下, 检验患者血液中这两种药的浓度是否有显著不同?

解 记药品 A 和 B 的样本均值分别为 $\bar{X}$ 和 $\bar{Y}$, 则 $\bar{X} = 1.51, \bar{Y} = 1.66$. 它们的样本方差分别为 $S_1^2 = 0.03, S_2^2 = 0.034$, 且由 (8.2.7) 式算得 $S = 0.18$. 又 $t_{m+n-2}\left(\frac{\alpha}{2}\right) = t_{8+6-2}(0.05) = t_{12}(0.05) = 1.7823$, 故

$$\begin{aligned}
|\bar{X} - \bar{Y}| = 0.15 &< t_{m+n-2}\left(\frac{\alpha}{2}\right)\sqrt{\frac{m+n}{mn}}S \\
&= 1.7823 \times \sqrt{\frac{8+6}{8 \times 6}} \times 0.18 = 0.17.
\end{aligned}$$

于是, 我们接受原假设. 即认为患者血液中这两种药浓度无显著差异. 检验的 p 值为

$$P\left\{|T_{m+n-2}| \geqslant \sqrt{\frac{8 \times 6}{8+6}}\left|\frac{1.51 - 1.66}{0.18}\right|\right\} = P\{|T_{12}| \geqslant 1.5430\} = 0.1488.$$

前面我们说明了拒绝域 (8.2.7) 式和 (8.2.11) 式的直观意义. 它们都是用 $|\bar{X} - \bar{Y}|$ 的大小来判断原假设 $\mu_1 = \mu_2$ 是否成立. 当原假设成立时, $|\bar{X} - \bar{Y}|$ 应该跟零比较接近. 所以当 $|\bar{X} - \bar{Y}|$ 大于某个数 c 时, 我们就有理由认为原假设不成立而予以拒绝. 基于这样的直观分析, 我们可以处理如下更一般的假设检验问题.

(1) $H_0' : \mu_1 - \mu_2 \geqslant 0 \leftrightarrow H_1' : \mu_1 - \mu_2 < 0$;

(2) $H_0'' : \mu_1 - \mu_2 \leqslant 0 \leftrightarrow H_1'' : \mu_1 - \mu_2 > 0$.

对问题 (1) 而言, 一个适当的检验应当是, 当 $\bar{X} - \bar{Y} \leqslant c$ 时, 拒绝原假设 H_0', 否则就接受 H_0'.

若 σ_1^2 和 σ_2^2 已知, 根据 (8.2.6) 式, 对给定的显著性水平 α, 当

$$\frac{\bar{X} - \bar{Y}}{\sqrt{\sigma_1^2/m + \sigma_2^2/n}} \leqslant -Z_\alpha$$

时, 拒绝 H_0', 否则就接受 H_0'. 于是 H_0' 的拒绝域为

$$\bar{X} - \bar{Y} \leqslant -Z_\alpha \sqrt{\frac{\sigma_1^2}{m} + \frac{\sigma_2^2}{n}}. \tag{8.2.12}$$

用完全类似的方法, 可以得到 H_0'' 的拒绝域为

$$\bar{X} - \bar{Y} \geqslant Z_\alpha \sqrt{\frac{\sigma_1^2}{m} + \frac{\sigma_2^2}{n}}. \tag{8.2.13}$$

当假定 σ_1^2 和 σ_2^2 未知但 $\sigma_1^2 = \sigma_2^2$ 时, 类似于从 (8.2.6) 式到 (8.2.10) 式的过程, 可知 H_0' 和 H_0'' 的拒绝域分别为

$$\bar{X} - \bar{Y} \leqslant -t_{m+n-2}(\alpha) \sqrt{\frac{m+n}{mn}} S \tag{8.2.14}$$

和

$$\bar{X} - \bar{Y} \geqslant t_{m+n-2}(\alpha) \sqrt{\frac{m+n}{mn}} S. \tag{8.2.15}$$

8.2.3 成对数据的 t 检验

在上小节讨论的用于两个正态总体均值的比较检验中, 我们实际上是假设了来自这两个正态总体的样本是相互独立的. 但是, 在实际中, 有时候情况不是这样. 可能这两个正态总体的样本是来自同一个总体上的重复测量, 它们是成对出现的且是相关的. 例如, 为了考察一种降血压药的效果, 测试了 n 个高血压病人服药前后的血压分别为 $X_1, X_2, \cdots, X_n$ 和 $Y_1, Y_2, \cdots, Y_n$. 这里 (X_i, Y_i) 是第

i 个病人服药前和服药后的血压. 它们是有关系的, 不会相互独立. 另一方面, $X_1, X_2, \cdots, X_n$ 是 n 个不同病人的血压, 由于各人体质诸方面的条件不同, 这 n 个观测值也不能看成来自同一个正态总体的样本. $Y_1, Y_2, \cdots, Y_n$ 也一样. 这样的数据称为成对数据. 对这样的数据在 8.2.2 小节中所讨论的检验方法就不适用. 但是, 因为 X_i 和 Y_i 是在同一个人身上观测到的血压, 所以, $X_i - Y_i$ 就消除了人的体质诸方面的条件差异, 仅剩下降血压药的效果. 从而我们可以把 $d_i = X_i - Y_i, i = 1, 2, \cdots, n$ 看成来自正态总体 $N(\mu, \sigma^2)$ 的样本, 其中 μ 就是降血压药的平均效果. 降血压药是否有效, 就归结为检验如下假设

$$H_0 : \mu = 0 \leftrightarrow H_1 : \mu \neq 0.$$

因为 $d_1, d_2, \cdots, d_n$ 为来自正态总体 $N(\mu, \sigma^2)$ 的样本, 于是问题就变成了 8.2.1 小节中 $\mu_0 = 0$ 的特殊情形, 若记

$$\bar{d} = \sum_{i=1}^{n} d_i / n, \quad S_d^2 = \sum_{i=1}^{n} (d_i - \bar{d})^2 / (n-1),$$

那么根据 (8.2.2) 式, 得到原假设 H_0 的显著性水平为 α 的检验的拒绝域为

$$|\bar{d}| \geqslant \frac{S_d}{\sqrt{n}} t_{n-1} \left(\frac{\alpha}{2} \right).$$

这个检验通常称为成对 t 检验.

例 8.2.4 为了检验 A、B 两种测定铁矿石含铁量的方法是否有明显差异, 现用这两种方法测定了取自 12 个不同铁矿的矿石标本的含铁量 (%), 结果列于表 8.1. 问这两种测定方法是否有显著差异? 取 $\alpha = 0.05$.

表 8.1 铁矿石含铁量 (%)

标本号	方法 A	方法 B	d_i
1	38.25	38.27	-0.02
2	31.68	31.71	-0.03
3	26.24	26.22	$+0.02$
4	41.29	41.33	-0.04
5	44.81	44.80	$+0.01$
6	46.37	46.39	-0.02
7	35.42	35.46	-0.04
8	38.41	38.39	$+0.02$
9	42.68	42.72	-0.04
10	46.71	46.76	-0.05
11	29.20	29.18	$+0.02$
12	30.76	30.79	-0.03

解 将方法 A 和方法 B 的测定值分别记为 $X_1, X_2, \cdots, X_{12}$ 和 $Y_1, Y_2, \cdots, Y_{12}$. 由于这 12 个标本来自不同铁矿, 因此, $X_1, X_2, \cdots, X_{12}$ 不能看成来自同一个总体的样本, $Y_1, Y_2, \cdots, Y_{12}$ 也一样. 故需用成对 t 检验. 记

$$d_i = X_i - Y_i, \quad i = 1, 2, \cdots, 12,$$

则 $\bar{d} = -0.0167, S_d^2 = 0.0007$. 查表得 $t_{n-1}\left(\dfrac{\alpha}{2}\right) = t_{11}(0.025) = 2.201$. 因为

$$\frac{S_d}{\sqrt{n}} t_{n-1}\left(\frac{\alpha}{2}\right) = \frac{\sqrt{0.0007}}{\sqrt{12}} \times 2.201 = 0.0168 > |\bar{d}| = 0.0167,$$

所以我们接受原假设, 即认为两种测定方法无显著性差异. 检验的 p 值为

$$p = P\left\{ |T_{n-1}| \geqslant \frac{0.0167}{\sqrt{0.0007/\sqrt{12}}} \right\} = 0.0513.$$

数值计算与试验

可以用 R 程序中的 t.test 函数实现正态分布均值的假设检验:

t.test(x, y = NULL, alternative = c("two.sided", "less", "greater"), mu = 0, paired = FALSE, var.equal = FALSE, conf.level = 0.95, ...)

其中向量 x 存放样本, mu 代表 μ_0(缺省值是 0), alternative 用来表示对立假设, 当对立假设为 $H_1: \mu \neq \mu_0$ 时, 取 alternative="two.sided", 对立假设为 $H_1: \mu > \mu_0$ 时, 取为 "greater", conf.level 代表置信系数 $1 - \alpha$, 这里 α 为显著性水平. 其他变量可以忽略.

这个函数也可以用于两样本均值的 t 检验, 此时 y 用于存放第二个样本, alternative="two.sided" 表示 $H_1: \mu_1 - \mu_2 \neq \mu_0$, "greater" 表示 $H_1: \mu_1 - \mu_2 > \mu_0$, var.equal 用来声明两个总体方差是否相等 (当然, 我们前面只讲了方差相等的情形). 该函数还可用于成对数据的 t 检验, 此时, 应设置 paired=TRUE, x,y 分别存放第一、第二样本. 注意, x, y 必须有相等长度.

这个函数返回一个列表, 其分量包括: statistic=t 统计量的值; parameter=t 统计量的自由度; p.value= 检验的 p 值; conf.int= 与对立假设对应的均值 (对于两总体问题, 则是均值差) 的置信区间, estimate= 均值或均值差的点估计.

看下面数值例子:

```
x=c(5.83, 5.17, 5.16, 5.26, 4.70, 6.80, 4.84, 5.02, 2.85, 3.96)
y=c(7.72, 5.02, 7.16, 6.90, 5.63, 7.44, 6.32, 5.62, 8.38, 4.14)
OneSampleTest=t.test(x, alternative="two", mu=5.5, conf.level=0.95)
TwoSampleTest=t.test(x, y, alternative="less", mu=1.0, var.equal=TRUE,
```

```
    conf.level=0.95)
  PairedTest=t.test(x, y, alternative="less", mu=-1.0, paired=TRUE,
    conf.level=0.95)


> OneSampleTest

        One Sample t-test

data:  x
t = -1.6325, df = 9, p-value = 0.137
alternative hypothesis: true mean is not equal to 5.5
95 percent confidence interval:
 4.211628 5.708295
sample estimates:
mean of x
 4.959961


> TwoSampleTest

        Two Sample t-test

data:  x and y
t = -4.6364, df = 18, p-value = 0.0001026
alternative hypothesis: true difference in means is less than 1
95 percent confidence interval:
       -Inf -0.5483843
sample estimates:
mean of x mean of y
 4.959961   6.433470
> PairedTest

        Paired t-test

data:  x and y
t = -0.93713, df = 9, p-value = 0.1866
alternative hypothesis: true difference in means is less than -1
95 percent confidence interval:
       -Inf -0.5472783
sample estimates:
mean of the differences
```

-1.473509

上述程序中, OneSampleTest 是对于 X 样本进行假设 $H_0 : \mu = 5.5 \leftrightarrow H_1 : \mu \neq 5.5$ 的检验, 显著性水平为 0.05. 输出结果中, 检验统计量的值为 $t = -1.63$, 自由度为 9, 检验的 p 值为 0.137, 还给出了 μ 的置信区间 $[4.21, 5.71]$ 和 4.96. TwoSampleTest 是对于 X, Y 样本进行假设 $H_0 : \mu_1 - \mu_2 \geqslant 1 \leftrightarrow H_1 : \mu_1 - \mu_2 < 1$ 的检验, 注意我们假定了两个总体的方差相等. 输出结果中, 除了检验统计量、自由度、p 值外, 给出了 $\mu_1 - \mu_2$ 的置信上限 -0.55 和两个均值的点估计. PairedTest 是用来做 X, Y 两组成对数据的 t 检验: $H_0 : E(X-Y) \geqslant -1 \leftrightarrow H_1 : E(X-Y) < -1$. 当然, 对于相同的两组样本, 不会同时使用两样本检验和成对数据的 t 检验, 这里只是示范 R 函数的调用方法.

读者不妨利用上述函数重新计算本节各例.

8.3 正态总体方差的检验

本节讨论关于正态总体方差的检验, 分为一个正态总体方差的 χ^2 检验和两个正态总体方差比的 F 检验. 相对于正态总体均值的检验, 方差检验的重要性要逊色得多, 但也有一些应用, 例如, 机器所加工出的产品的尺寸服从正态分布. 这个正态分布的方差刻画了生产过程的稳定性. 方差越大, 表示整个生产过程综合误差越大. 因此, 我们需要知道方差是否超过了一个预定界限. 方差比的 F 检验主要用于上节讨论的两样本 t 检验中, 关于两正态总体方差相等的假设是否合理.

8.3.1 单个正态总体方差的 χ^2 检验

设 $X_1, X_2, \cdots, X_n$ 为来自正态总体 $N(\mu, \sigma^2)$ 的样本, μ 和 σ^2 皆未知. 给定显著性水平 α, 且设 σ_0^2 为给定的常数, 我们要检验

$$H_0 : \sigma^2 = \sigma_0^2 \leftrightarrow H_1 : \sigma^2 \neq \sigma_0^2.$$

我们知道样本方差 $S^2 = \dfrac{1}{n-1} \sum_{i=1}^{n} (X_i - \bar{X})^2$ 是 σ^2 的一个无偏估计, 于是, 当原假设成立时, S^2 和 σ_0^2 应该比较接近, 即比值 S^2/σ_0^2 应比较接近于 1. 因此, 这个比值过大或过小都是我们拒绝原假设的理由. 根据基本定理 (定理 6.3.1), 在原假设下

$$\frac{(n-1)S^2}{\sigma_0^2} \sim \chi_{n-1}^2, \tag{8.3.1}$$

取左端为检验统计量, 一个直观上合理的检验是当

$$\frac{(n-1)S^2}{\sigma_0^2} \leqslant c_1 \quad \text{或} \quad \frac{(n-1)S^2}{\sigma_0^2} \geqslant c_2$$

时, 拒绝原假设. 这里 c_1 和 c_2 由显著性水平 α 来确定. 为简单计, 可取

$$c_1 = \chi_{n-1}^2\left(1 - \frac{\alpha}{2}\right), \quad c_2 = \chi_{n-1}^2\left(\frac{\alpha}{2}\right).$$

于是, 检验的拒绝域为

$$\frac{(n-1)S^2}{\sigma_0^2} \leqslant \chi_{n-1}^2\left(1 - \frac{\alpha}{2}\right) \quad \text{或} \quad \frac{(n-1)S^2}{\sigma_0^2} \geqslant \chi_{n-1}^2\left(\frac{\alpha}{2}\right). \tag{8.3.2}$$

如果我们要检验假设

$$H_0' : \sigma^2 \leqslant \sigma_0^2 \leftrightarrow H_1' : \sigma^2 > \sigma_0^2,$$

那么, 当原假设成立时, $\sigma^2/\sigma_0^2 \leqslant 1$, 因此, S^2/σ_0^2 也倾向于比较小, 一个直观上合理的检验应当是, 当

$$\frac{(n-1)S^2}{\sigma_0^2} \geqslant c$$

时, 拒绝原假设. 注意当原假设成立时

$$\frac{(n-1)S^2}{\sigma^2} \geqslant \frac{(n-1)S^2}{\sigma_0^2},$$

类似于 (8.3.1), 左端服从自由度为 $n-1$ 的 χ^2 分布. 于是对给定的显著性水平 α, 检验的拒绝域为

$$\frac{(n-1)S^2}{\sigma_0^2} \geqslant \chi_{n-1}^2(\alpha). \tag{8.3.3}$$

犯第一类错误的概率满足

$$P\left\{\frac{(n-1)S^2}{\sigma_0^2} \geqslant \chi_{n-1}^2(\alpha)\right\} \leqslant P\left\{\frac{(n-1)S^2}{\sigma^2} \geqslant \chi_{n-1}^2(\alpha)\right\} = \alpha.$$

上面这两个检验都用到了 χ^2 分布, 文献中把这类检验通称为 χ^2 检验.

例 8.3.1 某公司生产的发动机部件的直径服从正态分布. 该公司称它的标准差 $\sigma = 0.048$ 厘米, 现随机抽取 5 个部件, 测得它们的直径为 1.32, 1.55, 1.36,

1.40, 1.44. 取 $\alpha = 0.05$. 问: (1) 我们能够认为该公司生产的发动机部件的直径的标准差确实为 $\sigma = 0.048$ 厘米吗? (2) 我们能否认为 $\sigma^2 \leqslant 0.048^2$?

解　(1) 本题要求在水平 $\alpha = 0.05$ 下检验假设

$$H_0 : \sigma^2 = 0.048^2 \leftrightarrow H_1 : \sigma^2 \neq 0.048^2,$$

这里 $n = 5$, $\chi^2_{n-1}\left(\dfrac{\alpha}{2}\right) = \chi^2_4(0.025) = 11.143$, $\chi^2_{n-1}\left(1 - \dfrac{\alpha}{2}\right) = \chi^2_4(0.975) = 0.484$. 另一方面, 计算得 $S^2 = 0.00778$. 因为

$$\frac{(n-1)S^2}{\sigma_0^2} = \frac{(5-1) \times 0.00778}{0.048^2} = 13.51 > 11.143,$$

由 (8.3.2) 式知, 我们应该拒绝 H_0, 即认为发动机部件的直径标准差不是 0.048 厘米. 检验的 p 值为 $2P\{Y \geqslant 13.51\} = 0.0181$, 其中 $Y \sim \chi^2_4$.

(2) 本题要求在水平 $\alpha = 0.05$ 下检验假设

$$H_0' : \sigma^2 \leqslant 0.048^2 \leftrightarrow H_1' : \sigma^2 > 0.048^2.$$

查表知 $\chi^2_{n-1}(\alpha) = \chi^2_4(0.05) = 9.488$. 因为

$$\frac{(n-1)S^2}{\sigma_0^2} = 13.51 > 9.488,$$

于是, 由 (8.3.3) 式知, 我们应该拒绝原假设, 即认为发动机原部件的直径标准差超过了 0.048. p 值为 $P\{Y \geqslant 13.51\} = 0.0090$. 注意, 这里 p 值与 (1) 中不同, 因为在 (8.3.2) 式中拒绝域是双侧的, 而 (8.3.3) 式中的拒绝域是单侧的.

8.3.2　两个正态总体方差比的 F 检验

设有两个正态总体 $N(\mu_1, \sigma_1^2)$ 和 $N(\mu_2, \sigma_2^2)$, 我们欲检验

$$H_0 : \sigma_1^2 = \sigma_2^2 \leftrightarrow H_1 : \sigma_1^2 \neq \sigma_2^2.$$

现在从这两个总体中分别抽取样本 $X_1, X_2, \cdots, X_m$ 和 $Y_1, Y_2, \cdots, Y_n$, 它们是相互独立的. 分别以 S_1^2 和 S_2^2 记它们的样本方差. 直观上, S_1^2/S_2^2 是 σ_1^2/σ_2^2 的一个估计, 当原假设成立时, 后者等于 1, 作为它们的估计, S_1^2/S_2^2 也应与 1 相差不远. 因此, 一个直观上合理的拒绝域应为

$$\frac{S_1^2}{S_2^2} \leqslant c_1 \quad \text{或} \quad \frac{S_1^2}{S_2^2} \geqslant c_2, \tag{8.3.4}$$

c_1 和 c_2 应根据显著性水平 α 和 S_1^2/S_2^2 的分布来确定. 由基本定理 (定理 6.3.1) 知

$$\frac{(m-1)S_1^2}{\sigma_1^2} \sim \chi_{m-1}^2, \quad \frac{(n-1)S_2^2}{\sigma_2^2} \sim \chi_{n-1}^2,$$

它们相互独立, 于是

$$\frac{S_1^2/\sigma_1^2}{S_2^2/\sigma_2^2} \sim F_{m-1,n-1},$$

因而, 当原假设成立时, 从 $\sigma_1^2 = \sigma_2^2$ 可知

$$S_1^2/S_2^2 \sim F_{m-1,n-1}.$$

据此, 我们可以选择显著性水平 α 下的拒绝域为

$$\frac{S_1^2}{S_2^2} \leqslant F_{m-1,n-1}\left(1 - \frac{\alpha}{2}\right) \quad \text{或} \quad \frac{S_1^2}{S_2^2} \geqslant F_{m-1,n-1}\left(\frac{\alpha}{2}\right). \tag{8.3.5}$$

通过类似的讨论, 读者不难导出检验问题

$$H_0': \sigma_1^2 \leqslant \sigma_2^2 \leftrightarrow H_1': \sigma_1^2 > \sigma_2^2$$

显著性水平为 α 的检验的拒绝域为

$$\frac{S_1^2}{S_2^2} \geqslant F_{m-1,n-1}(\alpha). \tag{8.3.6}$$

上面这两个检验都用到了 F 分布, 文献中把它们以及类似的检验通称为 F 检验.

例 8.3.2 甲、乙两厂生产同一种电阻, 现从甲、乙两厂的产品中分别随机抽取 12 个和 10 个样品, 测得它们的电阻值后, 计算出样本方差分别为 $S_1^2 = 1.40, S_2^2 = 4.38$. 假设电阻值服从正态分布, 在显著性水平 $\alpha = 0.10$ 下, 我们是否可以认为两厂生产的电阻阻值的方差:

(1) $\sigma_1^2 = \sigma_2^2$; (2) $\sigma_1^2 \leqslant \sigma_2^2$.

解 (1) 该问题即检验假设:

$$H_0: \sigma_1^2 = \sigma_2^2 \leftrightarrow H_1: \sigma_1^2 \neq \sigma_2^2.$$

因为 $m = 12, n = 10$, 从 (8.3.5) 式知, 我们需要计算 $F_{11,9}(0.95)$, 但一般 F 分布表中查不到这个值. 利用 F 分布的性质 (见 (6.3.1) 式) 有

$$F_{11,9}(0.95) = \frac{1}{F_{9,11}(0.05)} = \frac{1}{2.9} = 0.34,$$

而

$$\frac{S_1^2}{S_2^2} = \frac{1.40}{4.38} = 0.32 < 0.34 = F_{11,9}(0.95),$$

因此 (8.3.5) 的第一个不等式成立, 所以, 我们拒绝原假设, 即认为两厂生产的电阻阻值的方差不同.

(2) 我们需要查 $F_{m-1,n-1}(\alpha) = F_{11,9}(0.10)$ 的值, 但是在普通的 F 分布表中, 查不到这个值. 于是我们用 $F_{10,9}(0.10)$ 和 $F_{12,9}(0.10)$ 的平均值作为它的近似, 故有

$$F_{11,9}(0.10) = \frac{1}{2}[F_{10,9}(0.10) + F_{12,9}(0.10)]$$
$$= \frac{1}{2}(2.42 + 2.38) = 2.40.$$

但是, $S_1^2/S_2^2 = 0.34 < 2.40$, 于是, 我们接受原假设, 即认为甲厂生产的电阻阻值的方差 (即波动性) 较小.

读者不妨自己写出这两个检验的 p 值的计算公式.

数值计算与试验

可以用 R 程序中的 var.test 函数实现两个正态分布方差的假设检验:

var.test(x, y, ratio = 1, alternative = c("two.sided", "less", "greater"), conf.level = 0.95, ...)

其中向量 x, y 存放两个样本, ratio 代表 σ_1^2/σ_2^2 的设定值 (缺省值是 1), alternative 表示对立假设, conf.level 代表置信系数 $1 - \alpha$, α 为显著性水平. 其他变量可以忽略.

看下面数值例子:

```
x=c(5.83, 5.17, 5.16, 5.26, 4.70, 6.80, 4.84, 5.02, 2.85, 3.96)
y=c(7.72, 5.02, 7.16, 6.90, 5.63, 7.44, 6.32, 5.62, 8.38, 4.14)
VarTest=var.test(x,y, ratio=2, alternative = "two")

> VarTest

        F test to compare two variances

data:  x and y
F = 0.31232, num df = 9, denom df = 9, p-value = 0.09801
```

```
alternative hypothesis: true ratio of variances is not equal to 2
95 percent confidence interval:
 0.1551525 2.5148097
sample estimates:
ratio of variances
          0.6246431
```

例中, 以显著性水平 0.05 检验 $H_0 : \sigma_1^2/\sigma_2^2 = 2 \leftrightarrow H_1 : \sigma_1^2/\sigma_2^2 \neq 2$. 结果给出 F 统计量的值 0.31, 两个自由度, p 值, σ_1^2/σ_2 的置信区间, 以及方差比的估计值. 注意, 由于 p 值大于显著性水平, 接受原假设.

8.4 拟合优度检验

在前面的讨论中, 我们总是假定总体分布形式是已知的. 例如, 我们常说 $X_1, X_2, \cdots, X_n$ 为来自正态总体 $N(\mu, \sigma^2)$ 的样本. 在这里有一个重要问题, 就是总体到底是不是正态分布 $N(\mu, \sigma^2)$, 有时并不是很显然的, 这就需要通过一定的检验. 本节所要讨论的拟合优度检验, 就是为了这一目的而设计的. 一言以蔽之, 拟合优度检验, 就是检验观测到的一批数据是否服从某一特定的分布.

8.4.1 离散型分布的 χ^2 检验

首先讨论离散型分布的拟合优度检验. 设有样本 $X_1, X_2, \cdots, X_n$, 要看样本是否来自分布

$$P\{X = x_k\} = p_k, \quad k = 1, \cdots, K, \tag{8.4.1}$$

其中 $p_k, k = 1, \cdots, K$ 是给定的正数, 满足 $\sum_{k=1}^K p_k = 1$. 要检验的假设可以写为

$$H_0 : \text{样本来自分布}(8.4.1) \leftrightarrow H_1 : \text{样本来自其他分布}. \tag{8.4.2}$$

记样本 $X_1, X_2, \cdots, X_n$ 中 x_k 出现的次数为 $f_k, k = 1, \cdots, K$, 称之为 x_k 的实际频数. 如果 H_0 成立, 那么样本中 x_k 出现的次数可以期待为 np_k 次, 称之为理论频数. 这启发我们用比较实际频数 f_k 和理论频数 np_k 的方式来衡量观测样本与假定分布 (8.4.1) 的拟合程度. 为此, 定义统计量

$$\chi^2 = \sum_{k=1}^K \frac{(f_k - np_k)^2}{np_k}.$$

易见, χ^2 是实际频数与理论频数之差 $f_k - np_k$ 的加权平方和. 由于频率是概率的良好估计, χ^2 表现了假定分布与观测样本的经验分布之间的差异. 当 H_0 成立时, χ^2 应以小概率取偏大的值. 理论上可以证明, 当原假设成立时,

$$\lim_{n \to \infty} P\{\chi^2 \leqslant u\} = P\{\chi_{K-1}^2 \leqslant u\} \tag{8.4.3}$$

对于任何实数 u 都成立, 其中 χ^2_{K-1} 为自由度是 $K-1$ 的 χ^2 分布随机变量. 上式可以简单写为 $\chi^2 \to \chi^2_{K-1}$. 因此, 对于显著性水平 $\alpha \in (0,1)$, 把检验问题 (8.4.2) 的拒绝域取为

$$\chi^2 \geqslant \chi^2_{K-1}(\alpha). \tag{8.4.4}$$

这个检验是由皮尔逊 (Pearson) 提出的, 称为皮尔逊 χ^2 检验.

注 1　因为 (8.4.3) 式是样本大小 $n \to \infty$ 时 χ^2 统计量的极限分布, 所以在应用上要求 n 比较大, 一般经验上认为 $n \geqslant 50$, 并且每个 np_i 最好不小于 5. 当不满足后一个条件时, 则需将概率较小的相邻组合并, 以满足这个要求. 比如, 如果 $np_K < 5$, 则可以把它合并到前面一组: 用 $\tilde{p}_{K-1} = P\{X = x_{K-1} \text{或} x_K\} = p_{K-1} + p_K$, $\tilde{f}_{K-1} = f_{K-1} + f_K$ 分别代替原来的 p_{K-1} 和 f_{K-1}. 当然此时 χ^2 变为 $K-1$ 项的和, 自由度变为 $K-2$.

χ^2 检验的一个著名应用例子是孟德尔 (Mendel) 豌豆试验. 奥地利生物学家孟德尔在 1865 年发表的论文, 事实上提出了基因学说, 奠定了现代遗传学的基础. 他的这项伟大发现的过程有力地证明了统计方法在科学研究中的作用. 因此, 我们有必要在这里将这一情况介绍给读者.

孟德尔在关于遗传问题的研究中, 用豌豆做试验. 豌豆有黄、绿两种颜色, 在对它们进行两代杂交之后, 发现一部分杂交豌豆呈黄色, 另一部分呈绿色. 其数目的比例大致是 3:1. 孟德尔把他的试验重复了多次, 每次都得到类似结果. 这只是一个表面上的统计规律, 但它启发孟德尔去发展一种理论, 以解释这种现象. 他大胆地假定存在一种实体, 即现在我们称为 "基因" 的东西, 决定了豌豆的颜色. 这基因有黄绿两个状态, 一共有四种组合:

$$(黄, 黄), \quad (黄, 绿), \quad (绿, 黄), \quad (绿, 绿).$$

孟德尔认为, 前三种配合使豆子呈黄色, 而第四种配合使豆子呈绿色. 从古典概率的观点看, 黄色豆子出现的概率为 3/4, 而绿色豆子出现的概率为 1/4. 这就解释了黄绿颜色豆子之比为什么总是接近 3:1 这个观察结果. 孟德尔这个发现的深远意义是他开辟了遗传学研究的新纪元. 下面的例子就是用 χ^2 检验来检验孟德尔提出黄绿颜色豌豆数目之比为 3:1 的论断.

例 8.4.1　孟德尔豌豆试验中, 发现黄色豌豆为 25 个, 绿色豌豆 11 个, 试在显著性水平 $\alpha = 0.05$ 下, 检验 3:1 这个比例.

解　定义随机变量 X

$$X = \begin{cases} 1, & 豆是黄色, \\ 0, & 豆是绿色. \end{cases}$$

记 $p_1 = P\{X = 0\}, p_2 = P\{X = 1\}$，我们要检验假设

$$H_0 : p_1 = \frac{1}{4}, \quad p_2 = 1 - p_1 = \frac{3}{4} \leftrightarrow H_1 : p_1 \neq \frac{1}{4}.$$

(1) $X = 0, 1$ 的实际观测频数为 $f_1 = 11, f_2 = 25$.

(2) 计算 X 每个取值上的理论频数，这里 $n = 11 + 25 = 36$, 故 $np_1 = 36 \times \frac{1}{4} = 9$, $np_2 = 36 \times \frac{3}{4} = 27$.

(3) 计算检验统计量: $\chi^2 = \frac{(11-9)^2}{9} + \frac{(25-27)^2}{27} = 0.444 + 0.148 = 0.592$.

查表得 $\chi^2_{k-1}(0.05) = \chi^2_1(0.05) = 3.841 > 0.592$. 所以, 我们接受原假设, 即认为黄绿色豌豆数目之比为 3:1. 该检验的 p 值为 $P\{\chi^2_1 \geqslant 0.592\} = 0.4416$.

有时, 假设的分布中带有未知参数向量 $\theta = (\theta_1, \cdots, \theta_r)'$, 要检验的假设为

$$H_0 : P\{X = x_k\} = p_k(\theta), k = 1, \cdots, K \leftrightarrow H_1 : \text{样本来自其他分布}. \quad (8.4.5)$$

此时, 首先要求得未知参数 θ 的极大似然估计 θ^*, θ^* 为

$$L(\theta) = n! \prod_{k=1}^{K} [p_k(\theta)]^{f_k} / f_k! \quad (8.4.6)$$

的最大值点, 其中 $f_k, k = 1, \cdots, K$ 同前. 然后用 $p_k(\theta^*)$ 代替 $p_k, k = 1, \cdots, K$ 计算 χ^2. 可以证明, 在 H_0 成立的条件下, 当样本大小 $n \to \infty$ 时,

$$\chi^2 = \sum_{k=1}^{K} \frac{(f_k - np_k(\theta^*))^2}{np_k(\theta^*)} \to \chi^2_{K-r-1}. \quad (8.4.7)$$

注意, 这里的极限与 (8.4.3) 不同, 自由度减少了 r 个, 这正是 H_0 分布中未知参数的个数. 这就是所谓 "每估计一个参数, 自由度就减少一个" 的经验法则. 此时, 拒绝域相应改为

$$\chi^2 \geqslant \chi^2_{K-r-1}(\alpha). \quad (8.4.8)$$

注 2 极限分布 (8.4.7) 依赖于极大化 (8.4.6) 的估计. 换言之, 采用其他方法的估计代替 θ^*, (8.4.7) 的结论未必成立, 这可能使得拒绝域 (8.4.8) 确定的检验犯第一类错误的概率增大.

注 3 如果 H_0 的分布中 X 可取无穷多个值, 需要把概率小的取值合并到相邻的组, 比如把 $\{x_K, x_{K+1}, \cdots\}$ 作为一组, 其他不变, 令 $\tilde{p}_k(\theta) = p_k(\theta), k =$

$1, \cdots, K-1, \tilde{p}_K(\theta) = \sum\limits_{k=K}^{\infty} p_k(\theta)$, 然后统计相应的实际频数 $\tilde{f}_k$, 并用 $\tilde{p}_k(\theta^*)$ 代替 $p_k(\theta^*)$ 计算理论频数进行检验. 合并的原则参见注 1. 注意, 此时计算参数的估计时, 应该用合并后的组数 K, 概率 $\tilde{p}_k(\theta)$, 以及合并后的频数 $\tilde{f}_k$ 替换 (8.4.6) 中相应的量.

例 8.4.2 保险公司记录了 50 个月某个险种的索赔次数如下:

2, 1, 3, 4, 1, 6, 2, 4, 1, 0, 4, 4, 4, 0, 3, 3, 1, 4, 2, 7, 4, 4, 1, 3, 1,

3, 1, 4, 2, 2, 4, 5, 3, 4, 4, 5, 4, 2, 6, 5, 2, 5, 2, 4, 2, 1, 3, 2, 1, 4.

取显著性水平 $\alpha = 0.05$, 问该险种单月的索赔次数是否服从泊松分布?

解 容易计算, 样本均值为 2.980, 可以用它作为泊松分布参数的初估计, 来测算理论频数. 易算得参数为 2.98 时, $P\{X \geqslant 7\} = 0.0819$, 相应的理论频数为 $50 \times 0.0819 = 4.095$. 这样, 把 7 及以上作为一组理论频数仍然偏小. 因此, 下面把 6 及以上作为一组, 从 0 到 5 各组和 6 及以上组相应的实际频数分别为: $f_0 = 2, f_1 = 9, f_2 = 10, f_3 = 7, f_4 = 15, f_5 = 4, f_6 = 3$. 记

$$p_k(\lambda) = \frac{\lambda^k}{k!} \mathrm{e}^{-\lambda}, \quad k = 0, 1, 2, 3, 4, 5, \quad p_6(\lambda) = 1 - \sum_{k=0}^{5} p_k(\lambda),$$

极大化

$$L(\lambda) = 50! \prod_{k=0}^{6} [p_k(\lambda)]^{f_k}/(f_k!)$$

得到 λ 的估计 $\lambda^* = 2.997$. 由此得到: $p_0(2.997) = 0.0499, p_1(2.997) = 0.1497,$ $p_2(2.997) = 0.2243, p_3(2.997) = 0.2240, p_4(2.997) = 0.1679, p_5(2.997) = 0.1006,$ $p_6(2.997) = 0.0836$. 把这些概率和 f_k 代入 (8.4.7) 中的 χ^2 计算公式, 得到 $\chi^2 = 7.8594$. 相应的 p 值为 0.1642. 临界值 $\chi_5^2(0.05) = 11.0705$. 因此, 可以接受 H_0, 认为该险种单月的索赔次数服从参数约为 3 的泊松分布.

8.4.2 连续型分布的 χ^2 检验

现在讨论连续型分布的拟合优度检验. 设 $F(x)$ 为一已知连续型分布的分布函数, 现检验样本 $X_1, X_2, \cdots, X_n$, 是否来自于该分布, 即检验

H_0: 样本 $X_1, X_2, \cdots, X_n$ 的总体分布为 $F(x) \leftrightarrow H_1$: 样本来自其他分布.

(8.4.9)

如果 $F(x)$ 带未知参数 $\theta = (\theta_1, \cdots, \theta_r)'$, 则记为 $F(x, \theta)$. 构造拟合优度检验的基本思想与离散型分布的情形一样, 即用实际频数与理论频数之间的差异来衡量分布模型拟合的优良性. 具体步骤如下:

(1) 把 $(-\infty, \infty)$ 分割为 K 个区间

$$-\infty = a_0 < a_1 < a_2 < \cdots < a_{K-1} < a_K = \infty,$$

记

$$I_1 = (a_0, a_1], \ I_2 = (a_1, a_2], \cdots, \ I_K = (a_{K-1}, a_K).$$

(2) 计算每个区间上的实际频数, 即样本值 $X_1, X_2, \cdots, X_n$ 中落在区间 I_k 上的个数 f_k.

(3) 计算每个区间上的理论频数.

如果总体的分布为 $F(x, \theta)$, 那么在区间 I_k 上, 有理论概率

$$p_k(\theta) = F(a_k, \theta) - F(a_{k-1}, \theta), \quad k = 1, 2, \cdots, K. \tag{8.4.10}$$

对应的理论频数为 $np_k(\theta)$. 如果 θ 是未知的, 用 θ^* 代入 (8.4.10) 式得到 $p_k(\theta^*)$, 这时理论频数为 $np_k(\theta^*)$, 其中 θ^* 为极大化 (8.4.6) 式得到的参数估计.

(4) 计算理论频数与实际频数偏差的加权平方和

$$\chi^2 = \sum_{k=1}^{K} \frac{[f_k - np_k(\theta^*)]^2}{np_k(\theta^*)}. \tag{8.4.11}$$

(5) 检验问题 (8.4.9) 的显著性水平为 α 的检验拒绝域为

$$\chi^2 \geqslant \chi^2_{K-r-1}(\alpha).$$

读者可能已经注意到, 上述过程实际上是通过划分区间, 把连续型分布的检验问题离散化了.

例 8.4.3 为检验棉纱的强度, 从一批样品中抽取 200 条样品进行试验, 测得单纱强力 X 的样本数据 (单位: 牛), 其最大值、最小值分别为 141.23 和 73.89, 样本均值和样本标准差分别为 100.03 和 11.98 (为节省篇幅, 数据不在此列出). 我们的问题是在显著性水平 $\alpha = 0.01$ 下, 检验单纱强力 X 的分布是否为正态分布.

解 (1) 区间划分: 考虑到最大值与最小值的差以及样本量, 以 5 为区间长度进行划分, 分点如下: $a_0 = -\infty, a_1 = 80, \ a_2 = 85, \cdots, \ a_{12} = 135, a_{13} = \infty$. 计算出各个区间的实际频数, 见表 8.2.

记总体均值和标准差分别为 μ 和 σ, 则前面的 $F(x, \theta)$ 在这里是 $\Phi[(x - \mu)/\sigma]$. 因此, $p_k(\mu, \sigma) = \Phi[(a_k - \mu)/\sigma] - \Phi[(a_{k-1} - \mu)/\sigma]$. 先初步以样本均值和样本标准差代替 μ 和 σ 进行测算, 得到最后 4 个区间的理论频数分别为: 5.84, 2.48, 0.88, 0.35. 把这 4 个区间合并为 $(120, \infty)$. 合并后共计 10 个区间, 见表 8.3 第二列.

表 8.2 单纱强力数据分组频数表

区间序号 k	区间	f_k	区间序号 k	区间	f_k
1	$(-\infty, 80]$	7	8	$(110, 115]$	12
2	$(80, 85]$	9	9	$(115, 120]$	10
3	$(85, 90]$	24	10	$(120, 125]$	8
4	$(90, 95]$	36	11	$(125, 130]$	5
5	$(95, 100]$	32	12	$(130, 135]$	0
6	$(100, 105]$	22	13	$(135, +\infty)$	1
7	$(105, 110]$	34			

表 8.3 单纱强力数据的再分组频数与概率

区间序号	区间	f_k	$p_k(\mu^*, \sigma^*)$	$np_k(\mu^*, \sigma^*)$	$f_k - np_k(\mu^*, \sigma^*)$
1	$(-\infty, 80]$	7	0.0488	9.76	-2.76
2	$(80, 85]$	9	0.0581	11.63	-2.63
3	$(85, 90]$	24	0.0965	19.30	4.70
4	$(90, 95]$	36	0.1353	27.07	8.93
5	$(95, 100]$	32	0.1603	32.07	-0.07
6	$(100, 105]$	22	0.1605	32.10	-10.10
7	$(105, 110]$	34	0.1357	27.14	6.86
8	$(110, 115]$	12	0.0969	19.39	-7.39
9	$(115, 120]$	10	0.0585	11.70	-1.70
10	$(120, +\infty)$	14	0.0493	9.85	4.15

(2) 重新计算 $X_1, X_2, \cdots, X_{200}$ 中落在每个区间上的实际频数, 如表 8.3 第三列.

(3) 计算每个区间上的理论频数. 首先把 $p_k(\mu, \sigma)$ 和 $f_k, k = 1, \cdots, 10$ 代入 (8.4.6) 式, 并求其极大值点, 得到参数估计 $\mu^* = 100.0267, \sigma^* = 12.0898$. 把它们代入 $p_k(\mu, \sigma)$, 计算出各个区间的概率的估计值 $p_k(\mu^*, \sigma^*)$, 进而计算出各个区间的理论频数, 见表 8.3 第四、第五列.

(4) 计算统计量的值:

$$\chi^2 = \sum_{k=1}^{10} \frac{[f_k - np_k(\mu^*, \sigma^*)]^2}{np_k(\mu^*, \sigma^*)} = 15.1868.$$

因为 $K = 10, r = 2$, 所以, χ^2 的自由度为 $10 - 2 - 1 = 7$, 查表得 $\chi_7^2(0.01) = 18.4753 > \chi^2 = 15.1868$. 于是, 我们接受原假设, 即认为单纱强力服从正态分布. 该检验的 p 值为 $P\{\chi_7^2 \geqslant 15.1868\} = 0.0337$.

数值计算与试验

由前面几个例题可以看出, 拟合优度检验需要一些数值计算, 尤其当要检验的分布含有未知参数时更是如此. 一般来说, 极大化 (8.4.6) 式 (或其对数) 求参数估计, 可以使用牛顿–拉弗森算法等迭代算法. 由于涉及数值分析, 这里不做深入探讨, 仅提供一个简单的小程序用来进行例 8.4.3 中的计算. 读者可对其进行改造及优化, 用来实现其他简单分布的 χ^2 拟合优度检验. 下面假定样本已经放入 x 向量.

```
# 正态分布区间概率计算函数
proba<-function(mu, sigma, cutpoints) {
   distri=pnorm(cutpoints, mu, sigma)
   K=length(cutpoints)+1
   p=c(1:K)
   p[1]=distri[1]
   for (i in 2:(K-1)) {
      p[i]=distri[i]-distri[i-1]
      }
   p[K]=1-distri[K-1]
   p
   }


# 计算对数似然函数(舍去常数项)的负值
loglikeli<-function(theta, fre, cutpoints){
   mu=theta[1]; sigma=theta[2]
   p=proba(mu,sigma,cutpoints)
   v=sum(fre*log(p))
   -v
   }


# 主函数, x: 样本向量, CPS:区间分点向量, theta0: 均值\标准差迭代初值
ChiSqaureTest<-function(x, CPS, theta0) {
   n=length(x)
   K=length(CPS)+1
   mu0=theta0[1]; sig0=theta0[2]
# 计算区间实际频数
   f0=c(1:K)
   f0[1]=sum(x<=CPS[1])
   for (k in 2:(K-1)) {
```

```
        f0[k]=sum((x>CPS[k-1]) & (x<=CPS[k]))
        }
    f0[K]=n-sum(f0[1:K-1])
# 用nlm 求-logL最小值点(参数估计)
    opti=nlm(loglikeli,  p=theta0, fre=f0, cutpoints=CPS)
    theta=opti$estimate
    mu0=theta[1];sig0=theta[2]
# 用参数估计带入计算区间概率
    p=proba(mu0,sig0,CPS)
# 计算chisqaure的值及p值,并返回结果
    chisq=sum((f0-n*p)^2/(n*p))
    pvalue=1-pchisq(chisq,K-3)
    result<-c(chisq, pvalue, mu0, sig0)
    result
}


mu0=mean(x); sig0=sqrt(var(x))              #参数的迭代初值
cutpoints=c(80,85,90,95,100,105,110,115,120) #区间分点
ChiSqaureTest(x, CPS=cutpoints, theta0=c(mu0, sig0))
```

程序中用到函数 nlm 来求 (8.4.6) 式的最大值点. 该函数的用法如下:

nlm(f, p, ..., steptol = 1e-6, iterlim = 100, check.analyticals = TRUE)

nlm 求函数 f 的极小值, 其中 f 是用户定义的函数, 这里是函数 loglikeli, 它返回
(8.4.6) 式的负值. p 是迭代初值, 上面程序中使用了样本均值和样本标准差. ... 处
用来传递 f 的参数. 其他参数都用缺省值即可.

8.5 独立性检验

许多社会调查数据往往可以总结成一种表格形式. 例如, 我们调查了 520 个
人, 其中 136 人患有高血压, 另外的 384 人血压正常. 另一方面在患高血压的 136
人中, 有 48 人有冠心病, 其余的 88 人无此病. 在无高血压的 384 人中, 有 36 人患
有冠心病, 将这些数据列成表 8.4, 这种表格在统计学上称为列联表. 我们希望考

表 8.4 2×2 列联表

	患高血压	无高血压	总计
患冠心病	48	36	84
无冠心病	88	348	436
总计	136	384	520

察高血压和冠心病两者之间是否有关系. 即欲考察列联表中的两个因素是否独立. 可以用上节介绍的 χ^2 检验来解决这个问题.

本例中, 我们考察两个因素, 一个因素是 "高血压", 它有两个状态, 统计学上称为水平: "患高血压" 和 "无高血压". 另一个因素是 "冠心病", 它也有两个水平: "患冠心病" 和 "无冠心病". 这种表称为 2×2 列联表. 一般地, 设有 A 和 B 两个因素, 各有 a 和 b 个水平, 问题是要检验 A 与 B 两个因素相互独立. 随机观察了 n 个对象, 其中有 n_{ij} 个对象的因素 A 和 B 分别处在水平 i 和 j. 以

$$n_{i\cdot} = \sum_j n_{ij}, \quad n_{\cdot j} = \sum_i n_{ij} \tag{8.5.1}$$

分别表示表 8.5 中的第 i 行之和与第 j 列之和, 即 $n_{i\cdot}$ 为 n 个对象中其因素 A 在水平 i 的个数, 而 $n_{\cdot j}$ 为 n 个对象中其因素 B 在水平 j 的个数.

表 8.5 $a \times b$ 列联表

A＼B	1	2	$\cdots$	j	$\cdots$	b	行和
1	n_{11}	n_{12}	$\cdots$	n_{1j}	$\cdots$	n_{1b}	$n_{1\cdot}$
2	n_{21}	n_{22}	$\cdots$	n_{2j}	$\cdots$	n_{2b}	$n_{2\cdot}$
$\vdots$	$\vdots$	$\vdots$		$\vdots$		$\vdots$	$\vdots$
i	n_{i1}	n_{i2}	$\cdots$	n_{ij}	$\cdots$	n_{ib}	$n_{i\cdot}$
$\vdots$	$\vdots$	$\vdots$		$\vdots$		$\vdots$	$\vdots$
a	n_{a1}	n_{a2}	$\cdots$	n_{aj}	$\cdots$	n_{ab}	$n_{a\cdot}$
列和	$n_{\cdot 1}$	$n_{\cdot 2}$	$\cdots$	$n_{\cdot j}$	$\cdots$	$n_{\cdot b}$	n

如果记

$$p_{ij} = P\{因素\ A\ 和\ B\ 分别处在水平\ i\ 和\ j\},$$
$$p_{i\cdot} = P\{因素\ A\ 处在水平\ i\}, \quad i = 1, 2, \cdots, a,$$
$$p_{\cdot j} = P\{因素\ B\ 处在水平\ j\}, \quad j = 1, 2, \cdots, b.$$

我们可以把 p_{ij} 理解为对象的因素 A 和 B 分别处在水平 i 和 j 的理论概率, 其余类推. 我们要检验的假设是 A 与 B 相互独立, 它可以表为如下独立性假设

$$H_0: p_{ij} = p_{i\cdot} p_{\cdot j}, \quad i = 1, 2, \cdots, a, j = 1, 2, \cdots, b. \tag{8.5.2}$$

这个检验问题, 可以通过上节的 χ^2 检验来完成. 我们可以把表 8.5 中的 ab 个格子, 看成 ab 个区间, n_{ij} 就是每个格子的实际频数. 根据独立性假设 (8.5.2) 式, $np_{ij} = np_{i\cdot} p_{\cdot j}$ 就是理论频数, 于是在原假设下

$$\chi^2 = \sum_{i=1}^{a} \sum_{j=1}^{b} \frac{(n_{ij} - np_{ij})^2}{np_{ij}} = \sum_{i=1}^{a} \sum_{j=1}^{b} \frac{(n_{ij} - np_{i\cdot} p_{\cdot j})^2}{np_{i\cdot} p_{\cdot j}}, \tag{8.5.3}$$

这就刻画了实际数据与理论假设 H_0 拟合的程度. 当 n 很大时, 这个 χ^2 统计量近似地服从 χ^2 分布. 但这里还有两个问题: $p_{i\cdot}$ 和 $p_{\cdot j}$ 的估计和 χ^2 的自由度的计算.

根据用 "频率估计概率" 的原则, $p_{i\cdot}$ 和 $p_{\cdot j}$ 一个直观上很自然的估计分别是

$$\hat{p}_{i\cdot} = \frac{n_{i\cdot}}{n}, \quad i = 1, 2, \cdots, a, \tag{8.5.4}$$

$$\hat{p}_{\cdot j} = \frac{n_{\cdot j}}{n}, \quad j = 1, 2, \cdots, b. \tag{8.5.5}$$

从形式看, 我们估计了 a 个 $p_{i\cdot}$ 和 b 个 $p_{\cdot j}$, 但是注意到 $\sum_{i=1}^{a} p_{i\cdot} = 1, \sum_{j=1}^{b} p_{\cdot j} = 1$, 所以, 我们实际上估计了 $a + b - 2$ 个参数. 于是, χ^2 分布的自由度为

$$ab - (a + b - 2) - 1 = (a-1)(b-1).$$

将 (8.5.4) 式和 (8.5.5) 式代入 (8.5.3) 式得

$$\chi^2 = \sum_{i=1}^{a} \sum_{j=1}^{b} \frac{(n_{ij} - n_{i\cdot} n_{\cdot j}/n)^2}{n_{i\cdot} n_{\cdot j}/n} = \sum_{i=1}^{a} \sum_{j=1}^{b} \frac{(n n_{ij} - n_{i\cdot} n_{\cdot j})^2}{n n_{i\cdot} n_{\cdot j}}. \tag{8.5.6}$$

当 n 很大时, 它近似地服从 $\chi^2_{(a-1)(b-1)}$. 于是, 对给定的显著性水平 α, 当 $\chi^2 \geqslant \chi^2_{(a-1)(b-1)}(\alpha)$ 时, 拒绝原假设, 即认为因素 A 与 B 不相互独立.

例 8.5.1 对表 8.4 中的数据, 检验假设: 高血压与冠心病无关系 ($\alpha = 0.05$).

解 因为 $n = 520, n_{11} = 48, n_{12} = 36, n_{21} = 88, n_{22} = 348, n_{1\cdot} = 84, n_{2\cdot} = 436, n_{\cdot 1} = 136, n_{\cdot 2} = 384$, 于是

$$\chi^2 = \frac{(520 \times 48 - 84 \times 136)^2}{520 \times 84 \times 136} + \frac{(520 \times 36 - 84 \times 384)^2}{520 \times 84 \times 384}$$

$$+ \frac{(520 \times 88 - 436 \times 136)^2}{520 \times 436 \times 136} + \frac{(520 \times 348 - 436 \times 384)^2}{520 \times 436 \times 384}$$

$$= 30.84 + 10.92 + 5.94 + 2.10 = 49.80.$$

查 χ^2 分布表, $\chi^2_{(a-1)(b-1)}(\alpha) = \chi^2_{(2-1)(2-1)}(0.05) = 3.841 < \chi^2 = 49.80$. 因此, 我们拒绝原假设, 即认为冠心病和高血压有密切关系. 检验的 p 值为 $P\{\chi^2_1 \geqslant 49.8\} = 1.7 \times 10^{-12}$.

例 8.5.2 随着我国高等教育的发展, 攻读研究生成为越来越多青年的选择. 为了解学历对于个人发展的影响, 对于 35 岁的城镇人群进行了一项调查, 得到表 8.6 和表 8.7 的数据. 给定显著性水平 0.05, 试检验学历与个人年收入 (单位: 万元) 是否独立, 学历与对自身工作状态满意度是否独立.

表 8.6　学历与个人年收入调查数据

个人收入 学历	(0,3.6]	(3.6,7.2]	(7.2, 12.0]	(12.0, 24.0]	24.0 以上	合计
中学、中专及以下	17	98	1235	429	55	1834
专科、职业学院	13	118	625	1424	176	2356
本科	24	175	1180	2650	401	4430
硕士研究生	6	36	286	828	126	1282
博士研究生	0	2	16	72	8	98
合计	60	429	3342	5403	766	10000

表 8.7　学历与工作状态满意度调查数据

工作状态 学历	很不满意	不太满意	一般	比较满意	很满意	合计
中学、中专及以下	146	276	1192	183	37	1834
专科、职业学院	175	353	1545	236	47	2356
本科	332	620	2836	509	133	4430
硕士研究生	96	180	820	148	38	1282
博士研究生	7	14	65	10	2	98
合计	756	1443	6458	1086	257	10000

解　(1) 首先检验学历与个人年收入的独立性. 学历和年收入都划分为 5 个水平, $a=5, b=5$. 把表 8.6 中的数据代入 (8.5.6) 式进行计算, 得到 $\chi^2 = 1271.4$. 自由度为 $(a-1)(b-1)=16$. 查 χ^2 分布表得 $\chi^2_{16}(0.05)=26.296 \ll \chi^2$. 拒绝原假设, 认为学历与城镇职工个人年收入不独立. p 值接近于 0, 表明两个变量有很强的相关性.

(2) 再来检验学历与工作状态满意度的独立性. 满意度有 5 个水平, 依然有 $a=5, b=5$. 把表 8.7 中的数据代入 (8.5.6) 式进行计算, 得到 $\chi^2 = 17.331 < \chi^2_{16}(0.05)=26.296$. p 值为 0.3645. 可以接受原假设, 认为学历与城镇职工工作状态满意度独立.

数值计算与试验

R 函数 chisq.test 可以用来完成列联表的独立性检验. 调用格式为:

chisq.test(x)

其中 x 为 $a \times b$ 矩阵, 其元素对应于 $a \times b$ 列联表中的数据. 函数的基本输出为统计量 (8.5.6) 的值, 自由度和 p 值. 如例 8.5.2(2) 用如下程序计算:

```
x=matrix(c(146, 276, 1192, 183,   37, 175, 353, 2545, 236, 47,
           332, 620, 2836, 509, 133,  96, 180,  820, 148, 38,
             7,  14,   65,  10,    2), ncol=5, byrow=TRUE)

chisq.test(x)
```

习 题 8

8.1 某油品公司的桶装润滑油标定质量为 10 千克. 商品检验部门从市场上随机抽取 10 桶, 称得它们的质量 (单位: 千克) 分别是 10.2, 9.7, 10.1, 10.3, 10.1, 9.8, 9.9, 10.4, 10.3, 9.8. 假设每桶油实际质量服从正态分布. 试在显著性水平 $\alpha = 0.01$ 下, 检验该公司的桶装润滑油质量是否确为 10 千克? 试给出检验的 p 值的计算公式.

8.2 假设香烟中尼古丁含量服从正态分布, 现从某牌香烟中随机抽取 20 支, 其尼古丁含量的平均值 $\bar{X} = 18.6$ 毫克, 样本标准差 $S = 2.4$ 毫克. 取显著性水平 $\alpha = 0.01$, 我们能否接受 "该种香烟的尼古丁含量的均值 $\mu = 18$ 毫克" 的断言?

8.3 (1) 考虑正态总体 $N(\mu, \sigma^2)$ 和假设检验问题

$$H_0 : \mu \geqslant \mu_0 \leftrightarrow H_1 : \mu < \mu_0.$$

证明: 当 σ^2 已知时, 则拒绝域为

$$\bar{X} - \mu_0 \leqslant -\frac{\sigma}{\sqrt{n}} Z_\alpha$$

的检验的显著性水平为 α. 若 σ^2 未知, 则拒绝域为

$$\bar{X} - \mu_0 \leqslant -\frac{S}{\sqrt{n}} t_{n-1}(\alpha)$$

的检验的显著性水平为 α.

(2) 在习题 8.2 中, 对 $\sigma = 2.4$ 毫克和 $S = 2.4$ 毫克两种情况, 我们能否接受 "该牌的香烟尼古丁含量不小于 16.5 毫克" 的断言?

8.4 设某厂生产的产品尺寸服从正态分布 $N(\mu, \sigma^2)$, 规定标准尺寸为 120 毫米. 现从该厂抽得 5 件产品, 测量其尺寸分别为

$$119.0, 120.0, 119.2, 119.7, 119.6.$$

试判断产品是否符合规定要求, 即检验假设 $H_0 : \mu = 120 \leftrightarrow H_1 : \mu \neq 120$ (显著性水平 $\alpha = 0.05$).

8.5 设甲、乙两煤矿所产的煤中含煤粉率分别为 $N(\mu_1, 7.5)$ 和 $N(\mu_2, 2.6)$. 为检验这两个煤矿的煤含煤粉率有无明显差异, 从两矿中取样若干份, 测试结果如下:

甲矿 (%): 24.3, 20.8, 23.7, 21.3, 17.4;
乙矿 (%): 18.2, 16.9, 20.2, 16.7.

试在显著性水平 $\alpha = 0.05$ 下, 检验 "含煤粉率无差异" 这个假设, 并给出这个检验的 p 值.

8.6 比较 A、B 两种小麦品种蛋白质含量. 随机抽取 A 种小麦 10 个样品, 测得 $\bar{X} = 14.3, S_1^2 = 1.62$. 随机抽取 B 种小麦 5 个样品, 测得 $\bar{Y} = 11.7, S_2^2 = 0.14$. 假定这两种小麦蛋白质含量都服从正态分布, 且具有相同方差, 试在 $\alpha = 0.01$ 水平下, 检验两种小麦的蛋白质含量有无差异?

8.7 由于存在声音反射的原因, 人们在讲英语时在辅音识别上会遇到麻烦. 有人随机选取了 10 个以英语为母语的人 (记为 A 组) 和 10 个以英语为外国语的人 (记为 B 组), 进行了试验, 下面记录了他们正确反应的比例 (%).

$$A \text{ 组：} 93, 85, 89, 81, 88, 88, 89, 85, 85, 87;$$
$$B \text{ 组：} 76, 84, 78, 73, 78, 76, 70, 82, 79, 77.$$

假定这些数据都来自正态总体, 且具有共同方差, 试在 $\alpha = 0.05$ 下, 检验这两组的反应是否有显著差异?

8.8 某厂生产的瓶装纯净水要求标准差 $\sigma = 0.02$ 升, 现在从超级市场上随机抽取 20 瓶这样的纯净水, 发现它们所装水量的样本标准差 $S = 0.03$ 升. 假定瓶装纯净水装水量服从正态分布, 试问在显著性水平 $\alpha = 0.05$ 下, 我们能否认为它们达到了标准差 $\sigma = 0.02$ 升的要求?

8.9 试写出检验 (8.3.6) 的推导过程.

8.10 试对习题 8.7 的数据, 检验假设

$$H_0 : \sigma_1^2 = \sigma_2^2 \leftrightarrow H_1 : \sigma_1^2 \neq \sigma_2^2.$$

8.11 某种导线要求电阻标准差不超过 0.005 欧姆, 今在生产的一批导线中随机抽取 9 根, 测量后算得 $S = 0.07$ 欧姆. 设电阻测量值服从正态分布, 问在 $\alpha = 0.05$ 下, 能否认为这批导线的电阻值满足原来的要求?

8.12 孟德尔豌豆试验中, 有一次观测到黄色和绿色豆子的数目分别为 70 和 27, 试在显著性水平 $\alpha = 0.05$ 下, 检验 "黄色和绿色豆子的数目为 3:1" 的理论.

8.13 在一个复杂试验中, 孟德尔同时考虑豌豆的颜色和形状, 一共有四种组合: (黄, 圆), (黄, 非圆), (绿, 圆), (绿, 非圆). 按孟德尔理论这四类应有 9:3:3:1 的比例. 在一次观察中, 他发现这四类观测到的数目分别为 315, 101, 108 和 32, 试在 $\alpha = 0.05$ 下, 检验 "9:3:3:1" 这个理论.

8.14 某汽车修理公司想知道每天送来修理的车数是否服从泊松分布. 下表给出了该公司 250 天的送修车数:

送修车数	0	1	2	3	4	5	6	7	8	9	10
送这么多车的天数	2	8	21	31	44	48	39	22	17	13	5

试在 $\alpha = 0.05$ 下, 检验原假设 H_0: 一天内送修车数服从泊松分布 $P(\lambda)$.

8.15 为检验一颗骰子的均匀性, 对这颗骰子投掷 60 次, 观察到出现 $1, 2, \cdots, 6$ 点的次数分别为 7, 6, 12, 14, 5, 16. 试在 $\alpha = 0.05$ 下, 检验原假设: 这颗骰子是均匀的, 即每个点出现的概率均为 $1/6$.

8.16 从一年级同学的高等数学成绩中随机抽取了 60 名同学的成绩如下:
85, 82, 66, 82, 85, 87, 89, 97, 71, 93, 87, 61, 72, 86, 86, 71, 90, 65, 94, 84,
78, 84, 64, 76, 84, 85, 84, 75, 73, 90, 88, 68, 96, 87, 92, 85, 89, 73, 63, 60,

96, 81, 77, 78, 71, 86, 83, 89, 69, 84, 73, 90, 88, 87, 83, 94, 88, 80, 94, 89.

试在显著性水平 $\alpha = 0.05$ 下, 检验一年级同学的高等数学成绩是否服从正态分布.

8.17 某工厂三种配方生产出来的产品质量如下表:

质量状况 \ 配方	1	2	3
合格品	63	47	65
次品	16	7	3

试分别在 $\alpha = 0.05$ 和 $\alpha = 0.01$ 下, 检验原假设: 三种配方生产出的产品质量无明显差异.

8.18 统计到 1000 名大学一年级同学的高考数学成绩和第一学期的高等数学成绩, 得到如下表格:

高考数学成绩 \ 高等数学成绩	优	良	中	不及格
135 及以上	40	202	36	4
120 ∼ 134	38	400	68	14
105 ∼ 119	5	88	80	7
90 ∼ 104	0	5	12	1

取显著性水平 $\alpha = 0.05$, 检验一年级高数成绩与高考数学成绩是否存在关联.

第 8 章内容提要　　　第 8 章教学要求、　　第 8 章典型例题分析
　　　　　　　　　　　　重点与难点

回归分析与方差分析

本章讨论两类重要的统计模型——线性回归模型和方差分析模型.

在自然科学、工程技术和经济活动等各种领域, 我们常常要研究一些变量之间的关系. 例如, 人的体重与身高、钢的强度与其含碳量、商品的销售量与其价格、病人心脏移植后的存活时间与其身体健康状况等. 为了解这些关系, 人们往往通过试验、调查等对相关的变量进行观测, 收集有关数据, 并通过对这些数据的分析认识它们之间的关系. 回归分析和方差分析就是进行这些活动的有力工具, 它们都是统计学理论的重要组成部分.

要有效使用这些工具, 需要注意以下几点. 首先, 要从观测数据分析变量之间的关系, 数据本身要求具有科学性. 这包括: 获得数据的试验 (或调查) 要精心设计, 试验过程要精心操作, 测试仪器要有一定精度等. 其次, 要根据问题的领域知识、试验的设计与操作特性等选择统计分析方法和模型, 并对数据进行统计分析. 第三, 把统计分析的结论与领域知识相结合, 得到科学的结论. 第四, 用适当的方式, 验证所得结论. 这几点也是其他统计分析所应该遵守的. 比如, 在信息技术高度发达的今天, 许多数据并非来自于经过设计的试验. 要分析数据, 需要对数据的收集过程和数据的背景知识有详细地了解, 排除特定收集方法的影响以及其他干扰, 才有可能对变量之间的关系作出科学的推断.

本章只介绍一元线性回归分析和单因子试验与两因子试验方差分析. 关于试验或调查的设计, 以及回归分析和方差分析的更多内容, 超出了本书的范围, 有兴趣的读者可以参见文献 [3] 和 [5].

9.1 一元线性回归模型

变量之间的关系有确定性关系与相关关系之分. 比如, 物体自高处落下所降落的高度与降落时间之间的关系 $s = \dfrac{1}{2}gt^2$ 就是确定性的, 由降落时间可以准确计算出降落的高度. 而在身高和体重之间, 大体来说可以认为身高越高体重越大, 但由身高无法完全决定体重. 这种关系称为相关关系. 在实际工作中, 确定性关系也可能表现为相关关系. 比如, 如果我们测量物体降落的高度或降落时间时带有随机误差, 测量得到的两个变量之间就成为相关关系. 回归分析是研究相关关系的有力工具.

考虑两个变量的情形. 我们把其中一个记为 Y, 称为因变量, 把另一个变量记为 X, 称为自变量. 假设它们之间存在着相关关系, 即由给定的 X 可以在一定程度上决定 Y, 但由 X 的值不能准确地确定 Y 的值. 为了研究它们的这种关系, 我们对 (X, Y) 进行了一系列观测, 得到

$$(x_1, y_1), (x_2, y_2), \cdots, (x_n, y_n). \tag{9.1.1}$$

每对 (x_i, y_i) 在直角坐标系中对应一个点, 把它们标在平面直角坐标系中, 称所得到的图为散点图. 如果图中的点像图 9.1 那样呈直线状, 则表明 Y 与 X 之间有线性相关关系. 这时我们可以用一个线性方程

$$Y = \beta_0 + \beta_1 X + e \tag{9.1.2}$$

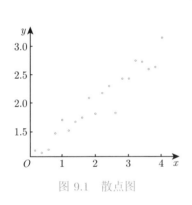

图 9.1　散点图

来描述它们之间的关系. 因为由 X 不能严格地确定 Y, 我们增加了一个误差项 e, 它表示 Y 的不能由 X 所确定的那一部分. (9.1.2) 式称为理论回归直线 (或称理论回归方程), 其中的常数项 β_0 和斜率 β_1 都是未知的, 需要通过观测数据来估计. 将数据代入 (9.1.2) 式, 得到

$$y_i = \beta_0 + \beta_1 x_i + e_i, \ i = 1, 2, \cdots, n, \tag{9.1.3}$$

通常称 (9.1.3) 式为一元线性回归模型, 这里 e_i 为对应于第 i 组数据 (x_i, y_i) 的误差, 既包括可能影响 Y 的其他未加考虑的众多因素, 也包括一些随机因素对 Y 的综合影响. 我们把这些误差视为随机误差, 并假设 $E(e_i) = 0$. 除此以外, 通常还假设 e_i 满足

(1)　$\mathrm{Var}(e_i) = \sigma^2$, $i = 1, 2, \cdots, n$;

(2)　$\mathrm{Cov}(e_i, e_j) = 0$, $i \neq j$.

这些假设被称为高斯–马尔可夫 (Gauss-Markov) 假设. 这些假设构成了对于试验和观测过程的要求. 第一条表示误差 e_i 是等方差的 (如果 e 表示测量误差, 就意味着对于 Y 的测量要具有相同精度). 而第二条要求不同次的试验或观测误差是互不相关的. 在实际应用中, 这些假设往往是近似成立的, 所以在以后的讨论中, 我们总是假定这些假设成立.

9.1.1　最小二乘估计

最小二乘法是统计学中估计未知参数的一种重要方法. 现在我们用它来求 β_0 和 β_1 的估计. 最小二乘法的基本思想是, 用使误差 $e_i = y_i - (\beta_0 + \beta_1 x_i)$ 的平方

和

$$Q(\beta_0, \beta_1) = \sum_{i=1}^{n} e_i^2 = \sum_{i=1}^{n} [y_i - (\beta_0 + \beta_1 x_i)]^2 \tag{9.1.4}$$

达到最小的 $\hat{\beta}_0$ 和 $\hat{\beta}_1$ 作为 β_0 和 β_1 的估计, 并称其为最小二乘估计. 在数学上这归结为求二元函数 $Q(\beta_0, \beta_1)$ 的最小值问题. 根据微积分知识, 将 $Q(\beta_0, \beta_1)$ 关于 β_0 和 β_1 分别求偏导数并令它们等于零, 得到方程组

$$\begin{cases} \dfrac{\partial Q(\beta_0, \beta_1)}{\partial \beta_0} = 0, \\ \dfrac{\partial Q(\beta_0, \beta_1)}{\partial \beta_1} = 0, \end{cases}$$

即

$$\begin{cases} \sum (y_i - \beta_0 - \beta_1 x_i) = 0, \\ \sum (y_i - \beta_0 - \beta_1 x_i) x_i = 0, \end{cases} \tag{9.1.5}$$

称为正则方程组 (为符号简单计, 以后我们常常用 "$\sum$" 代替 "$\sum\limits_{i=1}^{n}$"). 将其化简得到

$$\begin{cases} \beta_0 + \bar{x}\beta_1 = \bar{y}, \\ \beta_0 \bar{x} + \dfrac{1}{n}\sum x_i^2 \beta_1 = \dfrac{1}{n}\sum x_i y_i, \end{cases}$$

这里

$$\bar{x} = \frac{1}{n}\sum x_i, \quad \bar{y} = \frac{1}{n}\sum y_i.$$

最后解得

$$\begin{aligned} \hat{\beta}_0 &= \bar{y} - \hat{\beta}_1 \bar{x}, \\ \hat{\beta}_1 &= \frac{\sum (x_i - \bar{x})(y_i - \bar{y})}{\sum (x_i - \bar{x})^2}, \end{aligned} \tag{9.1.6}$$

它们就是所要求的最小二乘估计. 把它们代入 (9.1.2) 式并略去误差项 e 得到

$$\hat{Y} = \hat{\beta}_0 + \hat{\beta}_1 X = \bar{y} + \hat{\beta}_1 (X - \bar{x}), \tag{9.1.7}$$

称为经验回归直线 (或经验回归方程), 表示利用数据得到的变量 Y 与 X 之关系的经验结果.

经验回归直线是否真正描述了这两个变量之间客观存在的关系, 还需要拿到实践中去检验. 当然统计学上也有一些辅助检验方法, 这里不深入讨论这些问题.

例 9.1.1 (商品销售问题)　为研究商品价格与销售量之间的关系, 现在收集了某商品在一个地区 25 个时间段内的平均价格 X(单位: 元) 和销售总额 Y(单位: 万元), 列在表 9.1. 它的散点图如图 9.2. 这个散点图大致呈直线状, 显示了随着销售平均价格的上扬, 销售总额有下降趋势. 这建议我们用回归直线

$$Y = \beta_0 + \beta_1 X + e$$

来刻画它们之间的关系. 计算得到

$$\bar{x} = \frac{1}{n} \sum x_i = \frac{1315}{25} = 52.60,$$

$$\bar{y} = \frac{1}{n} \sum y_i = \frac{235.60}{25} = 9.424,$$

应用公式 (9.1.6) 得到

$$\hat{\beta}_1 = \frac{\sum x_i y_i - \left(\sum x_i\right)\left(\sum y_i\right)/n}{\sum x_i^2 - \left(\sum x_i\right)^2/n} = -0.0798,$$

$$\hat{\beta}_0 = \bar{y} - \hat{\beta}_1 \bar{x} = 13.6230.$$

于是经验回归直线为

$$\hat{Y} = \hat{\beta}_0 + \hat{\beta}_1 X = 13.6230 - 0.0798X.$$

这条直线也画在图 9.2 中. 从这个经验回归直线我们可以做出如下粗略的解释:

表 9.1　商品销售问题数据

数据序号	价格 X/元	销售总额 Y/万元	数据序号	价格 X/元	销售总额 Y/万元
1	35.3	10.98	14	39.1	9.57
2	29.7	11.13	15	46.8	10.94
3	30.8	12.51	16	48.5	9.58
4	58.8	8.40	17	59.3	10.09
5	61.4	9.27	18	70.0	8.11
6	71.3	8.73	19	70.0	6.83
7	74.4	6.36	20	74.5	8.88
8	76.7	8.50	21	72.1	7.68
9	70.7	7.82	22	58.1	8.47
10	57.5	9.14	23	44.6	8.86
11	46.4	8.24	24	33.4	10.36
12	28.9	12.19	25	28.6	11.08
13	28.1	11.88			

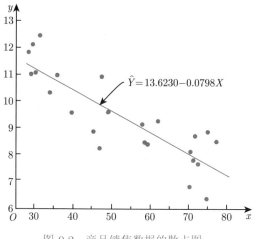

图 9.2　商品销售数据的散点图

(1) 当该商品价格为 X 元时, 每个时间段销售总额平均为 $13.6230 - 0.0798X$ (万元).

(2) 商品价格每增加 1 元, 平均说来销售总额就要减少 0.0798×1(万元)$=$ 798(元).

9.1.2　最小二乘估计的性质

最小二乘估计之所以被广泛地应用是因为它具有许多优良性. 下面的定理概括了一元线性回归中参数最小二乘估计 $\hat{\beta}_0$ 和 $\hat{\beta}_1$ 的一些重要性质.

> **定理 9.1.1**　对于一元线性回归模型 (9.1.3),
> (1) $E(\hat{\beta}_0) = \beta_0, E(\hat{\beta}_1) = \beta_1$, 即 $\hat{\beta}_0$ 和 $\hat{\beta}_1$ 分别是 β_0 和 β_1 的无偏估计;
> (2) 如果进一步假设 $e_i \sim N(0, \sigma^2)(i = 1, 2, \cdots, n)$, 则
> $$\hat{\beta}_0 \sim N\left(\beta_0, \left(\frac{1}{n} + \frac{\bar{x}^2}{S_{xx}}\right)\sigma^2\right),$$
> $$\hat{\beta}_1 \sim N\left(\beta_1, \frac{1}{S_{xx}}\sigma^2\right),$$
> 这里 $S_{xx} = \sum(x_i - \bar{x})^2$.

证　(1) 首先把 $\hat{\beta}_1$ 改写为如下形式

$$\hat{\beta}_1 = \frac{1}{S_{xx}} \sum (x_i - \bar{x})y_i, \tag{9.1.8}$$

因为 $E(e_i) = 0$, 于是 $E(y_i) = \beta_0 + \beta_1 x_i$, 因而

$$E(\hat{\beta}_1) = \frac{1}{S_{xx}} \sum (x_i - \bar{x}) E(y_i)$$
$$= \frac{1}{S_{xx}} \sum (x_i - \bar{x})(\beta_0 + \beta_1 x_i) = \beta_1.$$

这就证明了 $\hat{\beta}_1$ 的无偏性.

又因为

$$E(\bar{y}) = \frac{1}{n} \sum E(y_i) = \frac{1}{n} \sum (\beta_0 + \beta_1 x_i) = \beta_0 + \beta_1 \bar{x},$$

从 (9.1.6) 的第一式, 有

$$E(\hat{\beta}_0) = E(\bar{y}) - E(\hat{\beta}_1) \cdot \bar{x} = (\beta_0 + \beta_1 \bar{x}) - \beta_1 \bar{x} = \beta_0,$$

这就证明了 (1).

(2) 根据高斯–马尔可夫假设, 不同的 e_i 和 e_j 是互不相关的. 现在又假定它们服从正态分布, 于是 $e_1, e_2, \cdots, e_n$ 就是相互独立的正态随机变量, 因而 $y_1, y_2, \cdots, y_n$ 也是相互独立的正态随机变量. (9.1.8) 式表明, $\hat{\beta}_1$ 是 $y_1, y_2, \cdots, y_n$ 的线性组合, 因而它也是正态随机变量, 其方差为

$$\text{Var}(\hat{\beta}_1) = \frac{1}{S_{xx}^2} \sum (x_i - \bar{x})^2 \text{Var}(y_i) = \frac{\sum (x_i - \bar{x})^2}{S_{xx}^2} \sigma^2 = \frac{\sigma^2}{S_{xx}}.$$

再结合 (1) 中已证的 $E(\hat{\beta}_1) = \beta_1$, 就完成了 $\hat{\beta}_1 \sim N\left(\beta_1, \dfrac{\sigma^2}{S_{xx}}\right)$ 的证明.

由 (9.1.6) 式和 (9.1.8) 式, $\hat{\beta}_0$ 可改写为

$$\hat{\beta}_0 = \sum \left(\frac{1}{n} - \frac{x_i - \bar{x}}{S_{xx}} \bar{x}\right) y_i, \tag{9.1.9}$$

由此与上面类似可得, $\hat{\beta}_0 \sim N\left(\beta_0, \left(\dfrac{1}{n} + \dfrac{\bar{x}^2}{S_{xx}}\right)\sigma^2\right)$. 定理证毕.

在一元线性回归模型 (9.1.3) 中, 误差 e_i 的方差 σ^2 称为误差方差, 它也是一个重要参数. 当我们有了最小二乘估计 $\hat{\beta}_0$ 和 $\hat{\beta}_1$ 之后就可以构造 σ^2 的估计.

因为 $e_i = y_i - (\beta_0 + \beta_1 x_i)$, 用 $\hat{\beta}_0$ 和 $\hat{\beta}_1$ 代替其中的 β_0 和 β_1, 就得到 e_i 的一个估计, 记为 $\hat{e}_i$, 即

$$\hat{e}_i = y_i - (\hat{\beta}_0 + \hat{\beta}_1 x_i), \quad i = 1, 2, \cdots, n,$$

称为残差. 残差的用处之一是用来考察模型假设条件, 如高斯–马尔可夫假设以及误差正态性假设的正确性. 这一方面的内容可以概括在 "回归诊断" 的标题之下, 它超出了本书的范围 (见文献 [1]). 残差 $\hat{e}_i$ 的另一个用处是构造 σ^2 的估计, 具体地说, σ^2 的常用的估计是

$$\hat{\sigma}^2 = \sum \hat{e}_i^2/(n-2). \tag{9.1.10}$$

我们不加证明地叙述如下事实.

> **定理 9.1.2**   (1) $\hat{\sigma}^2$ 是 σ^2 的无偏估计.
> (2) $(n-2)\hat{\sigma}^2/\sigma^2 \sim \chi_{n-2}^2$, 并且 $\hat{\sigma}^2$ 与 $\hat{\beta}_0, \hat{\beta}_1$ 相互独立.

这个定理的证明可以在文献 [1] 中找到. 本定理的结论为下面的显著性检验奠定了理论基础.

9.1.3   回归方程的显著性检验

对任何两个变量 X 和 Y, 不管它们之间是否真正存在相关关系, 只要我们对它们进行了 n 次观测, 得到数据 $(x_i, y_i), i = 1, 2, \cdots, n$ 之后, 就可以利用 (9.1.6) 式计算出最小二乘估计 $\hat{\beta}_0$ 和 $\hat{\beta}_1$, 从而得到经验回归直线: $\hat{Y} = \hat{\beta}_0 + \hat{\beta}_1 X$. 那么, 我们要问, 这个经验回归直线真正描述了 Y 与 X 之间客观存在的关系吗? 从根本上讲, 这个问题要通过实践来回答, 也就是说, 从所研究的问题实际背景的角度来考察这个经验回归直线所描述的变量之间关系的合理性. 但是, 我们也有一些辅助性的统计方法来帮助回答这个问题, 这就是下面要讨论的回归方程的显著性检验.

对于一元线性回归模型, 回归方程的显著性检验就是要检验假设:

$$H_0 : \beta_1 = 0 \leftrightarrow H_1 : \beta_1 \neq 0. \tag{9.1.11}$$

当原假设成立时, 理论回归直线 (9.1.2) 的斜率等于零, 这表明因变量 Y 与自变量 X 之间并无线性相关关系可言.

从定理 9.1.1 和定理 9.1.2 知,

$$\hat{\beta}_1 \sim N\left(\beta_1, \frac{1}{S_{xx}}\sigma^2\right),$$

$$(n-2)\hat{\sigma}^2/\sigma^2 \sim \chi_{n-2}^2,$$

且两者相互独立. 于是当原假设成立时,

$$T = \frac{\hat{\beta}_1}{\hat{\sigma}/\sqrt{S_{xx}}} \sim t_{n-2},$$

这个 T 就是检验 H_0 的 t 检验统计量. 对给定的显著性水平 α, 如果

$$|T| = \left| \frac{\hat{\beta}_1}{\hat{\sigma}/\sqrt{S_{xx}}} \right| \geqslant t_{n-2}\left(\frac{\alpha}{2}\right),$$

则拒绝原假设, 而接受 $\beta_1 \neq 0$; 否则我们就接受原假设. 这就是所谓的 t 检验法. 注意到 t 分布和 F 分布的关系: $t_n^2 = F_{1,n}$(见 6.3 节), 则有

$$F = \frac{\hat{\beta}_1^2}{\hat{\sigma}^2/S_{xx}} \sim F_{1,n-2}, \tag{9.1.12}$$

这个 F 就是检验 H_0 的 F 检验统计量. 很明显, 上面的 t 检验法则等价于如下的 F 检验法则: 当 $F \geqslant F_{1,n-2}(\alpha)$ 时, 拒绝原假设, 不然就接受原假设. 如果检验的结论是拒绝原假设, 即接受 $\beta_1 \neq 0$, 通常就说回归方程通过了显著性检验, 这说明 X 对 Y 有一定影响. 但是如果检验的结论是接受原假设 $\beta_1 = 0$, 在应用上这可能是多种原因引起的. 一种是 X 对 Y 的影响确实不大, 但也可能是由于还有对 Y 有重要影响的自变量没有被考虑或整个系统误差太大等.

因变量 Y 与自变量 X 之间的相关关系的程度也可以用一个量来刻画. 常用的是所谓的判定系数或确定系数 R^2, 其定义如下

$$R^2 = \frac{\sum(\hat{y}_i - \bar{y})^2}{\sum(y_i - \bar{y})^2}, \tag{9.1.13}$$

这里 $\hat{y}_i = \hat{\beta}_0 + \hat{\beta}_1 x_i$, 称为在 x_i 处因变量 Y 的拟合值. (9.1.13) 式的分母是因变量 Y 的 n 次观测值 y_i 的变动平方和, 分子是 n 个拟合值 $\hat{y}_i$ 关于 $\bar{y}$ 的偏差平方和, 这两项的商表示了经验回归直线所能解释的因变量 Y 的变动部分在 Y 的总变动量中的比例. R^2 越大表明经验回归直线所能解释的因变量的变动部分愈大, 则 Y 与 X 的线性相关关系也就越强. 事实上, 我们可以证明, R 就是 Y 与 X 的相关系数 (见文献 [2]).

通常, R^2 的分子又被称为回归平方和, 记为 $SS_回$, 即

$$SS_回 = \sum(\hat{y}_i - \bar{y})^2,$$

规定它的自由度为 1, 而把 R^2 的分母称为总平方和, 记为 $SS_总$, 即

$$SS_总 = \sum(y_i - \bar{y})^2,$$

规定它的自由度为 $n - 1$. 这样我们就有关系式

$$R^2 = \frac{SS_回}{SS_总}. \tag{9.1.14}$$

可以验证

$$\sum \hat{e}_i^2 = SS_{总} - SS_{回},$$

并把 $\sum \hat{e}_i^2$ 称为误差平方和, 记为 $SS_{误}$, 它的自由度为 $SS_{总}$ 与 $SS_{回}$ 的自由度之差, 即为 $n-2$. 这样我们就得到了平方和的分解式

$$SS_{总} = SS_{回} + SS_{误}.$$

进一步, 假设 $H_0 : \beta_1 = 0$ 的 F 检验统计量 (9.1.12) 可表示为

$$F = \frac{SS_{回}}{SS_{误}/(n-2)}. \tag{9.1.15}$$

通常将计算 F 检验统计量的一些结果列成一张表, 如表 9.2, 称为方差分析表. 在这个表中, 还引进了均方, 它们等于各平方和除以各自的自由度. 例如, 把误差平方和 $SS_{误}$ 除以它的自由度 $n-2$, 称为误差平方和的均方, 记为 $MS_{误}$. 这样 (9.1.15) 式所定义的 F 检验统计量就被表成 $F = MS_{回}/MS_{误}$. 需要说明的是, 在一些计算机软件中, 方差分析表的最后一列给出的不是 F 检验统计量的值, 而是检验的 p 值 $P\{F_{1,n-2} \geqslant F\}$, 这里 $F_{1,n-2}$ 表示自由度为 1 和 $n-2$ 的 F 分布随机变量, F 是由 (9.1.15) 式计算出的检验统计量的值. 很明显, 对给定的水平 α, 原来的检验法则: 当 $F \geqslant F_{1,n-2}(\alpha)$ 时拒绝原假设等价于当 $P\{F_{1,n-2} \geqslant F\} \leqslant \alpha$ 时拒绝原假设. 于是, 我们不用查 F 分布表, 只要把这个概率和 α 作比较就可以了.

表 9.2   一元线性回归的方差分析表

方差源	平方和	自由度	均方	F
回归	$SS_{回}$	1	$MS_{回} = SS_{回}/1$	
误差	$SS_{误}$	$n-2$	$MS_{误} = SS_{误}/(n-2)$	$F = \dfrac{MS_{回}}{MS_{误}}$
总和	$SS_{总}$	$n-1$		

例 9.1.2 (商品销售问题 (续))   对于例 9.1.1 所给的商品销售数据, 现在我们来做回归方程的显著性检验. 各种平方和分别为

$$SS_{总} = \sum (y_i - \bar{y})^2 = \sum y_i^2 - \left(\sum y_i\right)^2/n = 63.82,$$

$$SS_{回} = \sum (\hat{y}_i - \bar{y})^2 = 45.59,$$

$$SS_{误} = \sum \hat{e}_i^2 = \sum (y_i - \hat{y}_i)^2 = 18.22.$$

对应的方差分析表如表 9.3. 对给定的水平 $\alpha = 0.05$, 查 F 表得 $F_{1,23}(0.05) = 4.28$. 因 $F = 57.56 > 4.28$, 我们应该拒绝原假设 $H_0 : \beta_1 = 0$, 而接受 $\beta_1 \neq 0$. 这就是

说, 我们认为经验回归直线

$$\hat{Y} = 13.6230 - 0.0798X$$

反映了该商品的销售总额 Y 与其价格 X 之间的相关关系.

表 9.3 商品销售问题方差分析表

方差源	平方和	自由度	均方	F
回归	$SS_{回} = 45.59$	1	$MS_{回} = 45.59$	
误差	$SS_{误} = 18.22$	23	$MS_{误} = 0.792$	$F = 57.56$
总和	$SS_{总} = 63.82$	24		

另一方面, 我们计算出

$$R^2 = \frac{SS_{回}}{SS_{总}} = \frac{45.59}{63.82} = 0.714,$$

这表明, 在这种商品的销售总额的变化中, 有 71.4% 的变化是由销售总额与价格的线性相关关系引起的.

9.1.4 回归参数的区间估计

记 $\hat{\beta}_0$ 和 $\hat{\beta}_1$ 的标准差 (即方差的平方根) 分别为 $\sigma_{\hat{\beta}_0}$ 和 $\sigma_{\hat{\beta}_1}$, 由定理 9.1.1, 有

$$\sigma_{\hat{\beta}_0} = \sqrt{\frac{1}{n} + \frac{\bar{x}^2}{S_{xx}}} \sigma,$$

$$\sigma_{\hat{\beta}_1} = \frac{\sigma}{\sqrt{S_{xx}}},$$

用 $\hat{\sigma}$ 代替其中的 σ, 得到

$$\hat{\sigma}_{\hat{\beta}_0} = \sqrt{\frac{1}{n} + \frac{\bar{x}^2}{S_{xx}}} \hat{\sigma}, \tag{9.1.16}$$

$$\hat{\sigma}_{\hat{\beta}_1} = \frac{\hat{\sigma}}{\sqrt{S_{xx}}}, \tag{9.1.17}$$

分别称为 $\hat{\beta}_0$ 和 $\hat{\beta}_1$ 的标准误差. 在误差的正态假设下, 由 t 分布的定义及定理 9.1.1、定理 9.1.2 容易证明

$$\frac{\hat{\beta}_0 - \beta_0}{\hat{\sigma}_{\hat{\beta}_0}} \sim t_{n-2},$$

$$\frac{\hat{\beta}_1 - \beta_1}{\hat{\sigma}_{\hat{\beta}_1}} \sim t_{n-2}.$$

于是, 对给定的 $\alpha, 0 < \alpha < 1$, 有

$$P\left\{\left|\frac{\hat{\beta}_0 - \beta_0}{\hat{\sigma}_{\hat{\beta}_0}}\right| \leqslant t_{n-2}\left(\frac{\alpha}{2}\right)\right\} = 1 - \alpha.$$

由此得到 β_0 的置信系数为 $1 - \alpha$ 的置信区间为

$$\left[\hat{\beta}_0 - t_{n-2}\left(\frac{\alpha}{2}\right)\hat{\sigma}_{\hat{\beta}_0}, \quad \hat{\beta}_0 + t_{n-2}\left(\frac{\alpha}{2}\right)\hat{\sigma}_{\hat{\beta}_0}\right]. \tag{9.1.18}$$

完全同样的道理, β_1 的置信系数为 $1 - \alpha$ 的置信区间为

$$\left[\hat{\beta}_1 - t_{n-2}\left(\frac{\alpha}{2}\right)\hat{\sigma}_{\hat{\beta}_1}, \quad \hat{\beta}_1 + t_{n-2}\left(\frac{\alpha}{2}\right)\hat{\sigma}_{\hat{\beta}_1}\right]. \tag{9.1.19}$$

例 9.1.3 (商品销售问题 (续))   从例 9.1.2 得到

$$\hat{\sigma}^2 = MS_{误} = 0.792,$$

$$\hat{\sigma} = 0.89.$$

另外

$$S_{xx} = \sum(x_i - \bar{x})^2 = 7154.42.$$

再利用 (9.1.16) 式和 (9.1.17) 式可以算出

$$\hat{\sigma}_{\hat{\beta}_0} = 0.58, \quad \hat{\sigma}_{\hat{\beta}_1} = 0.01.$$

对 $\alpha = 0.05$, 查 t 分布表得 $t_{n-2}\left(\frac{\alpha}{2}\right) = t_{23}(0.025) = 2.0687$. 最后利用公式 (9.1.18) 和 (9.1.19) 得到 β_0 和 β_1 的置信系数为 0.95 的区间估计分别为 $[12.421, 14.821]$ 和 $[-0.1015, -0.0581]$.

9.1.5 预测问题

当我们经过回归方程的显著性检验以及从所研究问题的实际角度分析, 认为经验回归直线或经验回归方程 $\hat{Y} = \hat{\beta}_0 + \hat{\beta}_1 X$ 确实能够刻画 Y 与 X 之间的相关关系之后, 就可以对给定的自变量值 $X = x_0$ 所对应的因变量 Y 的值进行预测.

假定在 $X = x_0$ 处理论回归方程 $Y = \beta_0 + \beta_1 X + e$ 成立. 于是在 $X = x_0$ 处因变量 Y 的对应值 y_0 满足如下关系

$$y_0 = \beta_0 + \beta_1 x_0 + e_0,$$

这里 e_0 表示对应的误差, 它与历史数据 $(x_i, y_i), i = 1, 2, \cdots, n$ 所对应的误差 $e_i, i = 1, 2, \cdots, n$(见模型 (9.1.3)) 一样, 也满足高斯–马尔可夫假设. 现在要预测 y_0, 注意到 y_0 由两部分组成. 第一部分是它的均值: $E(y_0) = \beta_0 + \beta_1 x_0$, 这里包含了未知参数 β_0 和 β_1. 很明显, 将最小二乘估计 $\hat{\beta}_0$ 和 $\hat{\beta}_1$ 代入就得到它的一个估计 $\hat{\beta}_0 + \hat{\beta}_1 x_0$. 第二部分是误差 e_0, 不言自明, 它的均值 $E(e_0) = 0$, 一个自然的估计是 0. 也就是说用它的均值 0 去估计它. 这样我们就得到 y_0 的预测:

$$\hat{y}_0 = \hat{\beta}_0 + \hat{\beta}_1 x_0, \tag{9.1.20}$$

这就是所谓的点预测.

除了点预测之外, 还有一种预测形式称为区间预测. 在讨论区间预测时, 我们要假设误差服从正态分布, 也就是说 $e_1, e_2, \cdots, e_n$ 和 e_0 都服从 $N(0, \sigma^2)$ 且相互独立. 利用 (9.1.8) 式和 (9.1.9) 式我们把点预测表示为

$$\hat{y}_0 = \hat{\beta}_0 + \hat{\beta}_1 x_0 = \sum \left(\frac{1}{n} - \frac{(x_i - \bar{x})(\bar{x} - x_0)}{S_{xx}} \right) y_i, \tag{9.1.21}$$

这样, 我们把 $\hat{y}_0$ 表成了独立正态随机变量 y_i 的线性组合, 因而 $\hat{y}_0$ 也服从正态分布. 由 $E(\hat{\beta}_0) = \beta_0$ 和 $E(\hat{\beta}_1) = \beta_1$ 可推出 $E(\hat{y}_0) = \beta_0 + \beta_1 x_0$. 再由 (9.1.21) 式和 y_i 的独立性, 可得到

$$\begin{aligned}
\mathrm{Var}(\hat{y}_0) &= \sum \left(\frac{1}{n} - \frac{(x_i - \bar{x})(\bar{x} - x_0)}{S_{xx}} \right)^2 \mathrm{Var}(y_i) \\
&= \left(\frac{1}{n} + \frac{(\bar{x} - x_0)^2}{S_{xx}} \right) \sigma^2.
\end{aligned}$$

因此, 点预测 $\hat{y}_0$ 的分布为

$$\hat{y}_0 \sim N \left(\beta_0 + \beta_1 x_0, \ \left(\frac{1}{n} + \frac{(\bar{x} - x_0)^2}{S_{xx}} \right) \sigma^2 \right). \tag{9.1.22}$$

借助于这个结果我们可以获得 y_0 的区间预测.

因为 $\hat{y}_0$ 只依赖于已经观测到的因变量值 $y_1, y_2, \cdots, y_n$, 而 y_0 是在 x_0 处因变量的值, 于是它们是相互独立的. 注意到

$$y_0 = \beta_0 + \beta_1 x_0 + e_0 \sim N(\beta_0 + \beta_1 x_0, \sigma^2),$$

结合 (9.1.22) 式知, 预测偏差 $\hat{y}_0 - y_0$ 也服从正态分布, 且有

$$\hat{y}_0 - y_0 \sim N\left(0, \left[1 + \frac{1}{n} + \frac{(\bar{x} - x_0)^2}{S_{xx}}\right]\sigma^2\right). \tag{9.1.23}$$

另一方面, 由定理 9.1.2 知, $\hat{\sigma}^2$ 与 $\hat{\beta}_0, \hat{\beta}_1$ 相互独立, 因而 $\hat{\sigma}^2$ 也与 $\hat{y}_0$ 相互独立. 又因 $\hat{\sigma}^2$ 只依赖于 $y_1, y_2, \cdots, y_n$, 故 $\hat{\sigma}^2$ 也与 y_0 独立. 这样我们就证明了 $\hat{\sigma}^2$ 与 $\hat{y}_0 - y_0$ 相互独立. 从 (9.1.23) 式和 t 分布之定义, 便有

$$\frac{\hat{y}_0 - y_0}{\hat{\sigma}\sqrt{1 + \frac{1}{n} + \frac{(\bar{x} - x_0)^2}{S_{xx}}}} \sim t_{n-2},$$

因而对给定的 α,

$$P\left\{\frac{|\hat{y}_0 - y_0|}{\hat{\sigma}\sqrt{1 + \frac{1}{n} + \frac{(\bar{x} - x_0)^2}{S_{xx}}}} \leqslant t_{n-2}\left(\frac{\alpha}{2}\right)\right\} = 1 - \alpha,$$

等价地

$$P\{y_0 \in [\hat{y}_0 - l, \hat{y}_0 + l]\} = 1 - \alpha,$$

这里

$$l = t_{n-2}\left(\frac{\alpha}{2}\right)\hat{\sigma}\sqrt{1 + \frac{1}{n} + \frac{(\bar{x} - x_0)^2}{S_{xx}}}. \tag{9.1.24}$$

于是, y_0 的包含概率为 $1 - \alpha$ 的预测区间为 $[\hat{y}_0 - l, \hat{y}_0 + l]$. 这个预测区间是长度为 $2l$, 中心为点预测 $\hat{y}_0$ 的一个区间. 从 (9.1.24) 式可以看出, 对给定的 n 和 α, S_{xx} 越大或 x_0 越靠近试验中心 $\bar{x}$, 则预测区间的长度就越短, 预测精度也就越高. 注意到 $S_{xx} = \sum(x_i - \bar{x})^2$, 它刻画了试验点 $x_1, x_2, \cdots, x_n$ 彼此散布的程度大小. 因此要想提高预测精度, 就要增大 S_{xx}, 也就是把试验点 $x_1, x_2, \cdots, x_n$ 尽可能地分散开. 另外, 当 $x_0 \in [\min\{x_i\}, \max\{x_i\}]$ 时的预测称为外推. 此时, 预测精度较低, 应谨慎从事.

例 9.1.4 (商品销售问题 (续)) 假定我们想要预测把商品价格定在 $x_0 = 28.6$ 元时, 该商品在单位时间段内的销售总额 y_0. 由 (9.1.20) 式得

$$\hat{y}_0 = \hat{\beta}_0 + \hat{\beta}_1 x_0 = 13.6230 - 0.0798 x_0 = 11.34.$$

这就是说, 把该商品价格定在 28.6 元, 单位时间段内销售总额的预测值为 11.34 万元.

在例 9.1.3 中我们已经算出: $S_{xx} = 7154.42, \hat{\sigma} = 0.89$, 另外 $\bar{x} = 52.60$, 对 $\alpha = 0.05, t_{n-2}\left(\dfrac{\alpha}{2}\right) = t_{23}(0.025) = 2.0687$. 将这些值代入 (9.1.24) 式算得 $l = 1.95$. 因此, 对包含概率 $1 - \alpha = 0.95$ 所求预测区间为 $[9.39, 13.29]$. 即当把价格定在 28.6 元时, 销售总额的包含概率为 0.95 的预测区间是 $[9.39, 13.29]$.

本节借助商品销售价格与销售总额的例子说明了一元线性回归模型的应用. 现在结合这个例子进一步说明本章开始提到的几点注意. 如果例中用到的数据来自于实际经营过程, 上述的计算分析是否符合实际, 可能需要进一步的研究. 比如, 如果数据来自于不同销售网点, 销售额度可能不只是与商品价格有关, 还可能与网点布局有关 (如网点覆盖商品需求人口, 附近的社会经济状况等); 如果收集数据的时间区间很长, 或许期间有其他商品的竞争关系等复杂情况. 换言之, 如果分析的目标就是价格对于销售总额的影响, 最好的办法是在收集数据时排除其他方面的影响, 这就是本章开始所言数据的科学性收集的含义. 这一般需要进行专门的安排, 也就是要通过试验来收集数据, 而不是通过日常记录. 其次, 数据的收集过程要具有规范性, 如测量仪器要有一致性, 使用的单位和保留的小数位数要统一等等, 避免人为的错误. 当然, 这会增加收集数据的成本.

在当前信息社会中, 大量数据来自于在自然状态下 (而不是通过试验) 的记录, 称为观察性数据. 对于观察性数据的分析, 其分析方法及其结果的解释都需要谨慎, 要结合实际背景进行分析. 从方法论角度, 统计学有专门的理论. 2021 年获得诺贝尔经济学奖的因果推断就属于这个方面的理论.

本节的知识可以推广到比 (9.1.3) 更为广泛的模型

$$y_i = \beta_0 + \beta_1 x_{i1} + \cdots + \beta_p x_{ip} + e_i, \quad i = 1, 2, \cdots, n,$$

甚至其中的 x_{ij} 也可以不是原始的观测变量, 而是原始观测变量的函数, 如 x_{i1} 是观测变量数据, $x_{i2} = x_{i1}^2$, 这样模型中就有了 x_{i1} 的二次项, 变量关系的表现范围更加宽广. 有兴趣的读者可以参见书后的文献 [1] 或 [3].

数 值 计 算 与 试 验

本节中的计算可以用 R 函数 lm 完成:

lm(formula, data, subset, weights, na.action, method = "qr", model = TRUE, x = FALSE, y = FALSE, qr = TRUE, singular.ok = TRUE, contrasts = NULL, offset, ...)

其中 formula 用来给出模型的公式, data 用来输入观测数据, 其他参数目前可以忽略. data 可以使用三种不同的数据格式之一, 这里不做详细介绍, 一种简单的替代办法, 是把数据 $(x_i, y_i), i = 1, 2, \cdots, n$ 按行存入一个 $n \times 2$ 矩阵, 比如 MyData. 此时, 矩阵的两列分别是 X, Y 的观测数据. formula 可以写为 formula=MyData[,2]$\sim$ 1+MyData[,1], 表示 MyData 的第二列作为因变量, 第一列作为自变量. 1 表示模型有常数项 β_0, 也可以省略而函数默认模型包含常数项.

该函数返回一系列回归模型计算的结果, 包括回归系数的估计 $\hat{\beta}_0, \hat{\beta}_1$, 拟合值 $\hat{y}_i = \hat{\beta}_0 + \hat{\beta}_1 x_i$, 残差 $\hat{e}_i$ 等. 具体使用方法请参见下例.

```
MyData=matrix(c(3,3.5,4,4.2,5,5.7,6,6.3,8,9.0),ncol=2,byrow=TRUE)
Re=lm(formula=MyData[,2]~MyData[,1])


> Re


Call:
lm(formula = MyData[, 2] ~ MyData[, 1])


Coefficients:
(Intercept)  MyData[, 1]
 -0.008108     1.105405


> Re$fitted
       1        2        3        4        5
3.308108 4.413514 5.518919 6.624324 8.835135


> Re$residual
        1         2          3          4          5
 0.1918919 -0.2135135  0.1810811 -0.3243243  0.1648649


> anova(Re)
Analysis of Variance Table


Response: MyData[, 2]
            Df  Sum Sq Mean Sq F value    Pr(>F)
MyData[, 1]  1 18.0844 18.0844  219.15 0.0006688 ***
Residuals    3  0.2476  0.0825
---
Signif. codes:  0 '***' 0.001 '**' 0.01 '*' 0.05 '.' 0.1 ' ' 1
```

第三行命令简单显示回归计算的结果, 即调用 lm 时的模型和回归系数的估计. 用 Re$fitted 察看或调用拟合值向量. 类似地, 用 Re$residual 察看或调用残差向量. anova(Re) 用于利用 Re 中的结果产生一元线性回归的方差分析表: 自由度, 平方和, 均方, F 值和 p 值.

9.2 方 差 分 析

方差分析也是用来分析变量之间关系的统计方法. 与回归分析不同的是, (1) 在方差分析中, 自变量一般只取几个 (组) 经过事先挑选的值; (2) 侧重检验自变量对于因变量有无影响.

方差分析与试验相联系. 在方差分析中, 称因变量为响应变量, 自变量为因子. 经常的情况是, 选定因子的一组值代表希望观察的试验条件, 进行试验并观测响应变量的取值. 看下面的例子.

例 9.2.1 为了改良小麦品种, 选择了三个品种 (分别称为品种 1 号, 2 号和 3 号) 进行太空试验, 把它们送上太空, 在由计算机控制的培养室中培育. 每个品种栽培一定株数, 在培养室中生长至成熟期后测量各株的高度 (单位: 英寸).

在这个试验中, 研究人员通过植株的高度作为挑选进一步考察小麦品种的依据, 因而取响应变量为植株的高度; 因子为小麦品种. 为了解因子对响应变量的影响, 在试验中一般把因子控制在不同的状态, 然后测量响应变量的值. 因子的这些不同的状态, 称为因子的水平. 上面的小麦品种有 3 个水平. 由此可见, 在试验中因子是可以控制的, 是独立变化的量, 它可以是定量的变量 (如下面将提到的温度), 也可以是定性的变量 (如小麦品种); 而响应变量是 "响应" 于因子的水平的, 是因变量.

试验中常有多个因子. 比如, 在上述试验中, 如果还想考虑温度对于植株高度的影响, 在太空仓中设置 4 个不同的培养室, 每个培养室保持不同的温度环境 (分别记为温度 1~ 温度 4), 那么温度就是一个新的因子, 有 4 个水平. 试验中因子的个数取决于问题的性质和试验的环境条件. 在试验中, 所有因子各取定一个水平组成一个处理. 如果同时考虑品种和温度, 则上例中共有 $3 \times 4 = 12$ 个处理. 显然, 如果只有一个因子, 处理与该因子的水平一致.

考虑到随机因素的影响 (比如在同一个处理上同品种的种子之间的差异), 往往在一个处理上进行多次重复试验. 比如, 当只考虑品种因子和温度因子时, 处理 "(品种 1 号, 温度 1)" 上重复观测 5 次意味着把 5 粒品种 1 号的种子在温度 1 条件下培养到成熟期进行测量. 由于在同一个处理上试验条件的一致性, 可以把一个处理上的响应变量作为一个总体, 从而通过重复观测得到该总体的一个随机样本. 所谓方差分析, 就是指通过分离响应变量观测值的变异来源, 来分析因子对于响应变量的影响是否显著.

下面分别考虑单因子试验的方差分析和两因子试验的方差分析.

9.2.1 单因子试验的方差分析

单因子试验是最简单的试验, 只有一个因子, 不妨记为 A. 设因子 A 有 k 个水平, 在第 i 个水平上进行 n_i 次重复试验, 以 y_{ij} 记第 i 水平上第 j 个观测值. 因此, k 水平单因子试验的观测数据有表 9.4 的形式.

表 9.4 试验数据的形式

因子水平	观察值	样本大小
A_1	$y_{11}, y_{12}, \cdots, y_{1n_1}$	n_1
A_2	$y_{21}, y_{22}, \cdots, y_{2n_2}$	n_2
$\vdots$	$\vdots \quad \vdots \quad \quad \vdots$	$\vdots$
A_k	$y_{k1}, y_{k2}, \cdots, y_{kn_k}$	n_k

假定:

(1) 各个观测相互独立;

(2) $y_{i1}, y_{i2}, \cdots, y_{in_i}$ 有相同分布: $N(\eta_i, \sigma^2)$, $i = 1, 2, \cdots, k$.

条件 (1)(2) 建立了单因子试验的方差分析问题的统计模型. 统计分析的首要问题是检验因子的水平变化对于响应变量平均值是否有显著的影响, 即检验假设

$$H_0 : \eta_1 = \eta_2 = \cdots = \eta_k \leftrightarrow H_1 : \eta_1, \eta_2, \cdots, \eta_k \text{ 不全相等.} \qquad (9.2.1)$$

直观上, H_0 成立与否应当在观测值 $\{y_{ij}\}$ 之间的差异上有所表现. 观测值之间的差异有两个可能的来源: 一是随机误差; 二是可能存在的 η_i 之间的差异 (当 H_1 成立时). 如果能够分解观测值之间的这两种可能的变异, 将有利于识别出 H_0 还是 H_1. 为此, 对参数作以下简单变换: 令

$$\mu = \frac{1}{n} \sum_{i=1}^{k} n_i \eta_i, \quad \mu_i = \eta_i - \mu, \quad i = 1, 2, \cdots, k,$$

这里 $n = \sum_{i=1}^{k} n_i$ 为总观测次数. 记 $e_{ij} = y_{ij} - \eta_i = y_{ij} - \mu - \mu_i$, 则由假定 (1)(2) 得到新参数下的统计模型:

$$y_{ij} = \mu + \mu_i + e_{ij}, \quad i = 1, 2, \cdots, k, j = 1, 2, \cdots, n_i, \qquad (9.2.2)$$

$$e_{ij}(i = 1, 2, \cdots, k, j = 1, 2, \cdots, n_i) \text{ 独立同分布} N(0, \sigma^2), \qquad (9.2.3)$$

$$\sum_{i=1}^{k} n_i \mu_i = 0, \qquad (9.2.4)$$

其中 e_{ij} 称为模型的随机误差项; μ 称为总平均, 可以视为各水平对响应变量产生的共同效应; μ_i 称为因子第 i 水平对响应变量的主效应, 表示相对于总平均 μ 来说该水平对响应值的贡献. (9.2.2)~(9.2.4) 式称为单因子试验的方差分析模型.

于是问题 (9.2.1) 等价于在约束 (9.2.4) 下, 检验假设

$$H_0 : \mu_1 = \mu_2 \cdots = \mu_k = 0 \leftrightarrow H_1 : \mu_1, \mu_2, \cdots, \mu_k \text{不全为零.} \tag{9.2.5}$$

在模型 (9.2.2)~(9.2.4) 下, $\bar{y}_{i\cdot} = \dfrac{1}{n_i} \sum\limits_{j=1}^{n_i} y_{ij}$ 是 η_i 的无偏估计, 从而 $\hat{\mu} = \bar{y}_{\cdot\cdot} = \dfrac{1}{n} \sum\limits_{i=1}^{k} n_i \bar{y}_{i\cdot}$ 是 μ 的无偏估计, $\hat{\mu}_i = \bar{y}_{i\cdot} - \bar{y}_{\cdot\cdot}$ 是 μ_i 的无偏估计. 这些估计满足约束条件. 利用这些量可以把观测值表示为

$$y_{ij} = \bar{y}_{\cdot\cdot} + (\bar{y}_{i\cdot} - \bar{y}_{\cdot\cdot}) + (y_{ij} - \bar{y}_{i\cdot}),$$

这与 (9.2.2) 式相对应: $\hat{\mu} = \bar{y}_{\cdot\cdot}$ 代表了总平均; $\hat{\mu}_i = \bar{y}_{i\cdot} - \bar{y}_{\cdot\cdot}$ 则代表了相对于总平均来说, 由第 i 个水平给响应值带来的影响; 而 $y_{ij} - \bar{y}_{i\cdot}$ 则表现了随机误差的大小. 观测值之间的变异的大小可以用总平方和 $SST = \sum\limits_{i=1}^{k} \sum\limits_{j=1}^{n_i} (y_{ij} - \bar{y}_{\cdot\cdot})^2$ 表示. 记

$$SSA = \sum\limits_{i=1}^{k} n_i (\bar{y}_{i\cdot} - \bar{y}_{\cdot\cdot})^2, SSE = \sum\limits_{i=1}^{k} \sum\limits_{j=1}^{n_i} (y_{ij} - \bar{y}_{i\cdot})^2, \text{容易验证有如下分解:}$$

$$SST = SSA + SSE. \tag{9.2.6}$$

SSA 称为因子平方和, 它表示因子 A 各水平上响应变量之间的差异. SSE 称为误差平方和, 表示由随机观测误差引起的观测值的变异部分.

关于平方和分解与模型参数的估计, 有以下定理.

定理 9.2.1 在模型 (9.2.2)~(9.2.4) 的条件下,

(1) $\mu, \mu_i, i = 1, 2, \cdots, k$ 的极大似然估计分别为 $\hat{\mu}, \hat{\mu}_i, i = 1, 2, \cdots, k$, 且它们均为无偏估计.

(2) SSE 与 SSA 相互独立.

(3) $SSE/\sigma^2 \sim \chi_{n-k}^2$; 当 H_0 成立时, $SSA/\sigma^2 \sim \chi_{k-1}^2, SST/\sigma^2 \sim \chi_{n-1}^2$.

由定理 9.2.1, 当 H_0 成立时

$$F = \frac{(n-k)}{(k-1)} \frac{SSA}{SSE} \sim F_{k-1, n-k}. \tag{9.2.7}$$

当 H_0 不成立时, 存在 i, 满足 $E(\bar{y}_{i\cdot} - \bar{y}_{\cdot\cdot}) = \mu_i \neq 0$, SSA 将有偏大的趋势. 由此, 对给定的显著性水平 α, 当 $F \geqslant F_{k-1,n-k}(\alpha)$ 时拒绝 H_0.

实际中进行检验时, 常用如下方差分析表 (表 9.5).

表 9.5　单因子试验的方差分析表

方差源	平方和	自由度	均方	F
因子	SSA	$k-1$	$SSA/(k-1)$	$\dfrac{n-k}{k-1}\dfrac{SSA}{SSE}$
误差	SSE	$n-k$	$SSE/(n-k)$	
总和	SST	$n-1$		

例 9.2.2　考虑例 9.2.1. 假定在试验中只考虑品种这个因子, 每个品种的小麦种植了 5 株. 种子是经过随机挑选的, 培养室内生长环境一致. 经过培育测量结果如表 9.6. 希望考察这三种小麦的平均高度有无差异.

表 9.6　小麦种子的太空试验

小麦品种	小麦高度/英寸					合计	平均
	1	2	3	4	5		
1	17	18	17	16	18	86	17.2
2	21	19	18	19	20	97	19.4
3	18	21	20	21	19	99	19.8
						282	18.8

解　这是一个以小麦品种为唯一因子的单因子试验, 因子水平数为 3. 经计算得到方差分析表如下:

方差源	平方和	自由度	均方	F
因子	19.6	2	9.80	
误差	14.8	12	1.23	7.97
总和	34.4	14		

取 $\alpha = 0.05$, 查表可得 $F_{2,12}(0.05) = 3.89$. 因此, 在显著性水平 0.05 下认为三种小麦植株的平均高度是不同的. 检验的 p 值为 $P\{F_{2,12} \geqslant 7.97\} = 0.0063$.

例 9.2.3　某灯泡厂用四种不同配方制成的灯丝, 分别生产了一批灯泡. 在每批中随机地抽取若干灯泡测其寿命 (单位: h), 结果如表 9.7. 取显著性水平 $\alpha = 0.05$, 试问四种灯丝生产的灯泡的平均寿命有无差异?

表 9.7 不同灯丝制成的灯泡的寿命

灯丝	灯泡的寿命								合计	平均
	1	2	3	4	5	6	7	8		
1	1600	1610	1650	1680	1700	1700	1780		11720	1674.3
2	1500	1640	1400	1700	1750				7990	1598.0
3	1640	1550	1600	1620	1640	1600	1740	1800	13190	1648.8
4	1510	1520	1530	1570	1640	1600			9370	1561.7

解 在此试验中, 灯丝的配料方案为因子, 四种不同的配料方法为四个水平. 计算各个平方和, 得到下面的方差分析结果:

方差源	平方和	自由度	均方	F
因子	49212.3	3	16404.1	
误差	166622.3	22	7573.7	2.166
总和	215834.6	25		

查得临界值 $F_{3,22}(0.05) = 3.05$. 因为 $2.166 < 3.05$, 故没有充分证据说明 H_0 不正确, 即在显著性水平 0.05 下认为四种灯泡的平均寿命无显著差异. 检验的 p 值为 $P\{F_{3,22} \geqslant 2.166\} = 0.1208$.

回顾本节的方法我们知道, 通过按照观测值变异的来源对于平方和进行分解, 我们得到了检验统计量. 这种方法叫做方差分析. 事实上, 在 9.1 节曾经用这种方法检验回归方程的显著性.

9.2.2 两因子试验的方差分析

考虑有两个因子 A 和 B 的试验, 因子 A 有 r 个水平 $A_i, i = 1, 2, \cdots, r$, 因子 B 有 c 个水平 $B_j, j = 1, 2, \cdots, c$, 因此试验共有 rc 个处理. 为便于安排试验, 通常可以把这 rc 个处理表示成表 9.8.

表 9.8 两因子试验的处理

行号	列号			
	1	2	$\cdots$	c
1	(A_1, B_1)	(A_1, B_2)	$\cdots$	(A_1, B_c)
2	(A_2, B_1)	(A_2, B_2)	$\cdots$	(A_2, B_c)
$\vdots$	$\vdots$	$\vdots$		$\vdots$
r	(A_r, B_1)	(A_r, B_2)	$\cdots$	(A_r, B_c)

由于这个表示形式, 因子 A 和因子 B 又分别称为行因子和列因子. 我们只考虑平衡试验, 即各个处理上重复次数都相同的情形.

设在每个处理上重复观测了 m 次. 以 y_{ijp} 记在 (A_i, B_j) 上的第 p 次观测的响应值, $i = 1, 2, \cdots, r; j = 1, 2, \cdots, c; p = 1, 2, \cdots, m$. 共有 rcm 个观测值.

假定响应变量遵从模型

$$y_{ijp} = \eta_{ij} + e_{ijp}, \ i = 1, 2, \cdots, r; j = 1, 2, \cdots, c; p = 1, 2, \cdots, m, \quad (9.2.8)$$

其中 $\{e_{ijp}\}$ 独立同分布 $N(0, \sigma^2)$, η_{ij} 为处理 (A_i, B_j) 上响应变量的均值. 考虑下列问题:

(1) 行因子各水平对响应值的影响有无显著差别;

(2) 列因子各水平对响应值的影响有无显著差别;

(3) 行列因子间有无交互作用 (具体说明见下面).

与单因子试验的情形类似, 引入以下记号:

$$n = rcm, \qquad \mu = \frac{1}{rc} \sum_{i=1}^{r} \sum_{j=1}^{c} \eta_{ij},$$

$$\eta_{i.} = \frac{1}{c} \sum_{j=1}^{c} \eta_{ij}, \qquad \eta_{.j} = \frac{1}{r} \sum_{i=1}^{r} \eta_{ij},$$

$$\mu_{i.} = \eta_{i.} - \mu, \qquad \mu_{.j} = \eta_{.j} - \mu,$$

$$\mu_{ij} = \eta_{ij} - \eta_{i.} - \eta_{.j} + \mu = \eta_{ij} - \mu_{i.} - \mu_{.j} - \mu,$$

其中 μ 称为总平均, 可以作为比较的参照.

首先看行因子各水平对响应值的影响. 第 i 个水平 A_i 的影响只体现在 η_{i1}, $\eta_{i2}, \cdots, \eta_{ic}$. 通常用这些值的平均值反映行因子第 i 个水平的影响是合适的, 因此, 称 $\mu_{i.}$ 为行因子的第 i 个主效应, 它表示行因子的第 i 个水平所伴随的相对于总平均的响应值变化. 类似地, 称 $\mu_{.j}$ 为列因子的第 j 个主效应, 它表示列因子的第 j 个水平所伴随的相对于总平均的响应值变化.

所谓交互作用是指一个因子对于响应值的影响随另一个因子水平而变化. 换言之, 交互作用就是行列因子的搭配作用, 是行列因子的组合对响应值产生的、除行列因子各自产生的影响以外的附加影响. 当有交互作用时, 行列因素的水平组合对响应值的影响不等于各因素相应水平产生的效应之和. 由主效应的讨论知, 在 η_{ij} 中去掉两个主效应的影响后的剩余部分 $\eta_{ij} - \mu_{i.} - \mu_{.j}$ 相对于总平均的变化, 即 μ_{ij} 表示行因子第 i 水平与列因子第 j 水平的交互效应. 于是模型 (9.2.8) 可以表示为

$$y_{ijp} = \mu + \mu_{i.} + \mu_{.j} + \mu_{ij} + e_{ijp}, \ i = 1, 2, \cdots, r; j = 1, 2, \cdots, c; p = 1, 2, \cdots, m,$$

$$e_{ijp} \text{独立同分布} N(0, \sigma^2). \quad (9.2.9)$$

显然, 模型 (9.2.9) 中的参数之间有下列关系:

$$\sum_{i=1}^{r} \mu_{i.} = 0, \ \sum_{j=1}^{c} \mu_{.j} = 0, \ \sum_{i=1}^{r} \mu_{ij} = 0, \ j = 1, 2, \cdots, c, \ \sum_{j=1}^{c} \mu_{ij} = 0, \ i = 1, 2, \cdots, r.$$

$$(9.2.10)$$

容易看出, 约束条件 (9.2.10) 中实际上只有 $r + c - 1$ 个独立约束.

由以上分析, 问题 (1)~(3) 化为下列三个假设的检验问题:

$$H_{0A} : \mu_{i\cdot} = 0, i = 1, 2, \cdots, r \leftrightarrow H_{1A} : \text{至少有一个 } \mu_{i\cdot} \text{ 不为 0.} \tag{9.2.11}$$

$$H_{0B} : \mu_{\cdot j} = 0, j = 1, 2, \cdots, c \leftrightarrow H_{1B} : \text{至少有一个 } \mu_{\cdot j} \text{ 不为 0.} \tag{9.2.12}$$

$$H_{0AB} : \mu_{ij} = 0, i = 1, 2, \cdots, r; j = 1, 2, \cdots, c \leftrightarrow H_{1AB} : \text{至少有一个 } \mu_{ij} \text{ 不为 0.} \tag{9.2.13}$$

与单因子试验的情形类似, 通过方差分析的方法可以给出问题 (9.2.11)~(9.2.13) 的检验. 令

$$\bar{y}_{\cdots} = \frac{1}{n} \sum_{i=1}^{r} \sum_{j=1}^{c} \sum_{p=1}^{m} y_{ijp}, \quad \bar{y}_{ij\cdot} = \frac{1}{m} \sum_{p=1}^{m} y_{ijp},$$

$$\bar{y}_{i\cdot\cdot} = \frac{1}{mc} \sum_{j=1}^{c} \sum_{p=1}^{m} y_{ijp}, \quad \bar{y}_{\cdot j\cdot} = \frac{1}{rm} \sum_{i=1}^{r} \sum_{p=1}^{m} y_{ijp}, \tag{9.2.14}$$

易见 $\hat{\mu} = \bar{y}_{\cdots}$, $\hat{\mu}_{i\cdot} = \bar{y}_{i\cdot\cdot} - \bar{y}_{\cdots}$, $\hat{\mu}_{\cdot j} = \bar{y}_{\cdot j\cdot} - \bar{y}_{\cdots}$ 和 $\hat{\mu}_{ij} = \bar{y}_{ij\cdot} - \bar{y}_{i\cdot\cdot} - \bar{y}_{\cdot j\cdot} + \bar{y}_{\cdots}$ 分别是 μ, $\mu_{i\cdot}$, $\mu_{\cdot j}$ 和 μ_{ij} 的无偏估计, 这些估计满足约束条件

$$\sum_{i=1}^{r} \hat{\mu}_{i\cdot} = 0, \sum_{j=1}^{c} \hat{\mu}_{\cdot j} = 0, \sum_{i=1}^{r} \hat{\mu}_{ij} = 0, j = 1, 2, \cdots, c, \sum_{j=1}^{c} \hat{\mu}_{ij} = 0, i = 1, 2, \cdots, r.$$

以 $SST = \sum\limits_{i=1}^{r} \sum\limits_{j=1}^{c} \sum\limits_{p=1}^{m} (y_{ijp} - \bar{y}_{\cdots})^2$ 记响应值的总变差平方和, 则有

$$SST = \sum_{i=1}^{r} \sum_{j=1}^{c} \sum_{p=1}^{m} [(\bar{y}_{i\cdot\cdot} - \bar{y}_{\cdots}) + (\bar{y}_{\cdot j\cdot} - \bar{y}_{\cdots})$$
$$+ (\bar{y}_{ij\cdot} - \bar{y}_{i\cdot\cdot} - \bar{y}_{\cdot j\cdot} + \bar{y}_{\cdots}) + (y_{ijp} - \bar{y}_{ij\cdot})]^2.$$

将方括号中各项展开, 并注意到各交叉项之和为 0, 我们得到

$$SST = SSA + SSB + SSAB + SSE, \tag{9.2.15}$$

其中

$$SSA = cm \sum_{i=1}^{r} (\bar{y}_{i\cdot\cdot} - \bar{y}_{\cdots})^2,$$

$$SSB = rm \sum_{j=1}^{c} (\bar{y}_{\cdot j \cdot} - \bar{y}_{\cdots})^2,$$

$$SSAB = \sum_{i=1}^{r} \sum_{j=1}^{c} \sum_{p=1}^{m} (\bar{y}_{ij\cdot} - \bar{y}_{i\cdot\cdot} - \bar{y}_{\cdot j\cdot} + \bar{y}_{\cdots})^2$$

$$= m \sum_{i=1}^{r} \sum_{j=1}^{c} (\bar{y}_{ij\cdot} - \bar{y}_{i\cdot\cdot} - \bar{y}_{\cdot j\cdot} + \bar{y}_{\cdots})^2,$$

$$SSE = \sum_{i=1}^{r} \sum_{j=1}^{c} \sum_{p=1}^{m} (y_{ijp} - \bar{y}_{ij\cdot})^2.$$

$SSA, SSB, SSAB, SSE$ 分别称为行因子平方和、列因子平方和、交互效应平方和、误差平方和. 可以证明, $SSE/\sigma^2 \sim \chi^2_{rc(m-1)}$, $SSE/rc(m-1)$ 是 σ^2 的无偏估计, 并且 SSE 与其他三个平方和独立. 进一步可以证明, (9.2.15) 式右边 4 个平方和相互独立, 且当假设 H_{0AB} 成立时, $SSAB/\sigma^2$ 服从自由度为 $(r-1)(c-1)$ 的 χ^2 分布. 故此时

$$F_{AB} = \frac{n-rc}{(r-1)(c-1)} \frac{SSAB}{SSE} \sim F_{(r-1)(c-1),n-rc}. \tag{9.2.16}$$

同样, 当 H_{0A}, H_{0B} 成立时, $SSA/\sigma^2, SSB/\sigma^2$ 分别服从自由度 $r-1, c-1$ 的 χ^2 分布, 故

$$F_A = \frac{n-rc}{r-1} \frac{SSA}{SSE} \sim F_{r-1,n-rc}, \tag{9.2.17}$$

$$F_B = \frac{n-rc}{c-1} \frac{SSB}{SSE} \sim F_{c-1,n-rc}. \tag{9.2.18}$$

当 H_{0AB} 不成立时, 至少有一个 $\hat{\mu}_{ij}$ 的数学期望不为 0, 从而 $SSAB$ 及 F_{AB} 有偏大的趋势. 对于给定的显著性水平 α, 当 $F_{AB} \geqslant F_{(r-1)(c-1),n-rc}(\alpha)$ 时, 拒绝 H_{0AB}, 认为有显著的交互作用. 类似地, 当 $F_A \geqslant F_{r-1,n-rc}(\alpha)$ 时, 拒绝 H_{0A}, 认为行因子的 r 个水平对响应值的影响有显著差异; 当 $F_B \geqslant F_{c-1,n-rc}(\alpha)$ 时, 拒绝 H_{0B}, 认为列因子的 c 个水平对响应值的影响有显著差异. 三个检验可以归纳为方差分析表 9.9.

表 9.9 两因子试验的方差分析表

方差源	平方和	自由度	均方	F
行因子	SSA	$r-1$	$\dfrac{SS_A}{(r-1)}$	$\dfrac{n-rc}{r-1}\dfrac{SSA}{SSE}$
列因子	SSB	$c-1$	$\dfrac{SS_B}{(c-1)}$	$\dfrac{n-rc}{c-1}\dfrac{SSB}{SSE}$
交互作用	$SSAB$	$(r-1)(c-1)$	$\dfrac{SSAB}{(r-1)(c-1)}$	$\dfrac{n-rc}{(r-1)(c-1)}\dfrac{SSAB}{SSE}$
误差	SSE	$n-rc$	$\dfrac{SSE}{(n-rc)}$	
总和	SST	$n-1$		

例 9.2.4 研究毒素对工人健康的影响, 响应值是工人的肺活量, 这些不同工厂的工人在不同环境中工作. 因子为工厂和毒素, 每个因子有三个水平, 在每种组合下随机取 12 人测其肺活量, 数据如表 9.10. 试检验不同工厂、不同毒素的主效应和交互效应是否显著, 取显著性水平为 0.05.

表 9.10 肺活量数据

工厂	毒素		
	A	B	C
1	4.64,5.92,5.25	3.21,3.17,3.88	3.75,2.50,2.65
	6.17,4.20,5.90	3.50,2.47,4.12	2.84,3.09,2.90
	5.07,4.13,4.07	3.51,3.85,4.22	2.62,2.75,3.10
	5.30,4.37,3.78	3.07,3.62,2.95	1.99,2.42,2.37
2	5.12,6.10,4.85	3.92,3.75,4.01	2.95,3.21,3.15
	4.72,5.36,5.41	4.64,3.63,3.40	3.25,2.30,2.76
	5.31,4.78,5.08	4.01,3.49,3.78	3.01,2.31,2.50
	4.97,5.85,5.26	3.51,3.19,4.04	2.02,2.64,2.27
3	4.64,4.32,4.13	4.95,5.22,5.16	2.95,2.80,3.53
	5.17,3.77,3.85	5.35,4.35,4.89	3.85,2.19,3.32
	4.12,5.07,3.25	5.61,4.98,5.77	2.68,3.35,3.12
	3.49,3.65,4.10	5.23,4.86,5.15	4.11,2.90,2.75

解 由表 9.11 看出, 工厂 1 的平均肺活量为最低 3.70, 其次是工厂 2, 最后是工厂 3. 若 3.70 是属医疗正常的肺活量, 应认为工厂的环境是卫生的, 对健康无明显影响.

表 9.11 按试验单元平均肺活量

工厂	毒素			行平均
	A	B	C	
1	4.90	3.46	2.75	3.70
2	5.23	3.78	2.70	3.90
3	4.13	5.13	3.13	4.13
列平均	4.75	4.12	2.86	3.91

从表又可看出, 毒素 C 对肺活量影响严重. 毒素 A 对三个工厂的工人作用是不同的, 最高和最低的肺活量相差 $5.23 - 4.13 = 1.10$, 而毒素 C 最高和最低的差仅为 $3.13 - 2.70 = 0.43$. 三种毒素对工厂 1 的肺活量影响顺序是 C、B、A, 而对工厂 3 依次是 C、A、B. 综上分析知道, 可能存在交互作用. 方差分析结果见表 9.12.

表 9.12 方差分析表

方差源	平方和	自由度	均方	F
工厂	3.246	2	1.623	6.078
毒素	67.150	2	33.575	125.749
交互作用	24.486	4	6.122	22.942
误差	26.415	99	0.267	
总和	121.297	107		

由方差分析表知, 工厂和毒素间有交互作用. 这时无法排出各种毒素对各工厂工人健康影响一致的顺序. 换句话说, 各毒素对工人健康的影响因厂而异.

数值计算与试验

方差分析可以用 R 函数计算. 首先看单因子试验的方差分析. 以例 9.2.3 为例, 步骤如下.

(1) 首先, 把因子的不同水平进行编码, 不妨把 4 个不同水平用 1,2,3,4 编码.

(2) 其次, 把已经编码的因子水平和响应值作为回归模型中的 $(x_i, y_i), i = 1, 2, \cdots, n$ 输入 $n \times 2$ 矩阵变量 z, 注意, 这里 n 是观测总次数 (样本量).

(3) 用函数 data.frame 把矩阵 z 的数据按照数据框 (data frame) 格式存放在 MyData 中. 数据框是 R 中一种通用的数据格式, 类似于 Excel 表格. 此时, MyData 中有两个数据向量, 第一个为 MyData$X1, 第二个为 MyData$X2.

(4) 用 factor 函数声明 MyData$X1 是一个因子的水平构成的向量. 这一点很重要, 否则下面用 lm 函数进行回归计算时, 会把因子的水平作为实数.

(5) 用函数 lm 进行回归计算, 模型公式采用 formula=MyData$X2～ My-Data$X1. 回归结果输出到 Re.

(6) 用 anova(Re) 产生方差分析表.

```
z=matrix(c(1,1600,1,1610,1,1650,1,1680,1,1700,1,1700,1,1780,
           2,1500,2, 1640,2,1400,2, 1700,2,1750,
           3,1640,3, 1550,3, 1600,3,1620,3,1640,3,1600,3, 1740, 3,1800,
           4,1510,4, 1520,4,1530,4,1570,4,1640,4,1600), ncol=2, byrow=TRUE)


MyData=data.frame(z)
MyData$X1=factor(MyData$X1)
Re=lm(MyData$X2~MyData$X1)
> anova(Re)
Analysis of Variance Table

Response: MyData$X2
          Df  Sum Sq Mean Sq F value Pr(>F)
MyData$X1  3   49212 16404.1  2.1659 0.1208
Residuals 22 166622  7573.7
```

两因子试验的方差分析与上面类似, 所不同的是: 矩阵 z 多一列 (假定为第二列) 用来存放第二个因子的水平; 第四步中指定为因子的操作要对两个因子向量进行. 回归的公式也相应改为 $MyData\$X3 \sim MyData\$X1 + MyData\$X2$ 或 $MyData\$X3 \sim MyData\$X1 + MyData\$X2 + MyData\$X1*MyData\$X2$. 后者计算交互作用, 而前者忽略交互作用. 为节省篇幅, 我们在例 9.2.4 中取一部分数据进行计算示范.

```
z=matrix(c(
  1,1,4.64, 1,1,5.92,  1,2,3.21, 1,2,3.17, 1,3,3.75, 1,3,2.50,
  1,1,6.17, 1,1,4.20,  1,2,3.50, 1,2,2.47, 1,3,2.84, 1,3,3.09,
  2,1,5.12, 2,1,6.10,  2,2,3.92, 2,2,3.75, 2,3,2.95, 2,3,3.21,
  2,1,4.72, 2,1,5.36,  2,2,4.64, 2,2,3.63, 2,3,3.25, 2,3,2.30,
  3,1,4.64, 3,1,4.32,  3,2,4.95, 3,2,5.22, 3,3,2.95, 3,3,2.80,
  3,1,5.17, 3,1,3.77,  3,2,5.35, 3,2,4.35, 3,3,3.85, 3,3,2.19),
  ncol=3, byrow=TRUE)


MyData=data.frame(z)
```

```
MyData$X1=factor(MyData$X1);MyData$X2=factor(MyData$X2)
Re=lm(MyData$X3~MyData$X1 +MyData$X2 +MyData$X1:MyData$X2)
> anova(Re)
Analysis of Variance Table

Response: MyData$X3
                   Df  Sum Sq Mean Sq F value    Pr(>F)
MyData$X1           2  0.8156  0.4078  1.1694  0.325783
MyData$X2           2 24.9120 12.4560 35.7188 2.605e-08 ***
MyData$X1:MyData$X2 4  8.0294  2.0074  5.7563  0.001748 **
Residuals          27  9.4156  0.3487
---
Signif. codes:  0 '***' 0.001 '**' 0.01 '*' 0.05 '.' 0.1 ' ' 1
```

输出的方差分析表中, 包括平方和, 自由度, 均方, 3 个 F 统计量的值以及对应的 p 值. p 值后面的符号 (或空格) 代表显著性强弱.

习　题　9

9.1 对一元线性回归模型

$$y_i = \beta x_i + e_i, \quad i = 1, 2, \cdots, n,$$

它不包含常数项, 假设误差服从高斯–马尔可夫假设.

(1) 求斜率 β 的最小二乘估计 $\hat{\beta}$.

(2) 若进一步假设误差 $e_i \sim N(0, \sigma^2)$. 试求 $\hat{\beta}$ 的分布.

(3) 导出假设 $H_0 : \beta = 0$ 的检验统计量.

9.2 为了研究合金钢的强度 Y 与含碳量 $X(\%)$ 的关系, 收集了 92 组生产数据 (见表 9.13). 假设这些数据服从一元线性回归模型

$$y_i = \beta_0 + \beta_1 x_i + e_i, \quad e_i \sim N(0, \sigma^2), \quad i = 1, 2, \cdots, 92,$$

这里 e_i 相互独立. 应用计算机统计软件完成下列问题.

(1) 求 β_0 和 β_1 的最小二乘估计, 并写出经验回归方程.

(2) 作回归方程的显著性检验, 列出方差分析表 (取 $\alpha = 0.05$).

(3) 求出 β_0 和 β_1 各自的置信系数为 0.95 的置信区间.

(4) 求含碳量 $x_0 = 0.1$ 时, 钢的强度 y_0 的点预测和包含概率为 0.95 的预测区间.

9.3 随机抽取了 10 个 3 人家庭, 调查了它们的家庭月收入 X(单位: 千元) 和月支出 Y(单位: 千元), 记录于表 9.14.

表 9.13 钢强度试验数据表

序号	$x/(\%)$	$y/(\text{kg/mm}^2)$	序号	$x/(\%)$	$y/(\text{kg/mm}^2)$	序号	$x/(\%)$	$y/(\text{kg/mm}^2)$
1	0.03	40.5	32	0.10	43.5	63	0.13	47.5
2	0.04	41.5	33	0.10	40.5	64	0.13	49.5
3	0.04	38.0	34	0.10	44.0	65	0.14	49.0
4	0.05	42.5	35	0.10	42.5	66	0.14	41.0
5	0.05	40.0	36	0.10	41.5	67	0.14	43.0
6	0.05	41.0	37	0.10	37.0	68	0.14	47.5
7	0.05	40.0	38	0.10	43.0	69	0.15	46.0
8	0.06	43.0	39	0.10	41.5	70	0.15	49.0
9	0.06	43.5	40	0.10	45.0	71	0.15	39.5
10	0.07	39.5	41	0.10	41.0	72	0.15	55.0
11	0.07	43.0	42	0.11	42.5	73	0.16	48.0
12	0.07	42.5	43	0.11	42.0	74	0.16	48.5
13	0.08	42.0	44	0.11	42.0	75	0.16	51.0
14	0.08	42.0	45	0.11	46.0	76	0.16	48.0
15	0.08	42.0	46	0.11	45.5	77	0.17	53.0
16	0.08	41.5	47	0.12	49.0	78	0.18	50.0
17	0.08	42.0	48	0.12	42.5	79	0.20	52.5
18	0.08	41.5	49	0.12	44.0	80	0.20	55.5
19	0.08	42.0	50	0.12	42.0	81	0.20	57.0
20	0.09	42.5	51	0.12	43.0	82	0.21	56.0
21	0.09	39.5	52	0.12	46.5	83	0.21	52.5
22	0.09	43.5	53	0.12	46.5	84	0.21	56.0
23	0.09	39.0	54	0.13	43.0	85	0.23	60.0
24	0.09	42.5	55	0.13	46.0	86	0.24	56.0
25	0.09	42.0	56	0.13	43.0	87	0.24	53.0
26	0.09	43.0	57	0.13	44.5	88	0.24	53.0
27	0.09	43.0	58	0.13	46.5	89	0.25	54.5
28	0.09	44.5	59	0.13	43.0	90	0.26	61.5
29	0.09	43.0	60	0.13	45.5	91	0.29	59.5
30	0.09	45.0	61	0.13	44.5	92	0.32	64.0
31	0.09	45.5	62	0.13	46.0			

表 9.14 家庭月收入、支出数据表

X	30	22	30	38	24	30	27	29	33	24
Y	6.2	4.3	5.4	6.5	5.0	5.8	4.1	4.9	6.2	4.8

(1) 在直角坐标系下作 X 与 Y 的散点图, 判断 Y 与 X 是否存在线性相关关系.

(2) 试求 Y 与 X 的一元线性回归方程.

(3) 对所得的回归方程作显著性检验, 列出方差分析表 $(\alpha = 0.05)$.

(4) 对家庭月收入 $x_0 = 25$, 求对应 y_0 的点预测和包含概率为 0.95 的区间预测.

9.4 在单因子试验的方差分析中, 令 $z_{ij} = ay_{ij} + b$, $j = 1, 2, \cdots, n_i, i = 1, 2, \cdots, k$, 此处 a, b 为两个常数, 证明用 z_{ij} 计算所得到的平方和 SSA_z, SSE_z 与用 y_{ij} 计算所得到的平方

和 SSA_y, SSE_y 之间有下列关系: $SSA_z = a^2 SSA_y$, $SSE_z = a^2 SSE_y$, 从而用 z_{ij} 计算检验统计量 F 的值不变.

这意味着, 在计算检验统计量的值时, 可以通过线性变换使得 z_{ij} 的数值有利于平方和的计算, 从而简化检验统计量的计算. 这个方法对于两因子试验的方差分析可行吗?

9.5　设有 5 种治疗荨麻疹的药物, 要比较它们的疗效. 按照一定规则选定 30 名患者并随机分为 5 组, 每组 6 人, 每组患者指定其中一种治疗药物, 记录从治疗开始到痊愈所需要的天数, 得到如下数据:

药物	治疗所需天数
1	5, 8, 7, 7, 10, 8
2	4, 6, 6, 3, 6, 5
3	7, 4, 6, 6, 5, 3
4	4, 4, 6, 3, 4, 5
5	5, 3, 9, 6, 7, 7

取显著性水平 $\alpha = 0.05$, 问这几种药物的疗效有无差异?

9.6　考察两种轮胎 (A、B) 在两种路面 (乡村公路、高速公路) 下的耐磨情况, 响应变量 y 为单位时间内轮胎减少的重量 (单位: 毫克). 选定试验路面, 每种情况下做 6 次试验, 得到如下数据:

	乡村公路	高速路面
轮胎 A	151, 101, 119, 156, 120, 142	118, 95, 113, 111, 108, 100
轮胎 B	117, 102, 133, 100, 115, 123	115, 112, 118, 97, 110, 100

取显著性水平 $\alpha = 0.05$, 试进行两因子试验方差分析.

9.7　要检查 3 种合金 A、B、C 在 3 种不同温度 1、2、3 下的抗张强度, 试验得到如下数据:

	合金 A	合金 B	合金 C
温度 1	170, 188	211, 192	180, 162
温度 2	190, 183	160, 144	195, 201
温度 3	140, 156	85, 114	185, 179

取显著性水平 $\alpha = 0.05$, 试进行两因子试验方差分析.

第 9 章内容提要

第 9 章教学要求、
重点与难点

习题答案与选解

习题 1

1.1 (1) $\Omega_1 = \{5, 6, 7, \cdots\}$;   (2) $\Omega_2 = \{2, 3, 4, \cdots, 12\}$;

     (3) $\Omega_3 = \{0, 1, 2, \cdots\}$;   (4) $\Omega_4 = \{(i, j) \mid 1 \leqslant i < j \leqslant 5\}$;

     (5) $\Omega_5 = \{(0,0), (0,1), (1,0), (1,1)\}$, 0 表示合格, 1 表示不合格;

     (6) $\Omega_6 = \{(x, y) \mid T_1 \leqslant x < y \leqslant T_2\}$, x 表示最低气温, y 表示最高气温;

     (7) $\Omega_7 = \{x \mid 0 < x < 2\}$;   (8) $\Omega_8 = \{(x, y) \mid x > 0,\ y > 0,\ x + y = l\}$.

1.2 (1) $AB\overline{C}$;   (2) $A(B \cup C)$;   (3) $A \cup B \cup C$;   (4) $A\overline{B}\,\overline{C} \cup \overline{A}B\overline{C} \cup \overline{A}\,\overline{B}C$;

     (5) $AB \cup AC \cup BC$;   (6) $\overline{AB \cup AC \cup BC}$ 或 $\overline{A}\,\overline{B} \cup \overline{A}\,\overline{C} \cup \overline{B}\,\overline{C}$;   (7) $\overline{ABC}$;

     (8) $\overline{A}BC \cup A\overline{B}C \cup AB\overline{C}$.

1.3 (1) $AB = \{x \mid 0.8 < x \leqslant 1\}$;   (2) $A - B = \{x \mid 0.5 \leqslant x \leqslant 0.8\}$;

     (3) $\overline{A - B} = \{x \mid 0 \leqslant x < 0.5 \text{ 或 } 0.8 < x \leqslant 2\}$;

     (4) $\overline{A \cup B} = \{x \mid 0 \leqslant x < 0.5 \text{ 或 } 1.6 < x \leqslant 2\}$.

1.5 $P(AB) \leqslant P(A) \leqslant P(A \cup B) \leqslant P(A) + P(B)$.

1.6 (1) $P(W \cup E) = 0.175$;   (2) $P(W - E) = P(W) - P(WE) = 0.1$;

     (3) $P(\overline{W}\,\overline{E}) = P(\overline{W \cup E}) = 1 - P(W \cup E) = 0.825$.

1.7 (1) 当 $A \subset B$ 时, $P(AB)$ 取到最大值 0.6;

     (2) 当 $A \cup B = \Omega$ 时, $P(AB)$ 取到最小值 0.4.

1.8 $P(A \cup B \cup C) = 0.7$.   **1.9** (1) 0.3;   (2) 0.6;   (3) 0.7.

1.10 $\dfrac{3}{8}$, $\dfrac{9}{16}$, $\dfrac{1}{16}$.   **1.11** $\dfrac{1}{18}$, $\dfrac{1}{12}$, $\dfrac{1}{9}$.   **1.12** (1) $\dfrac{1}{20}$;   (2) $\dfrac{1}{12}$.

1.13 (1) $\dfrac{14}{33}$;   (2) $\dfrac{1}{11}$;   (3) $\dfrac{16}{33}$.   **1.14** 0.5.

1.15 (1) 0.8;   (2) 0.6.   **1.16** (1) $\dfrac{4}{15}$;   (2) $\dfrac{23}{30}$.

1.17 (1) C;   (2) A;   (3) C;   (4) A;   (5) B.

1.18 设 $A_i = \{$第 i 次取到正品$\}$, $i = 1, 2, 3$,

     (1) $P(\overline{A_3} \mid A_1 A_2) = \dfrac{5}{18}$;   (2) $P(A_1 A_2 \overline{A_3}) = \dfrac{35}{228}$;   (3) $P(\overline{A_3}) = \dfrac{1}{4}$.

1.19 设 $A_i = \{$从第一箱中取到 i 件次品$\}$, $i = 0, 1, 2$, $B = \{$从第二箱中取到次品$\}$, $P(B) = \dfrac{3}{28}$.

1.20 记 $A = \{$ 两件产品中有一件是次品 $\}$, $B = \{$ 两件产品都是次品 $\}$, $C = \{$ 两件产品中有一件不是次品 $\}$, $D = \{$ 两件产品中恰有一件次品 $\}$, 则 $B \subset A$, $D \subset C$.

$$P(A) = \frac{C_n^1 C_{N-n}^1 + C_n^2}{C_N^2}, \ P(B) = \frac{C_n^2}{C_N^2}, \ P(C) = \frac{C_n^1 C_{N-n}^1 + C_{N-n}^2}{C_N^2}, \ P(D) = \frac{C_n^1 C_{N-n}^1}{C_N^2}.$$

(1) $P(B\,|\,A)=\dfrac{P(B)}{P(A)}=\dfrac{n-1}{2N-n-1}$; (2) $P(D\,|\,C)=\dfrac{P(D)}{P(C)}=\dfrac{2n}{N+n-1}$.

1.21 记 $A_i=\{$ 第一次比赛时取出的 3 个球中有 i 个新球 $\}$, $i=0,1,2,3$, $B=\{$ 第二次比赛时取出的 3 个球中有两个新球 $\}$, 则

$$P(A_i)=\frac{C_9^i C_3^{3-i}}{C_{12}^3}, \quad P(B\,|\,A_i)=\frac{C_{9-i}^2 C_{3+i}^1}{C_{12}^3}, \quad i=0,1,2,3.$$

$$P(B)=\sum_{i=0}^3 P(A_i)P(B\,|\,A_i)=0.4552, \quad P(A_1\,|\,B)=\frac{P(A_1)P(B\,|\,A_1)}{P(B)}=0.1373.$$

1.22 记 $A_i=\{$ 取到第 i 个地区的报名表 $\}$, $i=1,2$; $B_j=\{$ 第 j 次抽到女生的报名表 $\}$, $j=1,2$.
(1) $P(B_1)=P(A_1)P(B_1\,|\,A_1)+P(A_2)P(B_1\,|\,A_2)=0.517$;
(2) $P(B_1B_2)=P(A_1)P(B_1B_2\,|\,A_1)+P(A_2)P(B_1B_2\,|\,A_2)=0.252$,

$$P(B_2\,|\,B_1)=\frac{P(B_1B_2)}{P(B_1)}=0.487.$$

1.23 $\dfrac{102}{151}$. **1.24** $\dfrac{95}{294}$. **1.25** (1) 0.94; (2) $\dfrac{19}{94}$, $\dfrac{27}{94}$, $\dfrac{24}{47}$.

1.26 0.994. **1.27** 0.384.

习题 2

2.1 $p_i=P\{X=i\}=\dfrac{6-|i-7|}{36}$, $i=2,3,\cdots,12$.

2.2 $\mathrm{e}-1$.

2.3 (1) 0.4; (2) 0.2.

2.4

X	0	1	2
p_k	12/19	32/95	3/95

$$F(x)=\begin{cases} 0, & x<0, \\ 12/19, & 0\leqslant x<1, \\ 92/95, & 1\leqslant x<2, \\ 1, & x\geqslant 2. \end{cases}$$

2.5 $p_i=P\{X=i\}=\begin{cases} 3/5, & i=1, \\ 3/10, & i=2, \\ 1/10, & i=3; \end{cases}$ $F(x)=\begin{cases} 0, & x<1, \\ 3/5, & 1\leqslant x<2, \\ 9/10, & 2\leqslant x<3, \\ 1, & x\geqslant 3. \end{cases}$

2.6 6.

2.7 (1) $\mathrm{e}^{-1.5}=0.223130$; (2) $1-3\mathrm{e}^{-2}=0.593994$.

2.8 0.0272, 0.0037. **2.9** $\dfrac{80}{243}$.

2.10 (1) $\ln 2=0.69315$, 1, $\ln 1.25=0.22314$; (2) $f(x)=\begin{cases} x^{-1}, & 1\leqslant x\leqslant \mathrm{e}, \\ 0, & \text{其他}. \end{cases}$

2.11 (1) $a = 1$, $b = -1$;　(2) $f(x) = \begin{cases} x\mathrm{e}^{-\frac{x^2}{2}}, & x \geqslant 0, \\ 0, & x < 0; \end{cases}$　(3) 0.25.

2.12 $\dfrac{1}{3}$.

2.13 (1) $1 - \mathrm{e}^{-0.5} = 0.393469$;　(2) $\mathrm{e}^{-1.5} = 0.223130$;

(3) $(1 - \mathrm{e}^{-0.5})(\mathrm{e}^{-0.5} - \mathrm{e}^{-1.5}) = 0.150856$.

2.14 设 A={一次打电话超过 10 分钟}, 将 282 人次的电话看作 282 次的伯努利试验, 由于事件 A 在每次试验中发生的概率很小 ($\mathrm{e}^{-5} = 0.006738$), 而试验的次数又很大 ($n = 282$), 由二项分布的泊松分布近似计算公式 (2.2.8), 得所求概率的近似值为 $1 - 2.9\mathrm{e}^{-1.9} = 0.566251$.

2.15 (1) 0.3372;　(2) 0.5934.

2.16 (1)

Y	0	π^2	$4\pi^2$
q_i	0.2	0.7	0.1

(2)

Y	-1	1
q_i	0.7	0.3

2.17 (1)

X	-1	1	2
p_i	0.3	0.5	0.2

(2)

Y	1	2
q_i	0.8	0.2

2.18 (1) $f_Y(y) = \dfrac{1}{2\sqrt{2\pi}}\mathrm{e}^{-(y+1)^2/8}$, $-\infty < y < \infty$;

(2) $f_Y(y) = \begin{cases} \dfrac{1}{\sqrt{2\pi}y}\mathrm{e}^{-(\ln y)^2/2}, & y > 0, \\ 0, & y \leqslant 0; \end{cases}$　(3) $f_Y(y) = \begin{cases} \dfrac{1}{\sqrt{2\pi}y}\mathrm{e}^{-y/2}, & y > 0, \\ 0, & y \leqslant 0. \end{cases}$

2.19 (1) $f_Y(y) = \begin{cases} \dfrac{1}{2\pi}\mathrm{e}^{-y/2}, & y \leqslant 2\ln\pi, \\ 0, & y > 2\ln\pi; \end{cases}$　(2) $f_Y(y) = \begin{cases} \dfrac{1}{\pi\sqrt{1-y^2}}, & -1 < y < 1, \\ 0, & 其他; \end{cases}$

(3) $f_Y(y) = \begin{cases} \dfrac{2}{\pi\sqrt{1-y^2}}, & 0 < y < 1, \\ 0, & 其他. \end{cases}$

2.20 设 X 的概率密度函数为 $f(x)$, 则

$$\int_{-\infty}^{\infty}[F(x+a)-F(x)]\mathrm{d}x = \int_{-\infty}^{\infty}\int_{x}^{x+a}f(t)\mathrm{d}t\mathrm{d}x = \int_{-\infty}^{\infty}\int_{t-a}^{t}f(t)\mathrm{d}x\mathrm{d}t = a\int_{-\infty}^{\infty}f(t)\mathrm{d}t = a.$$

2.21 记 $Z = F(X)$. 易得 $X \sim U(0,1)$, $Y = -2\ln F(X) = -2\ln Z$. 由于 $y = -2\ln z$ 为单调减函数, 反函数 $z = \mathrm{e}^{-y/2}$, 则对 $y > 0$,

$$f_Y(y) = f_Z(\mathrm{e}^{-y/2})\left|(\mathrm{e}^{-y/2})'_y\right| = \frac{1}{2}\mathrm{e}^{-y/2};$$

$y \leqslant 0$ 时, $f_Y(y) = 0$.

习题 3

3.1 $\dfrac{3}{128}$.

3.2 $P\{X > 2, Y > -2\} = 1 - P\{X \leqslant 2 \cup Y \leqslant -2\}$
$= 1 - P\{X \leqslant 2\} - P\{Y \leqslant -2\} + P\{X \leqslant 2, Y \leqslant -2\} = 0.25.$

3.3

X \ Y	1	2
2	0	3/5
3	2/5	0

3.4

X \ Y	1	3
0	0	1/8
1	3/8	0
2	3/8	0
3	0	1/8

3.5 (1) $\dfrac{1}{9}$; (2) $\dfrac{5}{12}$; (3) $\dfrac{8}{27}$.

3.6 (1) $F(x,y) = \begin{cases} (1 - \mathrm{e}^{-2x})(1 - \mathrm{e}^{-y}), & x > 0,\ y > 0, \\ 0, & \text{其他;} \end{cases}$ (2) $\dfrac{1}{3}$.

3.7 $\dfrac{a^2}{1 + a^2}$.

3.8

X	1	3
p	0.75	0.25

Y	0	2	5
p	0.20	0.43	0.37

3.9 $f_X(x) = \begin{cases} 0.5x, & 0 \leqslant x \leqslant 2, \\ 0, & \text{其他,} \end{cases}$ $f_Y(y) = \begin{cases} 3y^2, & 0 \leqslant y \leqslant 1, \\ 0, & \text{其他.} \end{cases}$

3.10 $f_X(x) = \begin{cases} 2.4x^2(2 - x), & 0 \leqslant x \leqslant 1, \\ 0, & \text{其他,} \end{cases}$ $f_Y(y) = \begin{cases} 2.4y(3 - 4y + y^2), & 0 \leqslant y \leqslant 1, \\ 0, & \text{其他.} \end{cases}$

3.11 (1) $(X, Y) \sim N(0, 0, 1, 2, 1/\sqrt{2})$, 则

$$f_X(x) = \frac{1}{\sqrt{2\pi}} \mathrm{e}^{-\frac{x^2}{2}}, \quad -\infty < x < \infty, \qquad f_Y(y) = \frac{1}{2\sqrt{\pi}} \mathrm{e}^{-\frac{y^2}{4}}, \quad -\infty < y < \infty;$$

(2) $P\{X > 0, Y > 0\} = \dfrac{1}{2\pi} \displaystyle\int_0^\infty \mathrm{e}^{-\frac{x^2}{2}} \mathrm{d}x \int_0^\infty \mathrm{e}^{-\frac{(x-y)^2}{2}} \mathrm{d}y$

$= \dfrac{1}{2\pi} \displaystyle\int_0^\infty \mathrm{e}^{-\frac{x^2}{2}} \mathrm{d}x \int_{-\infty}^x \mathrm{e}^{-\frac{t^2}{2}} \mathrm{d}t = \dfrac{1}{\sqrt{2\pi}} \int_0^\infty \Phi(x) \mathrm{e}^{-\frac{x^2}{2}} \mathrm{d}x$

$= \displaystyle\int_0^\infty \Phi(x)\Phi(x) \mathrm{d}x = \left. \dfrac{1}{2}\Phi^2(x) \right|_{x=0}^\infty = \dfrac{3}{8}.$

3.12 $P\{X = 1 \mid Y = 0\} = 0.75,$ $P\{X = 3 \mid Y = 0\} = 0.25,$
$P\{X = 1 \mid Y = 2\} = 0.581,$ $P\{X = 3 \mid Y = 2\} = 0.419,$
$P\{X = 1 \mid Y = 5\} = 0.946,$ $P\{X = 3 \mid Y = 5\} = 0.054,$
$P\{Y = 0 \mid X = 1\} = 0.2,$ $P\{Y = 2 \mid X = 1\} = 0.333,$
$P\{Y = 5 \mid X = 1\} = 0.467,$ $P\{Y = 0 \mid X = 3\} = 0.2,$
$P\{Y = 2 \mid X = 3\} = 0.72,$ $P\{Y = 5 \mid X = 3\} = 0.08.$

3.13
$$f_X(x) = \begin{cases} 1, & 0 < x < 1, \\ 0, & \text{其他}, \end{cases} \qquad f_{Y|X}(y \mid x) = \begin{cases} \dfrac{1}{1-x}, & x < y < 1, \\ 0, & \text{其他}, \end{cases}$$

$$f(x,y) = f_{Y|X}(y \mid x) f_X(x) = \begin{cases} \dfrac{1}{1-x}, & 0 < x < 1,\ x < y < 1, \\ 0, & \text{其他}, \end{cases}$$

$$f_Y(y) = \int_{-\infty}^{\infty} f(x,y)\mathrm{d}x = \int_0^y \frac{\mathrm{d}x}{1-x} = -\ln(1-y), \quad 0 < y < 1.$$

3.14 $0 \leqslant y \leqslant 2$ 时, $f_{X|Y}(x|y) = \begin{cases} \dfrac{6x^2 + 2xy}{2+y}, & 0 \leqslant x \leqslant 1, \\ 0, & \text{其他}, \end{cases}$

$0 \leqslant x \leqslant 1$ 时, $f_{Y|X}(y|x) = \begin{cases} \dfrac{3x+y}{6x+2}, & 0 \leqslant y \leqslant 2, \\ 0, & \text{其他}. \end{cases}$

$$P\left\{Y < \frac{1}{2} \Big| X = \frac{1}{2}\right\} = \frac{7}{40}.$$

3.15 不相互独立.

3.16 习题 3.9 中的 X 与 Y 相互独立, 习题 3.10 中的 X 与 Y 不相互独立.

3.17 $a = \dfrac{2}{9}$, $b = \dfrac{1}{9}$.

3.18 相互独立.

3.19 $F_X(x) = F(x, \infty) = \begin{cases} 1 - \mathrm{e}^{-x}, & x \geqslant 0, \\ 0, & x < 0, \end{cases}$　$F_Y(y) = F(\infty, y) = \begin{cases} 1 - \mathrm{e}^{-y}, & y \geqslant 0, \\ 0, & y < 0. \end{cases}$

因 $F(x,y) = F_X(x)F_Y(y)$, 故 X 与 Y 相互独立.

3.20 记 $Z = X + Y$, 易见: Z 只取非负整数 $0, 1, 2, \cdots$, 且 Z 取非负整数 k 的概率

$$\begin{aligned} P\{Z = k\} &= P\{X + Y = k\} = \sum_{i=0}^{k} P\{X = i,\ Y = k - i\} \\ &= \sum_{i=0}^{k} \left[\frac{\lambda_1^i}{i!} \mathrm{e}^{-\lambda_1} \times \frac{\lambda_2^{k-i}}{(k-i)!} \mathrm{e}^{-\lambda_2} \right] = \frac{1}{k!} \left[\sum_{i=0}^{k} \frac{k!}{i!(k-i)!} \lambda_1^i \lambda_2^{k-i} \right] \mathrm{e}^{-(\lambda_1 + \lambda_2)} \\ &= \frac{(\lambda_1 + \lambda_2)^k}{k!} \mathrm{e}^{-(\lambda_1 + \lambda_2)}, \end{aligned}$$

即 $X + Y$ 服从参数为 $\lambda_1 + \lambda_2$ 的泊松分布.

3.21 $f_Z(z) = \begin{cases} \mathrm{e}^{-z/3}(1 - \mathrm{e}^{-z/6}), & z \geqslant 0, \\ 0, & z < 0. \end{cases}$

3.22 $f_Z(z) = \begin{cases} z(2-z), & 0 \leqslant z < 1, \\ (2-z)^2, & 1 \leqslant z < 2, \\ 0, & \text{其他}. \end{cases}$

3.23 $f_{Z_1}(z) = \begin{cases} 2\mathrm{e}^{-2z}, & z \geqslant 0, \\ 0, & z < 0, \end{cases}$ $\quad f_{Z_2}(z) = \begin{cases} 2(1-\mathrm{e}^{-z})\mathrm{e}^{-z}, & z \geqslant 0, \\ 0, & z < 0. \end{cases}$

3.24 $F_Z(z) = \begin{cases} (1 - \mathrm{e}^{-\frac{z^2}{8}})^5, & z \geqslant 0, \\ 0, & z < 0. \end{cases}$

3.25 (1) $\mathrm{e}^{-3} = 0.049787$; (2) $(1 - \mathrm{e}^{-1.5})^6 = 0.219831$.

习题 4

4.1 乙机床.

4.2 $P\{X = 3\} = 0.1$, $P\{X = 4\} = 0.3$, $P\{X = 5\} = 0.6$, $E(X) = 4.5$.

4.3 用 X 表示途中遇到红灯的次数, 则 $X \sim B(3, 0.4)$, $E(X) = 3 \times 0.4 = 1.2$.

4.4 $1/p$.

4.5 级数 $\sum\limits_{k=1}^{\infty} |x_k| p_k = \sum\limits_{k=1}^{\infty} \left| (-1)^{k+1} \dfrac{3^k}{k} \right| \times \dfrac{2}{3^k} = \sum\limits_{k=1}^{\infty} \dfrac{2}{k}$ 发散, 不符合期望定义的要求, 从而 X 的期望不存在.

4.6 积分 $\displaystyle\int_{-\infty}^{\infty} |x| f(x) \mathrm{d}x = \int_{-\infty}^{\infty} \dfrac{|x|}{\pi(1+x^2)} \mathrm{d}x = \dfrac{2}{\pi} \int_0^{\infty} \dfrac{x}{1+x^2} \mathrm{d}x$ 发散, 不符合期望定义的要求, 从而 X 的期望不存在.

4.7 由 $\displaystyle\int_{-\infty}^{\infty} f(x) \mathrm{d}x = 1$ 得到 $2a + 6b + 2 = 1$; 由 $E(X) = 2$ 得到 $\dfrac{8}{3}a + \dfrac{56}{3}b + 6 = 2$. 解得 $a = 1/4$, $b = -1/4$.

4.8 0.6826. 　　　4.9 2, 14. 　　　4.10 2, 1/3.

4.11 $\dfrac{\pi}{24}(a+b)(a^2+b^2)$.

4.12 用 Y 表示游客的等候时间 (单位: min), 则 $Y = g(X)$, 函数关系为

$$y = g(x) = \begin{cases} 5 - x, & 0 \leqslant x \leqslant 5, \\ 25 - x, & 5 < x \leqslant 25, \\ 55 - x, & 25 < x \leqslant 55, \\ 65 - x, & 55 < x \leqslant 60. \end{cases}$$

使用随机变量函数的期望公式, 得

$$E(Y) = E[g(X)] = \int_{-\infty}^{\infty} g(x) f_X(x) \mathrm{d}x = \frac{70}{6}.$$

4.13 0.8, 0.5.

4.14 4.

4.15 $E\left(\sqrt{X^2+Y^2}\right) = \int_{-\infty}^{\infty}\int_{-\infty}^{\infty}\sqrt{x^2+y^2}f(x,y)\mathrm{d}x\mathrm{d}y = \dfrac{1}{\pi R^2}\iint_{x^2+y^2\leqslant R^2}\sqrt{x^2+y^2}\mathrm{d}x\mathrm{d}y,$

利用极坐标变换: $x = r\cos\theta,\ y = r\sin\theta$, 得

$$E\left(\sqrt{X^2+Y^2}\right) = \frac{1}{\pi R^2}\int_0^{2\pi}\int_0^R r^2\mathrm{d}r\mathrm{d}\theta = \frac{2R}{3}.$$

4.16 $X - Y \sim N(0, 2\sigma^2)$, $\max\{X, Y\} = \dfrac{1}{2}\left(X + Y + |X - Y|\right)$, 由

$$E(|X-Y|) = \int_{-\infty}^{\infty}|t|\cdot\frac{1}{2\sigma\sqrt{\pi}}\mathrm{e}^{-\frac{t^2}{4\sigma^2}}\mathrm{d}t = \frac{1}{\sigma\sqrt{\pi}}\int_0^{\infty}t\mathrm{e}^{-\frac{t^2}{4\sigma^2}}\mathrm{d}t = \frac{2\sigma}{\sqrt{\pi}}.$$

$$E\left(\max\{X, Y\}\right) = \frac{1}{2}\left[E(X) + E(Y) + E(|X-Y|)\right] = \mu + \frac{\sigma}{\sqrt{\pi}}.$$

4.17 记汽车的停车次数为 X,

$$X_i = \begin{cases} 1, & \text{第 } i \text{ 站有旅客下车}, \\ 0, & \text{第 } i \text{ 站无旅客下车}, \end{cases} \quad i = 1, 2, \cdots, 10,$$

则 $X = X_1 + X_2 + \cdots + X_{10}$, X_i 均服从两点分布.

$$P\{X_i = 0\} = \left(\frac{9}{10}\right)^{20}, \quad P\{X_i = 1\} = 1 - \left(\frac{9}{10}\right)^{20},$$

$$E(X_i) = 1 - \left(\frac{9}{10}\right)^{20}, \quad E(X) = 10\left[1 - \left(\frac{9}{10}\right)^{20}\right] \approx 8.784233.$$

4.18 35.

4.19 设 X_k 是从第 $k-1$ 次命中目标到第 k 次命中目标之间的射击次数, 则 X_k 的概率分布为
$$P\{X_k = m\} = p(1-p)^{m-1}, \quad m = 1, 2, \cdots, \ k = 1, 2, \cdots.$$
于是, 命中目标 n 次时, 射击次数为 $X_1 + X_2 + \cdots + X_n$, 其期望等于
$$E(X_1 + X_2 + \cdots + X_n) = E(X_1) + E(X_2) + \cdots + E(X_n).$$
注意到 $X_1, X_2, \cdots, X_n$ 同分布, 且由习题 4.4 知 $E(X_1) = 1/p$, 故所求期望为 $nE(X_1) = n/p$.

4.20 $E(X) = \int_{-\infty}^{\infty}xF'(x)\mathrm{d}x = 0.3\int_{-\infty}^{\infty}x\varphi(x)\mathrm{d}x + 0.7\int_{-\infty}^{\infty}x\varphi\left(\frac{x-1}{2}\right)\mathrm{d}x = 0.7.$

4.21 1, 0.49.

4.22 $\mathrm{Var}(X) = \mathrm{Var}(Y) = 1/3$.

4.23 Y 的分布函数为

$$F_Y(y) = \begin{cases} 0, & y \leqslant 0, \\ 1 - (1-y)^n, & 0 < y < 1, \\ 1, & y \geqslant 1. \end{cases}$$

于是, Y 的概率密度函数为

$$f_Y(y) = \begin{cases} n(1-y)^{n-1}, & 0 < y < 1, \\ 0, & \text{其他}, \end{cases}$$

由此可得 $E(Y) = \displaystyle\int_0^1 yn(1-y)^{n-1}\mathrm{d}y = nB(2,n) = \dfrac{1}{n+1},$

$E(Y^2) = \displaystyle\int_0^1 y^2 n(1-y)^{n-1}\mathrm{d}y = nB(3,n) = \dfrac{2}{(n+2)(n+1)}, \quad \mathrm{Var}(Y) = \dfrac{n}{(n+1)^2(n+2)}.$

4.24 0.

4.25 $\overline{X} \sim N\left(\mu, \dfrac{\sigma^2}{n}\right)$, $X_i - \overline{X} \sim N\left(0, \dfrac{n-1}{n}\sigma^2\right)$, $i = 1, 2, \cdots, n$.

$$E\left(\sum_{i=1}^n |X_i - \overline{X}|\right) = n\int_0^\infty |t| \cdot \sqrt{\frac{n}{2(n-1)\pi}} \cdot \frac{1}{\sigma} \mathrm{e}^{-\frac{nt^2}{2(n-1)\sigma^2}} \mathrm{d}t = \sqrt{\frac{2n(n-1)}{\pi}}\sigma.$$

4.26 $-\dfrac{1}{11}$.

4.27 先求两个边缘概率密度函数 $f_X(x) = \mathrm{e}^{-x} \ (x > 0)$, $f_Y(y) = \mathrm{e}^{-y} \ (y > 0)$. 则有 $f(x,y) = f_X(x)f_Y(y)$, 表明 X 与 Y 相互独立, 从而 X 与 Y 互不相关, 即 $\mathrm{Cov}(X,Y) = 0$, $\rho_{XY} = 0$.

4.28 X 与 $|X|$ 的协方差为 0, 两者互不相关.

4.29 85, 37.

4.30 0.

4.31 $(X,Y) \sim N(4,2,2,1,0)$, $\rho = 0$, 从而 X 与 Y 相互独立, 且 $X \sim N(4,2)$, $Y \sim N(2,1)$. 于是, $Z \sim N(3, 3/4)$, $W \sim N(1, 3/4)$, $\rho_{ZW} = 1/3$.

习题 5

5.1 $\geqslant 0.8889$.　　　5.3 0.9984.　　　5.4 0.348.

5.5 0.9525.　　　5.6 234000 元.

习题 6

6.3 (1) 由 $\overline{X} = \dfrac{1}{n}\sum\limits_{i=1}^n X_i$, $S^2 = \dfrac{1}{n-1}\sum\limits_{i=1}^n (X_i - \overline{X})^2$ 得

$$(n-1)S^2 = \sum_{i=1}^n (X_i^2 - 2\overline{X}X_i + \overline{X}^2) = \sum_{i=1}^n X_i^2 - 2\overline{X}(n\overline{X}) + n\overline{X}^2 = \sum_{i=1}^n X_i^2 - n\overline{X}^2.$$

所以, $S^2 = \dfrac{1}{n-1}\Big[\sum\limits_{i=1}^{n} X_i^2 - n\overline{X}^2\Big]$;

(2) 对 $i = 1, 2, \cdots, n$, 由 $\mathrm{Var}(X_i) = E(X_i^2) - [E(X_i)]^2$, 得

$$E(X_i^2) = \mathrm{Var}(X_i) + [E(X_i)]^2 = \sigma^2 + \mu^2,$$

同理, 利用习题 6.2 证明的结论, 得 $E(\overline{X}^2) = \dfrac{\sigma^2}{n} + \mu^2$. 利用 (1) 的结论及期望的性质, 得

$$E(S^2) = \frac{1}{n-1}\Big[\sum_{i=1}^{n} E(X_i^2) - nE(\overline{X}^2)\Big] = \frac{1}{n-1}\Big[\sum_{i=1}^{n}(\sigma^2 + \mu^2) - n\Big(\frac{\sigma^2}{n} + \mu^2\Big)\Big] = \sigma^2.$$

6.4　43.　　　　　6.5　(1) 0.5328;　(2) 0.9772.　　　　6.6　(1) 1;　(2) 0.127.

6.8　0.2857.

6.9　(1) 0.0062;　(2) 0.0000;　(3) 0.9876.

6.10　(1) 0.1314;　(2) 0.5785;　(3) 0.2923.

6.11　0.99, 0.001.

6.12　(1) 计算 $2\lambda X_1$ 的概率密度函数, 并与 χ_2^2 的概率密度函数相比较即知;

　　　(2) 利用 (1) 和 χ^2 分布的可加性.

<h1 style="text-align:center">习题 7</h1>

7.1　均为 $\dfrac{\overline{X}}{m}$.

7.2　均为 $\dfrac{1}{\overline{X}}$.

7.3　$2\overline{X}$, $\max\{X_1, X_2, \cdots, X_n\}$.

7.4　$\dfrac{2\overline{X}}{3}$, $\dfrac{1}{2}\max\{X_1, X_2, \cdots, X_n\}$.

7.5　积分 $\displaystyle\int_{-\infty}^{\infty} \dfrac{|x|}{\pi[1 + (x - \theta)^2]}\mathrm{d}x$ 发散, 故期望不存在.

7.6　$\dfrac{1}{n}\displaystyle\sum_{i=1}^{n}(X_i - \mu)^2$.

7.7　利用习题 6.12 的结论. (1) 都是 θ 的无偏估计; (2) $\mathrm{Var}(\hat{\theta}_4) < \mathrm{Var}(\hat{\theta}_2) < \mathrm{Var}(\hat{\theta}_3) < \mathrm{Var}(\hat{\theta}_1)$.

7.8　(1) 由 $E(\overline{X}) = \theta + \dfrac{1}{2} \neq \theta$, 知 $\overline{X}$ 不是 θ 的无偏估计;

　　　(2) 用一阶原点矩得到的 θ 的矩估计为 $\overline{X} - \dfrac{1}{2}$, 由 $E\Big(\overline{X} - \dfrac{1}{2}\Big) = \theta$, 知它是 θ 的无偏估计.

7.9　$\dfrac{\sigma_2^2}{\sigma_1^2 + \sigma_2^2}$.

7.10　(1) [90.059, 91.531];　(2) [90.271, 91.319].

7.11 [−2.16, −0.08]. 如果 10 人同时先用 A, 则由于第一遍录入时已经有些熟悉, 再用 B 录入时所用时间会有所变短, 这叫做学习效应, 此时的比较有失公平.

7.12 [−0.002, 0.006].

7.13 精确置信区间 [0.2912, 0.3499]; 近似置信区间 (7.6.6) 的结果为 [0.2918, 0.3496].

7.14 精确置信区间 [0.6455, 1.0747]; 近似置信区间 (7.6.9) 的结果为 [0.6566, 1.0746].

7.15 精确置信区间 [0.7993, 1.4767]; 近似置信区间 (7.6.9) 的结果为 [0.8195, 1.4766].

习题 8

8.1 是. $p = P\left\{|T_9| \geqslant \left|\dfrac{10.06 - 10}{0.2459/\sqrt{10}}\right|\right\}$, 其中 10.06 为样本均值, 0.2459 为样本标准差.

8.2 能接受 "该种香烟的尼古丁含量的均值 $\mu = 18$ 毫克" 的断言.

8.3 (1) 取显著性水平 $\alpha > 0$, 对正态总体 $N(\mu, \sigma^2)$ 和假设检验问题

$$H_0 : \mu \geqslant \mu_0 \leftrightarrow H_1 : \mu < \mu_0.$$

因 H_0 中的均值 μ 都比 H_1 中的均值 μ 大, 所以从直观上看, 较合理的检验法则应当是: 若观察值 $\overline{X}$ 与 μ_0 的差 $\overline{X} - \mu_0$ 过分小, 即 $\overline{X} - \mu_0 \leqslant c$ 时, 拒绝接受 H_0. 采用与书中类似的讨论, 可推出

$$c = -\frac{\sigma}{\sqrt{n}} Z_\alpha,$$

于是, 拒绝域为

$$\overline{X} - \mu_0 \leqslant -\frac{\sigma}{\sqrt{n}} Z_\alpha.$$

类似地, 当 σ^2 未知时, 可得上述检验问题的拒绝域为

$$\overline{X} - \mu_0 \leqslant -\frac{S}{\sqrt{n}} t_{n-1}(\alpha).$$

(2) 在习题 8.2 中, 对 $\sigma = 2.4$ 毫克和 $S = 2.4$ 毫克两种情况, 均能接受 "该品牌的香烟尼古丁含量均值不小于 16.5 毫克" 的断言.

8.4 不符合要求.

8.5 有差异, 甲矿含煤粉率高于乙矿含煤粉率.

8.6 否, A 品种小麦蛋白质含量高于 B 品种小麦蛋白质含量.

8.7 有差异, A 组反应的比例高于 B 组反应的比例.

8.8 不符合要求.

8.10 无差异.

8.11 不满足原来的要求.

8.12 接受原假设.

8.13 接受原假设.

8.14 接受原假设.

8.15 接受原假设.

8.16 取区间分点为 (0, 65, 70, 75, 80, 85, 90, 95, 100), 拒绝原假设.

8.17 在 $\alpha = 0.05$ 下拒绝原假设, 在 $\alpha = 0.01$ 下接受原假设.

8.18 拒绝原假设.

习题 9

9.1 (1) $\hat{\beta} = \dfrac{\sum x_i y_i}{\sum x_i^2}$;　(2) $\hat{\beta} \sim N(\beta, \sigma^2/(\sum x_i^2))$;

(3) $t = \dfrac{\sqrt{n-1}\sum x_i y_i}{\sqrt{(\sum x_i^2)(\sum y_i^2) - (\sum x_i y_i)^2}}$, 当 H_0 为真时, $t \sim t_{n-1}$. 给定显著性水平 α, 当 $t \geqslant t_{n-1}(\alpha/2)$ 时, 拒绝原假设.

9.2 (1) $\hat{\beta}_0 = 34.7728$, $\hat{\beta}_1 = 87.8269$, $\widehat{Y} = 34.7728 + 87.8269X$;

(2)

方差源	平方和	自由度	均方	F
回归	2328.5154	1	2328.5154	342.14
误差	612.5145	90	6.8058	
总计	2941.0299	91	$F_{1,90}(0.05) < 4.00$	

由 $F > F_{1,90}(0.05)$, 知回归方程通过了显著性检验;

(3) $[33.4885, 36.0751]$, $[78.5202, 97.1336]$;　(4) $43.5555, [38.4082, 48.7028]$.

9.3 (1) 图形略, Y 与 X 存在线性相关关系;　(2) $\widehat{Y} = 1.1506 + 0.1453X$;

(3)

方差源	平方和	自由度	均方	F
回归	4.2653	1	4.2653	17.14
误差	1.9907	8	0.2488	
总计	6.2560	9	$F_{1,8}(0.05) = 5.32$	

由 $F > F_{1,8}(0.05)$, 知回归方程通过了显著性检验;

(4) $4.7831, [3.2791, 6.2871]$.

9.4 直接计算即知结论. 对于两因子试验的方差分析, 类似的结论也成立.

9.5 $F = 3.90$, 在显著性水平 0.05 下几种药物疗效有显著差异.

9.6 因子 A 为轮胎, 因子 B 为路面, 则 $F_A = 1.8501$, $F_B = 7.2405$, $F_{AB} = 2.4561$, p 值分别为 $0.1889, 0.0141$ 和 0.1328.

9.7 因子 A 为温度, 因子 B 为合金, 则 $F_A = 21.392$, $F_B = 11.817$, $F_{AB} = 12.521$, p 值分别为 $0.0004, 0.0030$ 和 0.0010, 在显著性水平 0.05 下交互效应显著.

参 考 文 献

[1] 王松桂, 陈敏, 陈立萍. 线性统计模型. 北京: 高等教育出版社, 1999.

[2] 王松桂. 线性模型的理论及应用. 合肥: 安徽教育出版社, 1987.

[3] 陈希孺, 王松桂. 近代回归分析——原理方法及应用. 合肥: 安徽教育出版社, 1987.

[4] 陈希孺. 概率论与数理统计. 合肥: 中国科学技术大学出版社, 1992.

[5] 周纪芗. 回归分析. 上海: 华东师范大学出版社, 1993.

[6] 方开泰, 许建伦. 统计分布. 北京: 科学出版社, 1987.

[7] Scheaffer R L, Mcclave J T. Probability and Statistics for Engineers. Belmont: Duxbury Press, 1995.

[8] Wang S G (王松桂), Chow S C. Advanced Linear Models. New York: Marcel Dekker Inc., 1994.

[9] Wang W Z (王维真), Zhang Z Z(张忠占). Asymptotic infimum coverage probability for interval estimation of proportions. Metrika, 2014, 77(5): 635-646.

[10] Swift M B. Comparison of confidence intervals for a Poisson mean -further considerations. Communications in Statistics: Theory and Methods, 2009, 38: 748-759.

[11] 薛毅, 陈立萍. R 语言实用教程. 北京: 清华大学出版社, 2014.

[12] 汤银才. R 语言与统计分析. 北京: 高等教育出版社, 2008.

[13] The R Development Core Team. R Reference Manual. 2012.

附录一 重要分布表

附表 A.1 泊松分布表

设 $X \sim P(\lambda)$, 表中给出概率

$$P\{X \geqslant x\} = \sum_{r=x}^{\infty} \frac{\mathrm{e}^{-\lambda}\lambda^r}{r!}$$

x	$\lambda = 0.2$	$\lambda = 0.3$	$\lambda = 0.4$	$\lambda = 0.5$	$\lambda = 0.6$
0	1.0000000	1.0000000	1.0000000	1.0000000	1.0000000
1	0.1812692	0.2591818	0.3296800	0.323469	0.451188
2	0.0175231	0.0369363	0.0615519	0.090204	0.121901
3	0.0011485	0.0035995	0.0079263	0.014388	0.023115
4	0.0000568	0.0002658	0.0007763	0.001752	0.003358
5	0.0000023	0.0000158	0.0000612	0.000172	0.000394
6	0.0000001	0.0000008	0.0000040	0.000014	0.000039
7		0.0000002	0.0000002	0.000001	0.000003

x	$\lambda = 0.7$	$\lambda = 0.8$	$\lambda = 0.9$	$\lambda = 1.0$	$\lambda = 1.2$
0	1.000000	1.000000	1.000000	1.000000	1.000000
1	0.503415	0.550671	0.593430	0.632121	0.698806
2	0.155805	0.191208	0.227518	0.264241	0.337373
3	0.034142	0.047423	0.062857	0.080301	0.120513
4	0.005753	0.009080	0.013459	0.018988	0.033769
5	0.000786	0.001411	0.002344	0.003660	0.007746
6	0.000090	0.000184	0.000343	0.000594	0.001500
7	0.000009	0.000021	0.000043	0.000083	0.000251
8	0.000001	0.000002	0.000005	0.000010	0.000037
9				0.000001	0.000005
10					0.000001

$$P\{X \geqslant x\} = \sum_{r=x}^{\infty} \frac{e^{-\lambda}\lambda^r}{r!}$$

续表

x	$\lambda = 1.4$	$\lambda = 1.6$	$\lambda = 1.8$	$\lambda = 2.5$	$\lambda = 3.0$
0	1.000000	1.000000	1.000000	1.000000	1.000000
1	0.753403	0.798103	0.834701	0.917915	0.950213
2	0.408167	0.475069	0.537163	0.712703	0.800852
3	0.166502	0.216642	0.269379	0.456187	0.576810
4	0.053725	0.078813	0.108708	0.242424	0.352768
5	0.014253	0.023682	0.036407	0.108822	0.184737
6	0.003201	0.006040	0.010378	0.042021	0.083918
7	0.000622	0.001336	0.002569	0.014187	0.033509
8	0.000107	0.000260	0.000562	0.004247	0.011905
9	0.000016	0.000045	0.000110	0.001140	0.003803
10	0.000002	0.000007	0.000019	0.000277	0.001102
11		0.000001	0.000003	0.000062	0.000292
12				0.000013	0.000071
13				0.000002	0.000016
14					0.000003
15					0.000001

x	$\lambda = 3.5$	$\lambda = 4.0$	$\lambda = 4.5$	$\lambda = 5.0$
0	1.000000	1.000000	1.000000	1.000000
1	0.969803	0.981684	0.988891	0.993262
2	0.864112	0.908422	0.938901	0.959572
3	0.679153	0.761897	0.826422	0.875348
4	0.463367	0.566530	0.657704	0.734974
5	0.274555	0.371163	0.467896	0.559507
6	0.142386	0.214870	0.297070	0.384039
7	0.065288	0.110674	0.168949	0.237817
8	0.026739	0.051134	0.086586	0.133372
9	0.009874	0.021363	0.040257	0.068094
10	0.003315	0.008132	0.017093	0.031828
11	0.001019	0.002840	0.006669	0.013695
12	0.000289	0.000915	0.002404	0.005453
13	0.000076	0.000274	0.000805	0.002019
14	0.000019	0.000076	0.000252	0.000698
15	0.000004	0.000020	0.000074	0.000226
16	0.000001	0.000005	0.000020	0.000069
17		0.000001	0.000005	0.000020
18			0.000001	0.000005
19				0.000001

附表 A.2　标准正态分布表

$$\Phi(x) = \int_{-\infty}^{x} \frac{1}{\sqrt{2\pi}} e^{-\frac{u^2}{2}} \, \mathrm{d}u$$

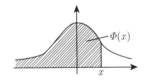

x	0	1	2	3	4	5	6	7	8	9
0.0	0.5000	0.5040	0.5080	0.5120	0.5160	0.5199	0.5239	0.5279	0.5319	0.5359
0.1	0.5398	0.5438	0.5478	0.5517	0.5557	0.5596	0.5636	0.5675	0.5714	0.5753
0.2	0.5793	0.5832	0.5871	0.5910	0.5948	0.5987	0.6026	0.6064	0.6103	0.6141
0.3	0.6179	0.6217	0.6255	0.6293	0.6331	0.6368	0.6406	0.6443	0.6480	0.6517
0.4	0.6554	0.6591	0.6628	0.6664	0.6700	0.6736	0.6772	0.6808	0.6844	0.6879
0.5	0.6915	0.6950	0.6985	0.7019	0.7054	0.7088	0.7123	0.7157	0.7190	0.7224
0.6	0.7257	0.7291	0.7324	0.7357	0.7389	0.7422	0.7454	0.7486	0.7517	0.7549
0.7	0.7580	0.7611	0.7642	0.7673	0.7703	0.7734	0.7764	0.7794	0.7823	0.7852
0.8	0.7881	0.7910	0.7939	0.7967	0.7995	0.8023	0.8051	0.8078	0.8106	0.8133
0.9	0.8159	0.8186	0.8212	0.8238	0.8264	0.8289	0.8315	0.8340	0.8365	0.8389
1.0	0.8413	0.8438	0.8461	0.8485	0.8508	0.8531	0.8554	0.8577	0.8599	0.8621
1.1	0.8643	0.8665	0.8686	0.8708	0.8729	0.8749	0.8770	0.8790	0.8810	0.8830
1.2	0.8849	0.8869	0.8888	0.8907	0.8925	0.8944	0.8962	0.8980	0.8997	0.9015
1.3	0.9032	0.9049	0.9066	0.9082	0.9099	0.9115	0.9131	0.9147	0.9162	0.9177
1.4	0.9192	0.9207	0.9222	0.9236	0.9251	0.9265	0.9278	0.9292	0.9306	0.9319
1.5	0.9332	0.9345	0.9357	0.9370	0.9382	0.9394	0.9406	0.9418	0.9430	0.9441
1.6	0.9452	0.9463	0.9474	0.9484	0.9495	0.9505	0.9515	0.9525	0.9535	0.9545
1.7	0.9554	0.9564	0.9573	0.9582	0.9591	0.9599	0.9608	0.9616	0.9625	0.9633
1.8	0.9641	0.9648	0.9656	0.9664	0.9671	0.9678	0.9686	0.9693	0.9700	0.9706
1.9	0.9713	0.9719	0.9726	0.9732	0.9738	0.9744	0.9750	0.9756	0.9762	0.9767
2.0	0.9772	0.9778	0.9783	0.9788	0.9793	0.9798	0.9803	0.9808	0.9812	0.9817
2.1	0.9821	0.9826	0.9830	0.9834	0.9838	0.9842	0.9846	0.9850	0.9854	0.9857
2.2	0.9861	0.9864	0.9868	0.9871	0.9874	0.9878	0.9881	0.9884	0.9887	0.9890
2.3	0.9893	0.9896	0.9898	0.9901	0.9904	0.9906	0.9909	0.9911	0.9913	0.9916
2.4	0.9918	0.9920	0.9922	0.9925	0.9927	0.9929	0.9931	0.9932	0. 9934	0.9936
2.5	0.9938	0.9940	0.9941	0.9943	0.9945	0.9946	0.9948	0.9949	0.9951	0.9952
2.6	0.9953	0.9955	0.9956	0.9957	0.9959	0.9960	0.9961	0.9962	0.9963	0.9964
2.7	0.9965	0.9966	0.9967	0.9968	0.9969	0.9970	0.9971	0.9972	0.9973	0.9974
2.8	0.9974	0.9975	0.9976	0.9977	0.9977	0.9978	0.9979	0.9979	0.9980	0.9981
2.9	0.9981	0.9982	0.9982	0.9983	0.9984	0.9984	0.9985	0.9985	0.9986	0.9986
3.0	0.9987	0.9990	0.9993	0.9995	0.9997	0.9998	0.9998	0.9999	0.9999	1.0000

注：表中末行为函数值 $\Phi(3.0), \Phi(3.1), \cdots, \Phi(3.9)$.

附表 A.3 t 分布表

$$P\{T > t_n(\alpha)\} = \alpha$$

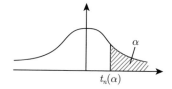

n	$\alpha =0.25$	0.10	0.05	0.025	0.01	0.005
1	1.0000	3.0777	6.3183	12.7062	31.8207	63.6574
2	0.8165	1.8856	2.9200	4.3027	6.9646	9.9248
3	0.7649	1.6377	2.3534	3.1824	4.5407	5.8409
4	0.7407	1.5332	2.1318	2.7764	3.7469	4.6041
5	0.7267	1.4759	2.0150	2.5706	3.3649	4.0322
6	0.7176	1.4398	1.9432	2.4469	3.1427	3.7074
7	0.7111	1.4149	1.8946	2.3646	2.9980	3.4995
8	0.7064	1.3968	1.8595	2.3060	2.8965	3.3554
9	0.7027	1.3830	1.8331	2.2622	2.8214	3.2498
10	0.6998	1.3722	1.8125	2.2281	2.7638	3.1693
11	0.6974	1.3634	1.7959	2.2010	2.7181	3.1058
12	0.6955	1.3562	1.7823	2.1788	2.6810	3.0545
13	0.6938	1.3502	1.7709	2.1604	2.6503	3.0123
14	0.6924	1.3450	1.7613	2.1448	2.6245	2.9768
15	0.6912	1.3406	1.7531	2.1315	2.6025	2.9467
16	0.6901	1.3368	1.7459	2.1199	2.5835	2.9208
17	0.6892	1.3334	1.7396	2.1098	2.5669	2.8982
18	0.6884	1.3304	1.7341	2.1009	2.5524	2.8784
19	0.6876	1.3277	1.7291	2.0930	2.5395	2.8609
20	0.6870	1.3253	1.7247	2.0860	2.5280	2.8453
21	0.6864	1.3232	1.7207	2.0796	2.5177	2.8314
22	0.6858	1.3212	1.7171	2.0739	2.5083	2.8188
23	0.6853	1.3195	1.7139	2.0687	2.4999	2.8073
24	0.6848	1.3178	1.7109	2.0639	2.4922	2.7969
25	0.6844	1.3163	1.7081	2.0595	2.4851	2.7874
26	0.6840	1.3150	1.7056	2.0555	2.4786	2.7787
27	0.6837	1.3137	1.7033	2.0518	2.4727	2.7707
28	0.6834	1.3125	1.7011	2.0484	2.4671	2.7633
29	0.6830	1.3114	1.6991	2.0452	2.4620	2.7564
30	0.6828	1.3104	1.6973	2.0423	2.4573	2.7500
31	0.6825	1.3095	1.6955	2.0395	2.4528	2.7440
32	0.6822	1.3086	1.6939	2.0369	2.4487	2.7385
33	0.6820	1.3077	1.6924	2.0345	2.4448	2.7333
34	0.6818	1.3070	1.6909	2.0322	2.4411	2.7284
35	0.6816	1.3062	1.6896	2.0301	2.4377	2.7238
36	0.6814	1.3055	1.6883	2.0281	2.4345	2.7195
37	0.6812	1.3049	1.6871	2.0262	2.4314	2.7154
38	0.6810	1.3042	1.6860	2.0244	2.4286	2.7116
39	0.6808	1.3036	1.6849	2.0227	2.4258	2.7079
40	0.6807	1.3031	1.6839	2.0211	2.4233	2.7045
41	0.6805	1.3025	1.6829	2.0195	2.4208	2.7012
42	0.6804	1.3020	1.6820	2.0181	2.4185	2.6981
43	0.6802	1.3016	1.6811	2.0167	2.4163	2.6951
44	0.6801	1.3011	1.6802	2.0154	2.4141	2.6923
45	0.6800	1.3006	1.6794	2.0141	2.4121	2.6896

附表 A.4 χ^2 分布表

$$P\left\{\chi^2 > \chi_n^2(\alpha)\right\} = \alpha$$

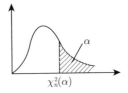

n	$\alpha = 0.995$	0.99	0.975	0.95	0.90	0.75
1	—	—	0.001	0.004	0.016	0.102
2	0.010	0.020	0.051	0.103	0.211	0.575
3	0.072	0.115	0.216	0.352	0.584	1.213
4	0.207	0.297	0.484	0.711	1.064	1.923
5	0.412	0.554	0.831	1.145	1.610	2.675
6	0.676	0.872	1.237	1.635	2.204	3.455
7	0.989	1.239	1.690	2.167	2.833	4.255
8	1.344	1.646	2.180	2.733	3.490	5.071
9	1.735	2.088	2.700	3.325	4.168	5.899
10	2.156	2.558	3.247	3.940	4.865	6.737
11	2.603	3.053	3.816	4.575	5.578	7.584
12	3.074	3.571	4.404	5.226	6.304	8.438
13	3.565	4.107	5.009	5.892	7.042	9.299
14	4.075	4.660	5.629	6.571	7.790	10.165
15	4.601	5.229	6.262	7.261	8.547	11.037
16	5.142	5.812	6.908	7.962	9.312	11.912
17	5.697	6.408	7.564	8.672	10.085	12.792
18	6.265	7.015	8.231	9.390	10.865	13.675
19	6.844	7.633	8.907	10.117	11.651	14.562
20	7.434	8.260	9.591	10.851	12.443	15.452
21	8.034	8.897	10.283	11.591	13.240	16.344
22	8.643	9.542	10.982	12.338	14.042	17.240
23	9.260	10.196	11.689	13.091	14.848	18.137
24	9.886	10.856	12.401	13.848	15.659	19.037
25	10.520	11.524	13.120	14.611	16.473	19.939
26	11.160	12.198	13.844	15.379	17.292	20.843
27	11.808	12.879	14.573	16.151	18.114	21.749
28	12.461	13.565	15.308	16.928	18.939	22.657
29	13.121	14.257	16.047	17.708	19.768	23.567
30	13.787	14.954	16.791	18.493	20.599	24.478
31	14.458	15.655	17.539	19.281	21.434	25.390
32	15.134	16.362	18.291	20.072	22.271	26.304
33	15.815	17.074	19.047	20.867	23.110	27.219
34	16.501	17.789	19.806	21.664	23.952	28.136
35	17.192	18.509	20.569	22.465	24.797	29.054
36	17.887	19.233	21.336	23.269	25.643	29.973
37	18.586	19.960	22.106	24.075	26.492	30.893
38	19.289	20.691	22.878	24.884	27.343	31.815
39	19.996	21.426	23.654	25.695	28.196	32.737
40	20.707	22.164	24.433	26.509	29.051	33.660
41	21.421	22.906	25.215	27.326	29.907	34.585
42	22.138	23.650	25.999	28.144	30.765	35.510
43	22.859	24.398	26.785	28.965	31.625	36.436
44	23.584	25.148	27.575	29.787	32.487	37.363
45	24.311	25.901	28.366	30.612	33.350	38.291

$$P\left\{\chi^2 > \chi_n^2(\alpha)\right\} = \alpha$$

续表

n	$\alpha = 0.25$	0.10	0.05	0.025	0.01	0.005
1	1.323	2.706	3.841	5.024	6.635	7.879
2	2.773	4.605	5.991	7.378	9.210	10.597
3	4.108	6.251	7.815	9.348	11.345	12.838
4	5.385	7.779	9.488	11.143	13.277	14.860
5	6.626	9.236	11.071	12.833	15.086	16.750
6	7.841	10.645	12.592	14.449	16.812	18.548
7	9.037	12.017	14.067	16.013	18.475	20.278
8	10.219	13.362	15.507	17.535	20.090	21.955
9	11.389	14.684	16.919	19.023	21.666	23.589
10	12.549	15.987	18.307	20.483	23.209	25.188
11	13.701	17.275	19.675	21.920	24.725	26.757
12	14.845	18.549	21.026	23.337	26.217	28.299
13	15.984	19.812	22.362	24.736	27.688	29.819
14	17.117	21.064	23.685	26.119	29.141	31.319
15	18.245	22.307	24.996	27.488	30.578	32.801
16	19.369	23.542	26.296	28.845	32.000	34.267
17	20.489	24.769	27.587	30.191	33.409	35.718
18	21.605	25.989	28.869	31.526	34.805	37.156
19	22.718	27.204	30.144	32.852	36.191	38.582
20	23.828	28.412	31.410	34.170	37.566	39.997
21	24.935	29.615	32.671	35.479	38.932	41.401
22	26.039	30.813	33.924	36.781	40.289	42.796
23	27.141	32.007	35.172	38.076	41.638	44.181
24	28.241	33.196	36.415	39.364	42.980	45.559
25	29.339	34.382	37.652	40.646	44.314	46.928
26	30.435	35.563	38.885	41.923	45.642	48.290
27	31.528	36.741	40.113	43.194	46.963	49.645
28	32.620	37.916	41.337	44.461	48.278	50.993
29	33.711	39.087	42.557	45.722	49.588	52.336
30	34.800	40.256	43.773	46.979	50.892	53.672
31	35.887	41.422	44.985	48.232	52.191	55.003
32	36.973	42.585	46.194	49.480	53.486	56.328
33	38.058	43.745	47.400	50.725	54.776	57.648
34	39.141	44.903	48.602	51.966	56.061	58.964
35	40.223	46.059	49.802	53.203	57.342	60.275
36	41.304	47.212	50.998	54.437	58.619	61.581
37	42.383	48.363	52.192	55.668	59.892	62.883
38	43.462	49.513	53.384	56.896	61.162	64.181
39	44.539	50.660	54.572	58.120	62.428	65.476
40	45.616	51.805	55.758	59.342	63.691	66.766
41	46.692	52.949	56.942	60.561	64.950	68.053
42	47.766	54.090	58.124	61.777	66.206	69.336
43	48.840	55.230	59.304	62.990	67.459	70.616
44	49.913	56.369	60.481	64.201	68.710	71.893
45	50.985	57.505	61.656	65.410	69.957	73.166

附表 A.5　F 分布表

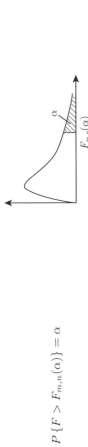

$$P\{F > F_{m,n}(\alpha)\} = \alpha$$

$\alpha = 0.10$

m\n	1	2	3	4	5	6	7	8	9	10	12	15	20	24	30	40	60	120	∞
1	39.86	49.50	53.59	55.83	57.24	58.20	58.91	59.44	59.86	60.19	60.71	61.22	61.74	62.00	62.26	62.53	62.79	63.06	63.33
2	8.53	9.00	9.16	9.24	9.29	9.33	9.35	9.37	9.38	9.39	9.41	9.42	9.44	9.45	9.46	9.47	9.47	9.48	9.49
3	5.54	5.46	5.39	5.34	5.31	5.28	5.27	5.25	5.24	5.23	5.22	5.20	5.18	5.18	5.17	5.16	5.15	5.14	5.13
4	4.54	4.32	4.19	4.11	4.05	4.01	3.98	3.95	3.94	3.92	3.90	3.87	3.84	3.83	3.82	3.80	3.79	3.78	3.76
5	4.06	3.78	3.62	3.52	3.45	3.40	3.37	3.34	3.32	3.30	3.27	3.24	3.21	3.19	3.17	3.16	3.14	3.12	3.10
6	3.78	3.46	3.29	3.18	3.11	3.05	3.01	2.98	2.96	2.94	2.90	2.87	2.84	2.82	2.80	2.78	2.76	2.74	2.72
7	3.59	3.26	3.07	2.96	2.88	2.83	2.78	2.75	2.72	2.70	2.67	2.63	2.59	2.58	2.56	2.54	2.51	2.49	2.47
8	3.46	3.11	2.92	2.81	2.73	2.67	2.62	2.59	2.56	2.54	2.50	2.46	2.42	2.40	2.38	2.36	2.34	2.32	2.29
9	3.36	3.01	2.81	2.69	2.61	2.55	2.51	2.47	2.44	2.42	2.38	2.34	2.30	2.28	2.25	2.23	2.21	2.18	2.16
10	3.29	2.92	2.73	2.61	2.52	2.46	2.41	2.38	2.35	2.32	2.28	2.24	2.20	2.18	2.16	2.13	2.11	2.08	2.06
11	3.23	2.86	2.66	2.54	2.45	2.39	2.34	2.30	2.27	2.25	2.21	2.17	2.12	2.10	2.08	2.05	2.03	2.00	1.97
12	3.18	2.81	2.61	2.48	2.39	2.33	2.28	2.24	2.21	2.19	2.15	2.10	2.06	2.04	2.01	1.99	1.96	1.93	1.90
13	3.14	2.76	2.56	2.43	2.35	2.28	2.23	2.20	2.16	2.14	2.10	2.05	2.01	1.98	1.96	1.93	1.90	1.88	1.85
14	3.10	2.73	2.52	2.39	2.31	2.24	2.19	2.15	2.12	2.10	2.05	2.01	1.96	1.94	1.91	1.89	1.86	1.83	1.80
15	3.07	2.70	2.49	2.36	2.27	2.21	2.16	2.12	2.09	2.06	2.02	1.97	1.92	1.90	1.87	1.85	1.82	1.79	1.76
16	3.05	2.67	2.46	2.33	2.24	2.18	2.13	2.09	2.06	2.03	1.99	1.94	1.89	1.87	1.84	1.81	1.78	1.75	1.72
17	3.03	2.64	2.44	2.31	2.22	2.15	2.10	2.06	2.03	2.00	1.96	1.91	1.86	1.84	1.81	1.78	1.75	1.72	1.69
18	3.01	2.62	2.42	2.29	2.20	2.13	2.08	2.04	2.00	1.98	1.93	1.89	1.84	1.81	1.78	1.75	1.72	1.69	1.66
19	2.99	2.61	2.40	2.27	2.18	2.11	2.06	2.02	1.98	1.96	1.91	1.86	1.81	1.79	1.76	1.73	1.70	1.67	1.63
20	2.97	2.59	2.38	2.25	2.16	2.09	2.04	2.00	1.96	1.94	1.89	1.84	1.79	1.77	1.74	1.71	1.68	1.64	1.61
21	2.96	2.57	2.36	2.23	2.14	2.08	2.02	1.98	1.95	1.92	1.87	1.83	1.78	1.75	1.72	1.69	1.66	1.62	1.59

续表

m / n	1	2	3	4	5	6	7	8	9	10	12	15	20	24	30	40	60	120	∞
22	2.95	2.56	2.35	2.22	2.13	2.06	2.01	1.97	1.93	1.90	1.86	1.81	1.76	1.73	1.70	1.67	1.64	1.60	1.57
23	2.94	2.55	2.34	2.21	2.11	2.05	1.99	1.95	1.92	1.89	1.84	1.80	1.74	1.72	1.69	1.66	1.62	1.59	1.55
24	2.93	2.54	2.33	2.19	2.10	2.04	1.98	1.94	1.91	1.88	1.83	1.78	1.73	1.70	1.67	1.64	1.61	1.57	1.53
25	2.92	2.53	2.32	2.18	2.09	2.02	1.97	1.93	1.89	1.87	1.82	1.77	1.72	1.69	1.66	1.63	1.59	1.56	1.52
26	2.91	2.52	2.31	2.17	2.08	2.01	1.96	1.92	1.88	1.86	1.81	1.76	1.71	1.68	1.65	1.61	1.58	1.54	1.50
27	2.90	2.51	2.30	2.17	2.07	2.00	1.95	1.91	1.87	1.85	1.80	1.75	1.70	1.67	1.64	1.60	1.57	1.53	1.49
28	2.89	2.50	2.29	2.16	2.06	2.00	1.94	1.90	1.87	1.84	1.79	1.74	1.69	1.66	1.63	1.59	1.56	1.52	1.48
29	2.89	2.50	2.28	2.15	2.06	1.99	1.93	1.89	1.86	1.83	1.78	1.73	1.68	1.65	1.62	1.58	1.55	1.51	1.47
30	2.88	2.49	2.28	2.14	2.05	1.98	1.93	1.88	1.85	1.82	1.77	1.72	1.67	1.64	1.61	1.57	1.54	1.50	1.46
40	2.84	2.44	2.23	2.09	2.00	1.93	1.87	1.83	1.79	1.76	1.71	1.66	1.61	1.57	1.54	1.51	1.47	1.42	1.38
60	2.79	2.39	2.18	2.04	1.95	1.87	1.82	1.77	1.74	1.71	1.66	1.60	1.54	1.51	1.48	1.44	1.40	1.35	1.29
120	2.75	2.35	2.13	1.99	1.90	1.82	1.77	1.72	1.68	1.65	1.60	1.55	1.48	1.45	1.41	1.37	1.32	1.26	1.19
∞	2.71	2.30	2.08	1.94	1.85	1.77	1.72	1.67	1.63	1.60	1.55	1.49	1.42	1.38	1.34	1.30	1.24	1.17	1.00

$\alpha = 0.05$

m / n	1	2	3	4	5	6	7	8	9	10	12	15	20	24	30	40	60	120	∞
1	161.4	199.5	215.7	224.6	230.2	234.0	236.8	238.9	240.5	241.9	243.9	245.9	248.0	249.1	250.1	251.1	252.2	253.3	254.3
2	18.51	19.00	19.16	19.25	19.30	19.33	19.35	19.37	19.38	19.40	19.41	19.43	19.45	19.45	19.46	19.47	19.48	19.49	19.50
3	10.13	9.55	9.28	9.12	9.01	8.94	8.89	8.85	8.81	8.79	8.74	8.70	8.66	8.64	8.62	8.59	8.57	8.55	8.53
4	7.71	6.94	6.59	6.39	6.26	6.16	6.09	6.04	6.00	5.96	5.91	5.86	5.80	5.77	5.75	5.72	5.69	5.66	5.63
5	6.61	5.79	5.41	5.19	5.05	4.95	4.88	4.82	4.77	4.74	4.68	4.62	4.56	4.53	4.50	4.46	4.43	4.40	4.36
6	5.99	5.14	4.76	4.53	4.39	4.28	4.21	4.15	4.10	4.06	4.00	3.94	3.87	3.84	3.81	3.77	3.74	3.70	3.67
7	5.59	4.74	4.35	4.12	3.97	3.87	3.79	3.73	3.68	3.64	3.57	3.51	3.44	3.41	3.38	3.34	3.30	3.27	3.23
8	5.32	4.46	4.07	3.84	3.69	3.58	3.50	3.44	3.39	3.35	3.28	3.22	3.15	3.12	3.08	3.04	3.01	2.97	2.93
9	5.12	4.26	3.86	3.63	3.48	3.37	3.29	3.23	3.18	3.14	3.07	3.01	2.94	2.90	2.86	2.83	2.79	2.75	2.71
10	4.96	4.10	3.71	3.48	3.33	3.22	3.14	3.07	3.02	2.98	2.91	2.85	2.77	2.74	2.70	2.66	2.62	2.58	2.54
11	4.84	3.98	3.59	3.36	3.20	3.09	3.01	2.95	2.90	2.85	2.79	2.72	2.65	2.61	2.57	2.53	2.49	2.45	2.40
12	4.75	3.89	3.49	3.26	3.11	3.00	2.91	2.85	2.80	2.75	2.69	2.62	2.54	2.51	2.47	2.43	2.38	2.34	2.30
13	4.67	3.81	3.41	3.18	3.03	2.92	2.83	2.77	2.71	2.67	2.60	2.53	2.46	2.42	2.38	2.34	2.30	2.25	2.21
14	4.60	3.74	3.34	3.11	2.96	2.85	2.76	2.70	2.65	2.60	2.53	2.46	2.39	2.35	2.31	2.27	2.22	2.18	2.13
15	4.54	3.68	3.29	3.06	2.90	2.79	2.71	2.64	2.59	2.54	2.48	2.40	2.33	2.29	2.25	2.20	2.16	2.11	2.07

续表

$\diagdown$$^m_n$	1	2	3	4	5	6	7	8	9	10	12	15	20	24	30	40	60	120	∞
16	4.49	3.63	3.24	3.01	2.85	2.74	2.66	2.59	2.54	2.49	2.42	2.35	2.28	2.24	2.19	2.15	2.11	2.06	2.01
17	4.45	3.59	3.20	2.96	2.81	2.70	2.61	2.55	2.49	2.45	2.38	2.31	2.23	2.19	2.15	2.10	2.06	2.01	1.96
18	4.41	3.55	3.16	2.93	2.77	2.66	2.58	2.51	2.46	2.41	2.34	2.27	2.19	2.15	2.11	2.06	2.02	1.97	1.92
19	4.38	3.52	3.13	2.90	2.74	2.63	2.54	2.48	2.42	2.38	2.31	2.23	2.16	2.11	2.07	2.03	1.98	1.93	1.88
20	4.35	3.49	3.10	2.87	2.71	2.60	2.51	2.45	2.39	2.35	2.28	2.20	2.12	2.08	2.04	1.99	1.95	1.90	1.84
21	4.32	3.47	3.07	2.84	2.68	2.57	2.49	2.42	2.37	2.32	2.25	2.18	2.10	2.05	2.01	1.96	1.92	1.87	1.81
22	4.30	3.44	3.05	2.82	2.66	2.55	2.46	2.40	2.34	2.30	2.23	2.15	2.07	2.03	1.98	1.94	1.89	1.84	1.78
23	4.28	3.42	3.03	2.80	2.64	2.53	2.44	2.37	2.32	2.27	2.20	2.13	2.05	2.01	1.96	1.91	1.86	1.81	1.76
24	4.26	3.40	3.01	2.78	2.62	2.51	2.42	2.36	2.30	2.25	2.18	2.11	2.03	1.98	1.94	1.89	1.84	1.79	1.73
25	4.24	3.39	2.99	2.76	2.60	2.49	2.40	2.34	2.28	2.24	2.16	2.09	2.01	1.96	1.92	1.87	1.82	1.77	1.71
26	4.23	3.37	2.98	2.74	2.59	2.47	2.39	2.32	2.27	2.22	2.15	2.07	1.99	1.95	1.90	1.85	1.80	1.75	1.69
27	4.21	3.35	2.96	2.73	2.57	2.46	2.37	2.31	2.25	2.20	2.13	2.06	1.97	1.93	1.88	1.84	1.79	1.73	1.67
28	4.20	3.34	2.95	2.71	2.56	2.45	2.36	2.29	2.24	2.19	2.12	2.04	1.96	1.91	1.87	1.82	1.77	1.71	1.65
29	4.18	3.33	2.93	2.70	2.55	2.43	2.35	2.28	2.22	2.18	2.10	2.03	1.94	1.90	1.85	1.81	1.75	1.70	1.64
30	4.17	3.32	2.92	2.69	2.53	2.42	2.33	2.27	2.21	2.16	2.09	2.01	1.93	1.89	1.84	1.79	1.74	1.68	1.62
40	4.08	3.23	2.84	2.61	2.45	2.34	2.25	2.18	2.12	2.08	2.00	1.92	1.84	1.79	1.74	1.69	1.64	1.58	1.51
60	4.00	3.15	2.76	2.53	2.37	2.25	2.17	2.10	2.04	1.99	1.92	1.84	1.75	1.70	1.65	1.59	1.53	1.47	1.39
120	3.92	3.07	2.68	2.45	2.29	2.17	2.09	2.02	1.96	1.91	1.83	1.75	1.66	1.61	1.55	1.50	1.43	1.35	1.25
∞	3.84	3.00	2.60	2.37	2.21	2.10	2.01	1.94	1.88	1.83	1.75	1.67	1.57	1.52	1.46	1.39	1.32	1.22	1.00
									$\alpha=0.025$										
1	647.8	799.5	864.2	899.6	921.8	937.1	948.2	956.7	963.3	968.6	976.7	984.9	993.1	997.2	1001	1006	1010	1014	1018
2	38.51	39.00	39.17	39.25	39.30	39.33	39.36	39.37	39.39	39.40	39.41	39.43	39.45	39.46	39.46	39.47	39.48	39.49	39.50
3	17.44	16.04	15.44	15.10	14.88	14.73	14.62	14.54	14.47	14.42	14.34	14.25	14.17	14.12	14.08	14.04	13.99	13.95	13.90
4	12.22	10.65	9.98	9.60	9.36	9.20	9.07	8.98	8.90	8.84	8.75	8.66	8.56	8.51	8.46	8.41	8.36	8.31	8.26
5	10.01	8.43	7.76	7.39	7.15	6.98	6.85	6.76	6.68	6.62	6.52	6.43	6.33	6.28	6.23	6.18	6.12	6.07	6.02
6	8.81	7.26	6.60	6.23	5.99	5.82	5.70	5.60	5.52	5.46	5.37	5.27	5.17	5.12	5.07	5.01	4.96	4.90	4.85
7	8.07	6.54	5.89	5.52	5.29	5.12	4.99	4.90	4.82	4.76	4.67	4.57	4.47	4.42	4.36	4.31	4.25	4.20	4.14
8	7.57	6.06	5.42	5.05	4.82	4.65	4.53	4.43	4.36	4.30	4.20	4.10	4.00	3.95	3.89	3.84	3.78	3.73	3.67
9	7.21	5.71	5.08	4.72	4.48	4.32	4.20	4.10	4.03	3.96	3.87	3.77	3.67	3.61	3.56	3.51	3.45	3.39	3.33

续表

$\alpha = 0.01$

n＼m	1	2	3	4	5	6	7	8	9	10	12	15	20	24	30	40	60	120	∞
10	6.94	5.46	4.83	4.47	4.24	4.07	3.95	3.85	3.78	3.72	3.62	3.52	3.42	3.37	3.31	3.26	3.20	3.14	3.08
11	6.72	5.26	4.63	4.28	4.04	3.88	3.76	3.66	3.59	3.53	3.43	3.33	3.23	3.17	3.12	3.06	3.00	2.94	2.88
12	6.55	5.10	4.47	4.12	3.89	3.73	3.61	3.51	3.44	3.37	3.28	3.18	3.07	3.02	2.96	2.91	2.85	2.79	2.72
13	6.41	4.97	4.35	4.00	3.77	3.60	3.48	3.39	3.31	3.25	3.15	3.05	2.95	2.89	2.84	2.78	2.72	2.66	2.60
14	6.30	4.86	4.24	3.89	3.66	3.50	3.38	3.29	3.21	3.15	3.05	2.95	2.84	2.79	2.73	2.67	2.61	2.55	2.49
15	6.20	4.77	4.15	3.80	3.58	3.41	3.29	3.20	3.12	3.06	2.96	2.86	2.76	2.70	2.64	2.59	2.52	2.46	2.40
16	6.12	4.69	4.08	3.73	3.50	3.34	3.22	3.12	3.05	2.99	2.89	2.79	2.68	2.63	2.57	2.51	2.45	2.38	2.32
17	6.04	4.62	4.01	3.66	3.44	3.28	3.16	3.06	2.98	2.92	2.82	2.72	2.62	2.56	2.50	2.44	2.38	2.32	2.25
18	5.98	4.56	3.95	3.61	3.38	3.22	3.10	3.01	2.93	2.87	2.77	2.67	2.56	2.50	2.44	2.38	2.32	2.26	2.19
19	5.92	4.51	3.90	3.56	3.33	3.17	3.05	2.96	2.88	2.82	2.72	2.62	2.51	2.45	2.39	2.33	2.27	2.20	2.13
20	5.87	4.46	3.86	3.51	3.29	3.13	3.01	2.91	2.84	2.77	2.68	2.57	2.46	2.41	2.35	2.29	2.22	2.16	2.09
21	5.83	4.42	3.82	3.48	3.25	3.09	2.97	2.87	2.80	2.73	2.64	2.53	2.42	2.37	2.31	2.25	2.18	2.11	2.04
22	5.79	4.38	3.78	3.44	3.22	3.05	2.93	2.84	2.76	2.70	2.60	2.50	2.39	2.33	2.27	2.21	2.14	2.08	2.00
23	5.75	4.35	3.75	3.41	3.18	3.02	2.90	2.81	2.73	2.67	2.57	2.47	2.36	2.30	2.24	2.18	2.11	2.04	1.97
24	5.72	4.32	3.72	3.38	3.15	2.99	2.87	2.78	2.70	2.64	2.54	2.44	2.33	2.27	2.21	2.15	2.08	2.01	1.94
25	5.69	4.29	3.69	3.35	3.13	2.97	2.85	2.75	2.68	2.61	2.51	2.41	2.30	2.24	2.18	2.12	2.05	1.98	1.91
26	5.66	4.27	3.67	3.33	3.10	2.94	2.82	2.73	2.65	2.59	2.49	2.39	2.28	2.22	2.16	2.09	2.03	1.95	1.88
27	5.63	4.24	3.65	3.31	3.08	2.92	2.80	2.71	2.63	2.57	2.47	2.36	2.25	2.19	2.13	2.07	2.00	1.93	1.85
28	5.61	4.22	3.63	3.29	3.06	2.90	2.78	2.69	2.61	2.55	2.45	2.34	2.23	2.17	2.11	2.05	1.98	1.91	1.83
29	5.59	4.20	3.61	3.27	3.04	2.88	2.76	2.67	2.59	2.53	2.43	2.32	2.21	2.15	2.09	2.03	1.96	1.89	1.81
30	5.57	4.18	3.59	3.25	3.03	2.87	2.75	2.65	2.57	2.51	2.41	2.31	2.20	2.14	2.07	2.01	1.94	1.87	1.79
40	5.42	4.05	3.46	3.13	2.90	2.74	2.62	2.53	2.45	2.39	2.29	2.18	2.07	2.01	1.94	1.88	1.80	1.72	1.64
60	5.29	3.93	3.34	3.01	2.79	2.63	2.51	2.41	2.33	2.27	2.17	2.06	1.94	1.88	1.82	1.74	1.67	1.58	1.48
120	5.15	3.80	3.23	2.89	2.67	2.52	2.39	2.30	2.22	2.16	2.05	1.94	1.82	1.76	1.69	1.61	1.53	1.43	1.31
∞	5.02	3.69	3.12	2.79	2.57	2.41	2.29	2.19	2.11	2.05	1.94	1.83	1.71	1.64	1.57	1.48	1.39	1.27	1.00
1	4052	4999.5	5403	5625	5764	5859	5928	5982	6022	6056	6106	6157	6209	6235	6261	6287	6313	6339	6366
2	98.50	99.00	99.17	99.25	99.30	99.33	99.36	99.37	99.39	99.40	99.42	99.43	99.45	99.46	99.47	99.47	99.48	99.49	99.50
3	34.12	30.82	29.46	28.71	28.24	27.91	27.67	27.49	27.35	27.23	27.05	26.87	26.69	26.60	26.50	26.41	26.32	26.22	26.13

续表

m \ n	1	2	3	4	5	6	7	8	9	10	12	15	20	24	30	40	60	120	∞
4	21.20	18.00	16.69	15.98	15.52	15.21	14.98	14.80	14.66	14.55	14.37	14.20	14.02	13.93	13.84	13.75	13.65	13.56	13.46
5	16.26	13.27	12.06	11.39	10.97	10.67	10.46	10.29	10.16	10.05	9.89	9.72	9.55	9.47	9.38	9.29	9.20	9.11	9.02
6	13.75	10.92	9.78	9.15	8.75	8.47	8.26	8.10	7.98	7.87	7.72	7.56	7.40	7.31	7.23	7.14	7.06	6.97	6.88
7	12.25	9.55	8.45	7.85	7.46	7.19	6.99	6.84	6.72	6.62	6.47	6.31	6.16	6.07	5.99	5.91	5.82	5.74	5.65
8	11.26	8.65	7.59	7.01	6.63	6.37	6.18	6.03	5.91	5.81	5.67	5.52	5.36	5.28	5.20	5.12	5.03	4.95	4.86
9	10.56	8.02	6.99	6.42	6.06	5.80	5.61	5.47	5.35	5.26	5.11	4.96	4.81	4.73	4.65	4.57	4.48	4.40	4.31
10	10.04	7.56	6.55	5.99	5.64	5.39	5.20	5.06	4.94	4.85	4.71	4.56	4.41	4.33	4.25	4.17	4.08	4.00	3.91
11	9.65	7.21	6.22	5.67	5.32	5.07	4.89	4.74	4.63	4.54	4.40	4.25	4.10	4.02	3.94	3.86	3.78	3.69	3.60
12	9.33	6.93	5.95	5.41	5.06	4.82	4.64	4.50	4.39	4.30	4.16	4.01	3.86	3.78	3.70	3.62	3.54	3.45	3.36
13	9.07	6.70	5.74	5.21	4.86	4.62	4.44	4.30	4.19	4.10	3.96	3.82	3.66	3.59	3.51	3.43	3.34	3.25	3.17
14	8.86	6.51	5.56	5.04	4.69	4.46	4.28	4.14	4.03	3.94	3.80	3.66	3.51	3.43	3.35	3.27	3.18	3.09	3.00
15	8.68	6.36	5.42	4.89	4.56	4.32	4.14	4.00	3.89	3.80	3.67	3.52	3.37	3.29	3.21	3.13	3.05	2.96	2.87
16	8.53	6.23	5.29	4.77	4.44	4.20	4.03	3.89	3.78	3.69	3.55	3.41	3.26	3.18	3.10	3.02	2.93	2.84	2.75
17	8.40	6.11	5.18	4.67	4.34	4.10	3.93	3.79	3.68	3.59	3.46	3.31	3.16	3.08	3.00	2.92	2.83	2.75	2.65
18	8.29	6.01	5.09	4.58	4.25	4.01	3.84	3.71	3.60	3.51	3.37	3.23	3.08	3.00	2.92	2.84	2.75	2.66	2.57
19	8.18	5.93	5.01	4.50	4.17	3.94	3.77	3.63	3.52	3.43	3.30	3.15	3.00	2.92	2.84	2.76	2.67	2.58	2.49
20	8.10	5.85	4.94	4.43	4.10	3.87	3.70	3.56	3.46	3.37	3.23	3.09	2.94	2.86	2.78	2.69	2.61	2.52	2.42
21	8.02	5.78	4.87	4.37	4.04	3.81	3.64	3.51	3.40	3.31	3.17	3.03	2.88	2.80	2.72	2.64	2.55	2.46	2.36
22	7.95	5.72	4.82	4.31	3.99	3.76	3.59	3.45	3.35	3.26	3.12	2.98	2.83	2.75	2.67	2.58	2.50	2.40	2.31
23	7.88	5.66	4.76	4.26	3.94	3.71	3.54	3.41	3.30	3.21	3.07	2.93	2.78	2.70	2.62	2.54	2.45	2.35	2.26
24	7.82	5.61	4.72	4.22	3.90	3.67	3.50	3.36	3.26	3.17	3.03	2.89	2.74	2.66	2.58	2.49	2.40	2.31	2.21
25	7.77	5.57	4.68	4.18	3.85	3.63	3.46	3.32	3.22	3.13	2.99	2.85	2.70	2.62	2.54	2.45	2.36	2.27	2.17
26	7.72	5.53	4.64	4.14	3.82	3.59	3.42	3.29	3.18	3.09	2.96	2.81	2.66	2.58	2.50	2.42	2.33	2.23	2.13
27	7.68	5.49	4.60	4.11	3.78	3.56	3.39	3.26	3.15	3.06	2.93	2.78	2.63	2.55	2.47	2.38	2.29	2.20	2.10
28	7.64	5.45	4.57	4.07	3.75	3.53	3.36	3.23	3.12	3.03	2.90	2.75	2.60	2.52	2.44	2.35	2.26	2.17	2.06
29	7.60	5.42	4.54	4.04	3.73	3.50	3.33	3.20	3.09	3.00	2.87	2.73	2.57	2.49	2.41	2.33	2.23	2.14	2.03
30	7.56	5.39	4.51	4.02	3.70	3.47	3.30	3.17	3.07	2.98	2.84	2.70	2.55	2.47	2.39	2.30	2.21	2.11	2.01
40	7.31	5.18	4.31	3.83	3.51	3.29	3.12	2.99	2.89	2.80	2.66	2.52	2.37	2.29	2.20	2.11	2.02	1.92	1.80

续表

$n \backslash m$	1	2	3	4	5	6	7	8	9	10	12	15	20	24	30	40	60	120	∞
60	7.08	4.98	4.13	3.65	3.34	3.12	2.95	2.82	2.72	2.63	2.50	2.35	2.20	2.12	2.03	1.94	1.84	1.73	1.60
120	6.85	4.79	3.95	3.48	3.17	2.96	2.79	2.66	2.56	2.47	2.34	2.19	2.03	1.95	1.86	1.76	1.66	1.53	1.38
∞	6.63	4.61	3.78	3.32	3.02	2.80	2.64	2.51	2.41	2.32	2.18	2.04	1.88	1.79	1.70	1.59	1.47	1.32	1.00

$\alpha = 0.005$

$n \backslash m$	1	2	3	4	5	6	7	8	9	10	12	15	20	24	30	40	60	120	∞
1	16211	20000	21615	22500	23056	23437	23715	23925	24091	24224	24426	24630	24836	24940	25044	25148	25253	25359	25465
2	198.5	199.0	199.2	199.2	199.3	199.3	199.4	199.4	199.4	199.4	199.4	199.4	199.4	199.5	199.5	199.5	199.5	199.5	199.5
3	55.55	49.80	47.47	46.19	45.39	44.84	44.43	44.13	43.88	43.69	43.39	43.08	42.78	42.62	42.47	42.31	42.15	41.99	41.83
4	31.33	26.28	24.26	23.15	22.46	21.97	21.62	21.35	21.14	20.97	20.07	20.44	20.17	20.03	19.89	19.75	19.61	19.47	19.32
5	22.78	18.31	16.53	15.56	14.94	14.51	14.20	13.96	13.77	13.62	13.38	13.15	12.90	12.78	12.66	12.53	12.40	12.27	12.14
6	18.63	14.54	12.92	12.03	11.46	11.07	10.79	10.57	10.39	10.25	10.03	9.81	9.59	9.47	9.36	9.24	9.12	9.00	8.88
7	16.24	12.40	10.88	10.05	9.52	9.16	8.89	8.68	8.51	8.38	8.18	7.97	7.75	7.65	7.53	7.42	7.31	7.19	7.08
8	14.69	11.04	9.60	8.81	8.30	7.95	7.69	7.50	7.34	7.21	7.01	6.81	6.61	6.50	6.40	6.29	6.18	6.06	5.95
9	13.61	10.11	8.72	7.96	7.47	7.13	6.88	6.69	6.54	6.42	6.23	6.03	5.83	5.73	5.62	5.52	5.41	5.30	5.19
10	12.83	9.43	8.08	7.34	6.87	6.54	6.30	6.12	5.97	5.85	5.66	5.47	5.27	5.17	5.07	4.97	4.86	4.75	4.64
11	12.23	8.91	7.60	6.88	6.42	6.10	5.86	5.68	5.54	5.42	5.24	5.05	4.86	4.76	4.65	4.55	4.44	4.34	4.23
12	11.75	8.51	7.23	6.52	6.07	5.76	5.52	5.35	5.20	5.09	4.91	4.72	4.53	4.43	4.33	4.23	4.12	4.01	3.90
13	11.37	8.19	6.93	6.23	5.79	5.48	5.25	5.08	4.94	4.82	4.64	4.46	4.27	4.17	4.07	3.97	3.87	3.76	3.65
14	11.06	7.92	6.68	6.00	5.56	5.26	5.03	4.86	4.72	4.60	4.43	4.25	4.06	3.96	3.86	3.76	3.66	3.55	3.44
15	10.80	7.70	6.48	5.80	5.37	5.07	4.85	4.67	4.54	4.42	4.25	4.07	3.88	3.79	3.69	3.58	3.48	3.37	3.26
16	10.58	7.51	6.30	5.64	5.21	4.91	4.69	4.52	4.38	4.27	4.10	3.92	3.73	3.64	3.54	3.44	3.33	3.22	3.11
17	10.38	7.35	6.16	5.50	5.07	4.78	4.56	4.39	4.25	4.14	3.97	3.79	3.61	3.51	3.41	3.31	3.21	3.10	2.98
18	10.22	7.21	6.03	5.37	4.96	4.66	4.44	4.28	4.14	4.03	3.86	3.68	3.50	3.40	3.30	3.20	3.10	2.99	2.87
19	10.07	7.09	5.92	5.27	4.85	4.56	4.34	4.18	4.04	3.93	3.76	3.59	3.40	3.31	3.21	3.11	3.00	2.89	2.78
20	9.94	6.99	5.82	5.17	4.76	4.47	4.26	4.09	3.96	3.85	3.68	3.50	3.32	3.22	3.12	3.02	2.92	2.81	2.69
21	9.83	6.89	5.73	5.09	4.68	4.39	4.18	4.01	3.88	3.77	3.60	3.43	3.24	3.15	3.05	2.95	2.84	2.73	2.61
22	9.73	6.81	5.65	5.02	4.61	4.32	4.11	3.94	3.81	3.70	3.54	3.36	3.18	3.08	2.98	2.88	2.77	2.66	2.55
23	9.63	6.73	5.58	4.95	4.54	4.26	4.05	3.88	3.75	3.64	3.47	3.30	3.12	3.02	2.92	2.82	2.71	2.60	2.48
24	9.55	6.66	5.52	4.89	4.49	4.20	3.99	3.83	3.69	3.59	3.42	3.25	3.06	2.97	2.87	2.77	2.66	2.55	2.43
25	9.48	6.60	5.46	4.84	4.43	4.15	3.94	3.78	3.64	3.54	3.37	3.20	3.01	2.92	2.82	2.72	2.61	2.50	2.38

续表

n \ m	1	2	3	4	5	6	7	8	9	10	12	15	20	24	30	40	60	120	∞
26	9.41	6.54	5.41	4.79	4.38	4.10	3.89	3.73	3.60	3.49	3.33	3.15	2.97	2.87	2.77	2.67	2.56	2.45	2.33
27	9.34	6.49	5.36	4.74	4.34	4.06	3.85	3.69	3.56	3.45	3.28	3.11	2.93	2.83	2.73	2.63	2.52	2.41	2.29
28	9.28	6.44	5.32	4.70	4.30	4.02	3.81	3.65	3.52	3.41	3.25	3.07	2.89	2.79	2.69	2.59	2.48	2.37	2.25
29	9.23	6.40	5.28	4.66	4.26	3.98	3.77	3.61	3.48	3.38	3.21	3.04	2.86	2.76	2.66	2.56	2.45	2.33	2.21
30	9.18	6.35	5.24	4.62	4.23	3.95	3.74	3.58	3.45	3.34	3.18	3.01	2.82	3.73	2.63	2.52	2.42	2.30	2.18
40	8.83	6.07	4.98	4.37	3.99	3.71	3.51	3.35	3.22	3.12	2.95	2.78	2.60	2.50	2.40	2.30	2.18	2.06	1.93
60	8.49	5.79	4.73	4.14	3.76	3.49	3.29	3.13	3.01	2.90	2.74	2.57	2.39	2.29	2.19	2.08	1.96	1.83	1.69
120	8.18	5.54	4.50	3.92	3.55	3.28	3.09	2.93	2.81	2.71	2.54	2.37	2.19	2.09	1.98	1.87	1.75	1.61	1.43
∞	7.88	5.30	4.28	3.72	3.35	3.09	2.90	2.74	2.62	2.52	2.36	2.19	2.00	1.90	1.79	1.67	1.53	1.36	1.00
$\alpha = 0.001$																			
1	4053†	5000†	5404†	5625†	5764†	5859†	5929†	5981†	6023†	6056†	6107†	6158†	6209†	6235†	6261†	6287†	6313†	6340†	6366†
2	998.5	999.0	999.2	999.2	999.3	999.3	999.4	999.4	999.4	999.4	999.4	999.4	999.4	999.5	999.5	999.5	999.5	999.5	999.5
3	167.0	148.5	141.1	137.1	134.6	132.8	131.6	130.6	129.9	128.3	129.2	127.4	126.4	125.9	125.4	125.0	124.5	124.0	123.5
4	74.14	61.25	56.18	53.44	51.71	50.53	49.66	49.00	48.47	48.05	47.41	46.76	46.10	45.77	45.43	45.09	44.75	44.40	44.05
5	47.18	37.12	33.20	31.09	27.75	28.84	28.16	27.64	27.24	26.92	26.42	25.91	25.39	25.14	24.87	24.60	24.33	24.06	23.79
6	35.51	27.00	23.70	21.92	20.81	20.03	19.46	19.03	18.69	18.41	17.99	17.56	17.12	16.89	16.67	16.44	16.21	15.99	15.75
7	29.25	21.69	18.77	17.19	16.21	15.52	15.02	14.63	14.33	14.08	13.71	13.32	12.93	12.73	12.53	12.33	12.12	11.91	11.70
8	25.42	18.49	15.83	14.39	13.49	12.86	12.40	12.04	11.77	11.54	11.19	10.84	10.48	10.30	10.11	9.92	9.73	9.53	9.33
9	22.86	16.39	13.90	12.56	11.71	11.13	10.70	10.37	10.11	9.89	9.57	9.24	8.90	8.72	8.55	8.37	8.19	8.00	7.81
10	21.04	14.91	12.55	11.28	10.48	9.92	9.52	9.20	8.96	8.75	8.45	8.13	7.80	7.64	7.47	7.30	7.12	6.94	6.76
11	19.69	13.81	11.56	10.35	9.58	9.05	8.66	8.35	8.12	7.92	7.63	7.32	7.01	6.85	6.68	6.52	6.35	6.17	6.00
12	18.64	12.97	10.80	9.63	8.89	8.38	8.00	7.71	7.48	7.29	7.00	6.71	6.40	6.25	6.09	5.93	5.76	5.59	5.42
13	17.81	12.31	10.21	9.07	8.35	7.86	7.49	7.21	6.98	6.80	6.52	6.23	5.93	5.78	5.63	5.47	5.30	5.14	4.97
14	17.14	11.78	9.73	8.62	7.92	7.43	7.08	6.80	6.58	6.40	6.13	5.85	5.56	5.41	5.25	5.10	4.94	4.77	4.60
15	16.59	11.34	9.34	8.25	7.57	7.09	6.74	6.47	6.26	6.08	5.81	5.54	5.25	5.10	4.95	4.80	4.64	4.47	4.31
16	16.12	10.97	9.00	7.94	7.27	6.81	6.46	6.19	5.98	5.81	5.55	5.27	4.99	4.85	4.70	4.54	4.39	4.23	4.06
17	15.72	10.66	8.73	7.68	7.02	7.56	6.22	5.96	5.75	5.58	5.32	5.05	4.78	4.63	4.48	4.33	4.18	4.02	3.85
18	15.38	10.39	8.49	7.46	6.81	6.35	6.02	5.76	5.56	5.39	5.13	4.87	4.59	4.45	4.30	4.15	4.00	3.84	3.67
19	15.08	10.16	8.28	7.26	6.62	6.18	5.85	5.59	5.39	5.22	4.97	4.70	4.43	4.29	4.14	3.99	3.84	3.68	3.51

续表

m \ n	1	2	3	4	5	6	7	8	9	10	12	15	20	24	30	40	60	120	∞
20	14.82	9.95	8.10	7.10	6.46	6.02	5.69	5.44	5.24	5.08	4.82	4.56	4.29	4.15	4.00	3.86	3.70	3.54	3.38
21	14.59	9.77	7.94	6.95	6.32	5.88	5.56	5.31	5.11	4.95	4.70	4.44	4.17	4.03	3.88	3.74	3.58	3.42	3.26
22	14.38	9.61	7.80	6.81	6.19	5.76	5.44	5.19	4.99	4.83	4.58	4.33	4.06	3.92	3.78	3.63	3.48	3.32	3.15
23	14.19	9.47	7.67	6.69	6.08	5.65	5.33	5.09	4.89	4.73	4.48	4.23	3.96	3.82	3.68	3.53	3.38	3.22	3.05
24	14.03	9.34	7.55	6.59	5.98	5.55	5.23	4.99	4.80	4.64	4.39	4.14	3.87	3.74	3.59	3.45	3.29	3.14	2.97
25	13.88	9.22	7.45	6.49	5.88	5.46	5.15	4.91	4.71	4.56	4.31	4.06	3.79	3.66	3.52	3.37	3.22	3.06	2.89
26	13.74	9.12	7.36	6.41	5.80	5.38	5.07	4.83	4.64	4.48	4.24	3.99	3.72	3.59	3.44	3.30	3.15	2.99	2.82
27	13.61	9.02	7.27	6.33	5.73	5.31	5.00	4.76	4.57	4.41	4.17	3.92	3.66	3.52	3.38	3.23	3.08	2.92	2.75
28	13.50	8.93	7.19	6.25	5.66	5.24	4.93	4.69	4.50	4.35	4.11	3.86	3.60	3.46	3.32	3.18	3.02	2.86	2.69
29	13.39	8.85	7.12	6.19	5.59	5.18	4.87	4.64	4.45	4.29	4.05	3.80	3.54	3.41	3.27	3.12	2.97	2.81	2.64
30	13.29	8.77	7.05	6.12	5.53	5.12	4.82	4.58	4.39	4.24	4.00	3.75	3.49	3.36	3.22	3.07	2.92	2.76	2.59
40	12.61	8.25	6.60	5.70	5.13	4.73	4.44	4.21	4.02	3.87	3.64	3.40	3.15	3.01	2.87	2.73	2.57	2.41	2.23
60	11.97	7.76	6.17	5.31	4.76	4.37	4.09	3.87	3.69	3.54	3.31	3.08	2.83	2.69	2.55	2.41	2.25	2.08	1.89
120	11.38	7.32	5.79	4.95	4.42	4.04	3.77	3.55	3.38	3.24	3.02	2.78	2.53	2.40	2.26	2.11	1.95	1.76	1.54
∞	10.83	6.91	5.42	4.62	4.10	3.74	3.47	3.27	3.10	2.96	2.74	2.51	2.27	2.13	1.99	1.84	1.66	1.45	1.00

† 表示要将此数乘以 100.

附录二　常见的重要分布

本附录简单介绍一些在应用上比较重要的概率分布, 其中一些是前面教材中没有讨论过的. 我们的目的是为读者了解和使用这些概率分布提供方便, 对教材中没有出现的那些分布的更详细讨论可参阅文献 [6].

　　1. 两点分布

　　定义　若随机变量 X 的概率分布为

$$P\{X = 1\} = p, \quad P\{X = 0\} = 1 - p,$$

其中 $0 < p < 1$ 为常数, 则称 X 服从参数为 p 的两点分布或 (0-1) 分布, 记为 $X \sim B(1, p)$.

　　性质　若 $X \sim B(1, p)$, 则 $E(X) = p$, $\mathrm{Var}(X) = p(1 - p)$.

　　任何一个只有两种可能结果的随机现象, 都可以用一个服从两点分布的随机变量来描述. 参数 p 常用 $\hat{p} = (X_1 + X_2 + \cdots + X_n)/n$ 来估计, 它是 p 的矩估计和极大似然估计, 其中 $X_1, X_2, \cdots, X_n$ 为抽自 $B(1, p)$ 的简单样本.

　　2. 二项分布

　　定义　若随机变量 X 的概率分布为

$$P\{X = k\} = \binom{n}{k} p^k (1 - p)^{n-k}, \quad k = 0, 1, 2, \cdots, n,$$

则称随机变量 X 服从参数为 n, p 的二项分布, 记为 $X \sim B(n, p)$.

　　显然, 参数为 p 的两点分布, 是二项分布 $n = 1$ 时的特殊情形.

　　在 n 次独立试验中, 若每次试验都只有两种可能的结果: A 或 $\overline{A}$, 且事件 A 在每次试验中发生的概率为常数 p, $0 < p < 1$, 记 X 为 n 次试验中事件 A 发生的次数, 则 $X \sim B(n, p)$.

　　性质 1　若 $X \sim B(n, p)$, 则 $E(X) = np$, $\mathrm{Var}(X) = np(1 - p)$.

　　性质 2　若 $X \sim B(n, p)$, 则 X 可以表示成 n 个独立同分布的随机变量 $X_1, X_2, \cdots, X_n$ 之和, 且共同分布为 $B(1, p)$.

　　性质 3　若 $X_1, X_2, \cdots, X_m$ 相互独立, 且 $X_i \sim B(n_i, p)$, $i = 1, 2, \cdots, m$, 则

$$X_1 + X_2 + \cdots + X_m \sim B(n, p),$$

其中 $n = n_1 + n_2 + \cdots + n_m$.

　　二项分布在实际中有广泛的应用. 例如, 一批产品次品率的估计与检验、药物疗效的判定、人寿保险公司保险条例的制订、生产线上质量的监控与决策等实际问题, 均可用二项分布来描述和处理.

　　参数 p 常用 $\hat{p} = \overline{X}/n = (X_1 + X_2 + \cdots + X_N)/(nN)$ 来估计, 它是 p 的矩估计和极大似然估计, 其中 $X_1, X_2, \cdots, X_N$ 为抽自 $B(n, p)$ 的简单样本.

3. 泊松分布

定义 若随机变量 X 的概率分布为

$$P\{X = k\} = \frac{\lambda^k}{k!}\mathrm{e}^{-\lambda}, \quad k = 0, 1, 2, \cdots,$$

其中 $\lambda > 0$ 为常数, 则称随机变量 X 服从参数为 λ 的泊松分布, 记为 $X \sim P(\lambda)$.

性质 1 若 $X \sim P(\lambda)$, 则 $E(X) = \lambda$, $\mathrm{Var}(X) = \lambda$.

性质 2 若 $X_i \sim P(\lambda_i)$, $i = 1, 2, \cdots, m$, 且 $X_1, X_2, \cdots, X_m$ 相互独立, 则

$$X_1 + X_2 + \cdots + X_m \sim P(\lambda),$$

其中 $\lambda = \lambda_1 + \lambda_2 + \cdots + \lambda_m$.

性质 3 若 X_1, X_2 相互独立, 且 $X_1 \sim P(\lambda_1)$, $X_2 \sim P(\lambda_2)$, 则条件分布 $X_i|(X_1 + X_2 = n)$ 为二项分布, 且

$$X_i|(X_1 + X_2 = n) \sim B[n, \lambda_i/(\lambda_1 + \lambda_2)], \quad i = 1, 2.$$

在许多实际问题中, 我们所关心的量都服从或近似地服从泊松分布. 例如, 某医院每天前来就诊的病人数, 某地区一段时间间隔内发生火灾的次数、发生交通事故的次数, 一段时间间隔内某放射性物质放射出的粒子数, 一段时间间隔内容器内部的细菌数, 某地区一年内发生暴雨的次数, 每条床单上的疵点数等都服从或近似地服从某一参数的泊松分布. 所以, 泊松分布是应用面非常广泛而又十分重要的分布.

4. 几何分布

定义 若随机变量 X 的概率分布为

$$P\{X = k\} = p(1-p)^{k-1}, \quad k = 1, 2, \cdots,$$

其中 $0 < p < 1$ 为常数, 则称随机变量 X 服从参数为 p 的几何分布, 记为 $X \sim G(p)$.

几何分布是这样一种概率模型: 在一个可进行无穷多次的伯努利试验中, 事件 A 在每次试验中发生的概率均为 p, 将试验一个接一个地独立进行, 设事件 A 第一次发生时已进行了 X 次试验, 则 $X \sim G(p)$.

性质 1 若 $X \sim G(p)$, 则 $E(X) = 1/p$, $\mathrm{Var}(X) = (1-p)/p^2$.

性质 2 若 $X \sim G(p)$, m 和 n 为任意两个自然数, 则

$$P\{X > n + m \mid X > n\} = P\{X > m\}.$$

性质 2 称为几何分布的无记忆性, 它的实际意义是: 在进行 n 次伯努利试验而事件 A 未发生的条件下, 再进行 m 次伯努利试验而事件 A 还未发生的概率, 等于直接进行 m 次伯努利试验而事件 A 未发生的概率, 它与在 m 次伯努利试验之前是否进行过 n 次伯努利试验无关. 无记忆性是几何分布的重要特征.

5. 负二项分布

定义 若随机变量 X 的概率分布为

$$P\{X = k\} = \binom{k+r-1}{k} p^r (1-p)^k, \quad k = 0, 1, 2, \cdots,$$

其中 r 为固定的自然数, $0 < p < 1$ 为常数, 则称随机变量 X 服从参数为 r, p 的负二项分布, 记为 $X \sim NB(r, p)$.

负二项分布又称帕斯卡 (Pascal) 分布, 它是几何分布的直接推广. 同几何分布一样, 负二项分布也可由伯努利试验来定义. 考虑伯努利试验, 设事件 A 在每次试验中出现的概率为 p, 试验进行到 A 第 r 次出现时为止, 记 X 为 A 第 r 次出现前做试验的次数, 则 $X \sim NB(r, p)$. 于是, $X \sim NB(1, p)$ 的充要条件为 $X + 1 \sim G(p)$.

性质 1 若 $X \sim NB(r, p)$, 则 $E(X) = r/p$, $\mathrm{Var}(X) = r(1-p)/p^2$.

性质 2 若 $X_i \sim NB(r_i, p)$, $i = 1, 2, \cdots, m$, 且 $X_1, X_2, \cdots, X_m$ 相互独立, 则

$$X_1 + X_2 + \cdots + X_m \sim NB(r, p),$$

其中 $r = r_1 + r_2 + \cdots + r_m$.

性质 3 若 $X \sim NB(r, p)$, 则存在独立同分布的随机变量 $X_1, X_2, \cdots, X_r$, 其共同分布为 $G(p)$, 使得 $X = X_1 + X_2 + \cdots + X_r - r$.

6. 超几何分布

定义 若随机变量 X 的概率分布为

$$P\{X = k\} = \binom{M}{k} \binom{N-M}{n-k} \Big/ \binom{N}{n},$$

其中 $M \leqslant N$, $n \leqslant N$, $\max(0, M+n-N) \leqslant k \leqslant \min(M, n)$, 且 N, M, n, k 均为非负整数, 则称随机变量 X 服从参数为 M, N, n 的超几何分布, 记为 $X \sim H(M, N, n)$.

性质 若 $X \sim H(M, N, n)$, 则

$$E(X) = \frac{nM}{N}, \quad \mathrm{Var}(X) = \frac{nM(N-n)(N-M)}{N^2(N-1)}.$$

超几何分布源于产品检验. 设有外观相同的产品 N 件, 其中 M 件为合格品, 其余为不合格品. 若从这 N 件产品中无放回地随机抽出 n 件, 记 X 为抽出产品中合格品的件数, 则 $X \sim H(M, N, n)$.

7. 均匀分布

定义 若随机变量 X 有概率密度函数

$$f(x) = \begin{cases} \dfrac{1}{b-a}, & a \leqslant x \leqslant b, \\ 0, & \text{其他}, \end{cases}$$

其中 $a, b (a < b)$ 为常数, 则称 X 服从区间 $[a, b]$ 上的均匀分布, 记为 $X \sim U(a, b)$.

性质 1 若 $X \sim U(a, b)$, 则 $E(X) = (a+b)/2$, $\mathrm{Var}(X) = (b-a)^2/12$.

性质 2 若 $X \sim U(a, b)$, 对任意满足 $a \leqslant c < d \leqslant b$ 的 c 和 d, 有

$$P\{c \leqslant X \leqslant d\} = (d-c)/(b-a).$$

性质 3 若 X 为连续型随机变量, $F(x)$ 为其分布函数. 设 $Y = F(X)$, 则 $Y \sim U(0, 1)$.

8. 正态分布

定义 若随机变量 X 有概率密度函数

$$f(x) = \frac{1}{\sqrt{2\pi}\sigma} \mathrm{e}^{-\frac{(x-\mu)^2}{2\sigma^2}}, \quad -\infty < x < \infty,$$

其中 $\mu, \sigma(\sigma > 0)$ 为常数, 则称 X 服从参数为 μ, σ 的正态分布或高斯分布, 记为 $X \sim N(\mu, \sigma^2)$.

特别地, 称 $X \sim N(0, 1)$ 的分布为标准正态分布.

性质 1 若 $X \sim N(\mu, \sigma^2)$, 则对任给的 $k = 1, 2, \cdots$, 有

$$E[(X-\mu)^{2k-1}] = 0, \quad E[(X-\mu)^{2k}] = (2k-1)!!\sigma^{2k}.$$

于是, $E(X) = \mu$, $\mathrm{Var}(X) = \sigma^2$.

性质 2 若 $X_i \sim N(\mu_i, \sigma_i^2)$, $i = 1, 2, \cdots, n$, 且 $X_1, X_2, \cdots, X_n$ 相互独立, 则对任给的常数 $c_1, c_2, \cdots, c_n, d$, 有

$$\sum_{i=1}^{n} c_i X_i + d \sim N\left(\sum_{i=1}^{n} c_i \mu_i + d, \ \sum_{i=1}^{n} c_i^2 \sigma_i^2\right).$$

性质 3 若 $X \sim N(\mu, \sigma^2)$, 则 $Y = (X-\mu)/\sigma \sim N(0, 1)$; 反之, 若 $X \sim N(0, 1)$, 则 $Y = \sigma X + \mu \sim N(\mu, \sigma^2)$.

性质 4 若 $X_1, X_2, \cdots, X_n$ 独立同分布, 且 $X_1 \sim N(\mu, \sigma^2)$, 则

$$\overline{X} = (X_1 + X_2 + \cdots + X_n)/n \sim N(\mu, \sigma^2/n).$$

性质 5 若 $X \sim N(\mu, \sigma^2)$, 则对任意的常数 a 与 b, 有

$$\begin{aligned}
P\{a < X < b\} &= \Phi[(b-\mu)/\sigma] - \Phi[(a-\mu)/\sigma], \\
P\{X < b\} &= \Phi[(b-\mu)/\sigma], \\
P\{X > a\} &= 1 - \Phi[(a-\mu)/\sigma],
\end{aligned}$$

其中 $\Phi(\cdot)$ 为标准正态分布 $N(0, 1)$ 的分布函数.

性质 6 若 $U_1, U_2 \sim U(0, 1)$, 且 U_1, U_2 相互独立. 令

$$X_1 = \sqrt{-2\pi \ln U_1}\sin(2\pi U_2), \quad X_2 = \sqrt{-2\pi \ln U_1}\cos(2\pi U_2),$$

则 $X_1, X_2 \sim N(0, 1)$, 且二者相互独立.

在实际问题中, 许多随机变量都服从或近似地服从正态分布. 例如, 某地区成年男性的身高或体重、某零件长度或重量的测量误差、半导体器件中的热噪声电流或电压等都服从正态分布. 正态分布在概率论与数理统计的理论研究与实际应用中起着非常重要的作用.

9. 对数正态分布

定义　若 X 是取正值的随机变量, 且有概率密度函数

$$f(x) = \begin{cases} \dfrac{1}{\sqrt{2\pi}\,\sigma x}\mathrm{e}^{-(\ln x - \mu)^2/(2\sigma^2)}, & x > 0, \\ 0, & x \leqslant 0, \end{cases}$$

其中 $\mu, \sigma(\sigma > 0)$ 为常数, 则称 X 服从参数为 μ, σ 的对数正态分布, 记为 $X \sim LN(\mu, \sigma^2)$.

可以证明: 若 $X \sim LN(\mu, \sigma^2)$, 则 $\ln X \sim N(\mu, \sigma^2)$; 反之亦真.

性质 1　若 $X \sim LN(\mu, \sigma^2)$, 则

$$E(X) = \mathrm{e}^{\mu + \sigma^2/2}, \quad \mathrm{Var}(X) = \mathrm{e}^{2\mu + \sigma^2}(\mathrm{e}^{\sigma^2} - 1).$$

性质 2　若 $X_i \sim LN(\mu_i, \sigma_i^2)$, $i = 1, 2, \cdots, n$, 且 $X_1, X_2, \cdots, X_n$ 相互独立, 则

$$X_1 X_2 \cdots X_n \sim LN(\mu_1 + \mu_2 + \cdots + \mu_n, \ \sigma_1^2 + \sigma_2^2 + \cdots + \sigma_n^2).$$

性质 3　若 $X \sim LN(\mu, \sigma^2)$, a 和 b 是实数, 且 $a \neq 0$, $b > 0$, 则

$$bX^a \sim LN(a\mu + \ln b, \ a^2\sigma^2).$$

许多领域中的实际问题都与对数正态分布有关. 例如, 地质勘探中岩石的某种化学成分、针刺麻醉的镇痛效果、流行病蔓延时间的长短、某些电器的使用寿命等都服从对数正态分布.

10. χ^2 分布

定义　设 $X_1, X_2, \cdots, X_n$ 独立同分布, 且 $X_1 \sim N(0, 1)$, 则称随机变量 $X = X_1^2 + X_2^2 + \cdots + X_n^2$ 的分布为具有自由度为 n 的 χ^2 分布, 记为 $X \sim \chi_n^2$.

χ^2 分布是从正态分布派生出来的一种重要分布, 在数理统计中占有重要地位. 若 $X \sim \chi_n^2$, 则其概率密度函数为

$$f(x) = \begin{cases} [2^{n/2}\Gamma(n/2)]^{-1}\mathrm{e}^{-x/2}x^{n/2-1}, & x > 0, \\ 0, & x \leqslant 0, \end{cases}$$

其中 $\Gamma(\cdot)$ 为伽马函数,

$$\Gamma(n/2) = \begin{cases} (n/2 - 1)(n/2 - 2)\cdots 3 \cdot 2 \cdot 1, & \text{若 } n \text{ 为偶数}, \\ (n/2 - 1)(n/2 - 2)\cdots(3/2) \cdot (1/2)\sqrt{\pi}, & \text{若 } n \text{ 为奇数}. \end{cases}$$

性质 1　若 $X \sim \chi_n^2$, 则 $E(X^k) = 2^k\Gamma(n/2 + k)/\Gamma(n/2)$, $k = 1, 2, \cdots$. 于是, $E(X) = n$, $\mathrm{Var}(X) = 2n$.

性质 2　若 $X_i \sim \chi_{n_i}^2$, $i = 1, 2, \cdots, m$, 且 $X_1, X_2, \cdots, X_m$ 相互独立, 则 $\displaystyle\sum_{i=1}^{m} X_i \sim \chi_n^2$, 其中 $n = \displaystyle\sum_{i=1}^{m} n_i$.

若 $X_1, X_2, \cdots, X_n$ 是抽自正态总体 $N(\mu, \sigma^2)$ 的简单样本, 令

$$\overline{X} = \frac{1}{n} \sum_{i=1}^{n} X_i, \quad S^2 = \frac{1}{n-1} \sum_{i=1}^{n} (X_i - \overline{X})^2,$$

则 $(n-1)S^2/\sigma^2 \sim \chi_{n-1}^2$ 且与 $\overline{X}$ 独立. 称 $\overline{X}$ 为样本均值, S^2 为样本方差. 当 μ 和 σ^2 未知时, 常用 $\overline{X}$ 来估计 μ, S^2 来估计 σ^2, 它们分别为 μ 和 σ^2 的无偏估计.

11. t 分布

定义　设 $X \sim N(0,1)$, $Y \sim \chi_n^2$, 且 X 与 Y 独立, 称随机变量

$$T = \frac{X}{\sqrt{Y/n}}$$

的分布为具有自由度为 n 的 t 分布, 记为 $T \sim t_n$.

t 分布又称学生 (Student) 分布, 它也是数理统计中的重要分布. 若 $X \sim t_n$, 则其概率密度函数为

$$f(x) = \frac{\Gamma\left(\dfrac{n+1}{2}\right)}{\sqrt{n\pi}\,\Gamma\left(\dfrac{n}{2}\right)} \left(1 + \frac{x^2}{n}\right)^{-(n+1)/2}, \quad -\infty < x < \infty,$$

且有 $\lim\limits_{n \to \infty} f(x) = \dfrac{1}{\sqrt{2\pi}} \mathrm{e}^{-x^2/2}$, 即 $n \to \infty$ 时, 自由度为 n 的 t 分布收敛到标准正态分布 $N(0,1)$.

性质 1　若 $X \sim t_n$, 对任给的自然数 k, 当 $k < n$ 时, $E(X^k)$ 存在; 当 $k \geqslant n$ 时, $E(X^k)$ 不存在.

当 $k < n$, 且 k 为奇数时, $E(X^k) = 0$;

当 $k < n$, 且 k 为偶数时,

$$E(X^k) = n^{k/2} \frac{1 \cdot 3 \cdot 5 \cdots (k-1)}{(n-2)(n-4) \cdots (n-k)}.$$

于是, $E(X) = 0$, $\mathrm{Var}(X) = n/(n-2)$, $n = 3, 4, \cdots$.

性质 2　若 X_1 与 X_2 独立同分布于 χ_n^2, 则随机变量

$$Y = \frac{X_2 - X_1}{2\sqrt{X_1 X_2/n}} \sim t_n.$$

性质 3　若 $X_1, X_2, \cdots, X_n$ 是抽自正态总体 $N(\mu, \sigma^2)$ 的简单样本, 记 $\overline{X}$ 为样本均值, S^2 为样本方差, $S = \sqrt{S^2}$, 则

$$\frac{\overline{X} - \mu}{S/\sqrt{n}} \sim t_{n-1}.$$

利用上式, 可对正态总体 $N(\mu, \sigma^2)$ 中的参数 μ 进行区间估计及假设检验.

12. F 分布

定义 设 $X \sim \chi_m^2$, $Y \sim \chi_n^2$, 且 X 与 Y 独立, 称随机变量

$$F = \frac{X/m}{Y/n}$$

的分布为具有自由度为 m 和 n 的 F 分布, 记为 $F \sim F_{m,n}$.

F 分布也是数理统计中的重要分布, 根据其定义, 可导出 $F_{m,n}$ 分布的概率密度函数

$$f(x) = \begin{cases} \dfrac{\Gamma(m/2+n/2)}{\Gamma(m/2)\Gamma(n/2)}(m/n)^{m/2}x^{m/2-1}(1+mx/n)^{-(m+n)/2}, & x > 0, \\ 0, & x \leqslant 0. \end{cases}$$

性质 1 若 $X \sim F_{m,n}$, 对任给的自然数 k, 当 $0 < k < n/2$ 时, $E(X^k)$ 存在, 且

$$E(X^k) = \left(\frac{n}{m}\right)^k \frac{\Gamma(m/2+k)\Gamma(n/2-k)}{\Gamma(m/2)\Gamma(n/2)}.$$

于是, 当 $n > 2$ 时, $E(X) = \dfrac{n}{n-2}$; 当 $n > 4$ 时, $\mathrm{Var}(X) = \dfrac{2n^2(m+n-2)}{m(n-2)^2(n-4)}$.

性质 2 若 $X \sim F_{m,n}$, 则 $1/X \sim F_{n,m}$.

性质 3 若 $X \sim t_n$, 则 $X^2 \sim F_{1,n}$.

F 分布的应用相当广泛, 在一元统计中, 用它对两个正态总体的方差比进行区间估计或假设检验, 对多个正态总体的均值是否相等进行假设检验 (方差分析); 在回归分析中, 用它对回归方程进行显著性检验; 在多元统计中, 逐步回归、逐步判别等都需要使用 F 分布进行假设检验.

13. 威布尔分布

定义 若随机变量 X 的概率密度函数

$$f(x) = \begin{cases} \dfrac{\alpha}{\sigma}(x-\delta)^{\alpha-1}\mathrm{e}^{-(x-\delta)^\alpha/\sigma}, & x > \delta, \\ 0, & x \leqslant \delta, \end{cases}$$

则称 X 服从参数为 α, σ, δ 的威布尔 (Weibull) 分布, 记为 $X \sim W(\alpha, \sigma, \delta)$, 其中 $\delta \geqslant 0$ 为位置参数, $\alpha > 0$ 为形状参数, $\sigma > 0$ 为刻度参数.

威布尔分布是重要的寿命分布, 许多电子产品 (或元件) 的寿命都服从威布尔分布. 所以, 它在可靠性理论中占有重要地位.

性质 1 若 $X \sim W(\alpha, \sigma, \delta)$, 则

$$E(X) = \sigma^{1/\alpha}\Gamma(1+1/\alpha) + \delta, \quad \mathrm{Var}(X) = [\Gamma(1+2/\alpha) - \Gamma^2(1+1/\alpha)]\sigma^{2/\alpha}.$$

性质 2 若 $X_1, X_2, \cdots, X_n$ 独立同分布, 且 $X_1 \sim W(\alpha, \sigma, \delta)$, 则 $\min(X_1, X_2, \cdots, X_n) \sim W(\alpha, \sigma/n, \delta)$; 反之亦真.

当 $\alpha = 1$, $\delta = 0$ 时, 记 $\lambda = \sigma^{-1}$, 威布尔分布的概率密度函数为

$$f(x) = \begin{cases} \lambda\mathrm{e}^{-\lambda x}, & x \geqslant 0, \\ 0, & x < 0, \end{cases}$$

它是指数分布的概率密度函数. 所以, $W(1, \lambda^{-1}, 0)$ 是指数分布, 即指数分布是威布尔分布的特例.

当 $\alpha = 2$, $\delta = 0$ 时, 威布尔分布的概率密度函数为

$$f(x) = \begin{cases} \dfrac{2}{\sigma} x \mathrm{e}^{-x^2/\sigma}, & x \geqslant 0, \\ 0, & x < 0, \end{cases}$$

它是瑞利 (Rayleigh) 分布的概率密度函数. 所以, $W(2, \sigma, 0)$ 是瑞利分布, 即瑞利分布是威布尔分布的另一特例.

14. 伽马分布

定义　若随机变量 X 的概率密度函数

$$f(x) = \begin{cases} \dfrac{1}{\sigma^\alpha \Gamma(\alpha)} x^{\alpha-1} \mathrm{e}^{-x/\sigma}, & x > 0, \\ 0, & x \leqslant 0, \end{cases}$$

其中 $\alpha > 0$, $\sigma > 0$ 为常数, $\Gamma(\cdot)$ 是伽马函数, 则称 X 是服从形状参数为 α, 刻度参数为 σ 的伽马分布, 记为 $X \sim \mathrm{Gamma}(\alpha, \sigma)$.

当 $\alpha = 1$ 时, 记 $\lambda = \sigma^{-1}$, 伽马分布的概率密度函数就变成了指数分布的概率密度函数. 所以, 指数分布是伽马分布的特例. 可见, 指数分布既属于威布尔分布族, 又属于伽马分布族.

当 $\alpha = n/2$, $\sigma = 2$ 时, 伽马分布的概率密度函数为 χ_n^2 分布的概率密度函数. 所以, χ_n^2 分布也是伽马分布的特例.

性质 1　若 $X \sim \mathrm{Gamma}(\alpha, \sigma)$, 则 $E(X) = \alpha\sigma$, $\mathrm{Var}(X) = \alpha\sigma^2$.

性质 2　若 $X_i \sim \mathrm{Gamma}(\alpha_i, \sigma)$, $i = 1, 2, \cdots, n$, 且 $X_1, X_2, \cdots, X_n$ 相互独立, 则

$$\sum_{i=1}^{n} X_i \sim \mathrm{Gamma}\left(\sum_{i=1}^{n} \alpha_i, \sigma\right),$$

即相互独立的、刻度参数都相同的伽马分布之和还是伽马分布, 且和的形状参数是各分布的形状参数之和, 和的刻度参数与各分布的刻度参数相同.

15. 指数分布

定义　若连续型随机变量 X 的概率密度函数

$$f(x) = \begin{cases} \lambda \mathrm{e}^{-\lambda x}, & x \geqslant 0, \\ 0, & x < 0, \end{cases}$$

其中 $\lambda > 0$ 为常数, 则称 X 服从参数为 λ 的指数分布, 记为 $X \sim E(\lambda)$.

性质 1　若 $X \sim E(\lambda)$, 则 $E(X) = \lambda^{-1}$, $\mathrm{Var}(X) = \lambda^{-2}$.

性质 2　若 $X \sim E(\lambda)$, 则对任意的 $x > 0$, $y > 0$, 均有

$$P\{X > x + y \mid X > y\} = P\{X > x\}.$$

这个性质称为指数分布的无记忆性.

性质 3 若 $X_1, X_2, \cdots, X_n$ 独立同分布, 且共同分布为 $E(\lambda)$, 则

$$X_1 + X_2 + \cdots + X_n \sim \text{Gamma}(n, \lambda).$$

性质 4 若 $X \sim U(0,1)$, 令 $Y = -\ln X$, 则 $Y \sim E(1)$.

性质 5 若 $X \sim E(1)$, 令 $Y = (\sigma X)^{1/\alpha} + \delta$, 则 $Y \sim W(\alpha, \sigma, \delta)$.

指数分布是重要的寿命分布, 许多电子元件的寿命服从指数分布. 所以, 该分布在可靠性理论中占有重要地位.

16. 贝塔分布

定义 若随机变量 X 的概率密度函数为

$$f(x) = \begin{cases} x^{a-1}(1-x)^{b-1}/B(a,b), & 0 < x < 1, \\ 0, & \text{其他}, \end{cases}$$

其中 $a > 0$, $b > 0$ 为常数, $B(a,b) = \displaystyle\int_0^1 x^{a-1}(1-x)^{b-1}\mathrm{d}x$ 为贝塔 (Beta) 函数, 则称 X 服从参数为 a,b 的贝塔分布, 记为 $X \sim BE(a,b)$.

当 $a = b = 1$ 时, 其概率密度函数变成了均匀分布 $U(0,1)$ 的概率密度函数. 所以, 均匀分布 $U(0,1)$ 是贝塔分布的特例.

性质 1 若 $X \sim BE(a,b)$, 则

$$E(X) = \frac{a}{a+b}, \quad \text{Var}(X) = \frac{ab}{(a+b+1)(a+b)^2}.$$

性质 2 若 $X \sim BE(a,b)$, 则 $1 - X \sim BE(b,a)$.

性质 3 若 $X_1 \sim \chi_m^2$, $X_2 \sim \chi_n^2$, 且 X_1 与 X_2 相互独立, 则 $\dfrac{X_1}{X_1 + X_2} \sim BE(m/2, n/2)$.

性质 4 若 $X_1 \sim \text{Gamma}(\alpha_1, \sigma)$, $X_2 \sim \text{Gamma}(\alpha_2, \sigma)$, 且二者相互独立, 则 $\dfrac{X_1}{X_1 + X_2} \sim BE(\alpha_1, \alpha_2)$.

17. 柯西分布

定义 若随机变量 X 的概率密度函数为

$$f(x) = \frac{\sigma}{\pi[\sigma^2 + (x - \mu)^2]}, \quad -\infty < x < \infty,$$

其中 $\sigma > 0$, $-\infty < \mu < \infty$ 为常数, 则称 X 服从位置参数为 μ、刻度参数为 σ 的柯西 (Cauchy) 分布, 记为 $X \sim C(\mu, \sigma)$.

通常称 $C(0,1)$ 为标准柯西分布. 对照 t 分布的概率密度函数公式, 可以发现: 标准柯西分布就是自由度为 1 的 t 分布 t_1.

性质 1 柯西分布的均值和方差均不存在.

性质 2　若 $X \sim C(0,1)$, 则 $Y = \sigma X + \mu \sim C(\mu, \sigma)$.

性质 3　若 $X \sim C(\mu, \sigma)$, 则 $1/X \sim C(\mu/(\mu^2 + \sigma^2),\ \sigma/(\mu^2 + \sigma^2))$.

性质 4　若 X_1, X_2 独立同分布, 且 $X_1 \sim N(0,1)$, 则 $Y = X_1/|X_2| \sim C(0,1)$.

性质 5　若 $X_i \sim C(\theta_i, \lambda_i)$, $i = 1, 2, \cdots, n$, 且 $X_1, X_2, \cdots, X_n$ 相互独立, 则

$$X_1 + X_2 + \cdots + X_n \sim C(\theta_1 + \theta_2 + \cdots + \theta_n,\ \lambda_1 + \lambda_2 + \cdots + \lambda_n).$$

18. 逻辑斯谛分布

定义　若随机变量 X 的分布函数为

$$F(x) = \frac{1}{1 + \mathrm{e}^{-(x-\mu)/\sigma}}, \quad -\infty < x < \infty,$$

其中 $\sigma > 0$, $-\infty < \mu < \infty$ 为常数, 则称 X 服从位置参数为 μ、刻度参数为 σ 的逻辑斯谛 (Logistic) 分布, 记为 $X \sim L(\mu, \sigma)$.

通常称 $L(0,1)$ 为标准逻辑斯谛分布.

逻辑斯谛分布最早来自于生长曲线的需要, 后来用于经济和人口的统计学中, 近代多用于回归分析和判别分析之中.

性质 1　若 $X \sim L(\mu, \sigma)$, 则 $E(X) = \mu$, $\mathrm{Var}(X) = \pi^2 \sigma^2 / 3$.

性质 2　若 $X \sim L(0,1)$, 则 $Y = \sigma X + \mu \sim L(\mu, \sigma)$.

性质 3　若 $X \sim U(0,1)$, 则 $Y = \ln \dfrac{X}{1 - X} \sim L(0,1)$.

19. 极值分布

定义　若随机变量 X 的分布函数为

$$F(x) = \mathrm{e}^{-\mathrm{e}^{-(x-\mu)/\sigma}}, \quad -\infty < x < \infty,$$

其中 $\sigma > 0$, $-\infty < \mu < \infty$ 为常数, 则称 X 服从位置参数为 μ、刻度参数 σ 的极值分布, 记为 $X \sim EV(\mu, \sigma)$.

通常称 $EV(0,1)$ 为标准极值分布.

性质 1　若 $X \sim EV(\mu, \sigma)$, 则 $E(X) = \mu + \gamma\sigma$, $\mathrm{Var}(X) = \pi^2 \sigma^2 / 6$, 其中 γ 为欧拉 (Euler) 常数, 约为 0.5772.

性质 2　若 $X \sim EV(0,1)$, 则 $Y = \sigma X + \mu \sim EV(\mu, \sigma)$.

性质 3　若 $X \sim EV(0,1)$, 则 $Y = \mathrm{e}^{-X} \sim EP(1)$; 若 $X \sim EV(\mu, \sigma)$, 则 $Y = \mathrm{e}^{-X} \sim W(1/\sigma, \mathrm{e}^{-\mu/\sigma}, 0)$.

性质 4　若 $X_1, X_2 \sim EV(0,1)$, 且二者独立, 则 $X_2 - X_1 \sim L(0,1)$.

极值分布是常见的寿命分布, 工程中部件的应力或载荷等常服从该分布.

20. 拉普拉斯分布

定义 若随机变量 X 的概率密度函数为

$$f(x) = \frac{1}{2\beta} e^{-|x-\mu|/\sigma}, \quad -\infty < x < \infty,$$

其中 $\sigma > 0$, $-\infty < \mu < \infty$ 为常数, 则称 X 服从位置参数为 μ、刻度参数为 σ 的拉普拉斯分布, 记为 $X \sim LA(\mu, \sigma)$.

性质 1 若 $X \sim LA(\mu, \sigma)$, 则 $E(X) = \mu$, $\mathrm{Var}(X) = 2\sigma^2$.

性质 2 若 $X \sim LA(0, 1)$, 则 $Y = \sigma X + \mu \sim LA(\mu, \sigma)$.

性质 3 若 $X_1, X_2, \cdots$ 相互独立, 且 $X_i \sim LA(0, 1/i)$, $i = 1, 2, \cdots$, 则 $\sum\limits_{i=1}^{\infty} X_i \sim L(0, 1)$.

附录三 R 软件的安装和使用初步

R 软件是当前最流行的统计数据分析软件之一, 它是一个由同行开发、更新、扩展的免费共享统计数据分析软件. 其特点是入门容易、安装文件小、可扩展性好等. 在本书的正文中我们已经看到 R 软件在数理统计某些重要方面的应用. 为了便于读者更好的理解和运用 R 软件, 下面我们对 R 语言的基础知识作一简单介绍, 主要包括 R 语言安装和使用的初步知识. 更多的内容可以参考文献 [11] 或 [12].

C.1 R 的获取、安装与运行

R 软件的获取: 访问 https://cran.r-project.org/, 下载适合不同操作系统的 R 软件的 base 安装包.

R 软件的安装: 运行已下载的 R 可执行的安装程序包, 类似其他软件即可轻松完成安装. 读者完成安装后, 也可以根据喜好在 https://posit.co/products/open-source/rstudio/选择下载安装程序开发环境 R Studio.

R 软件的启动: 安装成功后, 点击桌面上的 R 图标即可启动 R-GUI(Graphic User Interface). R 启动后在 R-Console 窗口中会出现 ">" 的命令提示符, 等待用户输入命令.

R 软件的退出: 在命令行键入 q() 或点击 R 命令窗口右上方的叉号. 此时, 将询问是否保存工作空间映像, 若保存则下次启动 R 将自动载入你上次保存的工作空间.

R 软件的帮助菜单: 在 R-GUI 页面上方最右侧有 Help 菜单. 初学者可以利用前三个选项了解基本知识. 下面的选项可以帮助了解各种函数所在的程序包、函数的调用方法等.

C.2 常用概率分布计算函数

启动安装成功的 R 软件后, 在没有其他进一步知识的前提下, 我们可以把它当作高级计算器来用. 你可以在命令窗口输入一些数字运算式, 运算符号与常见的计算器相同. 回车后即可得到相应的输出结果. 不仅如此, 也可以用直接输入 R 函数及其参数值, 得到函数的输出.

下面首先介绍与常见概率分布相关的 R 函数. 对于常见的每个概率分布, 如正态分布、二项分布等, R 中提供了一组 4 个函数: 函数名首字母为 d 的函数计算分布的概率 (对离散型分布) 或概率密度函数值 (对连续型分布), 首字母为 p 的函数计算分布函数值, 首字母为 q 的函数计算分位点, 首字母为 r 的函数是随机数 (样本) 产生函数. 以泊松分布和正态分布为例来简要演示.

例 1 泊松分布 (Poisson distribution)

(1) 计算服从参数为 $\lambda = 2$ 的泊松分布的随机变量 X 取 1 的概率, 即 $P(X = 1)$.

```
> dpois(1, 2)   #第一个参数为X的值，第二个参数为lambda
[1] 0.2706706
```

(2) 计算服从参数为 $\lambda = 2$ 的泊松分布的在 1 处的分布函数值.

```
> ppois(1, 2)   #第一个参数为分布函数自变量的值，第二个参数为lambda
[1] 0.4060058
```

(3) 计算服从参数为 $\lambda = 2$ 的泊松分布的 0.5 分位数 (我们正文中没有学习离散型分布的分位点).

```
> qpois(0.5, 2)   #第一个参数为分位点对应的概率值，第二个参数为lambda
[1] 2
```

(4) 产生 3 个来自参数为 $\lambda = 2$ 的泊松分布的随机数.

```
> rpois(3, 2)   #第一个参数为要产生的随机数的个数(样本量)，第二个参数为
lambda [1] 1   2   2
```

注: 具体输出的结果每次都不一定相同. 要保持每次运行输出结果不变, 可用 set.seed() 函数设置随机数发生器种子.

例 2　正态分布 (normal distribution)

(1) 计算正态分布 $N(2,4)$ 的密度函数在 1 处的值.

```
> dnorm(1, mean=2, sd=2)   #第一个参数为密度函数自变量的值
[1] 0.1760327
```

(2) 计算正态分布 $N(2,4)$ 的分布函数在 1 处的值.

```
> pnorm(1, 2, 2) #第一个参数为分布函数自变量的值
[1]  0.3085375
```

(3) 计算正态分布 $N(0,1)$ 的上 0.05 分位点（下 0.95 分位点）.

```
> qnorm(0.95, 0, 1) #第一个参数为分位点对应的左侧概率的值
[1] 1.644854
```

(4) 产生五个来自正态分布 $N(0,1)$ 的随机数.

```
> rnorm(5, 0, 1)  #第一个参数为样本量
[1] -0.4355870 -0.8427037   0.7882415   0.3044138 -0.7305781
```

上面各个函数中, 第二、三个参数分别为均值和标准差, 缺省值分别为 0 和 1.

为了使用方便, 下面列出 R 中常见分布的计算函数 (表 C.1).

表 C.1

分布及其英文名字	R 函数	参数说明
二项分布 $B(n, p)$ (binomial distribution)	dbinom(x, size, prob) pbinom(q, size, prob, lower.tail=TRUE) qbinom(p, size, prob, lower.tail=TRUE) rbinom(p, size, prob)	size=n, prob=p
泊松分布 $P(\lambda)$ (Poisson distribution)	dpois(x, lambda) ppois(q, lambda, lower.tail=TRUE) qpois(p, lambda, lower.tail=TRUE) rpois(n, lambda)	lambda=λ
均匀分布 $U[a, b]$ (uniform distribution)	dunif(x, min=0, max=1) punif(q, min=0, max=1) qunif(p, min=0, max=1) runif(n, min=0, max=1)	min=a, max=b 默认值分别为 0 和 1
指数分布 $E(\lambda)$ (exponential distribution)	dexp(x, rate=1) pexp(q, rate=1, lower.tail=TRUE) qexp(p, rate=1, lower.tail=TRUE) rexp(n, rate=1)	rate=$\lambda = 1/$期望 默认值为 1
正态分布 $N(\mu, \sigma^2)$ (normal distribution)	dnorm(x, mean=0, sd=1) pnorm(q, mean=0, sd=1, lower.tail=TRUE) qnorm(p, mean=0, sd=1, lower.tail=TRUE) rnorm(n, mean=0, sd=1)	mean=μ,sd=σ 默认值分别为 0 和 1
χ^2 分布 χ_n^2 (chi-square distribution)	dchisq(x, df, ncp=0) pchisq(q, df, ncp=0, lower.tail=TRUE) qchisq(p, df, ncp=0, lower.tail=TRUE) rchisq(n, df, ncp=0)	df=n ncp 为非中心参数, 默认值为 0
t 分布 t_n (t distribution)	dt(x, df, ncp=0) pt(q, df, ncp=0, lower.tail=TRUE) qt(p, df, ncp=0, lower.tail=TRUE) rt(n, df, ncp=0)	df=n
F 分布 F_{n_1, n_2} (F distribution)	df(x, df1, df2, ncp=0) pf(q, df1, df2, ncp=0, lower.tail=TRUE) qf(p, df1, df2, ncp=0, lower.tail=TRUE) rf(n, df1, df2)	df1=n_1,df2=n_2 ncp 为非中心参数, 默认值为 0

上表中, 第二列参数等号后面均为缺省默认值, 即使用者不提供这些参数时, 程序默认的参数值. 这可以带来一些方便. lower.tail 是逻辑值参数, lower.tail=TRUE 时, 使用或计算点左侧的概率, 否则 lower.tail=FALSE 时, 使用或计算点左侧的概率. 可以只用头字母 T 或 F 为其赋值. 各个函数的第一个参数的意义与例 1、例 2 相同.

关于上述函数参数的更详细的说明, 可以在 Help 菜单中选择 Html help, 页面打开后, 点击 Search Engine & Keywords, 输入要查询的函数名字, 即可看到详细的帮助信息. 也可参考文献 [12].

C.3 R 的对象

从上一节我们看到 R 在常见概率分布相关计算中的方便之处. R 还有许多统计计算的函数可以调用, 这将在后续的内容中介绍. 为进行数据分析, 往往需要自己编写相应的程序. 下面介绍 R 编程必需的一些基本知识.

R 是面向对象的语言, R 的大部分操作是通过对象来实现的, 这些对象通过它们的名称和内容来刻画, 还可以通过对象的数据类型即属性来刻画. R 中变量对象的名称由字母、数字、小数点及下划线等组成, 第一个字符必须是字母, 长度没有限制但字母区分大小写.

C.3.1 R 向量

R 中常量分为数值型、字符型、逻辑型三种. 其中数值型又包括整型、单精度型、双精度型和复数型. 除非有特殊需要, 对数值型一般不需太关心其具体类型. 下面是常用的一些例子:

123, 123.45, 1.2345e10 等是数值型常量; 2.3+1.5i 是复数型常量; 'hello' 或"hello" 均表示字符型; 逻辑型只能表示为 TRUE、FALSE 或 T、F.

另外, R 中的数据允许取缺失值, 用 NA(Not Available 的首字母) 表示.

R 是基于向量运算的语言, 因此 R 中的变量对象最常见的是向量、数组, 还有列表、数据框、因子等. 其中向量是最重要也是最基本的, 事实上, R 中标量也被看作长度为 1 的向量. 向量是具有相同基本类型的元素组成的序列. 可以有数值型向量、字符型和逻辑型等. 对 R 中变量对象的赋值可以使用以下两种方法.

(1) 直接法, 如

```
x <- 1.0
2.0 -> y
```

注：也可以用'=' 代替左向箭头, 但这种替换不是在任何地方都适用, 故不建议用'='.

(2) assign 函数法, 如 assign("x",1.0) 把 1.0 赋值给 x.

1. 数值型向量

数值型向量的赋值方法可以考虑下述几种方法.

(1) 不规则数据可以用 c() 函数法赋值, 如

```
x <- c(10, 2, 100, 5.0)        #执行后, x的值为向量(10.0, 2.0, 10.0, 5.0)
y <- c('age','weight','height')#y的值为字符串向量("age","weight","height")
```

(2) 对于从外部数据文件等拷贝过来的一列或一行数据可以用 scan() 函数, 如

```
> y<-scan()
1: 1.828  0.547  0.183  0.682  1.153 -1.336     #键入回车
7:                                              #键入回车结束输入
Read 6 items
```

命令行输入第一行后, 出现 1: 开始读取接着输入的数, 输入完 6 个数据后回车, 出现 7: 可继续输入. 如已经输入完毕, 再回车结束读屏.

(3) 有规律数据可用':' 或 seq() 及 rep() 函数等, 如

```
> x<-1:10
> x
[1]  1  2  3  4  5  6  7  8  9 10
> y<-seq(from=1,to=5,by=0.5)
> y
[1]  1.0 1.5 2.0 2.5 3.0 3.5 4.0 4.5 5.0
> z<-rep(1:3,2)
> z
[1]  1 2 3 1 2 3
```

2. 数值型向量的运算

对于两个数值型向量可以进行加 (+) 减 (−) 乘 (∗) 除 (/) 运算, 其运算规则是对两个向量的对应分量进行相应的运算. 一个数乘以 (加上) 一个向量, 等于每一个分量乘以 (加上) 该数; 一个向量的乘方 (^) 等于每一个分量的相同乘方. 例子如下:

```
> x<-1:10
> y<-seq(from=0.5, to=5, by=0.5)
> x+y
 [1]  1.5  3.0  4.5  6.0  7.5  9.0 10.5 12.0 13.5 15.0
> x*y
 [1]  0.5  2.0  4.5  8.0 12.5 18.0 24.5 32.0 40.5 50.0
> 2*x+1
 [1]  3  5  7  9 11 13 15 17 19 21
> x^2
 [1]  1   4   9  16  25  36  49  64  81 100
> sqrt(x)
 [1] 1.000000 1.414214 1.732051 2.000000 2.236068 2.449490 2.645751
     2.828427
 [9] 3.000000 3.162278
> z<- 1:3
> x+z
 [1]  2  4  6  5  7  9  8 10 12 11
Warning message:
In x+z:longer object length is not a multiple of shorter object length
```

sqrt() 是 R 的内置函数, 用于计算平方根. 当元素是实数型则计算正的平方根; 当元素是复数型则计算复平方根. 另外, 该函数与众多 R 的内置函数一样, 可以直接作用于向量, 输出是对每个分量计算该函数的结果.

注: 当两数值型向量的长度不一样且长向量的长度不是短向量长度的整数倍时, 计算中会有警告信息, 但是仍旧输出计算结果. 此时的计算规则是, 短向量的循环重复使用. 就本例而言, 可理解成 z 向量循环补到与 x 向量一样长后, 再执行同长度向量的加法运算. 该规则被称为循

环法则, 在向量的四则运算中均适用. 由于它可能造成极其隐蔽的错误, 为了便于理解和查错, 不建议读者使用该规则.

3. 逻辑型向量

当向量的元素都是逻辑值 (TRUE 或 FALSE, 可以用 T 和 F 代替) 时, 该向量即为逻辑型向量. 如

```
> vlogic<-c(T,F,T)
> vlogic
 [1] TRUE FALSE  TRUE
```

当然, 更多的是用逻辑型向量表示比较的结果. 比较运算包括 $<, <=, >, >=, ==$（相等）$, !=$（不等）. 逻辑型向量可进行 "与" 运算、"或" 运算及 "非" 运算, 对应的运算符分别为 "&"、"|" 和 "!". 如

```
> x<-1:10
> y<-(x>7)|(x<3)        #把x分量大于7或小于3的判断结果赋值给y
> y
 [1]  TRUE  TRUE FALSE FALSE FALSE FALSE FALSE  TRUE  TRUE  TRUE
> x[(x<7)&(x>3)]         #取出x中小于7且大于3的分量构成一个向量
 [1]  4  5  6
```

下面几个函数在编写分支结构的程序时非常有用.

all() 判断一个逻辑型向量是否都是真值;

any() 判断一个逻辑向量是否有真值;

is.na() 判断向量的每个元素是否缺失.

此外, 逻辑值可以强制转换为整数值, TRUE 对应 1, FALSE 对应 0. 因此可用 sum(x>1) 得出向量 x 中大于 1 的元素总数.

4. 字符型向量

字符型向量即为每个元素都取字符串值的向量. 如

```
> vchar<-c('height','weight','age')
> vchar
 [1] "height" "weight" "age"
```

paste() 函数用于把字符型量连成一个字符串, 中间用空格分开, 如:

```
> paste('my','students')
 [1] "my students"
```

它还可以连接向量, 这时把对应元素连接起来, 长度不一致时, 短向量被重复使用. 若遇到数值型量将被自动转换成字符型. 如

```
> paste('my','students',1:4)
 [1] "my students 1" "my students 2" "my students 3" "my students 4"
```

注：默认连接时字符串间用空格分隔，还可以用 sep 参数指定分隔符. 更多 paste 参数参见帮助文档.

下举一例说明 paste() 函数的巧用. 新生入学时会根据学生的学号分配校内电子邮箱，为方便给某班学生群发邮件，可以采用下列语句实现群发邮件地址：

```
> xchar<- paste(2008062101:2008062106,'@emails.bjut.edu.cn',sep='')
> xchar
 [1] "2008062101@emails.bjut.edu.cn" "2008062102@emails.bjut.edu.cn"
 [3] "2008062103@emails.bjut.edu.cn" "2008062104@emails.bjut.edu.cn"
 [5] "2008062105@emails.bjut.edu.cn" "2008062106@emails.bjut.edu.cn"
```

读者可运行 paste(xchar,collapse=',')，看看结果与上面有什么变化.

5. 向量下标与子集的提取

提取向量的部分元素（或称子集）是程序中经常遇到的操作，R 为这一操作提供了一些非常灵活的方法.

(1) 下标子集直接引用法. 如用 x[1] 提取向量 x 的第一个元素. 类似地，设 x 是长度为 n 的向量，整数指标集 $A \subset \{1, 2, \cdots, n\}$，则 x[A] 表示取 x 以 A 中元素为下标的元素全体得到一个子向量.

(2) "-" 引用法. 设记号同 (1)，x[-A] 则表示取下标为非 A 中元素的 x 的子集. 故 x[-1] 即表示 $x[2:n]$.

(3) 名字引用法. R 中的向量可以定义列名，从而可以通过所定义的列名来引用向量的子集.

(4) 逻辑值引用法. 设 L 为与 x 等长的逻辑向量，则 x[L] 表示取出所有 L 为真值的 x 的子集.

举例如下：

```
> x <- c(0,-3,4,-1,45,90,-5)
> x[c(4,6)]
 [1] -1 90
> x[1:3]
 [1] 0 -3 4
> x[-1]
 [1] -3 4 -1 45 90 -5
> x[-c(4,6)]
 [1] 0 -3 4 45 -5
> x[-(1:3)]
 [1] -1 45 90 -5
> y <- x>0
```

```
> x[y]
 [1] 4 45 90
> grades<- c(90,78,95)
> names(grades)<- c('Math','Chinese','Physics')  #为向量分量命名
> grades
   Math Chinese Physics
     90      78      95
> grades[c('Math','Chinese')]
   Math Chinese
     90      78
```

6. 作用于向量的函数

下面给出 R 中常用的作用于向量的函数.

length(x)：输出向量 x 的长度.

mode(x)：输出向量 x 元素的类型, 可作用于数组.

class(x)：输出向量 x 的类型, 可作用于数组. 当作用于向量时结果同 mode() 函数.

sort(x)：对实数值型向量 x 进行排序.

order(x)：输出 sort(x) 向量的元素依次在 x 中的位置.

rank(x)：输出向量 x 的元素依次在 sort(x) 向量中的位置, 即统计上说的"秩".

下举例说明上述函数的应用以及最后三个函数的联系与区别.

```
> x <- c(0,-3,4,-1,45,90,-5)
> length(x)
 [1] 7
> mode(x)
 [1] "numeric"
> class(x)
 [1] "numeric"
> sort(x)
 [1] -5 -3 -1  0  4 45 90
> order(x)
 [1] 7 2 4 1 3 5 6
> rank(x)
 [1] 4 2 5 3 6 7 1
> x[order(x)]
 [1] -5 -3 -1  0  4 45 90
```

C.3.2　R 矩阵与数组

1. 数组的维数与赋值

我们知道在大多数高级语言如 C 和 Fortran 中都有数组的概念, 其中向量是一维数组, 矩阵是二维数组. 但是在 R 中向量不被认为是一维数组. 这样 R 中的数组的维数大于 1 且必须具有 dim 属性. 我们还可以通过它把向量转换为任意合理指定维数的数组. 如

```
> m <- c(45,23,66,77,33,44,56,12,78,23)
> dim(m)                #返回m的维数属性
 NULL                   #向量的维数属性为NULL
> dim(m) <- c(2,5)      #为m制定维数
> m
     [,1] [,2] [,3] [,4] [,5]
[1,]   45   66   33   56   78
[2,]   23   77   44   12   23
```

维数为 2 维向量 (行数与列数) 的数组即为矩阵. 矩阵的定义除了上述指定各维的维数外还可以通过 matrix() 函数来实现. 如

```
> m <- c(45,23,66,77,33,44,56,12,78,23)
> m1 <- matrix(m,2,5, byrow=TRUE)  #为矩阵按行赋值
> m1
     [,1] [,2] [,3] [,4] [,5]
[1,]   45   23   66   77   33
[2,]   44   56   12   78   23
```

注意, 如果不特别声明, 数组元素的排列是按列优先的原则排列. byrow=TRUE 的声明使得为矩阵赋值时改为按照行来进行.

下面给一个用 array() 函数定义三维数组的例子.

```
> a <- array(1:30,dim=c(2,5,3))
> a
, , 1
     [,1] [,2] [,3] [,4] [,5]
[1,]    1    3    5    7    9
[2,]    2    4    6    8   10

, , 2
     [,1] [,2] [,3] [,4] [,5]
[1,]   11   13   15   17   19
[2,]   12   14   16   18   20

, , 3
```

```
      [,1] [,2] [,3] [,4] [,5]
[1,]   21   23   25   27   29
[2,]   22   24   26   28   30
```

注：数组排列的规则也是按照从最后一维到第一维依次优先的方式排列.

2. 数组子集的提取

类似 R 中的向量, 数组子集的提取也比较灵活. 仅以矩阵为例进行说明, 主要有:

(1) 按整数下标组合提取.

提取某个元素, 只需写出矩阵名和方括号内用逗号分开的下标即可, 如 m[2,3] 表示矩阵 m 的第 1 行第 3 列的元素. 更进一步, 还可以在每个下标位置写一个下标向量, 表示对这一维取出所有指定下标的元素, 如 m[1,1:2] 取出 m 中所有第 1 行, 第 1~ 2 列的元素. 这些元素构成向量.

```
> m2<-matrix(c(1:30),5,6)
> m2[1,1:2]
[1] 1 6
> m2[1:2,3:5]
      [,1] [,2] [,3]
[1,]   11   16   21
[2,]   12   17   22
```

(2) 通过 "-" 引用法. 如 m[1:2,-c(4,5)] 得到维数为 c(2,4) 的矩阵.

(3) 按每维定义的名字提取. 以矩阵举例如下:

```
> m3 <- array(1:4,dim=c(2,2))
> rownames(m3) <-c("第一行","第二行")
> colnames(m3) <-c("第一列","第二列")
> m3["第一行","第二列"]
 [1] 3
```

3. 数组的运算

两个数组可以进行四则运算 $(+, -, *, /)$, 结果为对应元素的四则运算. 参加运算的数组一般应该是相同形状的, 即 dim 属性完全相同. 否则, 要考虑循环使用的原则, 初学者应避免使用. 一个数组也可以进行乘方运算, 类似于向量的乘方运算. 矩阵是特殊的二维数组, 由于它应用的广泛性, R 中给它定义了一些特殊的运算. 根据需要仅简要介绍如下.

由于普通的乘号 $*$ 表示矩阵对应元素的乘, 如果要进行矩阵乘法, 应使用 $\% * \%$. 故 $A\% * \%B$ 表示矩阵 A 乘以矩阵 B, 其中要求矩阵 A、B 满足矩阵乘法的要求 (A 的列数等于 B 的行数). 举例如下:

```
> A <- matrix(1:12, nrow=4, ncol=3, byrow=T)
> B <- matrix(c(1,0), nrow=3, ncol=2, byrow=T)
> B
```

```
      [,1] [,2]
[1,]    1    0
[2,]    1    0
[3,]    1    0
> A%*%B
      [,1] [,2]
[1,]    6    0
[2,]   15    0
[3,]   24    0
[4,]   33    0
```

表 C.2 列出几个常用的矩阵运算函数.

表 C.2

函数	用途
t(M)	求矩阵 M 的转置
nrow(M), ncol(M)	分别求矩阵 M 的行数与列数
solve(A,b)	解线性方程组 $AX = b$
solve(A)	求可逆方阵 A 的逆矩阵
eigen(A)	求对称矩阵 A 的特征根与特征向量
diag(x)	其结果依赖于自变量 x 的不同而有所不同. 当自变量 x 是向量时, 结果是以 x 为主对角元素的对角矩阵; 当 x 是矩阵时, 结果为该矩阵的主对角元组成的向量; 当 x 为整数时, 结果为 x 阶的单位矩阵
cbind(A,B)	把行数相同的矩阵横向拼成一个大矩阵
rbind(A, B)	把列数相同的矩阵竖向拼成一个大矩阵

C.3.3 因子

对于分类数据或名义变量, R 为其提供了因子这一数据类型 (对象). 它与方差分析中的因子的含义类似, 取值为水平. 因子型变量可以作为回归自变量, 进行回归模型计算时, 它等同于分类变量. factor() 用于把一个向量编码成一个因子. 如

```
> g<-c('f','m','m','m','f','m','f','m','f','f')
> g
 [1] "f" "m" "m" "m" "f" "m" "f" "m" "f" "f"
> gender <- factor(g)
> gender
 [1] f m m m f m f m f f
Levels: f m
```

其中 g 为 10 个学生的性别组成的字符串组, g1 为因子型变量.

对因子最常用的操作是统计其各水平的频数, 用 table() 函数来实现.

```
> table(gender)
gender
f m
5 5
```

table() 还可以用于多因子组成的列联表的交叉频数统计. 下举一例说明.

```
> a<-factor(c(1,1,0,0,1,1,1,0,1,0),levels=c(0,1),labels=c('成年人','青少
  年'))
> a
 [1] 青少年 青少年 成年人 成年人 青少年 青少年 青少年 成年人 青少年 成年人
Levels: 成年人 青少年
> table(a,gender)
> table(a,gender)
        gender
a        f m
  成年人 1 3
  青少年 4 2
```

C.3.4　列表

前面涉及的对象都要求元素的数据类型相同且形状规则, 如要求矩阵的各行或各列的长度相同等. R 中提供了 list（列表）对象来实现高级语言中自定义类型的功能. 列表是一种特别的对象集合, 它的分量可以是不同类型、不同属性或者不同长度. 其分量仍由序号（下标）区分, 一般都有相应的名字. 利用 list() 函数生成列表.

```
> my.lst <- list(name="李四", age=21, scores=c(85, 76, 90))
> my.lst
$name
[1] "李四"

$age
[1] 21

$scores
[1] 85 76 90
```

列表第 i 个分量的引用可采用"列表名 [[i]]"的方式, 且每次只能引用一个分量. 另外, 还支持分量名字（如果有的话）调用法, 即"列表名 $ 分量名". 如

```
> my.lst[[3]]
> my.lst[[3]]
[1] 85 76 90
```

```
> my.lst$scores
[1] 85 76 90
```

类似地, 还可以用上述两种方式来增加列表的分量:

```
> my.lst[[4]]<- '男'
```

或者同时给出分量名及元素内容:

```
> my.lst$gender <- '男'
```

列表的重要作用是把一些相关的数据保存在一个数据对象中. 在编写自己的函数时, 利用它可以返回有多个结果组成的列表.

C.3.5　数据框

列表可以说是不规则数据的集合. 而统计分析中, 更多的是基于类似 "观测矩阵" 这样的数据表 (类似于 Excel 表格). 其中每一行表示一个对象的观测结果, 每一列表示不同对象同一特性的观测结果. 特性可以是数值型变量, 如身高、体重等, 也可以是分类变量, 如性别、职业等. 这样的 "观测矩阵" 在 R 中可用 data.frame (数据框) 来表示. 它形式类似于矩阵, 取值上类似于列表. 实际上, 使用上它兼有两者的特点. 可以说, 它是用 R 做统计分析中最常用的一种对象, 并且许多函数都直接要求数据对象是数据框.

数据框的建立可通过 data.frame() 函数来实现, 其用法同 list() 函数. 如

```
> MyClass <- data.frame(name=c("li", "wang", "zhang"), age=c(30, 35, 28),
  height=c(180, 162, 175))
> MyClass
   name age height
1    li  30     180
2  wang  35     162
3 zhang  28     175
```

数据框列名的访问与更改可以通过 names() 函数来实现. 如

```
> names(MyClass)
[1] "name"   "age"     "height"
> names(MyClass)[2:3]=c("年龄","身高")
> names(MyClass)
[1] "name" "年龄" "身高"
```

数据框元素或子集的引用, 既可以用矩阵引用的办法, 也可以用列表分量引用的办法. 需要留意的是, 如果提取的是字符型量, 则结果会以因子的形式显示. 如

```
> MyClass[1,1]
[1] li
Levels: li wang zhang
```

还可以通过 subset() 函数提取满足条件的子集:

```
> subset(MyClass,身高>170)
    name 年龄 身高
1    li   30  180
3 zhang   28  175
```

在数据框中添加新变量除了类似列表的方法, 还可以用 with() 和 transform() 函数. 详见帮助文档或文献 [11, 12].

C.4　数据的读取与存储

要进行数据的统计分析, 免不了要读入数据和输出结果. 下面分别介绍文本数据文件和 Excel 文件的读取方法.

C.4.1　文本数据文件的读取

对于以文本形式（ASII）保存的数据文件, 主要读入数据的函数有 scan() 和 read.table().

(1) read.table() 函数

它是读入表格形式的数据最常用的方法, 而且读入的数据以数据框的形式存放. 它引用的一般形式为:

read.table(file=" 文件存储的路径",header=T 或 F,sep=",···)

其中文件存储的路径中各目录分隔符应用'\\' 或"/" 代替原来的"\"; header 参数若取 TRUE, 则表示文件第一行为各列变量的变量名, 缺省默认取值 "FALSE"; sep 参数表示各列数据间的分隔符, 可取空格"、制表符'\' 等. 其他参数详见帮助.

设在目录 "D:\ data" 下有记录若干名学生成绩的数据文件 "grades.txt" 可以采用如下两种方法读取:

方法一：先设定工作路径, 然后直接读取, 即

```
> setwd('D:/data')  # 设定工作目录路径
> std.grd <-read.table('grades.txt',header=T,sep='\t')
```

方法二：直接读入法, 即

```
> std.grd <-read.table('D:/data/grades.txt',header=T,sep='\t')
```

另外, R 还提供了 read.table() 的一些变形函数：read.csv(),read.csv2(),read.delim(),read.delim2() 等, 可以用来读取其他软件生成的数据文件. 它们的使用与 read.table() 类似, 具体可参阅相应的帮助文档.

(2) scan() 函数

scan() 函数比 read.table() 函数要灵活. 前面已经看到, 可用它以交互的方式读入一个数值型向量. 也可用它从指定文件中读入数据. 例如, 在命令窗口输入 scan() 回车后出现:

```
> 1:
```

等待用户输入数据直到读到一个空行为止. scan() 还可以在读入数据过程中指定变量的类型,
例如假设在 D:\ data 下文件 grade.txt 的内容为

```
li 30 180
wang 35 162
zhang 28 175
```

语句

```
> class <-scan(file='D:\\data\\grade.txt',what=list("",0,0))
```

读取了文件 grade.txt 中的三个变量, 第一个是字符型变量, 后两个是数值型变量. 其中第二个
参数 what 是一个名义列表结构, 用来确定要读取的三个向量的模式. 在名义列表中, 我们可以
直接给变量命名. 如

```
> class<-scan(file='D:\\data\\grade.txt',what=list(name="",age=0,height
  =0))
```

scan() 函数的灵活性还体现在, 它可以用来创建向量、矩阵、数据框、列表等不同对象. 具体
的使用可参考相应的帮助文件.

C.4.2 Excel 文件的读取

在实际数据处理中, 遇到较多的是存放在 Excel 中的数据文件. R 不能直接读取 Excel 文
件, 可以用以下方法解决.

(1) 利用剪贴板, 这是最简单的一种方法. 打开 Excel 中的电子表格, 选中需要的数据区
域, 把它们复制到剪贴板上, 然后在 R 中键入命令:

```
> mydata<-read.dlim('clipboard')
```

(2) 把打开的 Excel 文件另存为.csv 或用 tab 键分隔的.txt 文件, 然后用相应的 read.csv()
或 read.table() 函数读入.

(3) 使用外部程序包 RODBC. 参见有关帮助.

C.4.3 其他文件的读取

对于其他统计软件生成的数据文件 (如 SAS、SPSS 等) 和访问 SQL 类型的数据库, 可借
助程序包 foreign 来实现. 如

```
> library(foreign)
> ?read.spss
```

查看如何读入 SPSS 软件生成的数据文件. 类似, 可以用?read.dbf 查询如何读取 DBF 数据库
文件.

C.4.4　结果的输出

在 R 中要输出结果, 最简单的办法是在命令窗口中输入想查看的对象, 回车后即显示该对象的内容. 这对少量简单对象的输出是方便的. 事实上, 这已经调用了 print() 函数. 要想输出指定有效位数的数值型对象, 可以在 print 函数中指定参数 digits 的值. 如

```
> print(pi,digits=3)
[1] 3.14159
```

print() 函数是一个通用函数, 对不同的对象有不同的响应. 有关其更多的参数请见帮助.

此外, R 还提供了其他一些输出函数, 其中使用方便的是 cat() 函数, 它可以把多个参数连接起来再输出 (具有 paste() 函数的功能). 它还可以把结果输出到指定的文件中. 如

```
> cat('pi=',pi, '\n', file='D:\\data\\PIvalue.txt')
```

其中,'\n' 表示换行符. file 参数指定存放内容的文件路径和文件名. 如果该文件已经存在, 则原来的内容被覆盖. 如果设置其中的 append 参数为 TRUE, 则可以不覆盖原来文件内容而是在文件末尾追加, 这很适合用于运行中的结果记录.

对应于前面的 read.table() 函数, write.table() 函数则可以输出一个数据框到指定文件, 保存为简单的文本文件. 相应的 write.csv() 函数将把数据框保存为逗号分隔的文本文件. 如

```
> d<-data.frame(name=c('A','B','C'),age=c(19,18,18),height=c(1.75,1.79,
1.67))
> write.table(d,file='D:/data/dframe.txt',row.names=F,quote=F)
```

其中参数 row.names 取 FALSE 表示行名不写入文件, 参数 quote 取 FALSE 表示变量名不加双引号. 也可以使用

```
> write.csv(d,file='D:/ data/dframe.csv',row.names=F,quote=F)
```

还可以保存为 R 格式文件, 如:

```
> save(d, file='D:/data/dframe.Rdata')
```

调用时可以直接双击打开 dframe.Rdata 文件, 则保存的对象就会被加载到 R 的工作空间中. 还以用 load() 函数来加载.Rdata 文件, 如

```
> load(file='E:/dframe.Rdata')
```

如果要保存工作空间的映像 (即所有已存在的对象), 可以用 save.image() 函数, 如

```
> save.image()
> save(list=ls(all=TRUE),file='.RData')
```

这两行程序作用一致.

另外, 还可以通过 "文件" 菜单栏下的选项来加载或保存工作空间以及加载或保存工作窗口中的所有输入历史等, 读者可以自己尝试一下.

C.5 R 的作图

R 具有非常强大的图形展示能力. 读者可以从 R 提供的两组演示例子得到初步体会. 其中 demo(graphics) 给出二维的图形示例; demo(persp) 给出三维的图形示例. 对 R 绘制图形感兴趣的读者可以查看专门介绍 R 语言的书籍. 此处仅简单扼要地介绍一些 R 的作图函数.

在 R 中有两类绘图函数, 其中高级绘图函数用于创建一个新的图形, 低级绘图函数可在现存的图形上添加元素. 除此之外, 绘图参数提供了丰富的绘图选项, 如线条的类型、颜色、粗细等. 这些可以使用默认设置或通过函数 par() 修改. 更高级的图形可借助专用绘图包 grid 或 lattice, 参见相关手册.

一个常用的高级绘图函数是 plot(). 它的用法很灵活, 作用于不同的对象将得到不同的图形. plot() 作用于一维向量则画向量下标关于向量元素的散点图; 若作用于两个向量, 如 plot(x,y) 则作 x,y 的散点图; 若作用于数据框, 则画该数据框各列两两的散点图, 等价于 pairs() 函数. plot() 函数的更多应用参见帮助.

低级作图函数可以帮助我们在 plot 绘制图形的基础上完善需要的图形. 如在一个图中画几条不同的曲线或在图形的适当位置添加文字说明及一页多图等等, 这些可以通过 lines()、text() 或 mtext() 等函数及 mfrow 参数设置来实现. 此处仅以两例说明. 首先, 我们看如何绘制不同自由度参数下 F 分布概率密度函数的图像.

```
> x<-seq(0,6,by=0.1)      #产生0到6公差为0.1的等差数列
> y1<-df(x,10,4)          #计算自由度为(10,4)的F分布的密度函数在x处的值
> plot(x,y1,type='l',ylab='f(x)',lty=1,ylim=c(0,1))
                          #画散点图并用光滑实直线连接
> y2<-df(x,10,10)
> lines(x,y2,lty=2)       #在已有的图形上加用长虚线连接的线
> y3<-df(x,10,50)
> lines(x,y3,lty=3)       #在已有的图形上加用短虚线连接的线
> y4<-df(x,10,100)
> lines(x,y4,lty=4)       #在已有的图形上加用长虚点线连接的线
> legend(locator(1),legend=c('F(10,4)','F(10,10)','F(10,50)',
  'F(10,100)'),lty=1:4)
                          #在鼠标指定的位置添加图例,此处的'+'是R中的续行标识符
```

下面是一个一页多图的例子.

```
> oldp <-par(mfrow=c(2,1),mar=c(5.1,4.1,2.1,2.1))
                #修改图形通用参数设置,mfrow把图形区域分成上下两半,
                # mar规定图形下左上右空的大小,其中oldp保存了修改前的参数设置.
> x<-seq(0,4,by=0.01)
> y1<-dnorm(x,2,0.9)
> plot(x,y1,type='l',sub='(a) 单峰,对称',ylab='f(x)')
                #画散点图并加子标题及x-y轴的标签
> y2<-df(x,4,10)
```

```
> plot(x,y2,type='l',sub='(b)单峰,右偏',ylab='f(x)')
> par(oldp) #恢复原来图形通用参数的设置.
```

其画图结果如下 (图 C.1):

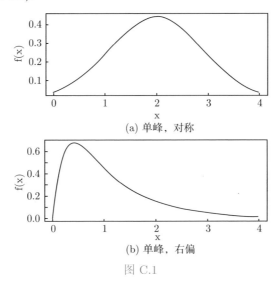

(a) 单峰, 对称

(b) 单峰, 右偏

图 C.1

C.6 编写自己的 R 程序

R 强大的生命力体现在两个主要方面, 一方面是其开源性使得其更新快, 基础模块和扩展资源一直在不断丰富、更新. 用户众多且资源丰富, 有许多最新的软件包可用; 另一方面是其可扩展性. 研究人员可以将自己的新算法按照一定的规则编写成 R 程序包供大家使用.

C.6.1 程序包的安装与使用

一般来说, 新的统计方法常常会以 R 包（package）的形式发布推广. 事实上, 除了基本部分外, 大部分 R 函数都在 R 包中. 要使用这些函数, 需要先安装相应的 R 程序包. 一种可行的方法是先在 R 的官方网站供下载的贡献包 (contributed package) 集合中或其他提供相关资源处下载需要的包. 然后, 打开 R 软件, 在程序包的菜单栏选择"从本地 ZIP 文件安装软件包"连接要安装的程序包完成安装. 在安装成功后, 在命令窗口输入"library(软件包名)"载入该软件包后, 即可调用该软件包中的所有函数.

使用前, 可以先利用 help 菜单中的选项, 察看相关的帮助信息. 比如, 利用 Html help, 查找想要了解的内容.

C.6.2 编写 R 函数

尽管各种各样的 R 软件包很多, 作为新的问题、新的算法, 还是需要自己编写一些程序代码. 对于其中重复碰到的一些任务或计算, 利用自己编写的 R 函数可以事半功倍. 下面简单介绍 R 函数的编写方法.

首先来看一个例子, R 中 var(x) 函数用于计算样本向量 x 的样本方差:

$$\mathrm{var}(x) = \frac{1}{n-1}\sum_{i=1}^{n}(x[i]-\bar{x})^2.$$

而我们要计算总体方差的矩估计

$$\frac{1}{n}\sum_{i=1}^{n}(x[i]-\bar{x})^2.$$

下面就来给出这一函数.

```
> MoEstiVar <- function(x) {
    v <- var(x)
    n <- length(x)
    retable(((n-1)/n)*v)
}
```

其中, MoEstiVar 是函数名, x 是自变量, 函数的返回值是 retable 括号中的结果. 如果不用 retable 则默认返回最后一个表达式的值. 大括号中的语句为函数体, 其中各语句间或用回车分行或放在同一行用 ";" 分隔. R 中定义函数的一般格式为

"函数名 $<-$function(参数表) {函数体}"

上面定义的函数运行通过后, 则可以调用如下:

```
> MoEstiVar(c(45,2,3,5,76,2,4))
[1] 739.6735
```

在 R 的命令窗口中输入函数名, 窗口中会给出函数定义内容. 事实上, 在定义自己的函数时最好用该法先查询一下将要用的函数名是否已经有内容, 以免与现有的函数重名. 另外, R 函数定义中参数允许有默认值, 并且调用时如果参数带名调用则可以不按函数定义时参数的顺序. 下举例如下:

```
>subf<-function(x,y=0,z=0) x-y+z
>subf(z=3,x=4)
[1] 7
```

由此可见, R 函数调用方式是相当灵活的.

C.6.3 R 的程序设计

类似 Matlab, R 语言也是解释执行的语言. 对于向量运算的执行效率较高. 因此, 在编程中要特别注意这一点, 尽量用向量运算来达到计算目标, 少用循环. 好在 R 也给我们提供了许多方便的函数来尽可能提高执行效率. 但是, 有的时候还是不可避免地需要用到循环、分支等控制结构. R 也提供了这方面的结构.

(1) 分支结构:

主要通过 if 语句来实现. 或者

if(条件) 表达式 1 else 表达式 2

或者

if(条件) 表达式

或者

ifelse(条件,yes,no)

例如:

```
> if (x>=0) sqrt(x) else NA
> ifelse (x>=0, sqrt(x), NA)
```

当表达式是复合表达式时, 要用大括号把它们括起来. 另外, 类似于其他语言, 也允许多重 if 语句或 if 语句的嵌套. 除此之外, 分支结构还可以通过 switch() 函数来实现, 具体用法参见帮助.

(2) 循环结构:

主要有三种实现方式: 当知道终止条件时则用 for 循环; 若无法知道运行次数, 则用 while 或 repeat 循环语句. repeat 一般配套 break 使用. 它们的一般形式分别为:

for (变量 in 向量) 表达式;

while（条件）表达式;

repeat 表达式.

注: 当上述表达式是由复合语句构成时, 应把该表达式放在一对大括号 {} 中. 分支和循环结构主要用于定义函数. 在其他情况, 如果不是必须应尽量考虑用向量运算来实现. 下面举例说明三种循环的用法.

生日问题, 我们在初等的概率论中已经知道, n（$n <= 365$）个人中至少有两个人同一日期（只要求月、日相同, 且假定一年 365 天每个人在每天出生的概率相同）生的概率是 $1 - 365 * 364 * \cdots * (365 - n + 1)/365^n$, 可编程计算如下:

```
x <- numeric(365)
for(n in 1:365) {
   x[n] <- 1
   for(j in 0:(n-1))  {
      x[n] <- x[n] * (365-j)/365
      }
   x[n] <- 1 - x[n]
   }
```

或者

```
n <- 365
x <- numeric(n)
m <- 1
while(m<=n) {
   x[m] <- 1
   for(j in 0:(m-1)) {
      x[m] <- x[m] * (365-j)/365
      }
```

```
    x[m] <- 1 - x[m]
    m <- m+1
    }
```

或者

```
n <- 365
x <- numeric(n)
m <- 1
repeat {
    x[m] <- 1
    for(j in 0:(m-1)) {
        x[m] <- x[m] * (365-j)/365
        }
    x[m] <- 1 - x[m]
    m <- m+1
    if (m>n) break
    }
```

上面的例子, 可改写为:

```
x <- numeric(365)
for (n in 1:365) {
    x[n] <- 1 -prod((365:(365-n+1))/365)
    }
```

或可更简单改为

```
x <- 1 - cumprod((365:1)/365)
```

上述改写程序的执行效率依次大幅度提高. 由此可体会使用向量运算或系统提供的函数的益处.